大数据应用与技术丛书

U0394308

R数据科学实战

(第2版)

[美] 尼娜·祖梅尔(Nina Zumel)
约翰·蒙特(John Mount) 著

张骏温　许向东　张博远　译

清华大学出版社

北　京

Nina Zumel, John Mount

Practical Data Science with R, Second Edition

EISBN: 978-1-61729-587-4

Original English language edition published by Manning Publications, USA © 2020 by Manning Publications. Simplified Chinese-language edition copyright © 2022 by Tsinghua University Press Limited. All rights reserved.

北京市版权局著作权合同登记号 图字：01-2020-5822

图书在版编目(CIP)数据

R 数据科学实战 / (美)尼娜·祖梅尔(Nina Zumel)，(美)约翰·蒙特 (John Mount) 著；张骏温，许向东，张博远译. —2 版. —北京：清华大学出版社，2022.1

(大数据应用与技术丛书)

书名原文：Practical Data Science with R, Second Edition

ISBN 978-7-302-59544-1

I. ①R… II. ①尼… ②约… ③张… ④许… ⑤张… III. ①程序语言—程序设计 IV. ①TP312

中国版本图书馆 CIP 数据核字(2021)第 231297 号

责任编辑：王　军
装帧设计：孔祥峰
责任校对：成凤进
责任印制：朱雨萌

出版发行：清华大学出版社

网　　址：http://www.tup.com.cn，http://www.wqbook.com

地　　址：北京清华大学学研大厦 A 座　　　　邮　　编：100084

社 总 机：010-62770175　　　　　　　　　　邮　　购：010-62786544

投稿与读者服务：010-62776969，c-service@tup.tsinghua.edu.cn

质 量 反 馈：010-62772015，zhiliang@tup.tsinghua.edu.cn

印 装 者：三河市金元印装有限公司

经　　销：全国新华书店

开　　本：170mm×240mm　　印　张：36.75　　字　数：740 千字

版　　次：2022 年 1 月第 1 版　　印　次：2022 年 1 月第 1 次印刷

定　　价：139.00 元

产品编号：086798-01

本书(第1版)的赞誉

该书内容清晰简洁，针对快速变化的商业、统计学和机器学习之间的相互关系，提供了第一手丰富的实践指南。

—Dwight Barry,
Group Health Cooperative

我非常希望本书是我学习数据科学的起点。作者为我们绘制了一个全面的、结构合理的数据科学的知识体系，并且提供了快速掌握其原理的方法。本书也是集统计学、数据分析和计算机科学于一体的技术书籍。

—Justin Fister, AI 研究员,
PaperRater.com

这是我看到过的关于"数据科学与 R 语言"最全面的内容描述。

—Romit Singhai, SGI 公司

它涵盖了从数据探索到数据建模再到结果交付的一个端到端的流程。

—Nezih Yigitbasi, Intel 公司

即使对雄心勃勃或是经验丰富的数据科学家，本书也大有裨益。

—Fred Rahmanian,
Siemens Healthcare

采用了现实世界的案例对数据分析进行实验，强烈推荐此书。

—Kostas Passadis 博士, IPTO

在阅读本书的过程中，你会感觉到它是由知识渊博、经验丰富的专业人士编写的，并且他们对你毫无隐瞒。

—Amazon 读者

序　言

　　《R 数据科学实战》(第 2 版)是一本针对数据科学的实践指南，重点介绍了使用 R 语言和统计程序包处理结构化或表格数据的相关技术，也着重介绍了机器学习的技术。但它的独特之处在于专门讨论了数据科学家在项目中的角色、所管理的交付结果，甚至设计演示文稿等主题。本书不仅研究了如何编写模型，还讨论了如何与不同的团队协作，如何将业务目标转化为度量值，以及如何组织工作和编写报告等。如果你想学习如何使用 R 语言来从事数据科学家的工作，那么建议你阅读本书。

　　我们认识 Nina Zumel 和 John Mount 已经很多年了，曾经邀请他们到奇点大学(Singularity University)和我们一起教书，他们是我们所知道的最优秀的两位数据科学家。我们定期推荐他们关于交叉验证和影响编码(也称为目标编码)的原创性研究。实际上，他们在本书第 8 章中讲授了影响编码的相关理论，并通过自己的 R 程序包 vtreat 实现了其应用。

　　在《R 数据科学实战》(第 2 版)这本书中，作者用了一些篇幅描述了什么是数据科学、数据科学家是如何解决问题的，以及对他们工作的描述。其中，包括对经典监督学习方法(如线性回归和逻辑回归)的详细描述。我们喜欢本书的调研式风格，以及使用的大量的竞赛获奖方法和程序包的示例(如随机森林和 xgboost)。本书涵盖了非常有用的、可共享的经验和实践建议。我们注意到，在本书中甚至包括了我们自己使用过的一些技巧，例如使用随机森林变量重要性进行初始变量的筛选。

　　总体而言，这是一本很棒的图书，我们强烈推荐。

——Jeremy Howard 和 Rachel Thomas

前　言

　　本书是我们在自学时所希望拥有的书，它所汇集的主题和技能被称为数据科学。本书也是我们想分发给客户和同行的书。它的目的是解释统计学、计算机科学和机器学习等学科中对数据科学至关重要的内容。

　　数据科学利用了来自经验科学、统计学、报表技术、分析技术、可视化技术、商业智能、专家系统、机器学习、数据库、数据仓库、数据挖掘和大数据技术的各种工具。正是因为我们有太多的工具，所以需要一个涵盖所有工具的指导原则。数据科学本身与这些工具和技术的区别就在于数据科学的中心目标是将有效的决策模型部署到生产环境中。

　　我们的目标是从务实的、面向实践的角度来展示数据科学。我们通过聚焦在完全成功的真实数据上的示例来实现这一目标，本书展示了超过 10 个重要的数据集。我们认为这种方法能举例说明我们真正想要达到的教学目标，并能演示实际项目中所需要的各种准备步骤。

　　在本书中，我们讨论了实用的统计学和机器学习的概念，包括具体的代码示例，并探索了与非专业人员的合作和沟通方式。如果你觉得这些话题中没有新颖的主题，那么我们希望本书内容能为你最近没有想到的其他一两个话题提供一些启示。

致　谢

　　感谢我们的同事和其他阅读与评论本书各章节草稿的人。特别要感谢如下评审员：Charles C. Earl、Christopher Kardell、David Meza、Domingo Salazar、Doug Sparling、James Black、John MacKintosh、Owen Morris、Pascal Barbedo、Robert Samohyl 和 Taylor Dolezal。他们的意见、疑问和修订极大地改进了本书的质量。我们要特别感谢为本书第 1 版工作的策划编辑 Dustin Archibald 和 Cynthia Kane，感谢他们提供了想法和支持。同时，还要感谢 Nichole Beard、Benjamin Berg、Rachael Herbert、Katie Tennant、Lori Weidert、Cheryl Weisman 以及所有为使本书成为一本优秀的著作而努力工作的编辑们。

　　此外，还要感谢我们的同事 David Steier、加州大学伯克利分校信息科学学院的 Doug Tygar 教授、威斯康星大学白水分校生物科学和计算机科学系的 Robert K. Kuzoff 教授，以及所有用这本书作为教学范本的院系同事和教师。感谢 Jim Porzak、Joseph Rickert 和 Alan Miller 经常邀请我们在 R 用户组发表与本书相关的主题演讲。我们要特别感谢 Jim Porzak 为第 1 版撰写前言，并积极宣传我们的书。当我们疲惫不堪、灰心丧气，不知道为什么要把自己投入这项任务中时，他的热情帮助使我们意识到所分享的内容和所采用的方式是有大众需求的。如果没有他的鼓励，完成本书会变得困难许多。同时，我们也要感谢 Jeremy Howard 和 Rachel Thomas 撰写了新版的序言，并邀请我们演讲，为我们提供了大力支持。

关于本书

本书是关于数据科学的：一个使用统计学、机器学习以及计算机科学的结果来创建预测模型的领域。由于数据科学涉猎广泛，因此在本书中讨论并概述一些我们采用的方法是很重要的。

数据科学概述

统计学家 William S. Cleveland 将数据科学定义为一个比统计学本身更大的跨学科领域。我们将数据科学定义为可以将假设和数据转化为可操作的预测的过程。典型的预测分析目标包括预测谁将赢得选举、哪些产品放在一起可以畅销、哪些贷款将违约，以及哪些广告将被点击。数据科学家负责获取和管理数据，选择建模技术，编写代码并验证结果。

因为数据科学涉及很多学科，所以它常常是一种"第二种选择"。我们遇到的许多最好的数据科学家都是从程序员、统计学家、商业智能分析师或科学家开始的。通过在他们已掌握的技能上增加一些技术，他们成为了优秀的数据科学家。正是这一观察推动了本书的编写：我们通过在真实数据上实际操作所有常见项目的具体步骤来介绍数据科学家所需要的实用技能。对读者而言，有些步骤你会比我们更了解，有些你会很快学会，而有些你可能需要进一步研究。

数据科学的许多理论基础都来自统计学。但我们所熟知的数据科学因受到技术和软件工程方法论的巨大影响，很大程度上是在计算机科学和信息技术驱动的群体中发展起来的。我们可以列举出数据科学的一些工程学特性：

- 亚马逊的产品推荐系统
- 谷歌的广告评估系统
- 领英的联系人推荐系统
- 推特的热门话题
- 沃尔玛的消费者需求预测系统

以上这些系统有很多共同的特点：

- 所有的这些系统都建立在海量的数据集上。这并不是说它们都属于大数据的领域。但如果它们仅仅使用小的数据集，那么相信没有一个系统会成功。为了管理数据，这些系统需要来自计算机科学的理论：数据库理论、并行编程理论、流数据技术和数据仓库系统。
- 这些系统大部分都是在线或者实时的。不同于制作一份报告或分析，数据科学团队会部署一个决策程序或评分程序来直接做决策或直接向大量终端用户展示结果。生产部署是解决问题的最后机会，因为数据科学家不会随时都来解释这些缺陷。
- 所有这些系统都可能会出现某些无法预知的错误。
- 这些系统中没有一个与原因有关。它们的成功在于找到了有用的关联性，并且它们不被用来区分正确的因果关系。

本书所教授的内容是建立这些系统所需的原理和工具，涉及成功交付此类项目的常见任务、步骤和工具。我们的重点是全过程项目管理、与他人合作，并向非专业人士展示结果。

本书的路线图

本书包括以下内容：

- 数据科学管理的全过程。数据科学家必须具备衡量和检测他们自身项目的能力。
- 许多数据科学项目中使用的最强大的统计和机器学习的技术。本书包含众多使用 R 编程语言执行实际数据科学工作的实际操作。
- 为所有利益相关者(管理者、用户、部署团队等)准备演示文稿。要知道，你必须能用具体的术语向不同的受众解释你的工作，而不是坚持使用某一特定领域的技术词汇。当然，也不能随便把数据科学项目的结果扔到一边，置之不理。

我们把书中的主题按照能增进对数据科学理解的顺序进行了排列。所有材料的组织如下：

第 I 部分描述了数据科学过程的基本目标和技术，主要强调协作和数据。第 1 章讨论了数据科学家是如何工作的。第 2 章展示了如何将数据加载到 R 中，以及如何开始使用 R。

第 3 章讲授了如何在数据中找寻所需的信息，以及描述和理解数据的几个重要步骤。数据必须为分析做好准备，并且数据问题需要被修正。第 4 章展示了如何修正第

3 章发现的问题。

　　第 5 章介绍了数据准备的一个步骤：基本数据整理。数据并不总是以最适合分析的形式或"形态"提供给数据科学家。R 提供了许多工具来管理和重构数据以获得正确的结构。本章涵盖了这些内容。

　　第 II 部分从描述和准备数据转向建立有效的预测模型。第 6 章提供了从业务需求到技术评估和建模技术的映射关系。它涵盖了用于评估模型性能的标准指标和程序，以及一项专用技术——LIME。LIME 用来解释由一个模型做出的具体预测。

　　第 7 章介绍了基本的线性模型：线性回归、逻辑回归和正则线性模型。线性模型是许多分析任务要用到的重要工具，并且对于识别关键变量和深入了解问题的内部结构有极大的帮助。深入了解这些模型对数据科学家来说极其有价值。

　　第 8 章暂时脱离了建模任务，涵盖了更高级的数据处理的内容：如何为建模步骤规整杂乱的真实世界数据。因为要理解这些数据处理方法是如何工作的，需要对线性模型和模型评估指标有一定的理解，所以这个话题被放到第 II 部分。

　　第 9 章介绍了无监督模型的方法：一种不使用带标签的训练数据的建模方法。第 10 章涵盖了提高预测性能、修复特定建模问题的更高级的建模方法。涉及的主题包括基于决策树的集成方法、广义相加模型和支持向量机。

　　第 III 部分从建模回到了流程，展示了如何交付结果。第 11 章演示了如何管理、记录和部署自己的模型。第 12 章介绍如何为不同的听众创建有效的演示幻灯片。

　　附录包括了有关 R、统计学和其他可用工具的技术细节。附录 A 展示了如何安装 R，如何启动工作，以及如何使用其他工具(如 SQL)。附录 B 是对一些关键统计学概念的复习。

　　这些内容是按照目标和任务来组织的，用到的工具会一并介绍。每章的主题都涉及一个有相关数据集的项目。在学习本书的过程中，你将完成许多实质性的项目。本书提到的所有数据集都存储在本书的 GitHub 资料库中：https://github.com/WinVector/PDSwR2。你可以将整个资料库作为单个 zip 文件(GitHub 的服务之一)下载，或者将资料库复制到你自己的机器上，或者根据需要复制单个文件。

本书的读者对象

　　为了使用书中示例，首先需要对 R 和统计学有一些了解。我们建议你准备一些优秀的入门书籍。在开始阅读本书时不需要精通 R，但需要对它有所了解。如果你想从 R 学起，我们推荐你阅读 Jonathan Carroll(Manning, 20108)的 *Beyond Spreadsheets with R* 或者 Robert Kabacoff 的 *R in Action*(现在已经发行了第 2 版：http://www.manning.com/kabacoff2/)，以及本书的相关网站, *Quick-R*(http://www.statmethods.net)。对于统计学, 我们推荐你阅读 David Freedman、Robert Pisani 和 Roger Purves 合作编写的 *Statistics*(第四版) (W.W. Norton & Company, 2007)。

概括而言, 我们希望你:

- 对工作示例感兴趣。通过研究这些示例, 你至少学会一种方法来实现一个完整项目的所有步骤。你必须愿意尝试简单的脚本和编程以便获取本书的全部价值。对于我们提到的每一个例子, 你应该尝试一些变化并预期有一些变化会失败(当你的变化不起作用时)而有一些变化会成功(当你的变化优于我们的示例分析时)。

- 对 R 统计系统比较熟悉, 并愿意使用 R 语言编写简短的脚本和程序。除了 Kabacoff 外, 我们在附录 C 中也列出了几本好书。我们会在 R 中处理具体的问题。你需要运行示例并参考附加文档以了解我们没有演示的命令的变化。

- 对基本的统计学概念比较熟悉, 比如概率、平均值、标准差和显著性。我们将根据需要介绍这些概念, 但在运行示例时, 你要根据自己的情况阅读额外的参考资料以更好地理解示例。我们将定义一些术语并且参考一些主题资料和有用的博客, 但我们也要求你自行在网上搜索某些主题。

- 准备一台计算机(macOS、Linux 或 Windows)来安装 R 和其他工具, 以及用来下载工具和数据集的互联网连接。强烈建议你亲自运行那些示例, 在不同方法上使用 R 的 help ()来查看相应的帮助文档, 并阅读一些附加的参考文献。

本书中未包含的内容

- 本书不是一本 R 手册。我们使用 R 来具体说明数据科学项目的重要步骤。我们会讲授大量关于 R 的知识来帮助你完成书中的示例, 但不熟悉 R 的话就需要参考附录 A, 以及许多优秀的 R 书籍和可用的教学视频。

- 本书不是一系列的案例研究。我们强调方法理论和技术。书中给出的示例数据和代码只是为了确保我们给出的是具体且可用的建议。

- 本书不是一本大数据的书。我们认为最有意义的数据科学是发生在可管理的数据库或者文件规模(通常比内存大些, 但仍然易于管理)。要产生那些能将度量的各种条件映射到相关结果的有价值的数据往往需要昂贵的成本, 而这往往限制了数据规模。但对于某些报表生成、数据挖掘和自然语言处理, 你需要进一步探索大数据的领域。

- 本书不是一本理论书籍。我们不聚焦在任何一种技术的细致理论描述上。数据科学讲究灵活性，有许多可用的好技术。如果某种技术看起来能解决你手头的问题，我们会深入探讨它。即使是在我们的文本中，相比于漂亮的排版公式，我们也更喜欢使用 R 代码符号，因为 R 代码可以直接使用。
- 本书不是一本机器学习的技术书。我们只关注已经在 R 中实现的方法。对于每种方法，我们会践行操作理论并展示其优点。我们通常不讨论如何实现它们(即使实现起来很容易)，因为优秀的 R 实现已经是可用的。

代码约定和下载

本书是以示例为导向的。我们在 GitHub 资料库里提供了准备好的示例数据(https://github.com/WinVector/PDSwR2)，同时附有 R 代码并且有原始的链接。你可以在线浏览此资料库，也可以将其复制到自己的计算机上。我们也以 zip 文件的方式提供了产生所有结果的代码和几乎所有能在本书中找到的图表(https://github.com/WinVector/PDSwR2/raw/master/CodeExamples.zip)，因为从 zip 文件里复制代码比从书上复制和粘贴要容易得多。关于下载、安装和使用所有推荐的工具和示例数据的指令可以在附录 A 中的 A.1 节中找到。我们鼓励你在阅读文本时尝试运行 R 代码的示例。即使我们讨论的是数据科学中比较抽象的内容，也会用具体的数据和代码来举例说明。每个章节都包含引用特定数据集的链接。R 代码的编写不需要任何命令行提示符，例如>(它通常在运行 R 代码时出现，但不能作为新的 R 代码输入)。内联结果是以 R 的注释字符#作为前缀。在大多数情况下，初始源代码已经被重新格式化；我们添加了换行符并重新编写行首缩进以便适应书中可用的页面空间。在极少数情况下，代码清单中还包括了行连接标记(➡)。另外，当在文本中描述代码时，会将源代码中的注释删除。而许多代码清单中包含了代码注释，用于强调重要的概念。

如何使用本书

我们建议最好在阅读本书的同时至少运行一些示例。为此，建议你安装 R、RStudio，以及一些书中常用的程序包。附录 A 的 A.1 节中分享了关于如何执行此操作的说明。我们也建议你通过 https://github.com/WinVector/PDSwR2 的 GitHub 资料库或本书封底上的二维码下载所有的示例，包括代码和数据。

下载本书的辅助资料/资料库

可以使用"download as zip" GitHub 这一特性，将资料库的内容以 zip 文件的格式下载下来，如下图所示，下载来自 GitHub 网址 https://github.com/WinVector/PDSwR2 的内容。

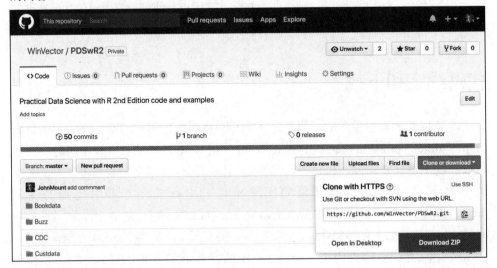

GitHub 下载示例

点击 Download ZIP 链接应该会下载程序包的压缩版本(或者你可以尝试直接访问 ZIP 资料的链接：https://github.com/WinVector/PDSwR2/archive/master.zip)。或者，如果你熟悉在命令行中运行 Git 资源管理系统，可以使用 Bash shell 命令(不是 R 命令)：

```
git clone https://github.com/WinVector/PDSwR2.git
```

在本书所有示例中，我们假设读者已经复制了资料库或下载并解压了其中的内容。这会生成一个名为 PDSwR2 的目录。我们讨论的路径将会从这个目录开始。比如，如果我们提到使用 PDSwR2/UCICar 目录，则意味着无论你在哪里解压了 PDSwR2 目录，我们都会对 UCICar 子目录下的内容进行操作。你可以通过 setwd()命令来更改 R 的工作目录(请在 R 控制台中输入 help(setwd)来获得更多帮助信息)。当然，如果你使用的是 RStudio 工具，那么也能通过文件浏览界面的 gear/more 菜单选项来设置工作目录。本书中的所有代码示例都包含在 PDSwR2/CodeExamples 目录中，因此不需要输入代码(尽管你需要在自己定义的数据目录中运行它们——而不是在下载代码的目录中执行它们)。

　　本书并没有提供完整的练习，只是提供了一些示例。我们建议读者学习示例并尝试修改示例。例如，在 2.3.1 节中，我们展示了如何预测收入与受教育程度和性别的关系，尝试将收入与就业状况和年龄联系起来也是有意义的。实际上，数据科学要求你对编程、函数、数据、变量和关系有一定的好奇心，越早在自己的数据中发现不同，就越容易对它们进行处理。

关 于 作 者

Nina Zumel 曾在一家独立的、非营利性研究机构 SRI International 担任科学家。她曾在一家价格优化公司担任首席科学家，并创办了一家合同研究公司。Nina 现在是 Win-Vector LLC 的首席顾问。读者可以通过 nzumel@win-vector.com 联系她。

John Mount 曾是生物科技领域的计算科学家和股票交易算法的设计师，并且为 Shopping.com 管理过一个研究团队。他现在是 Win-Vector LLC 的首席顾问。读者可以通过 jmount@win-vector.com 联系他。

关于序言作者

Jeremy Howard 是一位企业家、商业战略家、开发人员和教育家。他是 fast.ai 的创始研究员，fast.ai 是一家致力于让深度学习变得更加容易访问的研究机构。他也是旧金山大学的教员，并且是 doc.ai 和 platform.ai 的首席科学家。

在此之前，Jeremy 是 Enlitic 的创始 CEO(首席执行官)，这是第一家将深度学习应用于医学的公司，并被《麻省理工科技评论》连续两年评选为世界最聪明的 50 家公司之一。他曾经是数据科学平台 Kaggle 的会长和首席科学家，在 Kaggle 他连续两年参加国际机器学习大赛并获顶级排名。

Rachel Thomas 是 USF Center for Applied Data Ethics 的董事以及 fast.ai 的联合创始人，在《经济学人》《麻省理工科技评论》和《福克斯》中都被提到过。她被福布斯选为人工智能领域中 20 位不可思议的女性之一，她在杜克大学获得了数学博士学位，并且曾是 Uber 的早期工程师。Rachel 是一位受欢迎的作家和主题演讲人。在她的 TEDx 演讲中，她分享了人工智能让她害怕的地方以及为什么我们需要拥有不同背景的人来参与人工智能。

关于封面插图

本书封面上插图的标题为 Habit of a Lady of China in 1703。该插图是取自 Thomas Jefferys 的 *A Collection of the Dressesof Different Nations, Ancient and Modern* (4 卷本)。该图集于 1757 年到 1772 年期间在伦敦出版。标题页上注明这些图画是手工着色的铜板雕刻,并用阿拉伯树胶增色。Thomas Jefferys (1719—1771)被称为 "国王乔治三世时期的地理学家"。他曾是一位英国制图师,是当时主要的地图供应商。他为政府和其他官员刻印地图并制作了各种各样的商业地图和地图集,尤其是北美地区的地图册。作为一名制图员,他的工作令他对其所勘测和绘制的这些国家的当地服饰和习俗产生了兴趣。

对遥远土地的迷恋和休闲旅行在 18 世纪是相当新奇的现象,像这样的收藏品很受欢迎,向游客和神游旅行者介绍其他国家的风土人情也是很受欢迎的。Jefferys 作品中绘画的多样性生动地说明了一个世纪前世界各国的独特性和个性。从那时起,人们的着装方式发生了变化,当时如此丰富的地区差异也逐渐消失。现在很难区分不同大陆的居民,更不用说不同的城镇、地区或国家了。也许我们已经用文化多样性换取了更为多样化的个人生活,当然也换成了更加多样化和快节奏的科技生活。

在一个很难区分一本书和另一本书的时代,Manning 出版社以三个世纪前丰富多样的服饰为基础来制作图书封面(由 Jefferys 提供的生动图片),从而展现出计算机行业的差异化和创新性。

目　　录

第 I 部分
数据科学引论

在本书的第 I 部分，我们会重点介绍数据科学中最基本的任务：如何与你的合作伙伴一起工作，如何定义问题，以及如何检查数据。

第 1 章介绍了一个典型的数据科学项目的生命周期，包括项目团队成员的不同角色和职责，一个典型项目的不同阶段，以及如何定义目标和设定项目预期。该章作为本书其余部分的概览，内容也按照我们讨论的主题顺序进行组织。

第 2 章深入到具体细节，介绍了如何将数据从各种外部格式加载到 R 系统中，以及如何将数据转换为适合分析的格式，还讨论了对于数据科学家来讲最重要的 R 语言数据结构：数据框(data frame)。有关 R 编程语言的更多详细信息将在附录 A 中提供。

第 3 章和第 4 章介绍了建模阶段之前应做的数据探索和处理。在第 3 章，我们讨论了在数据处理中将遇到的一些典型问题和难点，以及如何使用概要统计信息和可视化功能来检测这些问题。在第 4 章，讨论了数据处理方法，以帮助你解决数据处理中的问题和难点。我们也推荐了一些规则和方法，以帮助你在项目的不同阶段更好地管理数据。

第 5 章介绍了如何将数据整理成易于分析的格式。

在完成第 I 部分之后，你将学会如何定义数据科学项目，如何将数据加载到 R 系统中，以及如何为建模和分析准备数据。

## 第1章

数据科学处理过程

本章内容：
- 数据科学的定义
- 数据科学项目角色的定义
- 了解数据科学项目的各个阶段
- 为一个新的数据科学项目设定预期

数据科学是一门跨学科的实践，它综合了数据工程、描述统计学、数据挖掘、机器学习和预测分析等理论和方法。与运筹学一样，数据科学也侧重于实施以数据为依据的决策和管理。在本书中，我们将集中讨论使用这些技术将数据科学应用于商业和科学问题的方法。

数据科学家负责从头到尾地指导一个数据科学项目。数据科学项目的成功不是由于使用了任何一种外来工具，而是由于有可量化的目标、良好的方法、跨学科的交互和可重复的工作流程。

本章将介绍一个典型的数据科学项目，具体分析你遇到的问题类型、你应该拥有的目标类型、你可能要处理的任务以及预期的结果类型。

我们将使用一个具体的、真实的例子来开始本章的讨论[1]。

示例 假设你在一家德国银行工作。这家银行认为，由于不良贷款而损失了太多钱，因此希望减少损失。为此，他们需要一种工具来帮助信贷员更准确地发现风险贷款。

这就是你的数据科学团队的切入点。

1　在本章，我们将使用综合生物学教授汉斯·霍夫曼博士于 1994 年捐赠给 UCI 机器学习知识库的一个信用数据集。为了清楚起见，我们简化了一些列名。原始数据集可以在 http://archive.ics.uci.edu/ml/datasets/Statlog 上通过查找(German+Credit+Data)关键字找到。我们将在第 2 章演示如何加载这些数据并为分析做好数据准备。请注意，在收集数据时，德国货币单位为德国马克(DM)。

1.1　数据科学项目中的角色

一个数据科学项目并非凭空进行的。它需要众多的角色、技能和工具协同工作。在讨论项目本身之前，先来看看在一个成功的项目中必须拥有的角色。长期以来，项目管理一直是软件工程的核心问题，因此我们可以从中寻求指导。在定义角色时，我们从 Fredrick Brooks 的"外科手术团队"的观点中借鉴了一些软件开发的想法，如他在 *The Mythical Man-Month: Essays on Software Engineering*(Addison-Wesley, 1995)中所述。我们还借鉴了敏捷软件开发范式的思想。

项目角色

下面列出了数据科学项目中始终存在的几个角色，如表 1.1 所示。

表 1.1　数据科学项目中的角色和职责

角　　色	职　　责
项目出资方	代表商业利益，提供项目支持
客户	代表最终用户的利益，领域专家
数据科学家	设定和执行分析战略，与出资方和客户沟通
数据架构师	管理数据和数据存储，有时要管理数据的收集
运营工程师	管理基础设施，部署最终项目成果

有时这些角色可能会重叠。有些角色，特别是客户、数据架构师和运营工程师，通常并不是数据科学项目团队中的人员，但他们却是关键的合作者。

1. 项目出资方

数据科学项目中最重要的角色是项目出资方。出资方是想获得数据科学成果的人。通常，他们代表了商业利益。在贷款申请示例中，出资方可能是银行的消费信贷主管。出资方负责认定项目是成功还是失败。如果数据科学家认为自己了解并可以代表业务需求，则可以担任自己项目的出资方角色，但这不是最佳安排。理想的出资方应满足以下条件：如果他们对项目结果感到满意，那么该项目可定义为成功。让出资方签收成为一个数据科学项目的重要的组织目标。

保持出资方知情并介入　保持出资方知情并参与项目至关重要。要按照他们能够理解的程度，向他们展示项目的计划、进度以及阶段性的成功或失败等情况。反之，让出资方两眼一抹黑必然导致项目失败。

为确保出资方签收，你必须通过与出资方的直接交谈获得清晰的目标。你应该力求用量化的语言得到出资方所表述的目标。这是一个目标示例："在出现第一笔逾期还款的至少 2 个月之前，标识出 90%的拖欠账目，且假阳性率不高于 25%"。这个精确的目标表述使你能够同时检查该目标满足时是否能够达到商业意图，以及你是否拥有高质量的数据和工具去达到这个目标。

2. 客户

出资方是代表商业利益的角色，而客户是代表模型中最终用户的利益的角色。有时，出资方和客户的角色由同一个人担任。如果数据科学家能权衡商业利弊，也就能承担客户角色，但这不是理想的情况。

客户比出资方更有实践经验。在构建一个好的模型所需的技术细节与部署该模型所需的日常工作流程之间，客户起到了接口作用。他们不需要精通数学或统计学，但需要熟悉相关业务流程，可担当团队的领域专家。在本章后面将讨论的贷款应用示例中，客户可以是信贷员，或是代表信贷员利益的人。

作为出资方，应保证客户能知情和介入项目。理想的情况是，你可以与他们一起定期召开会议，使你的工作与最终用户的需求一致。通常，客户会隶属于一个机构中的不同部门，有该项目之外的其他职责。所以，必须保持会议聚焦，以客户容易理解的方式展现成果和进展，并将客户的批评牢记于心。如果最终用户不能或者不想使用你的模型，则项目最终是不成功的。

3. 数据科学家

数据科学项目中的下一个角色是数据科学家，负责执行保障项目成功的所有必要步骤，包括设定项目战略和保证客户知悉情况。他们设计项目步骤，选取数据源，选取使用的工具。由于他们要选择各种尝试使用的技术，因此必须精通统计学和机器学习。他们也负责项目计划和跟踪，有时会和他们的项目管理伙伴一起来做这项工作。

在更多的技术层面上，数据科学家也要检查数据，进行统计检验和处理，应用机器学习模型和评价结果，这些是数据科学项目中的科学部分。

领域理解能力

要求数据科学家成为领域专家往往太过分了。但在实际项目中，数据科学家必须培养自己强大的领域理解能力，以帮助正确地定义和解决问题。

4. 数据架构师

数据架构师负责所有的数据及其存储。这个角色常常是由数据科学团队之外的人来担当，例如数据库管理员或架构师。数据架构师经常忙于为不同的项目管理数据仓库，因此，只有在需要紧急咨询时才可寻求他们的帮助。

5. 运营工程师

运营工程师在获取数据和提交最终结果过程中都是关键的项目角色。担任该角色的人通常在数据科学团队之外承担运维职责。例如，如果要部署一个数据科学结果，该结果会影响在线商店网站中的商品排序，那么负责运营该网站的人在决定如何进行部署上具有较大的发言权。此人会给出响应时间、编程语言和数据大小等方面在部署时需要考虑的约束。担任运营工程师角色的人可能一直在支持你的出资方和客户，所以他们很容易被找到(尽管他们已经按要求花费了很多时间)。

1.2　数据科学项目的阶段

理想的数据科学环境是鼓励数据科学家与所有其他利益方之间进行反馈和反复沟通的。这在数据科学项目的生命周期中得到充分反映。尽管本书像其他关于数据科学处理过程的讨论一样，将其生命周期分成不同阶段，但现实中各阶段之间的边界并不是固定的，一个阶段的活动经常与另一个阶段的活动重叠[1]。在整个处理过程向前推进时，你经常需要在两个或更多的阶段之间往复循环，如图 1.1 所示。

图 1.1　一个数据科学项目的生命周期：嵌套循环过程

1　机器学习过程的一个常见模型是针对数据挖掘的跨行业标准处理过程(CRISP-DM)(https://en.wikipedia.org/wiki/Cross-industry_standard_process_for_data_mining)。与我们将在此处讨论的模型是类似的，但我们强调在处理过程的任何阶段都可以循环往复。

即使在你完成一个项目并部署一个模型之后，从模型运行过程中也能发现新的问题和可疑点。一个项目的结束可能会导致一个后续项目的开始。

下面来看图 1.1 中给出的各个阶段。

1.2.1　制定目标

数据科学项目的第一个任务就是制定一个可衡量和可量化的目标。在该阶段，要尽你所能了解该项目的背景信息：

- 为什么出资方需要设立该项目？他们缺少什么以及需要什么？
- 出资方正在做什么事情来解决问题？为什么还不够好？
- 你需要什么资源：什么种类的数据以及需要多少？你是否需要有一起合作的领域专家？计算资源是什么？
- 项目出资方计划如何部署你的结果？为了成功地实施部署，必须满足哪些约束条件？

下面回到贷款应用示例，其最终的商业目标是减少银行因不良贷款导致的损失。项目出资方希望有一种帮助信贷员的工具，可以更精确地为贷款申请人打分，从而减少产生不良贷款的数量。同时，让信贷员觉得他们对于批准贷款具有最终的决断能力，这也是很重要的。

一旦你和项目出资方及其他利益方对这些疑问确立了基本答案，你就可以和他们一起开始制定项目的精确目标了。该目标应该是具体的和可衡量的，不是"我们想要更好地发现不良贷款"，而是"我们要利用一个模型去预测哪些贷款申请人可能会拖欠贷款，从而将放款坏账率降低至少 10%"。

通过项目的具体目标可得出该项目具体的结束条件和接受条件。目标越不具体，项目就越可能没有界限，因为没有任何结果可以是"足够好的"。如果你不知道想达到什么目标，就不知道何时停止尝试，甚至不知去尝试什么。当项目由于时间到期或者资源耗尽而不得不结束时，没有人会对结果满意。

当然，这并不意味着不需要更具探索性的项目。例如，哪些数据与高拖欠率相关？或者是否应该减少发放贷款的种类？应该去掉哪种贷款？对于这些情况，要仔细检查项目的具体结束条件，如时间限制。例如，你可能决定花两周而不是更多的时间浏览数据，以期得出候选的目标假设。然后，这些假设能够变成针对整个建模项目的具体问题或目标。

一旦有了关于项目目标的好想法，就能集中精力收集数据以满足那些目标。

1.2.2　收集和管理数据

这个阶段包含识别你需要的数据并对数据进行探索，使其满足分析的条件。通常，这个阶段是处理过程中最耗时的一个步骤，也是最重要的阶段之一：

- 什么数据可以供我用？
- 这些数据是否有助于我解决问题？
- 这些数据是否足够多？
- 数据的质量是否足够好？

假设在上述贷款申请问题中，你已经收集到最近十年的代表性贷款的样本数据。一些贷款已经拖欠，但大多数(大约 70%)没有拖欠。你还收集到了贷款申请的各种属性，如表 1.2 所示。

表 1.2　贷款数据属性

Status_of_existing_checking_account(状态为申请中)

Duration_in_month (按月计算的贷款时间)

Credit_history(信用历史)

Purpose (汽车贷款、学费贷款等用途)

Credit_amount(贷款数量)

Savings_Account_or_bonds(储蓄账号或债券的结余和数量)

Present_employment_since(当前职业)

Installment_rate_in_percentage_of_disposable_income(可支配收入的分期还款百分比)

Personal_status_and_sex(个人状态和性别)

Cosigners(联合签署人)

Present_residence_since(当前住址)

Collateral (汽车、财产等担保)

Age_in_years(年龄)

Other_installment_plans (其他分期还款计划, 其他贷款、贷款种类)

Housing(自有的、租住的住宅等)

Number_of_existing_credits_at_this_bank(在本银行的信贷数量)

Job (职业类型)

Number_of_dependents(赡养者人数)

Telephone (电话号码，如果有的话)

Loan_status (贷款的优劣，因变量)

在你的数据中，Loan_status 有两个取值：GoodLoan 和 BadLoan。为便于讨论，假定 GoodLoan 表示还清贷款，BadLoan 表示拖欠贷款。

尽可能地使用可直接度量的信息 要尽可能多地使用可以直接度量的信息，而不是使用从另一个度量中推导出的信息。例如，你也许可以将收入用作一个变量，从而推测低收入者可能会更难付清贷款。但是，如果考虑与借贷者可支配收入相比的还贷数额大小，这个值可以更加直接地度量还清贷款的能力。这个信息比单独的收入数据更有用。你可以通过变量 Installment_rate_in_percentage_of_disposable_income 得到这个数据。

在这个阶段，你将对数据进行初始的探索和可视化处理，也将清洗数据，包括根据需要修复数据错误、转换变量。在探索和清洗数据的过程中，你可能会发现这些数据不适合，或者还需要其他类型的信息。也许你会在数据中发现一些端倪，引出新的问题，而这些问题比你原计划要解决的问题更加重要。例如，图 1.2 中的数据似乎看起来是不合常理的。

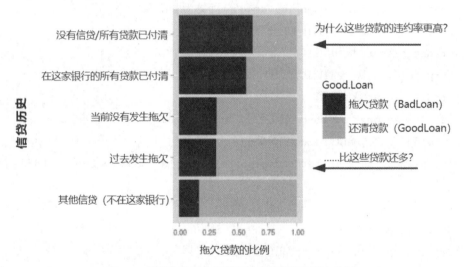

图 1.2 按照信贷历史的类别显示拖欠贷款所占比例

(条形的深色部分代表在该类别中拖欠贷款所占比例)

为什么看起来安全的申请者(已向银行还清了所有信贷)比看起来有风险的人(在过去拖欠过贷款)具有更高的拖欠贷款比例？当你更仔细地检查数据，并与其他利益方和领域专家就该问题进行讨论后，你会认识到这个样本数据存在固有的偏差：你只有实际已发生的贷款数据(已被批准的)。一个真实没有偏见的贷款申请样本应包括已接受的和被拒绝的贷款申请。总的来说，因为你的样本只包括已接受的贷款，因此在数据中看起来有风险的贷款比看起来安全的贷款要少得多。可能的情况是，看起来有风险的贷款经过非常严格的审查过程才能被批准，而看起来安全的贷款申请也许绕过了这些审查。这说明，如果你的模型用于当前申请批准流程的下游，则信贷历史不再是有用的变量。也说明对于那些即使看起来安全的贷款申请也应该更加仔细地严格审查。

类似这样的发现将引导你和其他利益方去修改或者改善项目目标。在这个示例中，你将决定专门关注那些看起来安全的贷款申请。当你在数据中发现有用的信息后，在这个阶段和前一阶段之间，以及在这个阶段和建模阶段之间，进行反复循环处理是常见的情况。我们将在第 3 章和第 4 章深入介绍数据的探索和管理。

1.2.3　建立模型

在模型建立或分析阶段，最终要用到统计学和机器学习。因此，你需要从数据中获取有用的见解，以达到目标。由于许多建模过程需要关于数据分布和关联关系的具体假设，因此，为了找到最好的数据表达方法和最好的数据建模方式，在建模阶段和数据清洗阶段之间会有重叠和反复。

最常见的数据科学建模任务有：

- 分类——决定某个特性属于哪个类别。
- 打分——预测或者预估一个数值，如定价或概率。
- 排名——按照偏好对条目(item)进行排序。
- 聚类——将条目分到最相似的组。
- 发现关系——在数据中找出相关性或潜在原因。
- 特征化——从数据中生成通用的绘图或报表。

对于每个任务，都有多种可用的方法。在本书中，我们将针对每种任务介绍一些最常用的方法。

上述贷款申请问题是个分类问题：识别出可能拖欠的贷款申请人。常用的方法是逻辑回归法和基于树的方法(将在第 7 章和第 10 章深入介绍)。当你与信贷员以及将要实际使用模型的人进行交谈后，了解到他们想要知道在该模型的分类功能背后的推理链，以及该模型所做出决策的置信度指标：该申请人很可能拖欠，或者只是有些可能？为了解决这个问题，你认为决策树是最适合的方法，但就目前而言，我们只能查看决策树模型的结果，因为我们将在第 10 章更详细地讨论决策树[1]。

1　本章为了演示方便，仅选用了一棵分支分层少的"小"树。

假设你使用图 1.3 所示的模型。让我们遍历一下树的示例路径。假设有一笔 10 000 马克(德国马克，当时研究用的货币)的一年期贷款申请。在树的顶部(图 1.3 中的节点 1)该模型检查贷款是否超过 34 个月。答案是"否"，因此该模型沿树的右分支向下移动。该分支从节点 1 开始显示为一条颜色加重的线。下一个问题(节点 3)是贷款是否大于 11 000 德国马克。同样，答案是"否"，因此模型沿着右边(从节点 3 开始显示为一条颜色加重的线)的分支向下移动并到达叶节点 3。

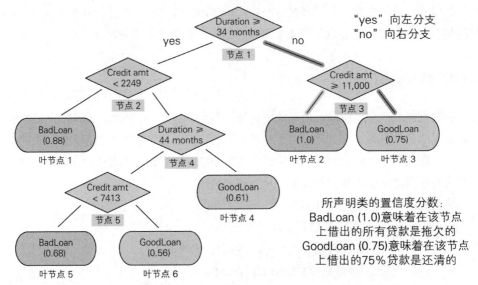

图 1.3 决策树模型，用于找出不良贷款申请，且带有置信度分数

从历史数据看，到达此叶节点的贷款中有 75%是可以还清的贷款，因此模型建议你批准这笔贷款，因为这笔贷款被偿还的可能性很高。

此外，假设有一笔 15 000 德国马克的一年期贷款申请。在这种情况下，该模型将首先在节点 1 上沿着右边向下分支，然后在节点 3 上向左分支，到达叶节点 2。从历史数据看，到达叶节点 2 的所有贷款都已发生拖欠，因此模型建议你拒绝此贷款申请。

我们将在第 6 章讨论一般的建模策略，并在第Ⅱ部分详细介绍特定的建模算法。

1.2.4 评价和评判模型

一旦有了模型，就需要确定它是否满足目标:

- 对你的需求来说是否足够准确？它能否很好地概括需求？
- 它是否比"直观猜测"表现得更好？比你当前使用的任何估计都表现得更好？
- 模型结果(系数、聚簇、规则、置信区间、重要性和诊断)在问题领域的情景中是否有意义？

如果任何一个提问的答案为"否"，则需要重新循环建模步骤，或者，可推断出这些数据不支持你要达到的目标。虽然没有人愿意得到否定的结果，但如果能提前了解到不能用现有资源满足你的成功标准，就可以省去你无谓的努力。这样，你可以把更多的精力花在如何构思成功上，即制定更现实的目标，收集其他额外的数据，或者收集为了达到原始目标所需的其他资源。

回到贷款申请示例，首先要检查的是模型发现的规则是否有意义。从图 1.3 可以看出，你没有观察到任何明显异常的规则，接下来就可以评估模型的精确度。混淆矩阵可用于总结分类器的精确度，它将实际分类结果与预测分类结果用表格形式列出来[1]。

在代码清单 1.1 中，将创建一个混淆矩阵，矩阵的行表示实际贷款状态，而列表示预测的贷款状态。为了提高易读性，代码以矩阵元素的名称命名而不是按索引值命名。例如，conf_mat ["GoodLoan", "BadLoan"]表示 conf_mat [2, 1]元素。矩阵的对角项(diagonal entries)表示正确的预测。

代码清单 1.1　计算混淆矩阵

可以通过网址 https://github.com/WinVector/PDSwR2/blob/master/packages.R 找到运行本书示例所需的所有软件包

该文件可以通过网址 https://github.com/WinVector/PDSwR2/tree/master/Statlog 找到

```
library("rpart")
 load("loan_model_example.RData")
 conf_mat <-
      table(actual = d$Loan_status, pred = predict(model, type = 'class'))
##                pred
## actual     BadLoan GoodLoan
##    BadLoan       41      259
##    GoodLoan      13      687

(accuracy <- sum(diag(conf_mat)) / sum(conf_mat))
## [1] 0.728
```

创建混淆矩阵

模型总的精确度：73%的预测是正确的

1　正常情况下，我们会使用测试集(不用于建模的数据)评估模型。在本示例中，为简单起见，将用训练数据(用于建模的数据)评估模型。另外请注意，在绘图时我们遵循一个约定：x 轴表示预测，对于表格方式，预测用列名表示。请注意，混淆矩阵还有其他的约定规则。

```
(precision <- conf_mat["BadLoan", "BadLoan"] / sum(conf_mat[, "BadLoan"])
## [1] 0.7592593
(recall <- conf_mat["BadLoan", "BadLoan"] / sum(conf_mat["BadLoan", ]))
## [1] 0.1366667

(fpr <- conf_mat["GoodLoan","BadLoan"] / sum(conf_mat["GoodLoan", ]))
## [1] 0.01857143
```

假阳性率: 2%的优质申请人
被误判为不良申请人

模型精确度: 预测为不良
的申请人中 76%的申请
人确实拖欠贷款

模型召回率: 模型发现了
14%的申请人拖欠贷款

该模型正确地预测了 73%的贷款状态，比机会概率(50%)好。在原始数据集中，有30%的不良贷款，剩余均猜测为 GoodLoan 也能达到70%的精度(虽然不是很有用)。因此，该模型明显优于随机预测，稍微优于直观猜测。

该模型总的精度不够好，你想知道究竟出了什么错误：是弄错了太多的不良贷款，还是把太多的优质贷款识别为了不良贷款？召回率用于衡量该模型可实际发现多少不良贷款；精确度用于衡量有多少识别出的不良贷款确实属实；假阳性率衡量有多少优质贷款被错误地识别为不良贷款。理想情况下，希望召回率和精确度要高，而假阳性率要低。而什么是"足够高"和"足够低"则由你和其他利益方一起决定。做到恰当的平衡经常要求在召回率和精确度之间进行折中。

此外，也有其他衡量模型的精确度和质量的方法。我们将在第 6 章讨论模型评估内容。

1.2.5　展现结果和编制文档

一旦有了满足成功标准的模型，你会把结果展现给项目出资方和其他利益方。在部署模型之后，还必须给那些负责使用、运行和维护模型的机构编写模型文档。

不同的受众需要不同种类的信息。业务受众需要根据业务标准来理解你的发现所产生的影响。在贷款例子中，在向业务受众展现结果时，最重要的一点是解释你的贷款申请模型是如何减少损失的(银行在不良贷款里损失的钱)。假如该模型识别出的一组不良贷款占违约损失总额的22%，那么，在你的展现结果或者执行摘要中，应强调该模型可能会将银行的损失减少到该数额，如图1.4所示。

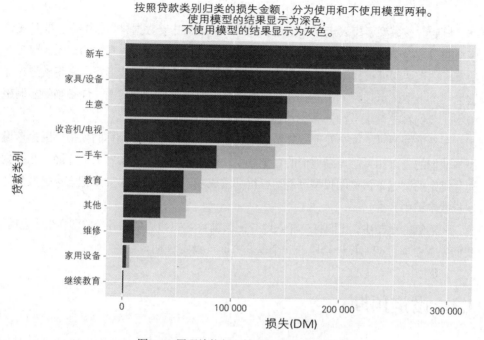

图 1.4　展现给执行主管所用的幻灯片示例

你也许想给这些受众最有意义的发现或推荐，例如，新车贷款比二手车贷款的风险更高，或者，最大的损失与不良汽车贷款和不良设备贷款有关(假设受众不知道这些事实)。对于受众来说，他们不会对模型的技术细节感兴趣，你应该略过这些技术细节或者只给他们提供高层次的展现。

为模型的最终用户(信贷员)做的展现要强调该模型如何帮助他们把工作做得更好：

- 他们应该如何解释该模型？
- 该模型的输出是什么？
- 如果该模型提供决策树规则的执行轨迹，应如何解读它？
- 如果该模型提供了分类的置信度分数，应该如何使用这个置信度分数？
- 他们何时可能会否决该模型？

为运营人员所做的展现或编制的文档应该强调你的模型对他们所负责内容的影响。我们将在本书的第III部分介绍为各种受众所做的展现和文档内容。

1.2.6 部署模型

最后，该模型要投入运行。在许多机构中，这意味着数据科学家不再主要负责该模型的日常操作。但你仍应该确保该模型平滑运行，不会产生灾难性的、无人监督的决策。你也要保证该模型可以随着环境的变化而更新。在很多情形下，宜将模型先部署为一个小型试点项目。在测试过程中可能会出现未预料到的问题，你必须随之调整模型。我们将在第 11 章讨论模型的部署。

在部署模型时，你会发现信贷员在某些情形下会频繁地推翻你的模型，因为该模型与他们的直觉相抵触。是他们的直觉有误？还是该模型不完备？另一方面，在得到充分肯定的情况下，你的模型可能运行得非常成功，银行会想进一步把它再扩展到住房贷款申请中。

在后续的章节中，我们将更深入地介绍数据科学生命周期的各个阶段。在此之前，我们先看看项目初始设计阶段的一个重要方面：设定预期。

1.3　设定预期

设定预期是制定项目目标和成功标准的关键。或许你团队中业务方面的成员(特别是项目出资方)已有一个关于如何满足商业目标所要求性能的想法，例如，银行希望至少减少 10%因不良贷款所造成的损失。在你深入参与一个项目之前，应该确定你所拥有的资源足以满足业务目标的需要。

举一个动态调整项目生命周期阶段的例子。在探索和清洗阶段，你对数据的了解变得更清晰了。在你对数据有概念后，就能够感知到数据是否足以满足预期的性能阈值。如果不能，就必须重新经历项目设计和目标设定阶段。

确定模型性能的下限

在定义验收标准时，了解模型应如何达到可接受的性能是非常重要的。

空值模型代表了你要努力获取的模型性能的下限。你可以将空值模型视为"直观的猜测"，你的模型必须做得比它好。如果你想改进某个工作模型或已有的解决方案，那么空值模型就是现成的方案。在没有现成的模型或解决方案的情况下，空值模型是最简单的可用模型：例如，猜测都为 GoodLoan，或者当你尝试要预测一个数值时，总是预测其输出的平均值。

在贷款申请示例中，数据集里 70%的贷款申请其实是优质贷款。若一个模型将所有贷款标记为 GoodLoan(实际上，这仅使用现有的过程对贷款进行分类)，那么它能达到 70%的正确率。由此可知，建立在数据上的任何实际模型的精确度都应该高于 70%才有用——如果精确度是你的唯一标准。因为这是最简单的可用模型，所以它的出错率被称为基准错误率。

应该比 70%好多少？在统计学上，有个称为假设检验或显著性检验的过程，它检验模型是否等价于空值模型(这种情况下，就是检验一个新模型是否与猜测都为 GoodLoan 的精度一样)。你希望你的模型精度要"显著地优于"(按照统计学术语)70%。我们将在第 6 章详细介绍显著性检验。

精度不是仅有的(或者最好的)性能度量。正如之前所见，召回率是衡量模型识别出实际的不良贷款的比例。在我们的例子中，猜测都为 GoodLoan 的空值模型在识别不良贷款时的召回率为 0，这显然不是你想要的。一般地，如果实际中已经有模型或者处理过程，那么你可能已定义了精确度、召回率、假阳性率等值。改进其中的一项指标总是比只考虑精度这一项更为重要。如果项目的目标是要改进现有的处理过程，那么说明当前模型的这些指标中至少有一个度量是不令人满意的。知晓了现有处理过程的局限，可以帮你确定所需性能的有用下限。

1.4 小结

数据科学处理过程存在着大量的反复——在数据科学家和其他项目利益方之间反复，或在处理过程的不同阶段之间反复。在处理过程中，你将遇到一些意外的事情和障碍。本书将教给你克服其中某些障碍的方法，从而确保所有利益方知情和参与，这很重要。这样，当项目完成时，与其有关的任何人都不会对最终结果感到意外。

在第 2 章，我们将跟随项目设计来介绍下一个阶段：加载、探索和管理数据。第 2 章涵盖了将数据加载到 R 系统的几种基本方法，采用的是一种便于分析的数据格式。

在本章中，你已学习了

- 一个成功的数据科学项目远不只是统计学，也要求有代表业务和客户利益的各种角色，以及运营中的关注点。
- 确保具有清楚的、可验证且可量化的目标。
- 确定为所有利益方设定现实的预期。

从 R 和数据入门

本章内容：
- 从 R 和数据开始工作
- 掌握 R 的数据框结构
- 将数据加载到 R 中
- 对数据进行重新编码以供后续分析

　　本章详细介绍了如何启动 R 开始工作，以及如何将来自不同数据源的数据导入 R 中。这将为你能使用本书中其他部分的示例做好准备。

　　图 2.1 是本书的一个思维模型图，颜色深的部分用来强调本章的目的：启动 R 开始工作并将数据导入 R 中。该思维模型图从第 1 章开始就有，与本书标题呼应，直观地展示了整个数据科学处理流程的示意图。在每一章，我们都会使用这个思维模型图，用颜色深的部分来强调我们要开始介绍的数据科学过程的这部分内容。例如，本章中，我们将学习收集和管理数据的初始步骤，并了解有关实用性、数据和 R(但还不是科学技术)的各类问题。

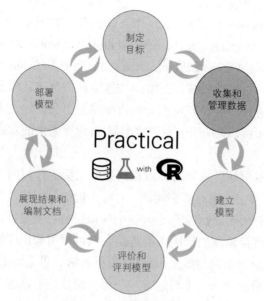

图 2.1　思维模型导图

　　许多数据科学项目始于某人向分析人员提供了一批数据，然后让分析人员发现其隐藏的意义。[1]你的第一个想法可能是使用随机查询工具和电子表格对数据进行排序，但是你很快就意识到你把更多的时间花在了摆弄工具上，而不是花在实际分析数据上。幸运的是，有一个更好的方法：使用 R。到本章结束，你将可以自信地使用 R 来抽取、转换和加载数据以进行分析。

　　没有数据的 R 就像去剧院看窗帘升降一样。

　　——改编自 Ben Katchor 的作品 *Julius Knipl, Real Estate Photographer*: *Stories*

2.1　R 入门

　　R 是开源软件，可以在 UNIX、Linux、Apple macOS 和 Microsoft Windows 上很好地运行。本书聚焦于如何以数据科学家的身份进行工作。但是，要使用书中的示例，读者必须熟悉 R 编程。如果想了解一些背景知识，我们建议你查看 CRAN 的免费手册(R 主要的程序包存储库：https://cran.r-project.org/manuals.html)和其他在线资料。目前，已有大量优秀的 R 入门书籍，包括：

- *R in Action, Second Edition*, Robert Kabacoff, Manning, 2015

　　1　我们假设读者有兴趣成为分析师、统计学家或数据科学家，因此将交替使用这些术语来表示与读者有相同角色的人。

- *Beyond Spreadsheets with R*, Jonathan Carroll, Manning, 2018
- *The Art of R Programming*, Norman Matloff, No Starch Press, 2011
- *R for Everyone, Second Edition*, Jared P. Lander, Addison-Wesley, 2017

每本书都有不同的教学风格，其中一些包括有关统计、机器学习和数据工程的内容。花点时间进行一些调研可能会知道哪些书更适合你。本书的重点在于处理大量的数据科学示例，演示用于克服典型问题(你在未来的实际应用程序中将遇到)的具体步骤。

我们认为数据科学是可重复的：对相同数据重新运行相同的作业应该给出相似的质量结果(由于数字问题、时序问题、并行引起的问题以及伪随机数问题，结果的精确性可能会有所不同)。实际上，我们应该坚持可重复性。这就是我们在一本数据科学的书中讨论编程的原因。编程是指定可重用操作序列的可靠方法。考虑到这一点，人们应该总是将数据刷新(获取更新的、更正确的或更多的数据)视为一件好事，因为通过设计，重新运行一个分析应该是非常容易的，而需要一些手工步骤来完成的分析则不容易重新运行。

2.1.1　安装 R、工具和示例

我们建议你按照附录 A 中 A.1 节的步骤来安装 R、程序包、工具和本书的示例。

查找帮助　R 包含一个非常不错的帮助系统。要获得有关 R 命令的帮助，只要在 R 控制台中运行 help()命令即可。例如，要查看有关如何更改目录的详细信息，就键入 help(setwd)。你必须知道函数的名称才能获得帮助，因此强烈建议你保留注释。对于一些简单的函数，我们不过多解释，读者可以通过调用 help()来获知该函数的作用。

2.1.2　R 编程

在本节，我们将简要描述一些 R 编程的约定、语义和风格问题。你可以通过特定程序包的文档、R 的 help()系统或尝试使用书中提供的各种示例来查找详细信息。在这里，我们将重点介绍与其他常见编程语言不同的方面，以及我们在本书中强调的约定。这应该有助于你了解 R 的思维框架。

有许多常见的 R 编码风格指南。编码风格是一种令编程更加一致、清晰和易读的尝试。本书将遵循一种我们认为在教学和代码维护方面非常有效的编码风格。显然，我们的风格只是众多风格中的一种，绝不是强制性的。好的入门参考资料

包括:

- *The Google R Style Guide* (https://google.github.io/styleguide/Rguide.html)
- Hadley Wickham 的 *Advanced R* (http://adv-r.had.co.nz/Style.html)

我们将努力缩小与目前编程约定的差异,并指出存在此类差异的地方。我们还推荐本书作者博客中的"R 提示和技巧"[1]。

R 是一种普及而且被广泛使用的语言,它通常会提供多种方法来完成同一任务。这表明你要有一定基础,因为除非你熟悉了它的符号,否则就很难理解 R 程序的含义。但是,花一些时间复习一些基本符号很有必要,因为这使你能更容易处理接下来出现的大量示例。本节将描述 R 的一些符号和含义,着重介绍其特别有用且令人惊讶的部分。以下所有内容均为基本要点,但不容小觑。

优先选择正在运行的代码

要优先选择可以运行但尚未完成所需功能的程序、脚本或代码。与其编写一个大型的、未经测试的程序或脚本来实现分析所需的每个步骤,还不如编写一个可以正确执行一个步骤的程序,然后迭代修改脚本以正确执行更多的步骤。这种把正在运行的版本向前推进的做法,通常比尝试去调试一个大型的、有错误的系统,能更快地获得正确的结果。

示例和注释字符(#)

在示例中,我们将 R 命令显示为自由文本,并以#号开头,这是 R 的注释字符。在许多示例中,我们将在命令后添加结果,并以注释字符作为前缀。R 在打印时通常将数组元素的索引值包括在方括号中,并且经常会换行。例如,打印整数 1 到 25 如下所示:

```
print(seq_len(25))
# [1]  1  2  3  4  5  6  7  8  9  10 11 12
# [13] 13 14 15 16 17 18 19 20 21 22 23 24
# [25] 25
```

请注意,数字被分成三行,每行以方括号括起的索引值开头,该数值代表了本行的第一个元素的索引值。有时我们不会展示结果,这是对使用这些特定示例的额外嘉奖。

打印

R 有许多规则可用于打开或关闭隐式打印或自动打印。某些程序包(例如 ggplot2)使用打印来触发其预期的操作。键入一个值通常会触发打印该值。必须注

---

1 请参见 http://www.win-vector.com/blog/tag/r-tips/。

意函数或 for 循环，因为在这种情况下，R 的自动结果打印功能是禁用的。打印非常大的对象可能会成问题，因此要避免打印未知大小的对象。通常可以通过添加额外的括号来强制进行隐式打印，例如"(x <-5)"。

向量和列表

向量(按照值的顺序排列的数组)是 R 的基本数据结构。列表在每个位置上可以容纳不同的类型，而向量在每个位置上却只能容纳相同的基本类型或原子类型。除了数字索引，向量和列表也支持名称-键。从列表或向量中检索条目可以由下面介绍的运算符完成。

向量索引

R 的向量和列表的索引是从 1 开始的，而不是像许多其他编程语言一样从 0 开始索引。

构建一个示例向量。c()是 R 的连接运算符——它可以从较短的向量和列表构建较长的向量和列表而不用嵌套。例如，c(1)只是数字 1，而 c(1, c(2, 3))等效于 c(1, 2, 3)，后者又是 1 到 3 的整数(尽管是用浮点格式存储的)

```
example_vector <- c(10, 20, 30)
example_list <- list(a = 10, b = 20, c = 30)     ◀── 构建一个示例列表
example_vector[1]
## [1] 10
example_list[1]
## $a
## [1] 10
```

演示[]在向量和列表中的用法。请注意，对于列表，[]返回一个新的短列表，而不是条目

```
example_vector[[2]]
## [1] 20
example_list[[2]]
## [1] 20
```

演示[[]]在向量和列表中的用法。通常情况下，[[]]强制返回单个条目，尽管对于复杂类型的嵌套列表，该条目本身也可能是一个列表

```
example_vector[c(FALSE, TRUE, TRUE)]
## [1] 20 30
example_list[c(FALSE, TRUE, TRUE)]
## $b
## [1] 20
##
## $c
## [1] 30
```

向量和列表可以通过逻辑向量、整数向量和(如果向量或列表有名称)字符向量来索引

```
example_list$b
## [1] 20
example_list[["b"]]
## [1] 20
```

对于已命名的示例，语法 example_list$b 本质上是 example_list [[" b"]]的简写(对于已命名的向量也是如此)

我们不会在每个示例中都共享这么多的注释，但通过调用每个函数或命令的 help()即可获得这样的注释效果。另外，我们非常鼓励尝试变化。在 R 中，"errors(错误)"只是表示 R 安全地拒绝了执行错误的操作方式(error 并不表示崩溃，并且结果也没有被损坏)。因此，不应因恐惧错误而不做实验。

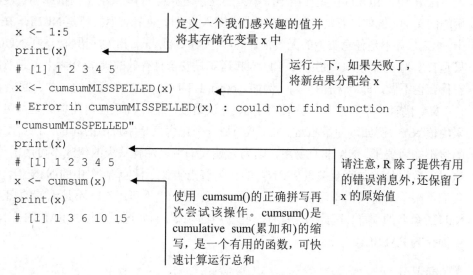

```
x <- 1:5
print(x)
# [1] 1 2 3 4 5
x <- cumsumMISSPELLED(x)
# Error in cumsumMISSPELLED(x) : could not find function
"cumsumMISSPELLED"
print(x)
# [1] 1 2 3 4 5
x <- cumsum(x)
print(x)
# [1] 1 3 6 10 15
```

定义一个我们感兴趣的值并将其存储在变量 x 中

运行一下，如果失败了，将新结果分配给 x

请注意，R 除了提供有用的错误消息外，还保留了 x 的原始值

使用 cumsum()的正确拼写再次尝试该操作。cumsum()是 cumulative sum(累加和)的缩写，是一个有用的函数，可快速计算运行总和

R 中有关向量的另一个方面是大多数 R 运算都是向量化的。当将某函数或运算符应用于一个向量时，其实是将该函数独立地应用于该向量的每个项，而该函数或运算符是向量化的。例如，函数 nchar()计算一个字符串中有多少个字符。在 R 中，此函数可用于单个字符串，或字符串向量上。

列表和向量是 R 的映射结构

它们可以将字符串映射到任意对象上。重要的列表操作[]、match()和%in%是向量化的。这意味着，当将它们应用于数值向量时，它们通过对每个项执行一次查找来返回结果向量。要将单个元素从列表中取出，应使用双括号符号[[]]。

```
nchar("a string")
# [1] 8

nchar(c("a", "aa", "aaa", "aaaa"))
# [1] 1 2 3 4
```

逻辑运算

R 的逻辑运算符有两种形式。R 具有标准的中缀(infix)标量值运算符，这些运算符仅有一个值，并且具有与 C 或 Java 中相同的运算操作和名称：&&和||。R 还具有向量化的中缀运算符，可用于逻辑值向量：& 和|。要确保在诸如 if 语句之类

的情况下，始终使用标量版本(&&和||)，而在处理逻辑向量时，始终使用向量化版本(& 和|)。

NULL 和 NANA(不可用)值

在 R 中，NULL 仅是使用不带参数的连接运算符 c()构成的空向量或零长度向量的同义词。例如，当我们在 R 控制台中键入 c()时，将看到返回值是 NULL。在 R 中，NULL 并不是任意类型的无效指针(与大多数 C 或 Java 相关的语言一样)。NULL 只是长度为零的向量。使用 NULL 一起运算是安全且有效的操作(实际上，它意味着什么也不做，即"无操作")。例如，c(c(), 1, NULL)是完全有效的，并返回值 1。

NA 代表"不可用"，并且对于 R 来说是唯一的。几乎任何简单类型都可以采用值 NA。例如，向量 c("a", NA, "c")是一个包含三个字符串的向量，而第二项的值不知道罢了。NA 非常易用，因为它使我们可以注释缺失的值或不可用的值，这对于数据处理过程至关重要。NA 的行为有点类似于浮点算术[1]中的 NaN 值，但我们不限于仅将其用于浮点类型。另外，NA 表示"不可用"，不是无效的(正如 NaN 所命名的那样)，因此 NA 具有一些易用的规则，例如逻辑表达式 FALSE & NA 可简化为 FALSE。

标识符

标识符或符号名是 R 指代变量和函数的方式。*The Google R Style Guide* 坚持使用称为"CamelCase"(名称中的单词首字母用大写表示，如"CamelCase"本身一样)的样式来书写符号名称。*Advanced R* 指南建议使用下画线样式，标识符内的名称用下画线分隔(例如"day_one"而不是"DayOne")。同样，许多 R 用户使用点将标识符中的名称分隔开(例如"day.one")。特别是，R 中那些重要的内置标识符(如 data.frame)，以及包(如 data.table)，都使用点这种命名约定。

我们建议使用下画线表示法，但你也会发现，在与其他人一起工作时，我们必须经常在这些命名约定之间切换。如果可能的话，请避免使用点这种命名约定，因为这种表示法通常在面向对象的语言和数据库中用于其他目的，因此没必要让其他人混淆。[2]

行分隔

通常建议将 R 源代码的行保持在 80 列或以下。R 接受多行语句，只要该语句

1　浮点运算的局限性，或者实数在计算机中的近似方式，是处理数字型数据时常见的问题。为了理解使用数字型数据的问题，我们建议数据科学家阅读 David Goldberg 于 1991 年发表在 ACM Computing Surveys 期刊上的"What Every Computer Scientist Should Know About Floating-Point Arithmetic"(https://docs.oracle.com/cd/E19957-01/806-3568/ncg_goldberg.html)。

2　点表示法很可能受来自 Lisp 语言(它对 R 有很大的影响)，而对下画线的慎用很可能是由于"_"是 R 中之前用来赋值的运算符(尽管它不再被用作 R 中的赋值运算符)。

明确结尾即可。例如，要将单个语句"1＋2"分成多行，可编写如下代码：

```
1 +
  2
```

不要像下面那样写代码，因为第一行本身就是有效语句，会造成歧义：

```
1
  + 2
```

规则：每当跨多行读取语句时，R 遇到语法错误就会强制尽早终止。

分号

R 允许将分号用作语句结束标记，但不要求必须使用。大多数格式指南都建议不要在 R 代码中使用分号，当然更不要在行尾使用。

赋值

R 有许多赋值运算符(参见表 2.1)。首选的是<-。=可用于 R 中的赋值，但也可用于在函数调用期间按名称将参数值绑定到参数名称(因此使用=可能存在一些歧义)。

表 2.1　R 的主要赋值运算符

运算符	用　　途	示　　例
<-	将右侧的值赋给左侧的符号	x <- 5，把值 5 赋给符号 x
=	将右侧的值赋给左侧的符号	x = 5，把值 5 赋给符号 x
->	左赋右，而不是传统的右赋左	5 -> x，把值 5 赋给符号 x

赋值的左侧

许多主流的编程语言仅允许将值赋给变量名称或符号。而 R 允许将切片表达式(slice expression)放在赋值的左侧，并允许进行数字和逻辑数组索引。这样就能使用非常强大的数组切片(array-slicing)命令和编码格式。例如，我们可以将向量中的所有缺失值(用"NA"表示)替换为 0，如下例所示：

```
d <- data.frame(x = c(1, NA, 3))
print(d)
#   x
# 1 1
# 2 NA
```

"data.frame"是 R 的表格数据类型，也是 R 中最重要的数据类型。data.frame 包含按行和列组织的数据

```
# 3 3
d$x[is.na(d$x)] <- 0
print(d)
#   x
# 1 1
# 2 0
# 3 3
```

当打印 data.frame 时，行号显示在第一列(未命名)，各列的值显示在相应的列名之下

我们可以在赋值的左侧放置 d 的 x 列的切片或集合，以轻松地将所有 NA 值替换为 0

因子

R 可以处理多种数据类型：数字型、逻辑型、整数型、字符串(称为字符型)和因子。因子是一种 R 数据类型，它将一组固定的字符串编码为整数。这种数据类型可以节省很多存储空间，但其看起来像字符串一样。因子与 as.numeric()命令(它会返回因子的因子代码，以及返回字符类型的解析文本)的交互可能会引起混淆。因子还对所允许的值的整个集合进行编码，这很有用，但对于合并来自不同数据源(具有不同值的集合)的数据会有些麻烦。为避免出现问题，我们建议将字符串转换为因子的时间推迟到分析后期。这通常是将参数 stringAsFactors = FALSE 添加到诸如 data.frame()或 read.table()之类的函数中来实现的。但是，我们鼓励你在有理由的情况下使用因子，例如，想要使用 summary()或准备生成虚拟变量(请参见后面代码清单 2.10 后的"关于因子编码的更多信息"，以获取更多有关虚拟变量及其相互关系的详细内容)。

命名参数

R 的核心是将函数应用于数据。带有大量参数的函数会立即变得混乱和难以理解。这就是为什么 R 包含了一个命名参数的功能。例如，如果我们想将工作目录设置为"/tmp"，通常会使用 setwd()命令，如 setwd("/tmp")。但是，help(setwd)告诉我们 setwd()的第一个参数的名称为 dir，因此也可以将其写为 setwd(dir ="/tmp")。这对于具有大量参数的函数以及设置可选的函数参数是很有用的。注意：命名参数必须由 "=" 来设置，而不能用赋值运算符(如 "<-")来设置。

如果有一个包含了 10 个参数的过程，那么你可能会丢失其中的一些参数。
——Alan Perlis，*Epigrams on Programming*，ACM SIGPLAN Notices 17

包的符号

在 R 中，有两种使用包中函数的主要方法：第一种是用 library()命令附加程序包，然后使用函数名；第二种是使用包名，然后使用::来命名函数。第二种方法的一个示例是 stats :: sd(1:5)。符号::可以避免产生歧义，也可以在以后阅读自己的代码时提醒你该函数来自哪个程序包。

值的语义

R 的不寻常之处在于，它可以有效地模拟"按值复制"的语义。有时用户会对数据有两个引用，且每个引用都是独立的：对一个引用的更改不影响另一个。这种特性对于兼职程序员来说非常理想，并且消除了编写代码时可能出现的大量别名错误。我们在此给出一个简单的示例：

```
d <- data.frame(x = 1, y = 2)    ◄──────┐ 创建一些示例数据并将其赋值给 d
d2 <- d    ◄────────────┐
d$x <- 5    ◄──────┐    └─ 为相同数据创建一个附加引用 d2
                    └─ 更改 d 中的数值
print(d)
#   x y
# 1 5 2

print(d2)
#   x y
# 1 1 2
```

请注意，d2 保留了 x 的旧值 1。通过此功能可以非常方便和安全地编码。许多编程语言都以这种方式保护函数调用中的引用或指针。但是，R 还保护复杂的值，并且在所有情况下(不仅是函数调用时)都允许这样做。当你要共享后台更改时，例如在完成所有所需的更改后调用最终赋值(如 d2 <-d)，必须格外小心。根据我们的经验，与复制-返回(copy-back)所带来的不便相比，R 的值隔离语义避免了许多问题。

管理中间值

较长的计算序列可能变得难以读取、调试和维护。为避免这种情况，我们建议保留名为"."的变量以存储中间值。其想法是：小步快跑。例如：一个常见的数据科学问题是对收入记录进行分类，然后计算在给定的分类关键字下的收入占总收入的比例。在 R 中，可以通过将此任务分为几个小步骤来轻松地完成：

```
data <- data.frame(revenue = c(2, 1, 2),    ◄──┐ 我们虚构的、或者
                   sort_key = c("b", "c", "a"), │ 说是示例数据
                   stringsAsFactors = FALSE)
print(data)

#   revenue sort_key
# 1       2        b
# 2       1        c
```

```
# 3          2          a
```

将数据分配给名为 "." 的临时变量。原始值将保存在 data 变量中，从而在必要时可以轻松地重新计算

```
. <- data
. . <- .[order(.$sort_key), , drop = FALSE]
.$ordered_sum_revenue <  cumsum(.$revenue)
.$fraction_revenue_seen <- .$ordered_sum_revenue/sum(.$revenue)
result <- .
print(result)

#   revenue sort_key ordered_sum_revenue fraction_revenue_seen
# 3       2        a                   2                   0.4
# 1       2        b                   4                   0.8
# 2       1        c                   5                   1.0
```

将结果从 "." 分配给一个更容易记住的变量名

使用 order 命令对行进行排序。"drop = FALSE" 并非严格需要，但是养成包含它的习惯是很好的。对于不带 drop = FALSE 参数的单列 data.frame，索引运算符[,]会将结果转换为向量，而这几乎从来就不是 R 用户的真实意图。drop = FALSE 参数可关闭此转换，最好是使用它，以防万一，而当 data.frame 具有单个列或我们不知道 data.frame 是否有不止一列(因为 data.frame 可能有其他来源)时，就必须使用它

　　R 的包 dplyr 可将点符号替换为所谓的管道符号(由另一个名为magrittr的程序包提供，类似于 JavaScript 方法的 "chaining"(链接))。由于 dplyr 非常受欢迎，因此你经常会看到用这种格式编写的代码，我们会时不时地使用这种格式来帮助你使用这种代码。

　　但是要记住，dplyr 只是标准 R 代码的流行替代品，而不是高级替代品，这很重要。

```
library("dplyr")

result <- data %>%
  arrange(., sort_key) %>%
  mutate(., ordered_sum_revenue = cumsum(revenue)) %>%
  mutate(., fraction_revenue_seen = ordered_sum_revenue/sum(revenue))
```

　　此示例的每个步骤已被 dplyr 的等效函数所替换。arrange()是 dplyr 用来替换order()的，而 mutate()是赋值的替代品。代码转换是逐行进行的，只有一个例外：赋值是先写的(即使它在所有其他步骤之后发生)。计算步骤由 magrittr 的管道符号%>%排序。

magrittr 管道允许你用 x%>%f、x %>% f()或 x %>% f(.)三者中的一个代替 f(x)。通常，我们使用 x %>% f 符号表示法。但是，在表示正在发生的事情时，我们认为 x%>% f(.)是最显而易见的。[1]

有关 dplyr 符号表示法的详细信息可访问 http://dplyr.tidyverse.org/articles/dplyr.html。要知道，调试长的 dplyr 管道会很困难，在开发和试验过程中，有必要将 dplyr 管道分成较小的步骤，将中间结果存储到临时变量中。

中间结果表示法具有易于重新启动和逐步调试的优点。在本书中，我们将视情况使用不同的符号表示法。

data.frame 类

R 的 data.frame 类被很好地设计为以"随时准备被分析"(ready for analysis)的格式存储数据。data.frame 是二维数组，其中每一列代表一个变量、度量或事实，每一行代表一个个体或实例。在这种格式下，一个个体元素表示已知的单个实例的单个事实或变量。data.frame 被实现为列向量的一个命名列表(可以使用 list columns(列表列)，但是与 data.frame 的规则相比，它们并不常用)。在 data.frame 中，所有列的长度都相同，这意味着可以将所有列的第 k 项看成一行。

在 data.frame 列上的操作是高效和向量化的。添加、查找和删除列是很快的。在 data.frame 上对每一行的操作代价都很昂贵，因此对于大型 data.frame 的处理，应首选向量化的列符号表示法。

R 的 data.frame 更像是一个数据库表，因为它具有像 schema 模式的信息：具有列名和列类型的显式列表。大多数分析都能通过 data.frame 列上的转换来表示。

让 R 为你工作

在"base R"(R 本身及其核心程序包，如 utils 和 stats)或扩展程序包中，大多数常见的统计或数据处理操作都已经有了良好的实现。即使你不使用 R，最终也会败给 R。例如，一个使用 Java 的程序员可能不得不使用 for 循环才能将两个数据列中的每一行值相加。而在 R 中，两个数据列的相加则是最基本的，其实现如下：

```
d <- data.frame(col1 = c(1, 2, 3), col2 = c(-1, 0, 1))
d$col3 <- d$col1 + d$col2
print(d)
#   col1 col2 col3
# 1    1   -1    0
```

---

[1]　对于我们自己的工作而言，实际上更愿意使用 wrapr 包中的%.>% "点管道"表达方式，因为它更多地强调了符号表示法的一致性。

```
#2    2    0    2
#3    3    1    4
```

data.frame 实际上是列的命名列表。我们会在整本书中使用它。在 R 中，我们倾向于对列进行操作，并且利用 R 的向量化特性实时地对每行执行指定的操作。如果你发现自己还在对 R 中的行进行操作，说明你还没有学会使用该语言。

查找现成的解决方案 查找正确的 R 函数可能很乏味，但是值得(特别是如果你保留了这些查找的注释)。R 旨在用于数据分析，因此尽管它可能会使用晦涩的名称和一些奇怪的默认设置，但已经很好地实现了数据分析所需的最常用的步骤。正如化学家 Frank Westheimer 所说："在实验室中待几个月通常会节省图书馆中的几小时。"[1]这是故意讽刺性地重述"小步快跑"原则：研究可用的解决方案是要花费一些时间，但通常节省了大量直接编码的时间。

2.2 处理文件中的数据

实际上，最常见的随时可用型(ready-to-go)数据格式是称为结构化数值(structured values)的表格型格式。你发现的大多数数据用的都是(或几乎是)其中一种格式。当你能将此类文件读取到 R 中时，就可以分析来自各种公共和私有数据源的数据。在本节，我们将研究两个从结构化文件加载数据的示例，以及一个直接从关系数据库加载数据的示例。关键是要快速地将数据读入 R，以便可以使用 R 进行有趣的分析。

2.2.1 使用来自文件或 URL 的结构良好的数据

最易于读取的数据格式是带有表头的表结构数据。如图 2.2 所示，这类数据按行和列组织，还有一个表头给出了列的名字。每一列代表一个不同的事实或度量，每一行代表一个我们已知的事实集的实例或数据。大量公共数据是采用这种格式的，因此我们要学会读取这种格式的数据，以获取大量的分析机会。

在加载上一章中使用过的德国信贷数据之前，先利用最初来自加州大学欧文分校机器学习资料库(http://archive.ics.uci.edu/ml/)中一个简单的数据集来演示一下基本加载命令的使用。UCI 的数据文件通常没有表头信息，因此为了省去一些步骤(且使事情简化)，我们已经预处理了来自 UCI 的汽车数据集的第一个数据示例：http://archive.ics.uci.edu/ml/machine-learning-databases/car/。我们预先准备的文件

1　请参见 https://en.wikiquote.org/wiki/Frank_Westheimer。

包含在本书的支持目录 PDSwR2 / UCICar 中，其格式如下所示：

```
buying,maint,doors,persons,lug_boot,safety,rating
vhigh,vhigh,2,2,small,low,unacc
vhigh,vhigh,2,2,small,med,unacc
vhigh,vhigh,2,2,small,high,unacc
vhigh,vhigh,2,2,med,low,unacc
...
```

数据行与标题行的格式相同，但是每一行都包含实际的数据值。此处，第一行表示名称/值对应的集合：buying=vhigh，maintenance=vhigh，doors=2，persons=2，以此类推

标题行包含数据列的名称，此处以逗号分隔。当分隔符是逗号时，该格式称为逗号分隔值或.csv

避免 R 之外的"手动"步骤　强烈建议你在导入数据时避免执行 R 之外的"手动"步骤。像我们在示例中所做的那样，可使用一个编辑器向文件添加标题行。更好的策略是编写一个 R 脚本以便必要时重新格式化。这些步骤的自动化极大地减少了数据刷新过程中不可避免的差错和工作量。接收新的、更好的数据总应该是好事，而编写自动化和可复制的程序则是朝这个方向迈出的一大步。

我们在 2.2.2 节的示例中将展示如何像在本示例中一样添加标题而无须手动编辑文件。

请注意，此演示文稿的结构类似于一个电子表格，它具有易于识别的行和列。每行(非标题行)代表对不同车型的评价。各列则代表有关每种车型的事实。大多数列都是客观的度量(采购成本、维护成本、车门数等)，最后的主观列"等级"(rating)标记有所有的等级(vgood、good、acc 和 unacc)。这些详细信息来自原始数据附带的文档，并且对项目非常重要(因此建议保留实验手册或笔记)。

加载结构良好的数据

将这种类型的数据加载到 R 中可以通过一个单行小程序来实现，我们使用的是 R 命令 utils :: read.table()[1]。为了进行此练习，我们假设你已下载并解压缩了本书的 GitHub 资料库 https://github.com/WinVector/PDSwR2 中的内容，并将你的工作目录更改为 PDSwR2/UCICar，详见本书文前页"关于本书"中"如何使用本书"中的说明(为此，要使用 R 的函数 setwd()，你需要输入保存 PDSwR2 的文件夹的完整路径，而不仅仅是输入我们显示的文本片段)。一旦 R 位于 PDSwR2/UCICar 目录中，就可以读取数据了，如代码清单 2.1 所示。

1　另一个选项是使用 readr 包中的函数。

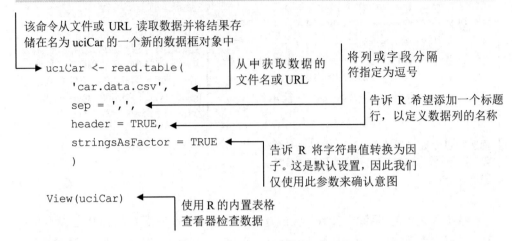

代码清单 2.1　读取 UCI 汽车数据

该命令从文件或 URL 读取数据并将结果存储在名为 uciCar 的一个新的数据框对象中

将列或字段分隔符指定为逗号

从中获取数据的文件名或 URL

告诉 R 希望添加一个标题行，以定义数据列的名称

```
uciCar <- read.table(
    'car.data.csv',
    sep = ',',
    header = TRUE,
    stringsAsFactor = TRUE
)
```

告诉 R 将字符串值转换为因子。这是默认设置，因此我们仅使用此参数来确认意图

```
View(uciCar)
```

使用 R 的内置表格查看器检查数据

代码清单 2.1 加载了数据并将其存储在名为 uciCar 的一个新的 R 数据框对象中，图 2.2 显示了执行 View() 后看到的结果。

	buying	maint	doors	persons	lug_boot	safety	rating
1	vhigh	vhigh	2	2	small	low	unacc
2	vhigh	vhigh	2	2	small	med	unacc
3	vhigh	vhigh	2	2	small	high	unacc
4	vhigh	vhigh	2	2	med	low	unacc
5	vhigh	vhigh	2	2	med	med	unacc
6	vhigh	vhigh	2	2	med	high	unacc
7	vhigh	vhigh	2	2	big	low	unacc
8	vhigh	vhigh	2	2	big	med	unacc
9	vhigh	vhigh	2	2	big	high	unacc
10	vhigh	vhigh	2	4	small	low	unacc
11	vhigh	vhigh	2	4	small	med	unacc

Showing 1 to 12 of 1,728 entries

图 2.2　用表格显示的汽车数据

read.table() 命令功能强大且灵活，它可以接受许多不同类型的数据分隔符(逗号、制表符、空格、管道，以及其他)，并且具有许多控制引用和转义数据的选项。read.table() 可以从本地文件或远程 URL 中读取。如果资源名称以.gz 为扩展名，则 read.table() 会假定文件已经以 gzip 格式压缩，并且在读取时会自动将其解压缩。

检查数据

一旦将数据加载到 R 中后，就要对其进行检查。下面是始终要先尝试的命令：

- class()——告诉你拥有哪种类型的 R 对象。在本例中，class(uciCar) 告诉我们 uciCar 对象属于 data.frame 类。类是一个面向对象的概念，它描述对象的行为。R 还有一个不太有用的 typeof()命令，该命令揭示了如何实现对象的存储。
- dim()——针对数据框，此命令显示数据中有多少行和多少列。
- head()——显示数据的前几行(或"标题头")，如 head(uciCar)。
- help()——提供有关类的文档，如执行命令 help(class (uciCar))。
- str()——给出对象的结构，如执行命令 str(uciCar)。
- summary()——提供几乎任何 R 对象的摘要。summary(uciCar)命令显示大量有关 UCI 汽车数据分布的信息。
- print()——打印所有数据。注意：对于大型数据集，这可能需要很长时间，这是你需要避免的。
- View()——在一个简单的、类似电子表格的网格浏览器中显示数据。

R 的许多函数是通用的　R 的许多函数通用，因为它们在许多数据类型上的工作原理几乎相同，甚至也是面向对象的，它们根据要处理的对象的运行时类选择正确的行为。如果你在示例中看到某个函数被用在了某个对象或类上，那么可以在其他对象或类上使用它。能够被用在很多不同类和类型上的 R 通用函数包括 length()、print()、saveRDS()、str()和 summary()。R 的运行过程非常健壮，并经得住试验。最常见的错误都会被捕获，并且不会损坏你的数据或使 R 解析器崩溃。因此，请大胆尝试！

接下来，我们将显示一些步骤的结果(在每个步骤之后，R 的结果以"##"为前缀显示)，如代码清单 2.2 所示。

代码清单 2.2　探索汽车数据

```
class(uciCar)
## [1] "data.frame"          ←――    被加载的对象 uciCar 的
summary(uciCar)                      类型为 data.frame
##    buying        maint         doors
##   high  :432   high  :432   2    :432
##   low   :432   low   :432   3    :432
##   med   :432   med   :432   4    :432
##   vhigh :432   vhigh :432   5more:432
##
```

```
##    persons      lug_boot      safety
##    2    :576    big  :576    high:576
##    4    :576    med  :576    low :576
##    more :576    small:576    med :576
##
##     rating
##    acc   : 384
##    good  :  69
##    unacc :1210
##    vgood :  65

dim(uciCar)
## [1] 1728 7
```

[1]只是一个输出序列标记。意为：uciCar 有 1728 行和 7 列。可尝试确认你是否获得了数据的良好解析，这可以通过检查行数是否比原始文件中的文本行数少一行来完成。差 1 行的原因是因为列标题在文本中被计为一行，而在数据行中不被计算

summary()命令显示了数据集中每个变量的分布。例如，我们知道数据集中的每辆汽车都被标明可容纳 2 个、4 个或更多的乘客，并且我们还知道数据集中有 576 辆两座汽车。我们没有像在电子表格中那样花大量时间手动构建数据透视表便已经对数据有很多了解。

使用其他数据格式

.csv 并不是唯一常见的数据文件格式。其他格式包括.tsv(用制表符分隔的值)、管道分隔(竖线分隔的)文件、Microsoft Excel 工作簿、JSON 数据和 XML。R 的 read.table()内置命令可用来读取大多数有分隔符的格式。许多更深层次的数据格式都有相应的 R 包：

- CSV/TSV/FWF—readr 包(http://readr.tidyverse.org)提供了用于读取 "有分隔的数据" 的工具，如逗号分隔的值(CSV)、制表符分隔的值(TSV)和定宽文件(FWF)。

- SQL—https://CRAN.R-project.org/package=DBI。

- XLS/XLSX—http://readxl.tidyverse.org。

- RData/.RDS—R 具有二进制数据格式(可以避免解析、引用、转义时的复杂性，以及以文本形式读取和写入数字或浮点数据时的精度损失)。.RData 格式用于保存对象集和对象名，并通过 save()/load()命令来使用。.RDS 格式用于保存单个对象(不保存原始的对象名称)，并通过 saveRDS()/readRDS()命令使用。对于随机查询操作，.RData 更为方便(因为它可以保存整个 R 工作区)；但是对于可重用的工作，.RDS 格式是首选，因为它使保存和恢复对象更加明确。如果要使用.RDS 格式保存多个对象，建议使用命名列表。

- JSON—https://CRAN.R-project.org/package=rjson。
- XML—https://CRAN.R-project.org/package=XML。
- MongoDB—https://CRAN.R-project.org/package=mongolite。

2.2.2　使用 R 处理非结构化的数据

数据并非总是以"随时可用"格式提供。数据管理者常常会因缺少一种随时可用的、机器可读的数据格式而停止工作。第 1 章中讨论的德国银行信贷数据集就是一个这样的例子。此数据存储为不带标题的表格数据，它使用了一种值的隐式编码，需要数据集的附带文档才能解开。这种情况并不少见，通常是由于习惯或受限于其他常用的数据处理工具所致。与我们上一个示例中把数据导入 R 前就对它重新格式化不同，我们现在展示的是如何使用 R 来对数据重新格式化。这是一种更好的做法，因为可以保存和重用这些用于数据准备的 R 命令。

德国银行信贷数据集的详细内容见 http://mng.bz/mZbu，我们已在PDSwR2/Statlog 文件夹中包含了此数据的副本。我们将展示如何使用 R 将这些数据转换为有意义的内容。完成这些步骤后，便可以执行第 1 章中所演示的分析了。正如我们在文件摘录中所见，数据最初似乎是一个难以理解的代码块：

```
A11 6 A34 A43 1169 A65 A75 4 A93 A101 4 ...
A12 48 A32 A43 5951 A61 A73 2 A92 A101 2 ...
A14 12 A34 A46 2096 A61 A74 2 A93 A101 3 ...
   ...
```

在 R 中转换数据

数据在能使用之前，通常需要进行一些转换。为了解密麻烦的数据，需要所谓的模式文档或数据字典。在此例中，所用的数据集的说明书描述该数据为 20个输入列，然后是一个结果列。在此示例中，数据文件没有标题头。列的定义和A-*隐含编码的含义均在附带的数据文档中。下面首先将原始数据加载到 R 中。启动 R 或 RStudio 的副本，然后输入代码清单 2.3 中的命令。

代码清单 2.3　加载信贷数据集

```
setwd("PDSwR2/Statlog")  ◄──────────  将该路径替换为保存
d <- read.table('german.data', sep=' ',       PDSwR2 的实际路径
stringsAsFactors = FALSE, header = FALSE)
```

由于文件中没有列的标题头，因此 data.frame d 将具有 V#格式的无用列名。我们可以使用 c()命令将列名更改为有意义的名称，如代码清单 2.4 所示。

代码清单 2.4　设置列名

```
d <- read.table('german.data',
                sep = " ",
                stringsAsFactors = FALSE, header = FALSE)
colnames(d) <- c('Status_of_existing_checking_account', 'Duration_in_month',
                'Credit_history', 'Purpose', 'Credit_amount', 'Savings_accou
    nt_bonds',
                'Present_employment_since',
                'Installment_rate_in_percentage_of_disposable_income',
                'Personal_status_and_sex', 'Other_debtors_guarantors',
                'Present_residence_since', 'Property', 'Age_in_years',
                'Other_installment_plans', 'Housing',
                'Number_of_existing_credits_at_this_bank', 'Job',
                'Number_of_people_being_liable_to_provide_maintenance_for',
                'Telephone', 'foreign_worker', 'Good_Loan')
str(d)
## 'data.frame': 1000 obs. of 21 variables:
## $ Status_of_existing_checking_account                   : chr "A11" "A
    12" "A14" "A11" ...
## $ Duration_in_month                                     : int 6 48 12
    42 24 36 24 36 12 30 ...
## $ Credit_history                                        : chr "A34" "A
    32" "A34" "A32" ...
## $ Purpose                                               : chr "A43" "A
    43" "A46" "A42" ...
## $ Credit_amount                                         : int 1169 595
    1 2096 7882 4870 9055 2835 6948 3059 5234 ...
## $ Savings_account_bonds                                 : chr "A65" "A
    61" "A61" "A61" ...
## $ Present_employment_since                              : chr "A75" "A
    73" "A74" "A74" ...
## $ Installment_rate_in_percentage_of_disposable_income   : int 4 2 2 2
    3 2 3 2 2 4 ...
## $ Personal_status_and_sex                               : chr "A93" "A
    92" "A93" "A93" ...
## $ Other_debtors_guarantors                              : chr "A101" "
```

```
      A101" "A101" "A103" ...
##  $ Present_residence_since                        : int 4 2 3 4
      4 4 4 2 4 2 ...
##  $ Property                                        : chr "A121" "
      A121" "A121" "A122" ...
##  $ Age_in_years                                    : int 67 22 49
       45 53 35 53 35 61 28 ...
##  $ Other_installment_plans                         : chr "A143" "
      A143" "A143" "A143" ...
##  $ Housing                                         : chr "A152" "
      A152" "A152" "A153" ...
##  $ Number_of_existing_credits_at_this_bank         : int 2 1 1 1
      2 1 1 1 1 2 ...
##  $ Job                                             : chr "A173" "
      A173" "A172" "A173" ...
##  $ Number_of_people_being_liable_to_provide_maintenance_for: int 1 1 2 2
      2 2 1 1 1 ...
##  $ Telephone                                       : chr "A192" "
      A191" "A191" "A191" ...
##  $ foreign_worker                                  : chr "A201" "
      A201" "A201" "A201" ...
##  $ Good_Loan                                       : int 1 2 1 1
      2 1 1 1 1 2 ...
```

命令 c()是 R 构造向量的一种方法[1]。我们直接从数据集文档中复制了列名。通过将名称向量赋予数据框的 colnames()，我们已将数据框的列名重置为有意义的内容了。

给访问方法赋值　在 R 中，数据框类有许多数据访问方法，例如 colnames()和 names()。如在代码清单 2.4 中使用 colnames(d) <-c('Status_of_existing_checking_account', ...)来分配新名称所示，有许多数据访问方法可用来给它们赋值。给访问方法赋值的功能不太常见，却是 R 的一个非常有用的功能。

数据文档还给出了列名，并且有一个包含了所有 A-*隐含编码含义的代码字典。例如，在第 4 列(现在称为 Purpose，表示贷款的目的)中代码 A40 表示"新车贷款"，代码 A41 表示"二手车贷款"，等等。我们可以使用 R 的列表映射功能将值重新映射为更具描述性的术语。文件 PDSwR2/Statlog/GCDSteps.Rmd 是一个 R Markdown(标记)文件，它包括到目前为止的所有步骤，并且还将 A#表单中的值

1　c()命令也可以连接列表或向量，而不需要附加额外的嵌套。

重新映射为更清晰的名称。该文件首先将数据集文档的值映射为以 R 方式命名的向量。这使我们可以将难以辨认的名称(如 A11)更改为有意义的描述(如... <0 DM，它本身可能是"德国马克为 0 或小于 0"的简写形式)[1]。该映射定义的前几行如下所示：

```
mapping <- c('A11' = '... < 0 DM',
             'A12' = '0 <= ... < 200 DM',
             'A13' = '... >= 200 DM / salary assignments for at least 1 year',
             ...
                )
```

注意：在构建命名映射时，必须使用参数绑定符号=，而不能使用任何赋值运算符，如<-。

定义了映射代码清单后，我们可以使用以下 for 循环将来自于原始的、A-*隐含编码中的字符型的列值直接转换为取自数据文档的简短描述。当然，我们在此跳过了对包含数字型数据的列的转换，如代码清单 2.5 所示。

代码清单 2.5　转换汽车数据

```
source("mapping.R")
for(ci in colnames(d)) {
    if(is.character(d[[ci]])) {
        d[[ci]] <- as.factor(mapping[d[[ci]]])
    }
}
```

优先使用列名

此文件可以在 https://github.com/WinVector/PDSwR2/blob/master/Statlog/mapping.R 上找到

符号[[ ]]的使用正是基于 data.frame 是列的命名列表的事实。因此，我们正在依次处理每一列。请注意，映射查找是向量化的：只用一个步骤便将其应用于列中的所有元素

如前所述，R 标记文件 PDSwR2/Statlog/GCDSteps.Rmd 中提供了完整的准备列集合。我们鼓励读者检查此文件并亲自尝试所有这些步骤。为了方便起见，应将准备好的数据保存在 PDSwR2/Statlog/creditdata.RDS 中。

检查新数据

我们现在可以用命令 print(d[1:3,'Purpose'])来轻松地检查前三笔贷款的目的，可以用 summary(d$Purpose)来查看贷款目的的分布。这个 summary()命令就是我们要将值转换为因子的原因，因为 summary()并不报告字符串/字符类型，尽管也可以直接在字符类型上使用 table(d$Purpose, useNA = "always")命令。我们还可以开

1　数据收集过程中使用的德国货币为德国马克(DM)。

始研究贷款类型与贷款结果之间的关系，如代码清单 2.6 所示。

代码清单 2.6　Good_Loan 和 Purpose 概要

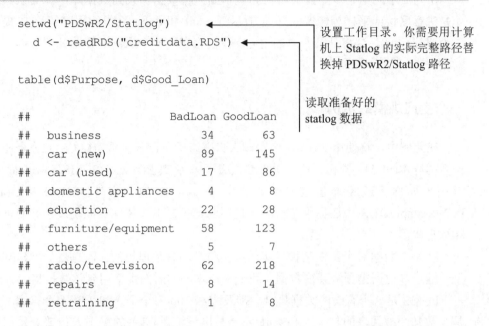

```
setwd("PDSwR2/Statlog")
 d <- readRDS("creditdata.RDS")

table(d$Purpose, d$Good_Loan)

##                     BadLoan GoodLoan
##   business             34      63
##   car (new)            89     145
##   car (used)           17      86
##   domestic appliances   4       8
##   education            22      28
##   furniture/equipment  58     123
##   others                5       7
##   radio/television     62     218
##   repairs               8      14
##   retraining            1       8
```

设置工作目录。你需要用计算机上 Statlog 的实际完整路径替换掉 PDSwR2/Statlog 路径

读取准备好的 statlog 数据

从输出中可以看到，我们已经成功地从文件中加载了数据。但如前所述，很多数据来自于其他数据源，例如 Excel 电子表格(使用 readxl 程序包，可以像对待文件一样处理)和数据库(包括大数据系统，如 Apache Spark)。接下来，我们将讨论如何使用 SQL 查询语言和 DBI 包来处理关系数据库。

2.3　使用关系数据库

在很多生产环境中，你所需的数据是存储在关系数据库或 SQL 数据库中，而不是文件中。公共数据通常存储在文件中(这样便于共享)，但是最重要的客户数据则通常存储在数据库中。关系数据库可以很容易地扩展到数百万条记录，并且提供重要的生产特性，例如并行性、一致性、事务、记录日志和审计。关系数据库旨在支持联机事务处理(OLTP)，所以它们很可能就是产生实际事务(有必要了解)的场所。

通常，你可以将数据导出到结构化文件中，并使用前面几节介绍的方法将数据传输到 R 中。但这通常不是正确的处理方式。由于模式信息的丢失、转义、引

用和字符编码等问题,把数据从数据库导出到文件通常不可靠且会出错。处理数据库中数据的最佳方法是将 R 直接连接到数据库,本节将演示这一点。

作为演示的第一步,我们将首先展示如何将数据加载到数据库中。关系数据库是进行联接或采样等转换的好地方(尽管 sqldf 和 dplyr 之类的程序包给 R 提供了类似的功能),这将是第 5 章的主题。我们将在下一个示例中开始处理数据库中的数据。

一个生产规模的示例

在此例中,将使用 2016 年度美国人口普查的美国社区调查(ACS)的公众使用微数据样本(PUMS)数据,简称 PUMS 数据。在字典 PDSwR2/PUMS/download 中有关于如何下载和准备这些数据的文档。在 R 数据文件 PDSwR2/PUMS/PUMSsample.RDS 中还提供了可立即使用的记录样本,使你可以跳过初始的下载和处理步骤。

PUMS 数据对于建立某种真实的数据科学场景是理想的:汇总数据并建立模型,通过其他列去预测某列数据。我们将在本书的后面重新用到该数据集。

PUMS 是一个有趣的数据集合,涉及大约 300 万个个人和 150 万个家庭。它是少数几个被共享的与个人和家庭(不是按区域汇总)有关的美国人口普查数据集之一。这很重要,因为大多数常见的数据科学任务都需要使用详细的个人记录,因此,这是数据科学家处理的最像私有数据的公共数据。每行都包含了有关每个个人或家庭的 200 多个事实(收入、就业、教育程度、房间数等)。这些数据具有家庭相互关联的 ID 号,因此个人能够被关联到他们所在的家庭。该数据集的大小有点意思:压缩后只有几吉字节(GB)。因此,它足够小,可以存储在良好的网络中或移动硬盘上,但对于内存中有 R 的笔记本电脑来讲,就有些大了,不方便处理。

汇总或边缘　从面向个人的数据变成汇总或边缘(marginal)的数据是一个简单的过程,它被称为汇总统计(summary statistic)或基本分析(basic analytic)。其他方式的转换通常是不可能的,除非它是一个深层的统计问题(超出了基本数据科学的范围)。大多数美国人口普查数据都是按区域汇总的,因此,通常需要使用复杂的统计填充法来生成有用的个人级别的预测模型。PUMS 数据非常有用,因为它是面向个人的。

在单台计算机上进行关系数据库或 SQL 辅助分析时,数千万行的数据量是最佳的选择。我们不必非得迁入到数据库集群或 Apache Spark 集群上工作。

处理数据

严格的科学规则是你必须能够再现你的结果。至少，你应该能够通过自己记录的步骤来重复自己已完成的工作。每件事都必须要么说明其来源，要么有关于其来源的清晰文档。我们称其为"禁止来历不明"原则。例如，当我们说使用的是 PUMS 美国社区调查数据时，若并不能使任何人都知道我们具体指的是什么数据，就表示该声明不够准确。代码清单 2.7 显示了我们的记事本上关于 PUMS 数据的实际记录条目(我们将其在线保存，从而可以搜到它)。

代码清单2.7　PUMS 数据来源文档(PDSwR2/PUMS/download/LoadPUMS.Rmd)

下载该数据
的时间

数据文档的所在位置。把它记录下来很重要，因为许多数据文件不包含指向文档的链接

```
Data downloaded 4/21/2018 from:Reduce Zoom

 https://www.census.gov/data/developers/data-sets/acs-1year.2016.html

   https://www.census.gov/programs-surveys/acs/
 technical-documentation/pums.html

  http://www2.census.gov/programssurveys/
     acs/tech_docs/pums/data_dict/PUMSDataDict16.txt

  https://www2.census.gov/programs-surveys/acs/data/pums/2016/1-Year/


First in a `bash` shell perform the following steps:

wget https://www2.census.gov/programs-surveys/acs/data/
 pums/2016/1-Year/csv_hus.zip                              我们采取的确切步骤
 md5 csv_hus.zip
 # MD5 (csv_hus.zip) = c81d4b96a95d573c1b10fc7f230d5f7a
  wget https://www2.census.gov/programs-surveys/acs/data/pums/2016/1-
       Year/csv_pus.zip
 md5 csv_pus.zip
 # MD5 (csv_pus.zip) = 06142320c3865620b0630d74d74181db
 wget http://www2.census.gov/programs-surveys/
       acs/tech_docs/pums/data_dict/PUMSDataDict16.txt
 md5 PUMSDataDict16.txt
 # MD5 (PUMSDataDict16.txt) = 56b4e8fcc7596cc8b69c9e878f2e699aunzip
 csv_hus.zip
```

下载的文件内容的加密哈希。这些是非常简短的摘要(称为 hash)，对于不同的文件，它们通常不可能有相同的值。这些摘要可在以后帮助我们确定组织中的其他研究人员是否正在使用相同的数据

　　保留笔记　数据科学家的很大一部分工作是要捍卫成果并能重复自己的工作。我们强烈建议保留本地数据副本并使用笔记本来记录。注意，在代码清单 2.7 中，不仅显示了如何以及何时获得数据，还显示了下载时具有的加密哈希。这对于确保可重现的结果以及诊断哪里做了更改，以至更改了何处至关重要。我们还强烈建议将所有脚本和代码置于版本控制之下(详见第 11 章)。你绝对要做到能准确地回答出自己使用的是哪些代码和哪些数据来构建上周展示的结果。

　　维护笔记的一种特别重要的方式是使用 Git 源代码控制，我们将在第 11 章中讨论。

从 PUMS 数据开始

　　首先要大致浏览所下载的 PUMS 数据文档:PDSwR2/PUMS/ACS2016_PUMS_README.pdf(已下载的 zip 容器中的文件)和 PDSwR2/PUMS/PUMSDataDict16.txt(所下载的文件之一)。在此强调三点:数据是按照逗号分隔的、带列标题的结构化文件，值被编码为难以辨认的整数(非常类似于之前的 Statlog 示例)，并且对个体进行了加权以表示不同数量的所属家庭。R Markdown[1] 的脚本 PDSwR2/PUMS/download/LoadPUMS.Rmd 会读取 CSV 文件(从压缩的中间文件中)，将值重新编码为更有意义的字符串，并获取数据的伪随机样本，其概率与指定的家庭抽样权值成比例。按比例的采样既可以将文件大小减少到大约 10MB(该大小易于通过 GitHub 分发)，又可以构建一个样本，该样本可以被用在正确的统计方式中，而无须进一步参考人口普查权重。

　　采样　当说到"伪随机样本"时，意味着一个样本是根据 R 的伪随机数生成器构建的。R 的随机数生成器被称为"伪随机数"(pseudo-random)，因为它实际上是确定性的选择序列，只不过这些选择难以预测，因此其行为类似于真正的随机不可预测的样本。伪随机样本很好用，因为它们是可重复的:使用相同的种子启动伪随机生成器，就会获得相同的选择序列。在数字计算机广泛普及之前，统计学家通常使用预先准备好的表格来实现这种可重复性，例如兰德公司 1955 年出版的著作 *A Million Random Digits with 100 000 Normal Deviates*。其想法是随机样本应具有与总体相似的属性。使用的功能越常见，它在实际中的情况越是真实可信。

　　注意:必须留心伪随机实验的可重复性。许多因素都会干扰伪随机样本和结果的精确复制。例如，使用不同的运算顺序可能会产生不同的结果(尤其是在并行算法的情况下)，并且 R 本身在从 3.5.*版本(本书所使用的数据处理版本)升级到

1　我们将在本书后面讨论 R Markdown。它是将 R 代码和文本文档存储在一起的一种重要格式。

3.6.*版本(R 的下一版本)时，也更改了其伪随机数的详细信息。与浮点表示一样，人们有时必须接受等效的结果来代替完全相同的结果。

百万行规模的结构化数据最好在数据库中处理，尽管 R 和 data.table 包在此规模下也能很好地工作。下面通过把 PUMS 样本复制到内存数据库中来模拟使用数据库中的数据，如代码清单 2.8 所示。

代码清单 2.8　将数据从关系数据库加载到 R 中

将压缩的 RDS 磁盘格式的数据加载到 R 内存中。注意：需要将 PUMSsample 的路径更改为保存 PDSwR2/PUMS 内容的路径

附加一些我们要使用其中命令和功能的程序包

将数据从内存结构 dlist 复制到数据库中

```
library("DBI")
library("dplyr")
library("rquery")
```

连接到新的 RSQLite 内存数据库。我们将使用 RSQLite 作为示例。实际上，你会连接到一个已存在的数据库，比如 PostgreSQL 或 Spark 的表上

```
dlist <- readRDS("PUMSsample.RDS")
db <- dbConnect(RSQLite::SQLite(), ":memory:")
dbWriteTable(db, "dpus", as.data.frame(dlist$ss16pus))
dbWriteTable(db, "dhus", as.data.frame(dlist$ss16hus))
rm(list = "dlist")

dbGetQuery(db, "SELECT * FROM dpus LIMIT 5")

dpus <- tbl(db, "dpus")
dhus <- tbl(db, "dhus")

print(dpus)
glimpse(dpus)

View(rsummary(db, "dpus"))
```

构建引用远程数据库数据的 dplyr 句柄

使用 dplyr 检查和处理远程数据

使用 rquery 包获取远程数据的摘要

使用 SQL 快速查看最多 5 行数据

删除数据的本地副本，因为我们正在模拟数据库中能查询到该数据

在此代码清单中，我们故意不显示命令产生的任何结果，因为我们希望你自己尝试该示例。

代码示例 本书中的所有代码示例均位于目录 PDSwR2/CodeExamples 中。从该目录获取代码比重新键入代码更容易，并且比从电子书中复制和粘贴更为可靠(避免出现分页符、字符编码以及诸如智能引号的格式错误等问题)。

注意，这些数据虽小，但不适合使用电子表格(虽然方便)。通过使用 dim(dlist$ss16hus) 和 dim(dlist$ss16pus) 命令(在执行 rm() 步骤之前，或重新加载数据之后)，可以看到家庭样本有 50 000 行和 149 列，而个人样本有 109 696 行和 203 列。所有这些列和值代码被定义在人口普查文档中。此类文档至关重要，我们提供了 PDSwR2/PUMS 中文档的链接。

检查和条件限制 PUMS 数据

将数据加载到 R 中是为了方便建模和分析。数据分析人员应始终"掌控数据"，并在加载完数据后快速浏览一下数据。作为示例，我们将演示如何快速检查 PUMS 的一些列或字段。

PUMS 数据的每一行代表一个匿名的个人或家庭。所记录的个人数据包括职业、受教育程度、个人收入以及许多其他人口统计变量。我们已在代码清单 2.8 中加载了数据，但在继续操作之前，先讨论一下数据集及其文档中的一些列：

- 年龄—记录于 AGEP 列，整数类型。
- 职业类别—记录于 COW 列，例如私企、国企等。
- 受教育程度级别—记录于 SCHL 列，例如没有高中文凭、高中、大学等。
- 个人总收入—记录于 PINCP 列。
- 员工性别(Sex)—记录于 SEX 列。

我们的示例问题是找出收入(以美元表示)与这些变量之间的相关性。这是一个典型的预测建模任务：将我们知道的某些变量(年龄、职业等)与我们希望知道的某个变量(在本例中为收入)相关联。此任务是监督学习的一个示例，这意味着我们将使用一个数据集，其中可观测变量(统计学中称为"自变量")和不可观测结果(或"因变量")两者同时可用。通常，你可以通过购买数据、使用注释器或使用较旧的数据(你有时间观察预期结果的情况下)来获得此类标记数据。

不要轻视样本 许多数据科学家花费大量时间调整算法以便直接处理大数据。通常，这很浪费时间，因为对于许多类型的模型来说，在合理规模的数据样本上你会获得几乎完全相同的结果。仅当采样无法很好地满足建模需求时(例如研究罕见事件或通过社交网络执行链接计算时)，才需要使用"所有数据"。

我们不想在示例问题方面花费太多人力和时间，我们的目标是说明建模和数据处理的过程。结论高度依赖于数据条件(所用的数据的哪个子集)和数据编码(如何将记录映射到信息符号)的选择。这就是经验性科学论文都必须要有"材料和方法"这节内容来描述是如何选择和准备数据的原因。我们的数据处理方式是，通过将子集限制为满足以下所有条件的数据来选择"典型的全职员工"的子集：

- 自描述为全职雇员的员工
- 报告每周至少工作 30 小时的员工
- 年龄在 18～65 岁的员工
- 年收入在 1 000 至 250 000 美元之间的员工

代码清单 2.9 显示了用于限制我们所需数据子集的代码。继续利用代码清单 2.8 中的数据，完成如代码清单 2.9 所示的工作。由于我们的数据很小(只是 PUMS 的一个样本)，因此使用 DBI 包将数据加载到 R 中，以便能使用这些数据。

代码清单 2.9 从数据库加载数据

将数据从数据库复制到 R 内存中。此处假定我们是以上一个示例为基础，因此我们附加的程序包仍然可用，数据库句柄 db 仍然有效

PUMS 数据的这个副本中的所有列都存储为字符类型，以保留诸如原始数据中的前导零之类的特征。在这里，我们把希望将其按数字处理的列转换为数值型。通常，缺失了条目的非数字值使用符号 NA 进行编码，代表不可用

选择我们要使用的列的子集。此处不需要对列进行限制，但这样做可以提高以后打印的可读性

```
dpus <- dbReadTable(db, "dpus")

dpus <- dpus[, c("AGEP", "COW", "ESR", "PERNP",
                 "PINCP","SCHL", "SEX", "WKHP")]

for(ci in c("AGEP", "PERNP", "PINCP", "WKHP")) {
   dpus[[ci]] <- as.numeric(dpus[[ci]])
}

dpus$COW <- strtrim(dpus$COW, 50)

str(dpus)
```

沿着列的方向查看前几行数据

PUMS 的级别名称很长(这是这些列作为整数分布的原因之一)，因此对于这个具有级别名称而不是级别代码的数据集，我们将职业描述代码缩短为 50 个字符以内

当心 NA 值 R 用 NA 表示空白或缺失的数据。但许多 R 命令会悄悄地跳过这些 NA 而不给出警告。table(dpus$COW, useNA = 'always')命令列表会显示出 NA，就像 summary(dpus$COW)命令一样。

我们现在已经执行了一些标准的数据分析步骤：加载数据，重新处理了几列并查看了数据。这些步骤是使用所谓的"base R"执行的，意味着使用的是来自 R 语言本身的特性和功能以及自动附加的基本程序包(如 base、stats 和 utils)。 R 非

常适合数据处理任务，这是大多数用户使用 R 的原因。有些扩展包(如 dplyr)具有
自己的数据处理符号，并且除了能处理内存中保存的数据外，还能直接针对数据
库中的数据执行许多操作。我们分享了一些示例，展示了如何使用 R Markdown 示
例 PDSwR2/PUMS /PUMS1.Rmd 中的基本 R，或 PDSwR2/PUMS/PUMS1_dplyr.Rmd
中的 dplyr，或使用 PDSwR2/PUMS/PUMS1_rquery.Rmd 中的高级查询生成包
rquery 来执行相同的数据处理步骤。

现在，我们准备开始处理代码清单 2.10 中的符号标识问题：将收入与已知的
有关个人的其他事实相关联。我们将从一些针对域的步骤开始：将重新映射一些
级别(level)名称并将这些级别转换为因子(factor)，每个因子都有一个选定的参考
级别。因子是从指定集合中提取的字符串(很像其他语言中的枚举类型)。因子也
有一个特定的级别，称为参考级别。按照惯例，每个级别都与参考级别有所不同。
例如，我们将所有低于学士学位的教育级别设置为一个新的级别，称为“No
Advanced Degree”(无高级学位)，并将“No Advanced Degree”作为参考级别。然
后，一些 R 建模函数将对教育级别如 Master's Degree(硕士学位)进行评分，以确
定它们与参考级别 No Advanced Degree 的区别。下面通过示例来说明这一点。

代码清单 2.10   重新映射值并从数据中选取行

```
target_emp_levs <- c(                                          ◄──── 定义我们认为
  "Employee of a private for-profit company or busine",              "标准"的职
  "Employee of a private not-for-profit, tax-exempt, ",              业定义向量
  "Federal government employee",
  "Local government employee (city, county, etc.)",
  "Self-employed in own incorporated business, profes",
  "Self-employed in own not incorporated business, pr",
  "State government employee")


complete <- complete.cases(dpus)   ◄──────
                          构建一个新的逻辑向量，指示哪些行在我们感兴趣的所有列中具有有效
                          值。在实际应用程序中，处理缺失的值很重要，不能总是跳过不完整的
                          行。在讨论数据管理时，我们将回到正确处理缺失值的问题
```

建立一个新的逻辑向量，指示将哪些员工视为典型的全职员工。所有这些列名都是我
们前面讨论过的名称。任何分析的结果都会受到这个定义的严重影响，因此，在实际
任务中，我们将花费大量时间研究这一步骤中的各种选择项。它实际上控制着我们研
究的对象和内容。注意，为了保持简单且单一，我们将这项研究局限于平民，这种局
限性对于一项完整的工作来说是一个不可接受的限制

```
► stdworker <- with(dpus,
```

```
                    (PINCP>1000) &
                    (ESR=="Civilian employed, at work") &
                    (PINCP<=250000) &
                    (PERNP>1000) & (PERNP<=250000) &
                    (WKHP>=30) &
                    (AGEP>=18) & (AGEP<=65) &
                    (COW %in% target_emp_levs))
```

仅限于符合我们
对典型员工定义
的行或示例

```
dpus <- dpus[complete & stdworker, , drop = FALSE]
```

```
no_advanced_degree <- is.na(dpus$SCHL) |
    (!(dpus$SCHL %in% c("Associate's degree",
                        "Bachelor's degree",
                        "Doctorate degree",
                        "Master's degree",
                        "Professional degree beyond a bachelor's degree")))
dpus$SCHL[no_advanced_degree] <- "No Advanced Degree"
```

对 "education" 重新编码,
将学士学位以下级别合并
到单一级别 No Advanced
Degree

```
dpus$SCHL <- relevel(factor(dpus$SCHL),
                    "No Advanced Degree")
dpus$COW <- relevel(factor(dpus$COW),
                    target_emp_levs[[1]])
dpus$ESR <- relevel(factor(dpus$ESR),
                    "Civilian employed, at work")
dpus$SEX <- relevel(factor(dpus$SEX),
                    "Male")
```

将字符串值列转换为
因子,并使用 relevel()
函数提取参考级别

将此数据保存到文件中,以便
在以后的示例中使用。该文件
也在路径 PDSwR2/PUMS/
dpus_std_employee.RDS 下

```
saveRDS(dpus, "dpus_std_employee.RDS")
```

```
summary(dpus)
```

浏览一下数据。因子的优点之一是 summary() 为其建
立了有用的计数。但是,我们最好在完成重新映射级
别代码后,将字符串代码转换为因子

关于因子编码的更多信息

R 的因子类型将字符串作为整数索引编码到一组已知的可能字符串中。例如,
SCHL 列在 R 中表示如下:

```
levels(dpus$SCHL)
```

显示 SCHL 可能的等级

```
## [1] "No Advanced Degree"          "Associate's degree"

## [3] "Bachelor's degree"           "Doctorate degree"
## [5] "Master's degree"             "Professional degree
    beyond a bachelor's degree"
```

显示前几个级别如何用代码表示 ▸
```
head(dpus$SCHL)
## [1] Associate's degree Associate's degree Associate's degree No
    Advanced Degree Doctorate degree Associate's degree
##    6 Levels: No Advanced Degree Associate's degree Bachelor's degree
    Doctor ate degree ... Professional degree beyond a bachelor's degree
```

显示 SCHL 的前几个字符串的值 ▸
```
str(dpus$SCHL)
## Factor w/ 6 levels "No Advanced Degree",..: 2 2 2 1 4 2 1 5 1 1 ...
```

非统计人员通常会惊讶于可以使用非数字列(如字符串或因子)作为模型的输入或模型中的变量。这可以通过多种方式来实现，最常见的一种方式是称为引入指示符(introducing indicator)或虚拟变量(dummy variable)的方法。在 R 中，这种编码通常是自动且不可见的。在其他系统(如 Python 的 scikit-learn)中，分析人员必须指定一种编码方式(通过诸如"one-hot"之类的方法名)。在本书中，我们将使用这种编码以及 vtreat 程序包中的其他更复杂的编码。SCHL 列可以被显式地转换为基本虚拟变量，如下面所示。这种重编码策略将在本书中被隐式地和显式地使用，因此我们在此给出示例:

cbind 运算符按列组合两个数据框，或者通过匹配每个数据框中各行的列来构建每一行

构建一个 data.frame，其中 SCHL 列被重新编码为字符串而不是因子

使用从 SCHL 因子列生成的虚拟变量构建矩阵

```
▸d <- cbind(
    data.frame(SCHL = as.character(dpus$SCHL), ◂
            stringsAsFactors = FALSE),
    model.matrix(~SCHL, dpus) ◂
)
▸d$'(Intercept)' <- NULL
  str(d) ◂
```

显示结构，该结构显示了原始 SCHL 字符串格式以及指示符。str()以转置格式显示前几行(转置后，行现在是纵向的，而列是横向的)

从 data.frame 中删除一个名为"(Intercept)"的列，因为这是 model.matrix 的副产品，我们现在不感兴趣

```
## 'data.frame':    41305 obs. of 6 variables:
```

```
## $ SCHL                                        : chr "Associate's d
   egree" "Associate's degree" "Associate's degree" "No Advanced
   Degree" ...
## $ SCHLAssociate's degree                      : num 1 1 1 0 0 1 0
   0 0 0 ...
## $ SCHLBachelor's degree                       : num 0 0 0 0 0 0 0
   0 0 0 ...
## $ SCHLDoctorate degree                        : num 0 0 0 0 1 0 0
   0 0 0 ...
## $ SCHLMaster's degree                         : num 0 0 0 0 0 0 0
   1 0 0 ...
## $ SCHLProfessional degree beyond a bachelor's degree: num 0 0 0 0 0 0 0
   0 0 0 ...
```

注意，参考级别“No Advanced Degrees”没有获得一个列，而新的指示符列
包含一个 1，它显示了原始 SCHL 列中的值。No Advanced Degree 列包含了全零
的虚拟变量，因此我们还可以判断哪些示例具有该值。这种编码可以理解为“全
零行都是基本或正常情况，其他行与全零行不同，只需打开一个指示符(显示我们
正在讨论的是哪种情况)”。注意，此编码包含原始字符串格式的所有信息，但现
在所有列都是数字型的(许多机器学习和建模过程都需要这种格式)。此格式在许
多 R 机器学习和建模函数中都被隐式地使用，用户甚至可能都不知道有转换。

处理 PUMS 数据

至此，我们已经准备好了开始用数据解决我们的问题。正如我们所见，
summary(dpus)已经提供了数据集中每个变量的分布信息。我们还可以使用列表命
令 tapply()或 table()查看变量之间的关系。例如，要查看按受教育程度和性别同时
细分的示例计数，可以键入命令 table(schooling = dpus$SCHL, sex = dpus$SEX)。
为了按同样的细分方式获取平均收入，可以使用命令 tapply(dpus$PINCP,
list(dpus$SCHL, dpus$SEX), FUN = mean)。

```
table(schooling = dpus$SCHL, sex = dpus$SEX) ◄─── 使用table命令计算
                                                  SCHL 和 SEX 这一
                                                  对发生的频率
##                                          sex
## schooling                                  Male Female
##    No Advanced Degree                      13178   9350
##    Associate's degree                       1796   2088
```

```
##    Bachelor's degree                              4927    4519
##    Doctorate degree                                361     269
##    Master's degree                                1792    2225
##    Professional degree beyond a bachelor's degree  421     379
```

```
tapply(
    dpus$PINCP,
    list(dpus$SCHL, dpus$SEX),
    FUN = mean
    )
```

此参数列表指定了如何对数据进行分组，在本例中，是按 SCHL 和 SEX 同时对数据进行分组

```
##                                                    Male    Female
## No Advanced Degree                               44304.21 33117.37
## Associate's degree                               56971.93 42002.06
## Bachelor's degree                                76111.84 57260.44
## Doctorate degree                                104943.33 89336.99
## Master's degree                                  94663.41 69104.54
## Professional degree beyond a bachelor's degree  111047.26 92071.56
```

此参数是我们在 tapply 中聚合或汇总的数据的向量

此参数指定我们要如何聚合值。在本例中，使用 mean 函数来获取平均值

使用 tapply 命令统计每对 SEX 的 SCHL 发生的频率

同样的计算在 dplyr 语法中如下：

```
library("dplyr")

dpus %>%
  group_by(., SCHL, SEX) %>%
  summarize(.,
           count = n(),
           mean_income = mean(PINCP)) %>%
  ungroup(.) %>%
  arrange(., SCHL, SEX)

## # A tibble: 12 x 4
##    SCHL                   SEX    count mean_income
##    <fct>                  <fct>  <int> <dbl>
##  1 No Advanced Degree     Male   13178 44304.
```

```
##  2 No Advanced Degree                                    Female 9350 33117.
##  3 Associate's degree                                    Male   1796 56972.
##  4 Associate's degree                                    Female 2088 42002.
##  5 Bachelor's degree                                     Male   4927 76112.
##  6 Bachelor's degree                                     Female 4519 57260.
##  7 Doctorate degree                                      Male    361 104943.
##  8 Doctorate degree                                      Female  269 89337.
##  9 Master's degree                                       Male   1792 94663.
## 10 Master's degree                                       Female 2225 69105.
## 11 Professional degree beyond a bachelor's degree Male    421 111047.
## 12 Professional degree beyond a bachelor's degree Female  379 92072.
```

dplyr 管道将任务表示为基本数据转换的序列。另外，请注意 tapply() 的输出结果是一种所谓的宽表格式(数据单元以行和列作为关键字)，而 dplyr 的输出结果是一种窄表格式(数据单元以每行中的列键作为关键字)。

我们甚至可以绘制关系图，如代码清单 2.11 所示。最后，如果我们想要一个估算收入的模型同时作为所有其他变量的联合函数时，则可以使用回归模型，这是第 8 章的主题。如何在这些格式之间转换是第 5 章讨论的关键主题之一。

代码清单 2.11　绘制数据

```
WVPlots::ScatterHist(
  dpus, "AGEP", "PINCP",
  "Expected income (PINCP) as function age (AGEP)",
  smoothmethod = "lm",
  point_alpha = 0.025)
```

值得庆祝的时刻到了！因为我们终于实现了数据科学的目标。在图 2.3 中，可查看数据及其之间的关系。如何解释图表中的摘要信息将在第 8 章中讨论。

在本书中，我们将多次回到人口普查数据，并演示更复杂的建模技术。无论哪种情况，这些示例都演示了你在处理数据时会遇到的基本挑战，以及一些随时可以提供帮助的 R 工具。作为后续，我们强烈建议运行这些示例，查询所有这些函数的 help() 信息，并在线搜索官方文档和用户指南。

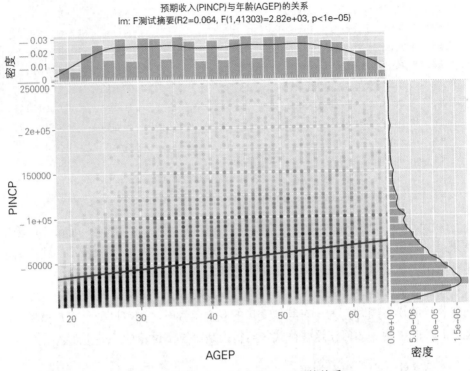

图 2.3   收入(PINCP)与年龄(AGEP)的关系

2.4   小结

本章中,我们介绍了提取、转换和加载数据以便进行分析的基础知识。对于较小的数据集,我们使用 R 并在内存中执行转换。对于较大的数据集,我们建议使用 SQL 数据库,甚至是大数据系统,如 Spark(通过 sparklyr 程序包加上 SQL、dplyr 或 rquery)等。无论如何,我们将所有转换步骤都保存为代码(使用 SQL 语言或 R 语言),以便在数据刷新时能重用。本章的目的是为下一章做准备,下一章将开始探索数据、管理数据、更正数据和对数据建模。

R 是为处理数据而创建的,而将数据加载到 R 中旨在检查和处理数据。在第 3 章中,我们将演示如何通过摘要、探索和绘图来描述数据的特征。这些是所有建模工作早期的关键步骤,因为正是通过这些步骤,你才能了解要建模问题的实际细节和本质。

本章中，你已学习了

- 数据框是数据分析的首选数据结构，其规则是每一行都是一个实例，每一列都是一个变量或度量。
- 使用 utils::read.table()或 readr 包将小型结构化数据集加载到 R 中。
- DBI 包允许你使用 SQL、dplyr 或 rquery 直接访问数据库或 Apache Spark。
- R 是为高级的数据处理而设计的，并具有许多现成的数据转换命令和函数。一般来说，如果一项任务在 R 中变得难以处理，可能是因为你不小心试图用低级的编程步骤重新实现高级的数据转换。

第**3**章

探 索 数 据

本章内容：
- 使用概要统计探索数据
- 使用可视化方法探索数据
- 在数据探索过程中发现问题和疑点

前两章中，我们学习了如何设置一个数据科学项目的范围和目标，以及如何在 R 中处理数据。本章你将开始处理数据，如思维模型导图(图 3.1)所示，在构建模型之前，我们先重点介绍一下数据探索的科学方法。本章的目标是获得尽可能干净和有用的数据。

示例 假设你的目标是建立一个模型来预测哪些客户没有健康保险。你已经收集到一个客户数据集，并且知悉他们的健康保险状况。你也已经确定了一些客户的属性信息，并且相信这些信息(如年龄、就业状况、收入、有关住宅和车辆等信息)可以帮助你预测保险覆盖率。

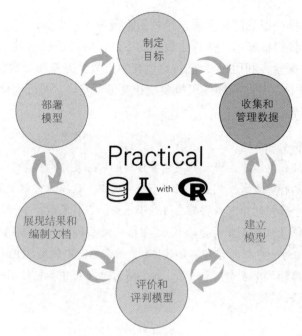

图 3.1 第 3 章的思维模型导图

你已将所有这些数据存放到一个名为 customer_data 的单个数据框中，并将该数据框输入到了 R 系统中[1]。现在你已准备好开始构建模型，以识别出你感兴趣的客户。

人们很容易不认真查看数据集就直接进入建模步骤，特别是当你拥有大量数据时。要改变这个不良习惯，因为没有一个数据集是完美的：你可能会遗漏一些客户的信息，而且某些客户的数据也可能是不正确的。一些数据字段可能是脏的且不一致的。如果开始建模前没有花费时间去检查数据，那么你可能会发现，那些在建模之前就该被发现的坏数据字段或需要被转换的变量，会使你不断地返工。最糟糕的情况是你构建了一个给出错误预测的模型——而你却不能确定其原因。

在建模之前了解数据 在早期阶段解决数据问题可以省去一些不必要的工作及很多麻烦！

你可能还希望了解你的客户是哪类人：他们是年轻人、中年人还是老年人？他们的富裕程度？他们住在哪里？知道这些问题的答案有助于建立一个较好的模

---

1 我们在网上提供了这个综合数据集的一个可用副本，下载地址是 https://github.com/WinVector/PDSwR2/tree/master/Custdata，下载保存后，可以使用命令 customer_data<-readRDS（"custdata.RDS"）将其加载到 R 中。这个数据集来源于第 2 章的人口普查数据。我们在 age 变量中引入了一些噪声，以反映真实世界噪声数据集中的典型场景。我们还包含了一些与示例场景不完全相关的列，这些列代表了某些重要的异常数据。

型，因为你会对哪些信息能最准确地预测保险覆盖率有更具体的理解。

在本章中，我们将展示一些探索数据的方法，并讨论探索过程中发现的一些潜在问题。数据探索将利用概要统计(均值和中位数、方差和计数)和可视化(或数据图形)的组合方法。某些问题使用概要统计就可以发现，而可视化方式则更容易发现其他一些问题。

组织数据进行分析

在本书的大部分内容中，我们假定你要分析的数据是保存在单个数据框中的。这并不是数据通常的存储方式。例如，在一个数据库中，数据通常以规范化的形式存储以减少冗余：单个客户的信息被存储在许多小表中。在日志数据中，单个客户的数据可能分布存储在许多日志条目或会话中。这些格式使添加(或修改，在数据库的环境下)数据变得容易，但对于分析而言却不是最佳的。通常你需要使用 SQL 语句将所需要的数据连接到数据库的单个表中，第 5 章，我们将讨论在 R 中如何使用一些类似 join 的命令来进一步整合数据。

3.1 使用概要统计方法发现问题

在 R 中，通常先用 summary()命令查看数据，如代码清单 3.1 所示，目的是要了解你是否掌握了客户的各种信息，这些信息可能有助于预测健康保险的覆盖率，以及数据的质量是否足够好，以提供有用的信息[1]。

代码清单 3.1 summary()命令

将此处的路径更改为实际路径，指向解压缩后的 PDSwR2 目录

变量is_employed缺失大约三分之一的数据。变量 income 有负值，这可能是无效的

```
setwd("PDSwR2/Custdata")
customer_data = readRDS("custdata.RDS")
summary(customer_data)
##      custid              sex           is_employed          income
## Length:73262        Female:37837     FALSE: 2351      Min.   : -6900
## Class :character    Male  :35425     TRUE :45137      1st Qu.: 10700
## Mode  :character                     NA's :25774      Median : 26200
##                                                       Mean   : 41764
##                                                       3rd Qu.: 51700
##                                                       Max.   :1257000
```

---

[1] 如果你还没有安装，建议按照附录 A 的 A.1 节中的步骤安装 R、包、工具和本书示例。

```
##
##                marital_status health_ins
## Divorced/Separated:10693   Mode :logical
## Married           :38400   FALSE:7307
## Never married     :19407   TRUE :65955
## Widowed           : 4762
##
##
##
##                         housing_type  recent_move    num_vehicles
## Homeowner free and clear      :16763  Mode :logical  Min.   :0.000
## Homeowner with mortgage/loan  :31387  FALSE:62418    1st Qu.:1.000
## Occupied with no rent         : 1138  TRUE :9123     Median :2.000
## Rented                        :22254  NA's :1721     Mean   :2.066
## NA's                          : 1720                 3rd Qu.:3.000
##                                                      Max.   :6.000
##                                                      NA's   :1720
##
##       age             state_of_res     gas_usage
## Min.   :  0.00   California  : 8962   Min.   :  1.00
## 1st Qu.: 34.00   Texas       : 6026   1st Qu.:  3.00
## Median : 48.00   Florida     : 4979   Median : 10.00
## Mean   : 49.16   New York    : 4431   Mean   : 41.17
## 3rd Qu.: 62.00   Pennsylvania: 2997   3rd Qu.: 60.00
## Max.   :120.00   Illinois    : 2925   Max.   :570.00
##                  (Other)     :42942   NA's   :1720
```

> 大约 90%的客户有健康保险

> 变量 housing_type、recent_move、num_vehicles 和 gas_usage 中的每个变量都缺失 1720 个值或 1721 个值

> 变量 age 的平均值似乎是合理的, 但其 Min(最小值)和 Max(最大值)似乎是不可能的。变量 state_of_res 是一个类别型变量, summary()报告了每个州(对于开始的几个州)有多少客户数

　　一个数据框上的summary()命令显示了该数据框中数值型列上的各种概要统计值, 以及任意类别型列上的计数统计值(如果类别型列已被作为因子读入[1])。

　　如代码清单 3.1 中所见, 数据的概要统计有助于你快速发现潜在的问题, 例如缺失的数据或不合理的数值。你还可以粗略地了解类别型数据是如何分布的。下面详细讨论使用概要所发现的典型问题。

---

[1] 类别型变量在 R 中以因子(factor 类)形式存在。它们可以被表示成字符串(character 类), 一些分析函数会自动将字符串变量转换为因子变量。为了获得一个类别型变量的概要统计值, 它必须是一个因子。

数据概要揭示的典型问题

在本小节，我们来探讨几个常见的问题：

- 缺失值
- 无效值和异常值
- 太宽泛或太狭窄的数据范围
- 数据单位

下面详细讨论其中的每一个问题。

缺失值

少量的缺失值可能并不会真正构成问题，但如果一个特殊数据字段上缺失了大部分的数值，那么没有任何修正的话，不应将它作为一个输入(将在 4.1.2 节中讨论这种情况)。例如，在 R 中，许多建模算法会默认地删除带有缺失值的数据行。如下面的代码清单 3.2 所示，变量 is_employed 中所有的缺失值可能导致 R 忽略超过三分之一的数据。

代码清单 3.2 变量 is_employed 对建模是否有用

```
## is_employed
## FALSE: 2321
## TRUE :44887
## NA's :24333
```

变量 is_employed 缺失了超过三分之一的数据。为什么？是就业状况未知吗？还是公司在最近才开始收集就业数据？NA 是否意味着“非在职”(例如，学生或待业在家的父母)

```
##                                housing_type   recent_move
## Homeowner free and clear      :16763   Mode :logical
## Homeowner with mortgage/loan :31387   FALSE:62418
## Occupied with no rent         : 1138   TRUE :9123
## Rented                        :22254   NA's :1721
## NA's                          : 1720
##
##
##  num_vehicles      gas_usage
## Min.   :0.000   Min.   :  1.00
## 1st Qu.:1.000   1st Qu.:  3.00
## Median :2.000   Median : 10.00
## Mean   :2.066   Mean   : 41.17
## 3rd Qu.:3.000   3rd Qu.: 60.00
```

变量 housing_type、recent_move、num_vehicles 和 gas_usage 只缺失了少量的数值——约占数据的 2%。删掉那些缺失值的行可能是安全的，尤其是所有缺失值都在相同的 1720 行中时

```
## Max.    :6.000  Max.    :570.00
## NA's    :1720   NA's    :1720
```

如果某个特定的数据字段有大量的值缺失，那么就需要查找原因了。有时，缺失值这个事实本身就富含信息。例如，为什么变量 is_employed 会缺失这么多值？正如代码清单 3.2 所示，可能有很多的原因。

无论数据缺失的原因是什么，都必须确定最合适的处理方法。是否要在模型中包含带有缺失值的变量呢？如果决定包括该变量，那么你是要删除该字段中所有缺失的行，还是将缺失的值转换为 0 或者另一个新增加的类别？我们将在第 4 章中讨论处理缺失数据的方法。在本示例中，你也许决定删除掉那些缺少房屋或车辆信息的数据行，因为它们只是少量的数据。但你可能不想丢弃缺少就业信息的数据行，因为就业状态可能对预测健康保险有很大的影响，因此你可以将其中的 NA 视为第三种就业类型。为了避免在给模型打分时遇到有缺失值的情况，你应该在模型训练期间就提前处理它们。

无效值和异常值

即使一个列或变量中没有任何缺失值，也需要检查这些值是否是有意义的。你的数据中是否包含任何无效值或异常值呢？无效值的示例包括在一个本应是非负的数字型字段(如年龄或收入)中包含了负值，或在你期望是数字型的字段中包含了文本。异常值是指那些远远超出了你期望它所属数据范围的数据点。你能在代码清单 3.3 中发现异常值和无效值吗？

代码清单 3.3　无效值和异常值示例

```
summary(customer_data$income)
##    Min.  1st Qu.  Median    Mean 3rd Qu.    Max.
##   -6900    11200   27300   42522   52000 1257000

summary(customer_data$age)
##    Min.  1st Qu.  Median    Mean 3rd Qu.    Max.
##    0.00    34.00   48.00   49.17   62.00  120.00
```

收入为负值有可能表明数据不正确，但它们也可能有特殊的含义，例如"负债总额"。无论哪种方式，你都应该检查该问题是否普遍，然后决定如何处理它：是删除掉负收入的数据？还是将负值转换为 0

年龄为 0 或年龄大于 110 岁的客户数据就是异常值。他们超出了预期的客户年龄值范围。异常值可能是数据输入的错误，也可能是特殊的标记值：0 可能意味着"年龄未知"或"拒绝告知"。另外，一些客户的寿命可能特别长无效值通常是错误的数据输入。但是，在诸如"年龄"等字段中的负值可能是表示"未知"的标记值(sentinel value)。异常值也可能是数据错误或标记值，或者也可能是有效但不常见的数据点——人的年龄偶尔确实会超过 100 岁。

对于缺失值，你必须确定最合适的处理方法：删除数据字段，删除带有坏数据字段的数据点，或将坏数据转换为有用的数值。例如，即使你觉得某些异常值是有效数据，但如果它们干扰了模型拟合过程，你依然可能想从模型构建中删除它们。通常，建模的最终目的是对典型案例给出正确的预测，而一个被精确设计的、对罕见发生的案例给出正确预测的模型，不一定就是最好的模型。

数据范围

此外，你也要关注数据值在多大的范围内变化。如果你相信年龄或收入有助于预测健康保险覆盖率，那么为了观察这种关系，就应该确保客户在年龄和收入上的取值有足够大的变化范围。下面在代码清单 3.4 中再查看一下收入，观察它的数据范围是宽泛的，还是狭窄的？

代码清单 3.4　查看一个变量的数据范围

```
summary(customer_data$income)
##    Min. 1st Qu.  Median    Mean 3rd Qu.     Max.
##   -6900   10700   26200   41764   51700  1257000
```
收入的范围从 0 到 100 多万美元，取值范围非常大

即使忽略负收入，代码清单 3.4 中变量 income 的范围也从 0 到了 100 万美元以上。取值范围相当大(尽管对于收入来讲很典型)。对于一些建模方法来说，像这种数据取值在超过几个数量级的范围内变化是有问题的。在第 4 章讨论对数变换时，我们将讨论减小数据变化范围的问题。

数据范围也可能会太狭窄。假设所有客户的年龄都在 50 到 55 岁之间，则可以打赌，年龄范围并不是一个很好的预测该人群健康保险覆盖率的因素，因为年龄之间的差异根本不大。

那么对于数据范围，"太窄"是多窄？

当然，术语"狭窄"是相对的。如果我们预测的是 5～10 岁儿童的阅读能力，那么像这种范围的年龄变量可能是有用的。对于包含成人年龄在内的数据，可能需要用某种方法对年龄进行转换或剔除，因为年龄在 40～50 岁之间的人阅读能力不会有显著的变化。所以你应该根据问题域的信息去判断数据范围是否太窄，一个粗略的经验法则是看标准差与平均值的比率，如果该比率非常小，则数据的变化范围不会大。

我们在 3.2 节讨论用图形方式检查数据时，将再次介绍数据范围的问题。

度量单位是决定数据范围的一个因素。举一个非技术性的例子，对于非常小的孩子，由于发育变化是发生在周或月这样的时间刻度上，因此常以周或月为单位衡量婴儿和幼儿的年龄。假设我们以年为单位度量婴儿的年龄，一岁和两岁的孩子之间可能从数字上看并没有很大的不同，但实际上，任何父母都知道，这期间孩子的变化很大！此外，度量单位也可以显示出数据集中其他原因引起的潜在问题。

度量单位

代码清单 3.5 中的收入数据代表的是小时工资还是以 1000 美元为单位的年薪？实际上它是以 1000 美元为单位的年薪，但是如果把它理解成小时工资会怎样呢？在建模阶段你可能不会注意到该错误，但在建模完成后，有人开始将小时工资的数据输入到模型中时，就会返回错误的预测结果。

代码清单 3.5　检查度量单位；错误可能导致重大的差错

```
IncomeK = customer_data$income/1000
summary(IncomeK)
 ##   Min. 1st Qu. Median   Mean 3rd Qu.    Max.
 ## -6.90   10.70  26.20  41.76   51.70 1257.00
```

变量 IncomeK 被定义为 IncomeK = customer_data$income/1000。但如果你不知道这个定义，仅仅看概要，就可能将收入值理所当然地解释为"小时工资"或"以 1000 美元为单位的年收入"

时间间隔是以天、小时、分钟还是毫秒为单位进行度量呢？速度是用公里/秒、英里/小时还是节(knot)为单位进行度量呢？货币金额是用美元、数千美元还是0.01美分(金融行业的惯例，货币结算通常以定点运算的方式进行)为单位呢？通常的做法是，通过检查数据字典或文档中的数据定义来获得度量单位，而不是通过概要统计信息来了解。有时，小时工资数据和以 1000 美元为单位的年薪数据之间的差异看起来可能并不明显。但在查看变量的取值范围时，你要记住这种差别，因为以意想不到的单位进行度量时，通常你能找出问题来。例如，以节为单位表示的汽车速度与每小时英里数表示的汽车速度看起来有很大的不同。

3.2　使用图形和可视化方法发现问题

如前所述，你能通过查看数据概要找出数据的很多问题。对于数据的其他属性，使用图形方式比文字更容易发现问题。

我们不能指望少量数值(概要统计)能一致地传达存在于数据中的丰富信息。数值归约方法不保留数据中的信息。

—威廉·克利夫兰(William Cleveland)
The Elements of Graphing Data

图 3.2 显示了客户年龄的分布图。稍后将讨论图中 y 轴的含义。现在只知道图的高度对应于人口中该年龄的客户数。如你所见，相比于采用文本形式来判断诸如分布的峰值年龄、数据范围和异常值位置之类的信息，用可视化的方法更容易理解。

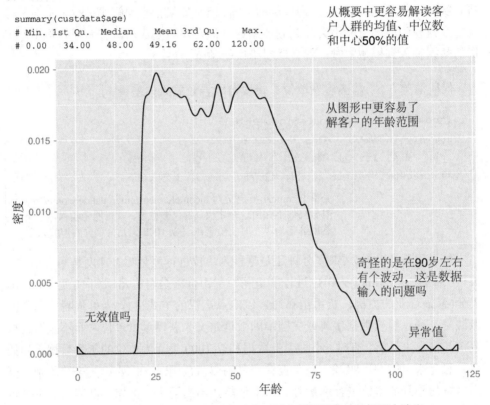

图 3.2　有些信息更容易从图形中看出，而有些则更容易从概要中读出

用图形检查数据称为可视化。我们要努力遵循威廉·克利夫兰关于科学可视化的原则。抛开具体的细节，克利夫兰理念的关键点如下：

● 一个图形应尽它所能地显示更多的信息，并把读者的认知难度降到最低。
● 力求清晰，突出数据。提高清晰度的具体建议有：
　- 避免过多的叠加元素，例如在同一图形空间中有太多的曲线。

- 为了恰当地显示数据的细节，要找到正确的纵横比例和缩放尺度。
- 避免将数据全部偏到图形的某一侧。
- 可视化是一个迭代过程。其目的是回答有关数据的问题。

在可视化阶段，要将数据以图形方式显示出来，更好地了解你的数据，然后通过重新绘图来回答前面图形中出现的问题。最好用不同的图形回答不同的问题。我们将在本节介绍其中的一些图形。

在本书中，我们用 R 图形包 ggplot2，以及 WVPlots 程序包中一些预装好的ggplot2 可视化工具来演示可视化方法和图形。你也可以查看 ggpubr 和 ggstatsplot程序包以获取更多预装好的 ggplot2 图形。当然，其他的 R 可视化包，如基本图形包或 lattice 图形包也可以生成类似的图形。

> **关于 ggplot2 的说明**
>
> 本节的主题是如何使用可视化来探索数据，而不是如何使用 ggplot2。ggplot2 包出自 Leland Wilkinson 的著作 *Grammar of Graphics*。我们选择 ggplot2 是因为它擅长将多个图形元素合并在一起，但是熟悉它的语法可能需要一段时间。以下是读取我们的代码段时要了解的关键点：
>
> - ggplot2 中的图只能在数据框上定义。图上的变量——x 变量、y 变量以及定义点上颜色或大小的变量——被称为美观元素(aesthetics)，使用 es 函数来声明。
> - ggplot()函数用来声明图形对象。该函数的参数包括感兴趣的数据框和美观元素。ggplot()函数本身不会产生可视化，可视化是由图层(layer)产生。
> - 图层产生各种图形和图形的转换，并使用 "+" 运算符将其添加到一个给定的图形对象中。除了图形指定的参数外，每个图层还可以将数据框和美观元素作为参数。图层的示例是 geom_point(用于散点图)或 geom_line(用于线条图)。
>
> 在接下来的示例中将更清晰地看到这种语法。要查阅更多信息，我们推荐 Hadley Wickham 的参考网站 https://ggplot2.tidyverse.org/reference/，其中包含了在线文档的链接，Winston Chang 的网站 http://www.cookbook-r.com/上的 "Graphs" 部分，以及 Winston Chang 的 *R Graphics Cookbook*(O'Reilly，2012)一书。

在接下来的两节中，将展示如何使用图片和图形来识别数据特征和问题。在 3.2.2节，我们将看到两个变量的可视化结果。首先介绍单变量(single variable)的可视化。

3.2.1　采用可视化的方法检查单变量的分布

本节中，我们将讨论：

- 直方图(histogram)

- 密度图(density plot)
- 柱状图(bar chart)
- 散点图(dot plot)

本节的可视化帮助我们回答以下问题：

- 分布的峰值是多少？
- 在分布中有多少个峰值(单峰值与双峰值)？
- 数据是正态分布(或对数正态分布)？我们将在附录 B 中讨论正态分布和对数正态分布。
- 数据变化范围有多大？是集中在某些区域、还是在某些类别中变化？

通过图形化比较容易理解数据的分布情况。从图 3.3 中观察到在大约 25 岁至 60 岁这个时间段图形近乎平坦，60 岁以后开始缓慢地下降。但即使是在此范围内，仍然有一个峰值出现在 20～30 岁，另一个峰值出现在 50 岁之前。该数据有多个峰值(称为多峰，multimodal)；而不是仅有一个峰值(称为单峰，unimodal)[1]。

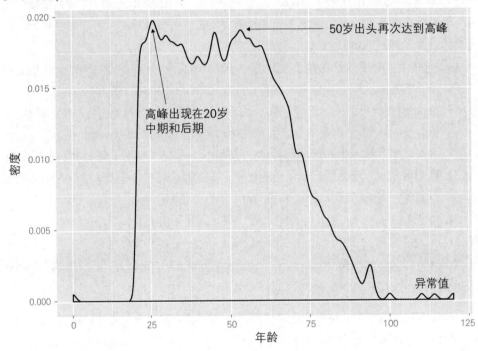

图 3.3　年龄密度图

---

[1]　对于单峰分布的严格定义是，数据分布只有唯一的最大值。从这个意义上说，图3.3 是单峰分布。然而，大多数人使用术语"单峰"来表示数据分布仅有一个唯一的峰值(本地最大值)。该客户年龄分布有多个峰值，因此我们称之为多峰。

在你的数据分布中，单峰是一个需要查看的属性。为什么？因为(大体上讲)单峰分布对应着被观察对象的一个群体。如图 3.4 所示的实线，其平均客户年龄约为 50 岁，其中 50%的客户年龄在 34～64 岁(由第一个四分位和第三个四分位组成，即图中的阴影部分)。因此，你可以说一个"典型"客户是中年人，并且具有中年人所拥有的一些人口统计学特征——当然，你必须使用实际客户的信息来进行验证。

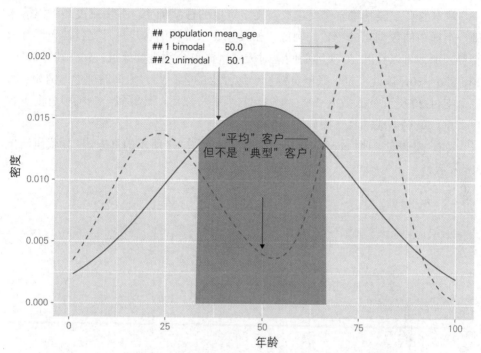

图 3.4　单峰分布(实线)的建模数据通常来自于单个用户群体，
双峰分布(虚线)的建模数据则通常来自于两个用户群体

图 3.4 中的虚线显示了当有两个峰值或双峰分布时可能出现的情况(有两个以上峰值的分布属于多峰分布)。这组客户与实曲线所代表的客户的平均年龄大致相同——但在该客户集合中 50 岁的客户几乎不可能是"典型"客户！这个(显然被夸大了的)例子对应于两个客户人群：一个是相当年轻的人群(主要是从十几岁到将近三十岁)，另一个是年龄较大的人群(主要是在 70 岁左右)。这两个人群的行为方式可能非常不同，如果你要对客户是否可能拥有健康保险进行建模，那么分别对这两个人群建模可能是一个不错的主意。

直方图和密度图是两种可视化方法，可以帮助你快速检查一个数值型变量的分布。图 3.2 和图 3.3 是两个密度图。使用直方图还是密度图在很大程度上取决于个人的偏好。我们更倾向于使用密度图，因为直方图更适合那些缺乏定量概念的受众。

直方图

基本的直方图是将一个变量放入固定宽度的柱状桶中，并用高度显示出落入每一个桶中的数据点的个数。例如，如果想要了解你的客户每月支付的天然气取暖费，那么可以按照 10 美元的间隔对天然气账单金额进行分组：$0～10、$10～20、$20～30，以此类推。账单金额位于边界上的客户归入更高的桶中：例如，将每月支付 20 美元的人放入 20～30 美元的桶中。然后，计算每一个桶中有多少客户数量。最后生成的直方图如图 3.5 所示。

可在 ggplot2 中用 geom_histogram 图层创建图 3.5 所示的直方图，如代码清单 3.6 所示。

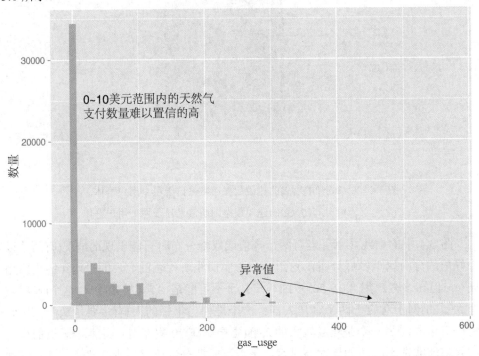

图 3.5   直方图显示出你的数据集中在哪儿，也从视觉上突出显示异常值和偏离值

代码清单 3.6　绘制直方图

```
library(ggplot2)
ggplot(customer_data, aes(x=gas_usage)) +
    geom_histogram(binwidth=10, fill="gray")
```

如果 ggplot2 库尚未加载，那么加载它

参数 binwidth 指定间隔，geom_histogram 调用将构建以 10 美元为间隔的柱状桶(该参数的默认值为数据范围除以 30)。参数 fill 指定直方图中柱状图形的颜色(默认值：黑色)

正确地设置参数值 binwidth，在直方图上就可以直观地显示出数据集中的位置，并显示可能的异常值和偏离值。例如，在图 3.5 中，你发现有一些异常的客户，他们的天然气账单比正常的客户多很多，于是，在用天然气供暖账单作为输入的分析中，你希望删掉这些客户。同时你也观察到一个异常集中的客户群，他们每月的天然气支付为 0～10 美元。这可能意味着你的很多客户都没有使用天然气供暖，而且在后续的调查中，你在数据字典(表 3.1)中也注意到了这个问题。

表 3.1　关于 gas_usage 的数据字典条目

值	定　义
NA	未知或不适用
001	包含在租金或公寓费中
002	包含在电费中
003	没有收费或不使用天然气
004～999	4～999 美元(四舍五入和最高值)

从表 3.1 中可见，gas_usage 列中的值是由数值型值和编码为数字的符号代码混合组成的。数值 001、002 和 003 是标记值，在分析过程中把它们当作数值型处理可能会导致错误的结果。在这种情况下，较为可行的解决方案是将数字 1～3 转换为 NA，或者使用其他的布尔变量表示各种情况(如"包含在租金或公寓费中"等情况)。

直方图的主要缺点是必须提前确定桶的宽度。如果桶太宽，可能会丢失一些有关分布形状的信息。如果桶太窄，直方图可能看起来噪声太大而难以解读其中的信息。一种可替代直方图的可视化方法是密度图。

密度图

除了密度图(density plot)中面积等于 1 的情况，密度图可以看成是一个变量的

连续直方图。密度图上的一个点对应于具有特定值的数据占比(或者是除以 100 的数据百分比)。这个数据占比通常很小。当查看一个密度图时,相对于 y 轴上的实际值,你会对曲线的整体形状更感兴趣。前面你已经看到了年龄的密度图,图 3.6 显示了收入的密度图。

如代码清单 3.7 所示,可利用 geom_density 图层生成图 3.6。

代码清单 3.7　生成密度图

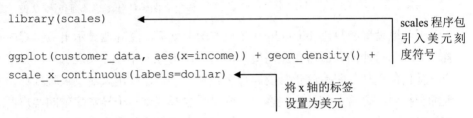

```
library(scales)

ggplot(customer_data, aes(x=income)) + geom_density() +
scale_x_continuous(labels=dollar)
```

scales 程序包引入美元刻度符号

将 x 轴的标签设置为美元

如图 3.6 所示的分布,当数据范围非常宽而大部分数据的分布集中在一端时,很难识别出其形状的细节。例如,很难给出收入分布在峰值上的精确值。如果数据为非负数,则可以使用对数刻度来绘制数据分布图以得到更多的细节,如图 3.7 所示,这相当于绘制 log10(income)的密度图。

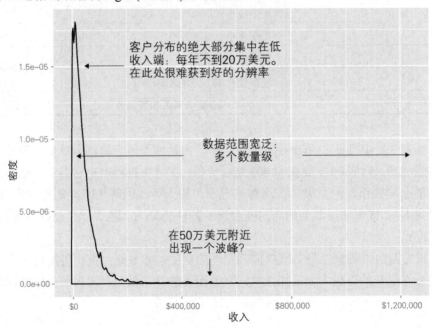

图 3.6　密度图显示了数据集中分布的位置

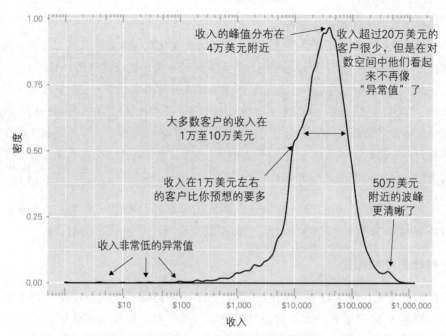

图 3.7　以 log10 刻度绘制的收入密度图突出显示了在常规密度图中很难看到的收入分布的细节

在 ggplot2 中，如代码清单 3.8 所示，你可以使用 geom_density 和 scale_x_log10 图层绘制图 3.7。

代码清单 3.8　创建对数刻度的密度图

```
ggplot(customer_data, aes(x=income)) +
  geom_density() +
  scale_x_log10(breaks = c(10, 100, 1000, 10000, 100000, 1000000),
      labels=dollar) +
    annotation_logticks(sides="bt", color="gray")
```

将 x 轴设为 log10 刻度，手动
将刻度点和标签设置为美元

在图的顶端和底端添加对数刻度的标尺线

当执行处理命令时，你也会获得一个警告消息：

```
## Warning in self$trans$transform(x): NaNs produced
## Warning: Transformation introduced infinite values in continuous x-axis
## Warning: Removed 6856 rows containing non-finite values (stat_density).
```

这个消息告诉你 ggplot2 忽略了 0 值和有负值的行(因为 log(0)= Infinity)，这样的行有 6856 行。当评估该图形时，要记住这一点。

什么时候应该使用对数刻度？

当考察数据以百分比方式变化或以数量级方式变化比按绝对单位变化更重要时，应该使用对数刻度。为了更好地可视化严重倾斜的数据，也应该使用对数刻度。

例如，在收入数据中，收入落在数万美元的人群与落在数十万或数百万美元的人群相比，5000 美元的收入差距意味着很大的不同。换句话说，"重大差别"的形成取决于你所要考察的收入的数量级。同样，在图 3.7 所示的人群中，有很高收入的少数人导致大部分的数据被压缩在图中一个相对小的区域中。基于这两个原因，使用对数刻度来绘制收入分布图是一个好的方法。

在对数空间中，正如附录 B 所述，收入的分布看起来像一个"正态"分布。它并不是精确的正态分布(实际上，它似乎是至少两个正态分布的混合)。

柱状图和散点图

柱状图就是一种为离散数据绘制的直方图：它记录了类别型变量中每个值的频度。图 3.8 显示了客户数据集里的婚姻状况的分布。如果你相信婚姻状况有助于预测健康保险的覆盖率，那么你要查看数据中拥有不同婚姻状况的客户是否足够多，以帮助你去发现已婚(或未婚)状态与拥有健康保险之间的关系。

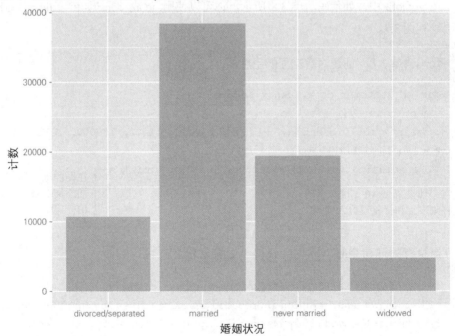

图 3.8 柱状图显示出类别型变量的分布

使用 ggplot2 中的命令 geom_bar 来生成图 3.8：

```
ggplot(customer_data, aes(x=marital_status)) + geom_bar(fill="gray")
```

尽管有些人发现图形比文本更容易让人理解，但是这个图形并不会真的比 summary(customer_data$marital.stat)显示更多的信息。当变量可能取值的个数(如所居住的州)相当多时，柱状图是最有用的。在这种情况下，我们通常会发现水平柱状图(如图 3.9 所示)比垂直柱状图更易读。

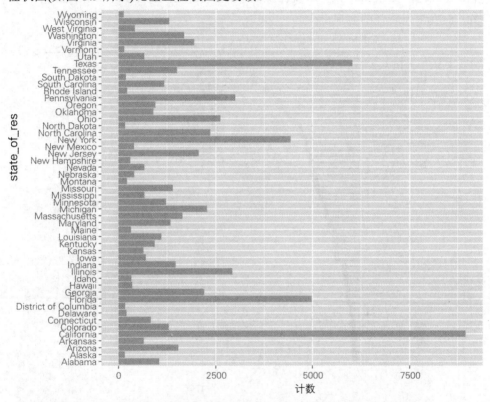

图 3.9 当类别型变量有一些长名称时，使用水平柱状图更易于阅读

生成图 3.9 的 ggplot2 命令如代码清单 3.9 所示。

代码清单 3.9 绘制一个水平柱状图

```
ggplot(customer_data, aes(x=state_of_res)) +
   geom_bar(fill="gray") +         ◄───────  同之前一样绘制柱状图：
      coord_flip()  ◄──────                   state_of_res 在 x 轴上，在 y
                      将 x 轴和 y 轴互换：现在   轴上计数
                      state_of_res 在 y 轴上
```

Cleveland[1]建议用散点图而不是柱状图来可视化离散的计数。这是因为柱状图是二维的，因此计数上的差异在柱状图上会用面积的差异显示出来，而不仅仅是柱状图高度上的差异。这会引起概念上的误解。由于散点图的点线不是二维的，因此在比较两个计数大小时，仅需观察高度上的差异，不需考虑其他维度。

Cleveland 也推荐对柱状图或散点图中的数据进行排序，以便更高效地从数据中获得信息。如图 3.10 所示。现在从图中可以很容易地发现哪个州居住的客户最多，而哪个州居住的客户最少。

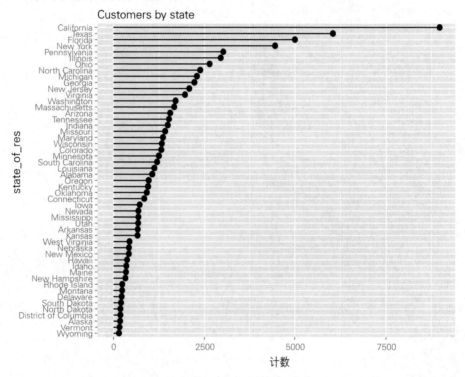

图 3.10　使用散点图并按计数大小排序，使数据更易于阅读

对可视化进行排序在 ggplot2 中需要更多步的操作，因为在默认情况下，ggplot2 将按照字母顺序来绘制因子变量的类别。幸运的是，在 WVPlots 包的 ClevelandDotPlot 函数中，已经封装了大部分的代码。具体代码如代码清单 3.10 所示。

1　参考 William S. Cleveland 所著的 *The Elements of Graphing Data* 一书，Hobart Press, 1994。

代码清单 3.10　使用类别排序的方式绘制散点图

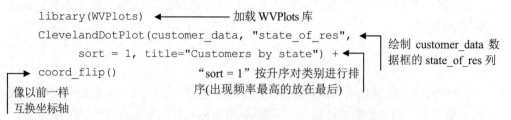

```
library(WVPlots)  ◄────────── 加载 WVPlots 库
ClevelandDotPlot(customer_data, "state_of_res",  ◄───
      sort = 1, title="Customers by state") + ◄──
coord_flip()              "sort = 1" 按升序对类别进行排
                          序(出现频率最高的放在最后)
```

绘制 customer_data 数据框的 state_of_res 列

像以前一样
互换坐标轴

在开始介绍两个变量的可视化之前，我们将在表 3.2 中总结一下本节所讨论的可视化方法。

表 3.2　针对一个变量的可视化

图类型	用　　途	示　　例
直方图或密度图	检查数据范围 检查峰值的数目 检查分布是否为正态的/对数正态的 检查异常值和离群点	检查客户的年龄分布以获得典型的客户年龄范围 检查客户的收入分布以获取典型的收入范围
柱状图或散点图	比较类别型变量的值的频度	计算居住在不同州的客户数，以确定哪些州拥有最大的客户群或最小的客户群

3.2.2　采用可视化的方法检查两个变量之间的关系

除了单独观察变量外，通常还要研究两个变量之间的关系。例如，我们可能想回答以下问题：

- 在我的数据中，年龄和收入这两个输入变量之间有关系吗？
- 如果有关系，是什么样的关系以及关系的强度如何呢？
- 在输入变量婚姻状况(marital status)和输出变量健康保险(health insurance)之间是否有关系？关系的强度如何呢？

我们将在建模阶段精确量化这些关系，但是现在对它们进行探索可以使你对数据有所了解，并有助于确定哪些变量是可包含在模型中的最佳候选者。

本节探讨以下可视化方法：

- 对两个连续变量进行比较的线条图和散点图
- 对两个大数据量的连续变量进行比较的平滑曲线和六角箱图(hexbin)
- 对两个离散变量进行比较的不同类型的柱状图

● 对一个连续变量和离散变量进行比较的直方图和密度图的不同点

首先，考察两个连续变量之间的关系。你可能首先会考虑(尽管它并不总是最好的)线条图。

线条图

当两个变量之间的关系相对清晰时，线条图的效果最佳：每个 x 值都对应唯一(或几乎唯一)的 y 值，如图 3.11 所示。可用 geom_line(代码清单 3.11 所示)绘制图 3.11。

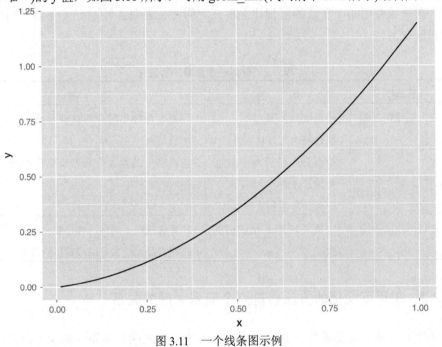

图 3.11　一个线条图示例

代码清单 3.11　绘制线条图

```
x <- runif(100)          y 变量是 x 的一元
y <- x^2 + 0.2*x         二次函数
ggplot(data.frame(x=x,y=y), aes(x=x,y=y)) + geom_line()  ← 绘制线条图
```
首先，生成示例数据。x 变量均
匀地随机分布在 0 和 1 之间

如果数据之间的关系不是很明确，那么线条图就不太有用了。你会想用散点图代替它，正如下文所示。

散点图和平滑曲线

你可能预测到年龄和健康保险之间有关系，并且收入与健康保险之间也有关系。那么年龄和收入之间有什么关系？如果它们彼此的轨迹是完全一致的，那么在健康保险模型中，你可能就不想同时使用这两个变量了。合适的概要统计就是要在数据的一个可靠子集上计算出相关性(如代码清单 3.12 所示)。

代码清单 3.12　查看年龄和收入之间的相关性

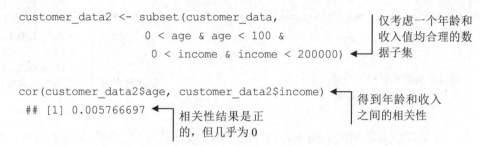

```
customer_data2 <- subset(customer_data,
                   0 < age & age < 100 &                     ◀── 仅考虑一个年龄和
                   0 < income & income < 200000)             收入值均合理的数
                                                             据子集

cor(customer_data2$age, customer_data2$income)               ◀── 得到年龄和收入
## [1] 0.005766697  ◀── 相关性结果是正                        之间的相关性
                        的，但几乎为 0
```

正如所期望的那样，相关性为正，但几乎为 0，这意味着年龄和收入之间显然没有太多的关系。相对于单纯的数字，可视化会让你了解更多实情。我们先看一下散点图(图 3.12)。因为这个数据集超过 64 000 行，要绘制清晰的散点图有点太大了，所以在绘制之前我们先对数据集进行采样。我们用 geom_point 绘制图 3.12，如代码清单 3.13 所示。

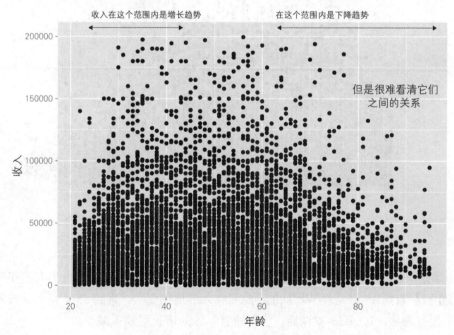

图 3.12　收入与年龄的散点图

代码清单 3.13 创建年龄和收入的散点图

```
set.seed(245566)
customer_data_samp <-
    dplyr::sample_frac(customer_data2, size=0.1, replace=FALSE)

ggplot(customer_data_samp, aes(x=age, y=income)) +
    geom_point() +
    ggtitle("Income as a function of age")
```

通过定义随机的种子数据，生成可重复使用的随机样本数据

为了图形清晰起见，我们仅使用10%的数据样本绘图。下一节我们将说明如何用所有数据来绘图

创建散点图

年龄和收入之间的关系不容易看出。为了设法让它们之间的关系更清晰，可尝试通过数据绘制一条平滑曲线，如图3.13所示。

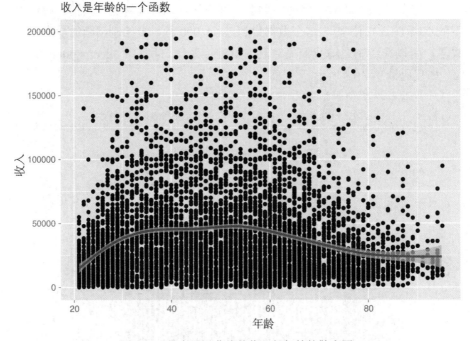

图3.13 带有平滑曲线的收入与年龄的散点图

通过平滑曲线可以更容易看出，在这个客户数据中，收入随着一个人的年龄从20岁左右到35岁是逐渐增加的，此后收入的增加变缓，直到55岁左右，收入几乎没有增加。过了55岁以后，收入随着年龄的增长而趋于减少。

在ggplot2中，使用geom_smooth可以绘制数据的平滑曲线：

```
ggplot(customer_data_samp, aes(x=age, y=income)) +
 geom_point() + geom_smooth() +
 ggtitle("Income as a function of age")
```

对于数据量较少的数据集，geom_smooth 函数使用 loess(拟合)或 lowess(回归)函数来计算数据平滑后的局部线性拟合。对于数据量较多的数据集，如本示例中的数据集，geom_smooth 使用样条曲线拟合(spline fit)。

在默认情况下，geom_smooth 也会在平滑曲线周围绘制一个"标准误差"的带状区。这个带状区在数据较少的地方会变宽，而在数据较密集的地方会变窄。它的主要目的是指出平滑曲线在此处的估计是不太确定的。而在图 3.13 中的散点图上，数据是非常密集的，以至于除了图形的最右端，很难看到该平滑曲线的这个带状区。由于散点图上的标准误差带状区已经给你提供了同样的信息，因此可以设置参数 se = FALSE，将其关闭，后面的示例中将介绍这一点。

带有平滑曲线的散点图也可以对一个连续变量和一个布尔变量之间的关系给出有用的可视化。假设考虑用年龄作为健康保险模型的输入，你可能想要绘制一个健康保险覆盖率的分布图，其中健康保险为年龄的函数，如图 3.14 所示。

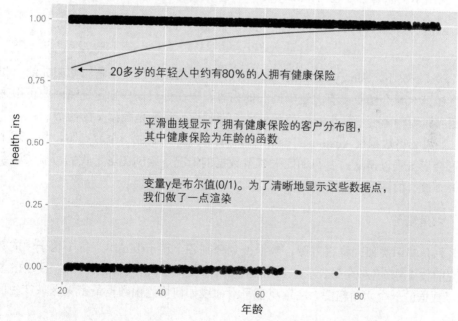

图 3.14 有健康保险的客户分布图，其中健康保险为年龄的函数

当某人拥有健康保险时，变量 health_ins 的值为 1(代表 TRUE)，否则为 0(代表 FALSE)。数据的散点图将所有 y 值都设为 0 或 1，这似乎并不能说明任何问题，

但是数据的平滑曲线给出了 0/1 变量 health_ins 的平均值预测,其中变量 health_ins 为年龄的函数。对于一个给定了年龄的客户, 变量 health_ins 的平均值仅表示在你的数据集中该客户拥有健康保险的概率。

图 3.14 显示,随着客户年龄的增长,拥有健康保险的概率也随之增加,从 20 岁时的约 80%增至 75 岁后的近 100%。

为什么要保留散点图?

你可能会问,为什么要花时间绘制这个散点图?为什么不只绘制平滑曲线?毕竟,数据的取值只有 0 和 1,因此散点图似乎并不能提供更多有用的信息。

这是一个偏好的问题,我们喜欢保留散点图,因为它可以让我们直观地估计 x 变量在不同范围里的数据量。例如,如果数据在 70 ~ 100 岁的年龄段里只有十几个客户,那么你会知道对该年龄段的健康保险概率的预测可能不会精确。反之,如果你在该年龄段有数百个客户,那么你就会对预测结果更有信心。

geom_smooth 在平滑曲线周围绘制的标准误差带状区间也给出了相同的信息,但是我们觉得散点图更有帮助。

利用 WVPlots 程序包的 BinaryYScatterPlot 函数来绘制图 3.14 很简单:

```
BinaryYScatterPlot(customer_data_samp, "age", "health_ins",
                    title = "Probability of health insurance by age")
```

默认情况下,BinaryYScatterPlot 函数按照数据拟合出一条逻辑回归曲线。我们将在第 8 章介绍更多有关逻辑回归的内容,现在你只需要知道逻辑回归可用来预测布尔型输出变量 y 为 true 值的概率,而输出变量 y 是数据 x 的函数。

如果要将数据集 customer_data2 中的所有点都绘制成一个散点图,那么这个图形会变得难以辨认。要在如此大容量数据的情况下绘制图形,我们可以尝试绘制一个聚合的图形,如六角箱图。

六角箱图

六角箱图类似二维直方图。数据被划分到各个箱子(bin)中,每个箱子中的数据点的数量用颜色或阴影表示。让我们重新回到收入与年龄关系的例子中。图 3.15 显示了数据的一个六角箱图。注意观察平滑曲线如何描绘由数据最密集区域产生的形状。

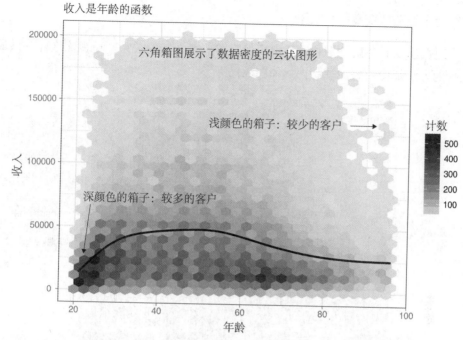

图 3.15 收入与年龄的六角箱图，图上叠加了平滑曲线

要想在 R 语言中绘制一个六角箱图，必须安装 hexbin 包。我们将在附录 A 中讨论如何安装 R 程序包。在安装好 hexbin 包并加载了类库后，可使用 geom_hex 图层创建六角箱图，或者使用 WVPlots 包中的快捷函数 HexBinPlot，如代码清单 3.14 所示。HexBinPlot 函数预先定义了一个颜色标识，其中数据越密集，显示的颜色越深。而 ggplot2 包的默认颜色标识是数据越密集，颜色越浅。

代码清单 3.14　生成一个六角箱图

```
library(WVPlots)  ◀────────── 加载 WVPlots 库

►HexBinPlot(customer_data2, "age", "income", "Income as a function of age") +
   geom_smooth(color="black", se=FALSE)  ◀──
绘制六角箱图，其中                          添加黑色的平滑曲线，不
收入是年龄的函数                            显示标准误差带状区域
                                          (se = FALSE)
```

在本节和上一节中，我们看到的图形绘制中至少都包含了一个数值型的变量。但在我们的健康保险示例中，输出变量和许多输入变量都是类别型的。接下来，我们将讨论两个类别型变量之间关系的可视化方法。

两个类别型变量的柱状图

现在让我们考察婚姻状况和健康保险覆盖率之间的关系。可视化这种关系最直接的方法是使用叠加柱状图，如图 3.16 所示。

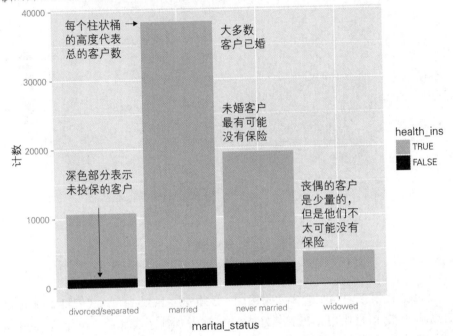

图 3.16　健康保险与婚姻状况：叠加柱状图

使用叠加柱状图可以很容易地比较不同婚姻类别中的总人数，以及每个婚姻类别中未投保的人数。但不能直接比较每个婚姻类别中的已投保人数，因为各个柱状图的起点不一样。因此，一些人更喜欢用图 3.17 所示的并列(side-by-side)柱状图，它更容易用来比较不同婚姻类别之间已投保的人数和未投保的人数——但它却不能用于比较每个婚姻类别中的总人数。

如果除了比较不同婚姻类别之间已投保的和未投保的客户数量，还想了解每个婚姻类别中的客户总数，那么可以尝试使用阴影柱状图(shadow plot)。利用本示例中的数据可以创建两个阴影柱状图：一个是有保险的客户群，另一个是无保险的客户群。这两个图都分别叠加在总客户群绘制的"阴影柱状图"上。这样既可以在不同婚姻状况类别之间进行比较，也可以在相同的婚姻状况类别内进行比较，同时还保留有关类别总数的信息，如图 3.18 所示。

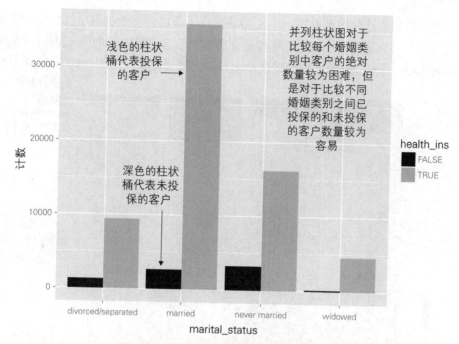

图 3.17 健康保险与婚姻状况：并列柱状图

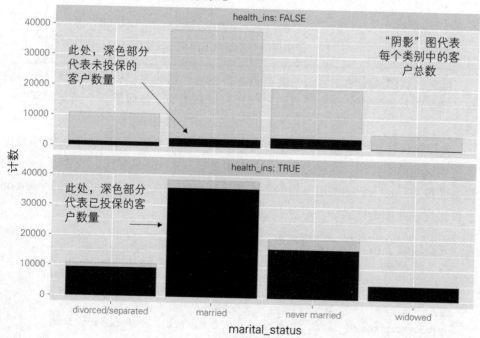

图 3.18 健康保险与婚姻状况：阴影柱状图

前面绘制的这些图都存在一个主要缺陷：无法比较各个类别中的已投保客户数与未投保客户数的比率，尤其是对于丧偶这类小客户群体。可用 ggplot2 中的填充柱状图(filled bar chart)直接绘制这种比率的可视化图形，如图 3.19 所示。

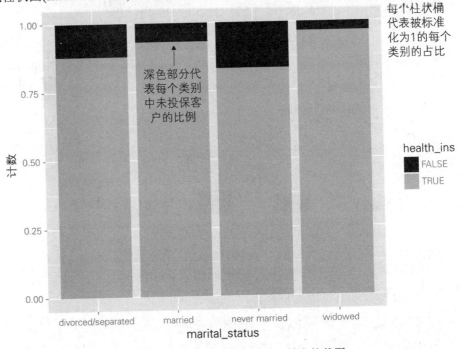

图 3.19　健康保险与婚姻状况：填充柱状图

填充柱状图清晰地显示出：离婚的客户相比已婚的客户更可能没有保险。但是尽管此图对保险覆盖率有较高的预测性，但却丢失了丧偶是一个稀有类别这一信息。

使用哪种柱状图取决于什么信息对你的研究最为重要。代码清单 3.15 中给出了生成这些图的代码。注意 ggplot2 命令中美观元素 fill 的使用，它告诉 ggplot2 根据变量 health_ins 的值用不同颜色来填充图中的柱状桶。geom_bar 的 position 参数指定柱状图的样式。

代码清单 3.15　指定柱状图的不同样式

```
ggplot(customer_data, aes(x=marital_status, fill=health_ins)) +
          geom_bar()   ◄──────────── 叠加柱状图，默认

ggplot(customer_data, aes(x=marital_status, fill=health_ins)) +
          geom_bar(position = "dodge")   ◄────── 并列柱状图
```

```
ShadowPlot(customer_data, "marital_status", "health_ins",
                    title = "Health insurance status by marital status")
ggplot(customer_data, aes(x=marital_status, fill=health_ins)) +
            geom_bar(position = "fill")
```

使用 WVPlots 包中
的 ShadowPlot 命令
绘制阴影柱状图

填充柱状图

在前面的示例中，其中一个变量是二进制类型。相同的图形绘制方法可以应用于两个变量都有几种类别的情况，但是可视化结果将难以读懂。假设对不同住房类别的客户的婚姻状况分布感兴趣，会发现在这种情况下并列柱状图是最容易阅读的，如图 3.20 所示，尽管它并不完美。

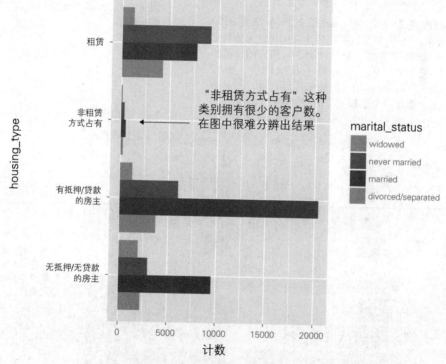

图 3.20　不同住房类型的婚姻状况分布：并列柱状图

如果变量中的任意一个变量有很多类别，类似于图 3.20，那么图形就会变得杂乱。一种更好的替代方法是将图形显示分布在不同的图中，每一幅图对应一个住房类别。在 ggplot2 中，这被称为切面图，可以使用 facet_wrap 图层来实现，结果如图 3.21 所示。

生成图 3.20 和图 3.21 的代码如代码清单 3.16 所示。

代码清单 3.16　绘制带切面(facet)和不带切面的柱状图

并列柱
状图

```
cdata <- subset(customer_data, !is.na(housing_type))

ggplot(cdata, aes(x=housing_type, fill=marital_status)) +
    geom_bar(position = "dodge") +
    scale_fill_brewer(palette = "Dark2") +
    coord_flip()
```

仅限于
housing type
类别值不为
空的数据

带切面
的柱状
图

```
ggplot(cdata, aes(x=marital_status)) +
    geom_bar(fill="darkgray") +
    facet_wrap(~housing_type, scale="free_x") +
        coord_flip()
```

调用函数 coord_flip()来旋
转图形，使 marital_status
清晰可见

调用函数 coord_flip()
旋转图形

按照变量 housing.type 绘制一个切面图。
scales="free_x"参数指定每个切面图的 x 轴具有
独立的标尺刻度。默认情况下，所有的切面图
在两个坐标轴上有相同的标尺刻度。参数
"free_y"指定 y 轴上的独立标尺刻度，而参数
"free"指定两个坐标轴上的独立标尺刻度

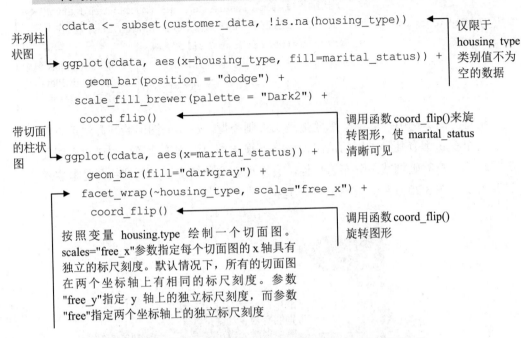

注意，每个切
面图在计数轴
上都有不同的
标尺刻度

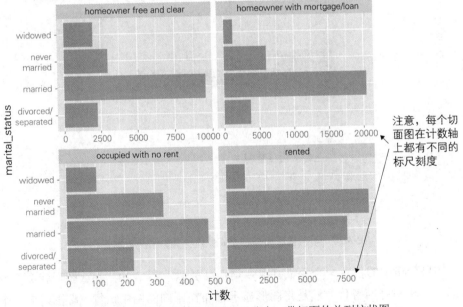

图 3.21　不同住房类型的婚姻状况分布：带切面的并列柱状图

比较一个连续型变量和一个类别型变量

假设我们想对比一下客户数据中不同婚姻状况的年龄分布情况。前面在 3.2.1

节中提到，可以用直方图或密度图查看连续变量(如 age)的分布。现在如果要绘制多个分布图：即给每个婚姻状况类别绘制一张图，那么最简捷的方法是将这些图叠加绘制在一张图中。

图 3.22 给出了数据中丧偶(虚线)和未婚(实线)人口的年龄分布对比图。你立刻就能发现，这两个客户群的分布情况大不相同：丧偶人群的年龄偏大，而未婚人群的年龄偏小。

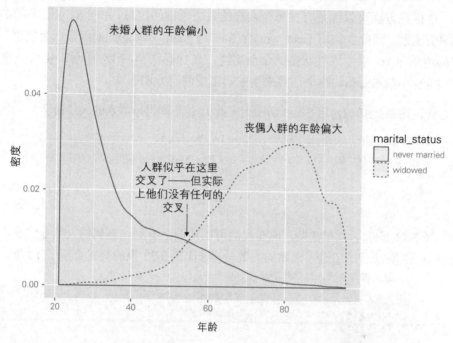

图 3.22 比较丧偶和未婚人群的婚姻状况分布

绘制图 3.22 的代码如代码清单 3.17 所示。

代码清单 3.17 比较不同婚姻类别之间的人口密度

```
customer_data3 = subset(customer_data2, marital_status %in%
    c("Never married", "Widowed"))
ggplot(customer_data3, aes(x=age, color=marital_status,
    linetype=marital_status)) +
    geom_density() + scale_color_brewer(palette="Dark2")
```

仅限于丧偶或未婚人群的数据

通过 marital_status 类别区分图中线条的颜色和样式

不管客户群的数据是独立还是重叠的，叠加后的密度图提供了更多与数据分布有关的信息：哪里的人口稠密，哪里的人口稀疏。但是，它们也丢失了有关每个人群大小规模的信息。这是因为每个独立的密度图都按比例缩放为统一的单位。这样做的好处是提高了每个独立的分布密度图的可读性，但同时也会让你误以为所有人群的大小规模都是一样的。实际上，图 3.22 中的叠加密度图也会让你误以为在 55 岁后，丧偶人群的人数会大于未婚人群的人数，然而事实并非如此。

使用直方图可以保留有关每个人群的大小规模的信息。由于直方图不能很好地进行叠加，因此我们将 facet_wrap() 命令与 geom_histogram()函数一起使用，如代码清单 3.16 中生成柱状图的命令那样。如代码清单 3.18 所示，也可以使用 WVPlots 中的 ShadowHist()函数来生成阴影图的直方图版本。

代码清单 3.18　使用 ShadowHist()函数比较不同婚姻类别的人口密度

```
ShadowHist(customer_data3, "age", "marital_status",
"Age distribution for never married vs. widowed populations", binwidth=5)
```

将直方图的柱状
桶宽度设置为 5

图 3.23 显示了分布结果。现在我们可以从图上看到，丧偶的人数非常少，而且直到 65 岁以后才超过了未婚的人数——这比图 3.22 中的交叉点晚了 10 年。

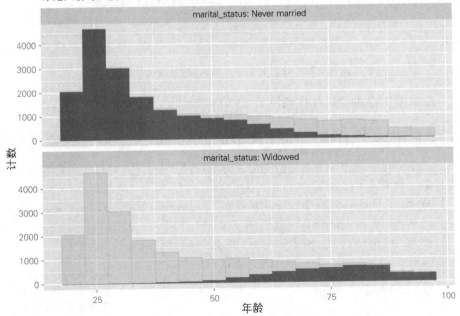

图 3.23　利用 ShadowHist 比较丧偶和未婚人群的年龄分布

比较超过两个类别型变量的分布时，还是要使用切面图，因为太多的叠加图难以看懂。下面尝试查看四种婚姻状况下的年龄分布，如图 3.24 所示。

```
ggplot(customer_data2, aes(x=age)) +
  geom_density() + facet_wrap(~marital_status)
```

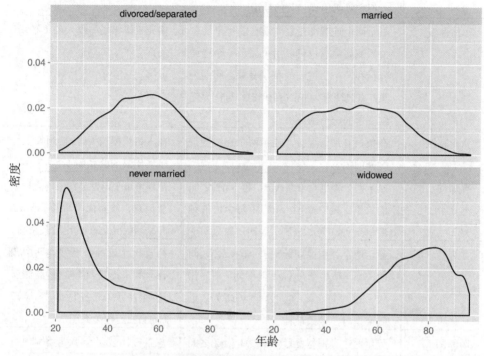

图 3.24　不同婚姻状况下的年龄分布的切面图

同样，这些密度图提供了有关数据分布的详细信息，但同时也丢失了有关每个人群大小规模的信息。

针对两个变量的可视化方法的总结

表 3.3 对前面介绍的两个变量的可视化方法进行了总结。

表 3.3　针对两个变量的可视化方法

图类型	用　途	示　例
线条图	显示两个连续变量之间的关系。最适用于两个变量的关系是一个函数或近似函数的情况	Plot y = f(x)

(续表)

图类型	用 途	示 例
散点图	显示两个连续变量之间的关系。最适用于两个变量的关系非常松散或在线条图上很容易看出类云状的情况	绘制收入与劳动力年限的关系图(y 轴显示收入)
平滑曲线	显示两个连续变量之间潜在的"平均"关系或趋势。也可以用来显示一个连续变量和一个二进制或布尔变量之间的关系：离散变量为 true(真)值时，可作为连续变量的一个函数	估计工作年限与收入的"平均"关系
六角箱图	在数据非常密集时，显示两个连续变量之间的关系	在人口规模较大时，绘制收入与工作年限的关系图
叠加柱状图	显示两个类别型变量(var1 和 var2)之间的关系。突出显示 var1 中每个值的频度。当 var2 是二进制类型时，效果最佳	想保留每个婚姻类别中的人口数量信息，绘制保险覆盖率(var2)与婚姻状况(var1)的函数关系图
并列柱状图	显示两个类别型变量(var1 和 var2)之间的关系。适用于在 var1 取不同值时，比较 var2 中每个值的频度。当 var2 为二进制类型时，效果最佳	想直接比较每个婚姻类别中投保人和未投保人的数量，绘制保险覆盖率 (var2) 与婚姻状况(var1)的函数关系图
阴影图	显示两个类别型变量(var1 和 var2)之间的关系。显示 var1 中每个值的频度，同时允许在 var1 的每个类别之内和不同类别之间比较 var2 的取值	想直接比较每个婚姻类别中投保人和未投保人的数量，并且还要保留每个婚姻类别中的总人数信息，绘制保险覆盖率(var2)与婚姻状况(var1)的函数关系图
填充柱状图	显示两个类别型变量(var1 和 var2)之间的关系。适合用于当 var1 取不同值时，比较 var2 中每个值的频度。当 var2 为二进制类型时，效果最佳	想比较每个婚姻类别中未投保人与投保人的比率，绘制保险覆盖率(var2)与婚姻状况(var1)的函数关系图
带切面的柱状图	显示两个类别型变量(var1 和 var2)之间的关系。最适合使用的场景是：当 var2 有两个以上取值时，在 var1 的每个取值内比较 var2 中每个值的频度	绘制婚姻状况(var2)的分布与住房类型(var1)的函数关系图

(续表)

图类型	用　　途	示　　例
叠加密度图	比较一个连续型变量在一个类别型变量的不同取值上的分布。它最适合使用的场景是在类别型变量只有两个或三个取值时。叠加密度图显示在类别型变量的不同取值下，该连续型变量的分布是不同的还是相似的	比较已婚人群与离婚人群的年龄分布
带切面的密度图	比较一个连续型变量在一个类别型变量的不同取值上的分布。它适用的场景是类别型变量的取值超过三个或更多。带切面的密度图显示在类别型变量的不同取值下，该连续变量的分布是不同的还是相似的	比较几种婚姻状况(未婚、已婚、离婚、丧偶)下的年龄分布
带切面的直方图或阴影直方图	在一个类别型变量的不同取值上，在要保留人口规模信息的要求下，比较一个连续型变量的分布	比较几种婚姻状况(未婚、已婚、离婚、丧偶)下的年龄分布，同时要保留人口的规模信息

　　还有一些其他方式和可视化方法可用来探索数据。前面提到了一些最有用和最基本的图形。你应该尝试使用各种不同的图形来发现数据的不同面。这是一个交互的过程。从一个图中发现问题，然后用另一种可视化方法重绘数据来设法回答这些问题。

　　最终，你将通过探索数据来充分地了解数据，并找出最主要的问题和疑点。下一章，我们将讨论解决数据中常见问题的一些方法。

3.3　小结

　　在本章，你已经有了对数据的感觉。通过概要和可视化的方法探索了数据，对数据的质量有了认识，对变量之间的关系有了理解。你已经捕捉了一些数据问题并准备纠正它们——尽管随着项目的进展你可能会遇到更多问题。

　　某些已发生的事情可能会导致你重新评估你正在设法回答的问题，或者修改你的目标。可能你已经决定需要更多或不同类型的数据来实现你的目标。这样做都很好。正如前一章提到的，数据科学的处理过程是由嵌套循环组成的。数据探索和数据清洗阶段(将在下一章中讨论数据清洗)是两个比较耗时的阶段——同时也是最重要的处理阶段。没有好的数据,就无法建立好的模型。磨刀不误砍柴工。

第 4 章将讨论如何解决数据中发现的这些问题。

在本章中,你已学习了

- 在着手建模之前,花一些时间检查和理解数据。
- summary 命令可帮助你发现有关数据范围、度量单位、数据类型以及缺失值或无效值的问题。
- 各种可视化技术具有不同的优势和应用场景。
- 可视化是一个迭代过程,可以帮助回答有关数据的问题。从一种可视化方法中了解到的信息可能会引发更多问题——你可以尝试用另一种可视化方法来回答。如果一种可视化方法不起作用,那么可以尝试另一种。在这里花费时间是为了在建模阶段节省时间。

第*4*章

管　理　数　据

本章内容：
- 解决数据质量问题
- 在建模之前转换数据
- 为建模过程组织数据

在第 3 章中，我们学习了如何探索数据以及如何识别常见的数据质量问题。本章中将展示如何解决所发现的数据质量问题。之后，将讨论如何为建模过程转换和组织数据。本章中的大多数示例都使用与上一章中相同的客户数据。[1]

如思维模型导图(图 4.1)所示，本章再次强调在开始建模步骤之前，要充分利用有效的统计方法来实现管理数据的科学性。

1　可以通过链接 https://github.com/WinVector/PDSwR2/tree/master/Custdata 下存储的 custdata.RDS 文件来加载数据，然后在 R 中运行 readRDS("custdata.RDS")命令。

图 4.1 思维模型导图

4.1 清洗数据

在本节，我们将讨论在数据探索/可视化阶段发现的问题，特别是针对无效值和缺失值。数据中存在缺失值是很常见的，而且它们在各个项目之间被处理的方式通常也类似。但处理无效值通常要针对特定领域具体分析，即哪些值是无效的以及如何处理它们取决于所要解决的问题。

示例 假设有一个名为 credit_score 的数值变量。你自身的领域知识会使你知道该变量的有效范围应为多少。如果将客户的"经典 FICO 评分"作为信用评分，则超出 300～850 范围的任何值都应视为无效。其他类型的信用评分将有不同的有效值范围。

我们首先介绍一个特定领域数据清洗的示例。

4.1.1 特定领域的数据清洗

从上一章的数据探索中，我们知道数据质量存在一些问题：

- 变量 gas_usage 混合了数字和符号数据：大于 3 的值是每月的 gas_bills，但是从 1 到 3 的值是特殊代码。此外，gas_usage 还缺少一些值。
- 变量 age 的值为 0 是有问题的，这可能意味着该年龄是未知的。此外，有少数客户的年龄超过 100 岁，这也可能是错误的。但针对本项目，我们将 0 值视为无效，而假定大于 100 岁的年龄是有效的。
- 变量 income 有负值。在此，我们假设这些值是无效的。

这些问题很常见。实际上，前面的大多数问题在实际人口普查数据中都存在，而理论上我们的客户数据示例正是基于这些普查数据。

处理变量 age 和 income 的一种快速方法是将无效值转换为 NA，就好像它们是缺少的变量一样。然后，可以使用 4.1.2 节中讨论的自动缺失值处理方法来处理 NA[1]。具体如代码清单 4.1 所示。

代码清单 4.1　处理 age 和 income 变量

```
library(dplyr)
customer_data = readRDS("custdata.RDS")          ◀——————  加载数据

customer_data <- customer_data %>%
  mutate(age = na_if(age, 0),
         income = ifelse(income < 0, NA, income))  ◀——   将负收入转
                                                         换为 NA
```

dplyr 程序包中的 mutate()函数将列添加到数据框中，或修改现有列。同样来自 dplyr 的函数 na_if() 将特定的有问题的值(本例中为 0)转换为 NA

变量 gas_usage 必须要特别处理。回顾一下第 3 章，值 1、2 和 3 并不是数值型值，而是编码：

- 值 1 表示"租金或公寓费用包含了天然气的费用"。
- 值 2 表示"电费中包含了天然气的费用"。
- 值 3 表示"无费用或未使用天然气"。

一种处理 gas_usage 的方法是将所有特殊编码(1、2、3)转换为 NA，并添加三个新的指示变量，每个编码一个。例如，只要原始变量 gas_usage 的值为 2，指示变量 gas_with_electricity 的值就为 1(或 TRUE)，否则为 0。在代码清单 4.2 中，将创建三个新的指示变量：gas_with_rent、gas_with_electricity 和 no_gas_bill。

1　如果你还没开始这样做，建议按照附录 A.1 节中的步骤安装 R、程序包、工具和本书中的示例。

代码清单 4.2　处理 gas_usage 变量

```
customer_data <- customer_data %>%
 mutate(gas_with_rent = (gas_usage == 1),
         gas_with_electricity = (gas_usage == 2),
         no_gas_bill = (gas_usage == 3) ) %>%
 mutate(gas_usage = ifelse(gas_usage < 4, NA, gas_usage))
```

创建三个指示变量

将 gas_usage 列中的特殊编码转换为 NA

4.1.2　处理缺失值

让我们再来看看上一章的客户数据集中一些有缺失值的变量。一种找到这些变量的方法是用编程方式计算出客户数据框中每一列缺失值的个数，并找出计数值大于零的列。代码清单 4.3 旨在计算数据集中每一列缺失值的数量。

代码清单 4.3　计算每个变量中缺失值的个数

```
count_missing = function(df) {
    sapply(df, FUN=function(col) sum(is.na(col)) )
}

nacounts <- count_missing(customer_data)
hasNA = which(nacounts > 0)
nacounts[hasNA]

##      is_employed           income        housing_type
##            25774               45                1720
##      recent_move     num_vehicles                 age
##             1721             1720                  77
##        gas_usage    gas_with_rent  gas_with_electricity
##            35702             1720                1720
##      no_gas_bill
##             1720
```

定义一个函数来计算数据框中每一列值为 NA 的数量

将函数应用到 customer_data 数据集中，以标识出哪些列有缺失值，并显示这些列及其个数

实际上，对于这些变量的处理有两种方法：删除有缺失值的那些行，或将缺失值转换为有意义的值。对于 age 和 income 这类变量，相较于数据集的行数（customer_data 数据集包含了 73 262 行），它们包含的缺失值很少，因而删除这些

行是很安全的。而对于 is_employed 或 gas_usage 类型的变量，从中删除行则是不安全的，因为会丢失很大一部分的变量值。

此外，R 语言(以及一些其他语言)中的许多建模算法会默认地删除有缺失值的行。因此，如果数据涉及范围很广，并且许多列都有缺失值，则删除有缺失值的行可能并不安全。原因是在这种情况下，至少有一个缺失值的行所占比例可能会很高，你可能会因此丢掉大部分数据，如图 4.2 所示。对此，我们可将所有缺失值都转换为有意义的值。

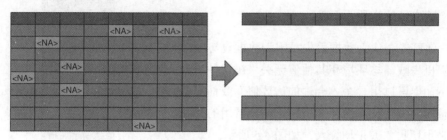

图 4.2　即使有很少的缺失值也可能会丢失所有数据

类别型变量中的数据缺失值

当有缺失值的变量是类别型变量时，一种简单的解决方案是为该变量创建一个新的类别值，如 missing 或_invalid_。图 4.3 给出了变量 housing_type 的示例。

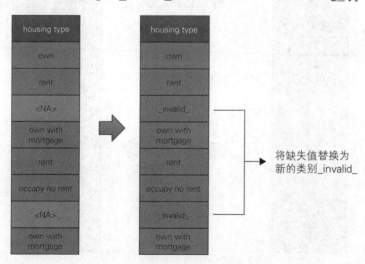

图 4.3　为缺失的类别值创建新类别

数值变量或逻辑变量中的缺失值

假设变量 income 缺少大量数据，如图 4.4
所示。但你认为 income 仍然是健康保险覆盖
率的一个重要预测指标，因此你还是要用这个
变量。那你该如何做？这就要根据你认为数据
丢失的原因来确定了。

缺失值的本质

你可能会认为数据丢失是因为数据收集中
的随机失败，与环境和其他值无关。在这种情
况下，你可以用一个"合理的估计值"或估算
值替换缺失值。从统计学上讲，一种常用的估
计是预期收入或平均收入，如图 4.5 所示。

假设缺失 income 值的客户与其他客户存
在相同的分布，用平均值替换缺失值将是正确
的。这也是一个很容易实现的解决方案。

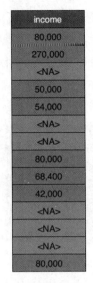

图 4.4　包含缺失值的 income 数据

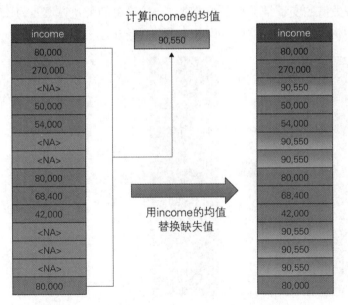

图 4.5　用均值替换缺失值

当你记得 income 与数据中的其他变量相关时，可以改进这个估计值。例如，
从上一章的数据探索中我们知道，age 和 income 之间存在关系，state of residence(所

居住的州)或 marital status(婚姻状况)与 income 之间也可能存在关系。如果你有此类
信息，可以使用它。这种基于其他输入变量来估算输入变量的缺失值的方法同样
适用于类别型数据。[1]

需要强调的是，用均值替换缺失值以及其他更复杂的估算缺失值的方法都是
基于这样的假设：缺少收入数据的客户在某种意义上是典型的、大众化的。但很
可能缺少收入数据的客户属于小众范围。例如，可能存在缺少 income 信息的客户
确实没有收入的情况，因为他们是全日制学生或全职配偶，或者不是在职劳动力。
如果是这种情况，则使用前述方法之一来"填写"他们的收入信息是不全面的，
并且可能会导致错误的结论。

将缺失值处理为信息

这种情况下，仍用替代值(可能是均值)来替换 NA，但让建模算法知道这些值
与其他值不同。对我们而言，一个行之有效的技巧是用均值代替 NA，并额外添加
一个指示变量来跟踪那些被更改的数据点，如图 4.6 所示。

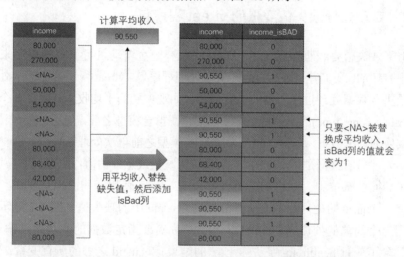

图 4.6　用均值替换缺失值并添加一个指示列以跟踪更改后的值

income_isBAD 这个变量用于区分数据中的两种值：要添加的值和已经存在的值。

你已经看到了这种方法的一种变体，下面我们再看一个整体性的缺失值示例：
gas_usage 变量。很多没有 gas_usage 值的客户并不是随机的：他们要么把天然气
费用和另一张账单(如电费或房租)一起付了，要么就是不使用天然气。你可以通

---

[1] *R in Action*，第二版(Robert Kabacoff，2014，http://mng.bz/ybS4)中包含了 R 中可用的几种插补值方法的扩展讨论。

过添加额外的指示变量来标识这些客户：no_gas_bill、gas_with_rent 等。现在，你可以使用替代值(如 0 或 gas_usage 的均值)来填充 gas_usage 中的缺失值了。

这样做的思路是：在建模步骤中，将所有变量——income、income_isBAD、gas_usage、no_gas_bill 等——都提供给建模算法，它就可以确定如何最好地利用这些信息进行预测。如果缺失值确实是因为偶然因素缺失了，那么所添加的指示变量会无用，模型应忽略它们。如果缺失值是整体地缺失，那么指示变量将为建模算法提供有用的附加信息。

缺失值的指示变量可能是有用的　在许多情况下，我们发现变量 isBAD 有时甚至比原始变量更有用！

如果你不知道缺失值是随机性的还是系统性的缺失，建议你假设它是系统性的缺失，不要根据随机性缺失假设来费力地将值插入变量中。正如我们前面所说的，当缺失值确实表明某些数据存在系统性差异时，将缺失值视为随机性缺失，将会导致错误的结论。

4.1.3　自动处理缺失值变量的 vtreat 程序包

由于缺失值是数据中常见的问题，因此有一个自动且可重复的程序来处理它们是很有用的。我们建议使用 vtreat 变量处理程序包。vtreat 程序创建一个处理计划来记录重复数据处理过程所需的所有信息：如观察到的平均收入，或者一个类别型变量(如 housing_type)的所有观察值。然后，在拟合模型之前，使用此处理计划"准备"或处理训练数据，随后在将新数据输入模型之前再次处理新数据。这样做的思路是，处理后的数据是"安全的"，没有任何缺失或意外的值，照理应不破坏模型。

在后面的章节中，你将看到更为复杂的 vtreat 使用示例，但是现在，你只需要创建一个简单的处理计划来管理 customer_data 中的缺失值。图 4.7 显示了创建和应用这个简单的处理计划的过程。首先，你需要指定数据的哪些列是输入变量。这里是除了变量 health_ins(它是要预测的结果)和 custid 之外的所有变量：

```
varlist <- setdiff(colnames(customer_data), c("custid", "health_ins"))
```

然后，创建处理计划并"准备"数据，如代码清单 4.4 所示。

代码清单 4.4　创建和应用处理计划

```
library(vtreat)
treatment_plan <-
        design_missingness_treatment(customer_data, varlist = varlist)
training_prepared <- prepare(treatment_plan, customer_data)
```

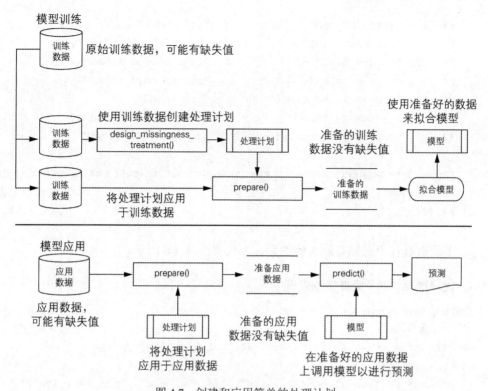

图 4.7 创建和应用简单的处理计划

数据框 training_prepared 包含了用于训练模型的经过处理后的数据。下面让我们把它和原始数据比较一下，如代码清单 4.5 所示。

代码清单 4.5 将处理后的数据与原始数据进行比较

```
colnames(customer_data)
##  [1] "custid"          "sex"                 "is_employed"
##  [4] "income"          "marital_status"      "health_ins"
##  [7] "housing_type"    "recent_move"         "num_vehicles"
## [10] "age"             "state_of_res"        "gas_usage"
## [13] "gas_with_rent"   "gas_with_electricity" "no_gas_bill"

colnames(training_prepared)
##  [1] "custid"                "sex"
##  [3] "is_employed"           "income"
##  [5] "marital_status"        "health_ins"
##  [7] "housing_type"          "recent_move"
##  [9] "num_vehicles"          "age"
```

处理后的数据包含了原始数据中所没有的附加列，最重要的是那些名称中带有 _isBAD 的列

```
## [11] "state_of_res"               "gas_usage"
## [13] "gas_with_rent"              "gas_with_electricity"
## [15] "no_gas_bill"                "is_employed_isBAD"
## [17] "income_isBAD"               "recent_move_isBAD"
## [19] "num_vehicles_isBAD"         "age_isBAD"
## [21] "gas_usage_isBAD"            "gas_with_rent_isBAD"
## [23] "gas_with_electricity_isBAD" "no_gas_bill_isBAD"

nacounts <- sapply(training_prepared, FUN=function(col) sum(is.na(col)))
sum(nacounts)
## [1] 0
```

处理后的数据
中没有缺失值

下面查看几个已知有缺失值的列，如代码清单 4.6 所示。

代码清单 4.6　检查数据处理

找出变量 housing_type
中包含缺失值的行

查看原始数据中
这些行的列值

```
htmissing <- which(is.na(customer_data$housing_type))

columns_to_look_at <- c("custid", "is_employed", "num_vehicles",
                        "housing_type", "health_ins")

customer_data[htmissing, columns_to_look_at] %>% head()
##          custid   is_employed num_vehicles housing_type health_ins
## 55  000082691_01       TRUE          NA          <NA>      FALSE
## 65  000116191_01       TRUE          NA          <NA>       TRUE
## 162 000269295_01        NA          NA          <NA>      FALSE
## 207 000349708_01        NA          NA          <NA>      FALSE
## 219 000362630_01        NA          NA          <NA>       TRUE
## 294 000443953_01        NA          NA          <NA>       TRUE

columns_to_look_at = c("custid", "is_employed", "is_employed_isBAD",
                       "num_vehicles","num_vehicles_isBAD",
                       "housing_type", "health_ins")
training_prepared[htmissing, columns_to_look_at] %>% head()
##          custid is_employed is_employed_isBAD num_vehicles
## 55  000082691_01  1.0000000                 0       2.0655
## 65  000116191_01  1.0000000                 0       2.0655
## 162 000269295_01  0.9504928                 1       2.0655
```

查看处理
后的数据
中那些相
应的行和
列(以及
名称中带
有 isBAD
的列)

```
## 207 000349708_01          0.9504928                    1      2.0655
## 219 000362630_01          0.9504928                    1      2.0655
## 294 000443953_01          0.9504928                    1      2.0655
##     num_vehicles_isBAD housing_type health_ins
## 55                    1    _invalid_      FALSE
## 65                    1    _invalid_       TRUE
## 162                   1    _invalid_      FALSE
## 207                   1    _invalid_      FALSE
## 219                   1    _invalid_       TRUE
## 294                   1    _invalid_       TRUE
```

验证数据集中的预期
车辆数和预期失业率

```
customer_data %>%
    summarize(mean_vehicles = mean(num_vehicles, na.rm = TRUE),
    mean_employed = mean(as.numeric(is_employed), na.rm = TRUE))
##   mean_vehicles mean_employed
## 1       2.0655     0.9504928
```

由此可以看出，vtreat 用 _invalid_ 替换了类别型变量 housing_type 的缺失值，
并用原始数据中的均值替换了数值型列 num_vehicles 的缺失值。它还将逻辑变量
is_employed 转换为数值变量，并将缺失值替换成原始数据中的均值。

除了解决缺失的数据，还有一些其他数据转换的方法能够解决你在数据探索
阶段发现的问题。下一节将研究其他一些常见的数据转换方法。

4.2 数据转换

数据转换的目的是使数据更易于建模和更容易理解。机器学习的工作原理是
学习训练数据中有意义的模式，然后通过在新数据中利用该模式进行预测。因此，
使训练数据中的模式与新数据中的模式更容易匹配的数据转换非常有用。

示例 假设你正在考虑将收入用作保险模型的输入。因为生活费用会因各州而异，
一个地区的高薪收入到另一个地区可能只够勉强维持生活的。因此，利用客户居住地
区的典型收入来对客户的收入进行归一化处理可能更有意义。这是一个相对简单(且通
用)的转换示例。

对于此示例，有一个名为 median_income.RDS 的文件包含每个州的收入中位
数的外部信息。代码清单 4.7 使用此信息将收入进行归一化处理。该代码使用 join
操作将 median_income.RDS 中的信息与现有客户数据进行匹配。我们将在下一章

中讨论连接表(joining table)，但就目前而言，将 join 操作理解为将数据从一个数据框的行中复制到另一个数据框的对应行中即可。

```
library(dplyr)
median_income_table <-
       readRDS("median_income.RDS")
head(median_income_table)
```

如果已经下载了 PDSwR2 代码示例，那么 median_income.RDS 就位于目录 PDSwR2/Custdata 中。我们假设这就是你的工作目录

```
##   state_of_res median_income
## 1      Alabama         21100
## 2       Alaska         32050
## 3      Arizona         26000
## 4     Arkansas         22900
## 5   California         25000
## 6     Colorado         32000
```

将 median_income_table 与客户数据进行 join 操作，这样就可以根据每个人所居住的州的收入中位数来对他们的收入进行归一化处理

```
training_prepared <- training_prepared %>%
  left_join(., median_income_table, by="state_of_res") %>%
    mutate(income_normalized = income/median_income)
head(training_prepared[, c("income", "median_income", "income_normalized")])
```

比较 income 和 income_normalized 的值

```
##   income median_income income_normalized
## 1  22000         21100         1.0426540
## 2  23200         21100         1.0995261
## 3  21000         21100         0.9952607
## 4  37770         21100         1.7900474
## 5  39000         21100         1.8483412
## 6  11100         21100         0.5260664
```

```
summary(training_prepared$income_normalized)
```

```
##   Min. 1st Qu. Median   Mean 3rd Qu.    Max.
## 0.0000  0.4049 1.0000 1.5685  1.9627 46.5556
```

查看代码清单 4.7 中的结果会发现，那些收入高于其所居住州的收入中位数的客户，其 income_normalized 的值大于 1，而那些收入低于其所居住州的收入中位数的客户，其 income_normalized 的值小于 1。由于居住在不同州的客户得到的

归一化处理结果不同，因此我们将其称为条件转换。具体来说就是"归一化处理的条件依赖于客户所居住的州"。而我们把针对所有客户使用相同的值进行定标处理称为无条件转换。

数据转换的需求也取决于你计划使用的建模方法。例如，对于线性回归和逻辑回归，你自然要确保输入变量和输出变量之间的关系近似为线性的，并且输出变量是恒定的方差(输出变量的方差与输入变量无关)。你可能需要转换一些输入变量以更好地满足这些假设。

在本节中，我们将介绍一些有用的数据转换方法以及使用它们的场景：

- 归一化处理
- 中心化和定标
- 对数转换

4.2.1　归一化处理

当相对数量比绝对数量更具有价值时，归一化处理(或重新定标)是非常有用的数据转换方法。你已经看到了一个归一化处理的示例：使用另外一个有价值的数量(即收入中位数)对收入进行处理。这种情况下，这个有价值的数量是外部的(即来自外部的信息)，但它也可以是内部的(即由数据本身获得)。

例如，你可能对客户的绝对年龄不那么感兴趣，但与"典型的"客户相比，你对该客户是年长多少或是年轻多少更感兴趣。我们将客户的平均年龄设为典型年龄。你可以据此进行归一化处理，如代码清单 4.8 所示。

代码清单 4.8　按平均年龄进行归一化处理

```
summary(training_prepared$age)


##    Min.  1st Qu.  Median    Mean  3rd Qu.    Max.
##   21.00    34.00   48.00   49.22    62.00   120.00


mean_age <- mean(training_prepared$age)
age_normalized <- training_prepared$age/mean_age
summary(age_normalized)


##    Min.  1st Qu.  Median    Mean 3rd Qu.    Max.
## 0.4267   0.6908  0.9753  1.0000  1.2597  2.4382
```

age_normalized 的值远远小于 1 表示一个异常年轻的客户，远远大于 1 则表示一个非常年长的客户。但是，什么叫比 1"小得多"或"大得多"呢？这取决于客户年龄的分布范围能有多宽。请看图 4.8 的示例。

两个顾客人群的平均年龄都是 50 岁。人群 1 的年龄分布范围相当广，因此 35 岁的年龄似乎仍然很典型(可能还稍微有点年轻)。人群 2 的年龄分布窄，同样是 35 岁，在人群 2 中就似乎异常年轻了。客户的典型年龄分布是由标准差(standard deviation)汇总而得。这便产生了另一种表达客户相对年龄的方式。

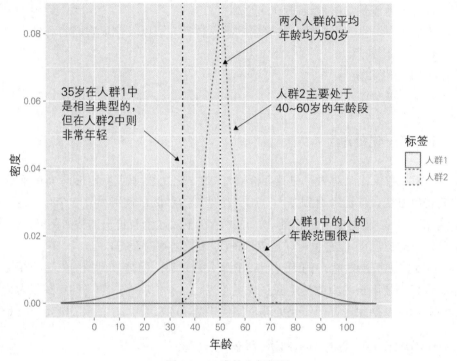

图 4.8　35 岁的人年轻否

4.2.2　中心化和定标

你可以把标准差作为距离单位来重新定标你的数据。如果客户年龄与平均年龄相差不超过一个标准差，则与典型年龄相比客户被认为既不太老，也不太年轻。与平均值相差一个或两个以上标准差的客户，则被视为是太年长了或太年轻了。为了使相对年龄更容易理解，也可以利用平均值对数据进行中心化处理，如代码清单 4.9 所示，对于"典型年龄"的客户，其中心年龄就是 0。

代码清单 4.9　对年龄进行中心化和定标处理

```
(mean_age <- mean(training_prepared$age))        ◀── 获取平均值
```

```
## [1] 49.21647

(sd_age <- sd(training_prepared$age))          ◀──── 获取标准差
## [1] 18.0124

print(mean_age + c(-sd_age, sd_age))           ◀────
## [1] 31.20407 67.22886
```

该人群的典型年龄范围
是 31～67 岁

```
training_prepared$scaled_age <- (training_prepared$age -
    mean_age) / sd_age                    ◀────
```

以平均值为原点(或参考
点)，以标准差为单位重新
定标与平均值的距离

```
training_prepared %>%
  filter(abs(age - mean_age) < sd_age) %>%
  select(age, scaled_age) %>%
  head()

##   age scaled_age                              ◀────
## 1  67  0.9872942
## 2  54  0.2655690
## 3  61  0.6541903
## 4  64  0.8207422
## 5  57  0.4321210
## 6  55  0.3210864
```

在典型年龄范围内
的客户，scale_age
的值小于 1

```
training_prepared %>%
  filter(abs(age - mean_age) > sd_age) %>%
  select(age, scaled_age) %>%
  head()

##   age scaled_age                              ◀────
## 1  24 -1.399951
## 2  82  1.820054
## 3  31 -1.011329
## 4  93  2.430745
## 5  76  1.486950
## 6  26 -1.288916
```

超过典型年龄范围
的客户，scale_age
的值大于 1

因此，值小于-1 表示客户更年轻，其年龄比典型客户年龄更小。值大于 1 表
示客户更年长，其年龄比典型客户年龄更大。

一个技术细则

常规的做法是将标准差解释为距离单位,其背后的逻辑是假设数据是正态分布的。对于正态分布,大约三分之二的数据(约68%)落在均值加/减一个标准差的范围内。大约95%的数据落在均值加/减两个标准差的范围内。在图4.8中(如图4.9的切面图所示),35岁落在人群1中距平均年龄一个标准差的范围内,但与人群2的平均年龄之间的差距大于一个(实际上是两个以上)标准差。

如果数据不是正态分布的,你仍然可以使用此转换方法,如果数据是单峰的并且围绕均值大致对称,那么以标准差作为距离单位是最有意义的。

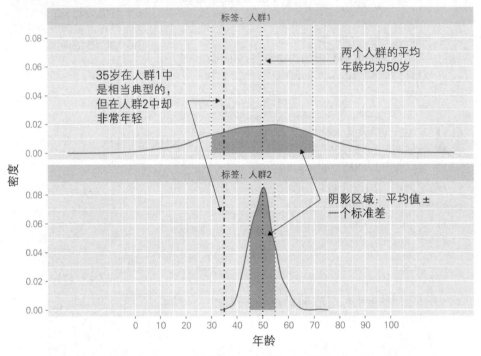

图 4.9 切面图:35 岁的人年轻吗

当有多个数值变量时,可以使用 scale()函数同时对它们进行中心化和定标处理。这样做的好处是,这些数值变量都具有相似的、更加兼容的数值范围。为了进一步说明这一点,我们用以年为单位的变量 age 和以美元为单位的变量 income 来进行比较。当比较两个客户的年龄差时,10 年的年龄差距显得很大,但 10 美元的收入差距却并不大。如果将两个变量做中心化和定标处理,那么定标后两者的 0 值意味着相同的含义,即表示平均年龄或平均收入。而值 1.5 也意味着相同的含义,即年龄比平均年龄大 1.5 个标准差的人,或者收入比平均收入大 1.5 个标准差的人。在这两种情况下,值 1.5 意味着与平均值有很大的差异。

代码清单 4.10 演示了如何使用 scale()函数对数据中的四个数值变量进行中心化和定标处理。

代码清单 4.10 中心化和定标多个数值变量

```
dataf <- training_prepared[, c("age", "income", "num_vehicles", "gas_usage")]
summary(dataf)

##      age            income          num_vehicles      gas_usage
## Min.   : 21.00  Min.   :       0  Min.   :0.000   Min.   :  4.00
## 1st Qu.: 34.00  1st Qu.:   10700  1st Qu.:1.000   1st Qu.: 50.00
## Median : 48.00  Median :   26300  Median :2.000   Median : 76.01
## Mean   : 49.22  Mean   :   41792  Mean   :2.066   Mean   : 76.01
## 3rd Qu.: 62.00  3rd Qu.:   51700  3rd Qu.:3.000   3rd Qu.: 76.01
## Max.   :120.00  Max.   : 1257000  Max.   :6.000   Max.   :570.00
```

```
dataf_scaled <- scale(dataf, center=TRUE, scale=TRUE)

summary(dataf_scaled)
##      age              income          num_vehicles        gas_usage
## Min.   :-1.56650  Min.   :-0.7193  Min.   :-1.78631  Min.   :-1.4198
## 1st Qu.:-0.84478  1st Qu.:-0.5351  1st Qu.:-0.92148  1st Qu.:-0.5128
## Median :-0.06753  Median :-0.2666  Median :-0.05665  Median : 0.0000
## Mean   : 0.00000  Mean   : 0.0000  Mean   : 0.00000  Mean   : 0.0000
## 3rd Qu.: 0.70971  3rd Qu.: 0.1705  3rd Qu.: 0.80819  3rd Qu.: 0.0000
## Max.   : 3.92971  Max.   :20.9149  Max.   : 3.40268  Max.   : 9.7400
```

```
(means <- attr(dataf_scaled, 'scaled:center'))
 ##        age          income   num_vehicles   gas_usage
 ##    49.21647   41792.51062        2.06550    76.00745
(sds <- attr(dataf_scaled, 'scaled:scale'))
 ##        age          income   num_vehicles   gas_usage
 ##   18.012397   58102.481410       1.156294   50.717778
```

获取原始数据的均值和标准差,把它们存储为 dataf_scaled 的属性

依据平均值对数据进行中心化,利用标准差对数据进行定标处理

因为 scale()转换将所有数值变量都放置于兼容的单位中,因此它是一些数据分析和机器学习技术(如主成分分析和深度学习)的推荐预处理步骤。

保留训练转换信息

当你在建模之前使用从数据中获得的参数(例如均值、中位数或标准差)来转换数据时，通常应保留这些参数，当有新数据要被输入到模型里时，要使用这些参数来对这些新数据进行转换。当你使用代码清单 4.10 中的 scale()函数时，分别将 scaled:center 和 scaled:scale 的属性值保留为变量 mean 和 sds。这样，可以使用这些值来定标新数据，如代码清单 4.11 所示。这便保证了定标后的新数据与训练数据有相同的单位。

当使用 vtreat 程序包中的 design_missingness_treatment()函数对缺失值进行清洗处理时，使用的原理是相同的，如 4.1.3 节所述。它所生成的处理计划(4.1.3 节中称为 treatment_plan)保留了训练数据中的信息，以便对新数据中的缺失值进行清洗处理，如代码清单 4.5 所示。

代码清单 4.11　在将新数据提供给模型之前先进行处理

```
newdata <- customer_data          ◀──── 模拟生成一个新的客户数据集

library(vtreat)
newdata_treated <- prepare(treatment_plan, newdata)    ◀──── 使用原始数据集
                                                              中的处理计划对
                                                              它进行清洗处理
new_dataf <- newdata_treated[, c("age", "income",
    "num_vehicles", "gas_usage")]

dataf_scaled <- scale(new_dataf, center=means, scale=sds)
```

使用原始数据集中的均值和标准差来定标 age、income、num_vehicles 和 gas_usage

然而，在某些情况下你可能希望使用新的参数。例如，如果模型中的重要信息是关于受试者的收入与当前收入的中位数之间的关系，那么在为建模准备新数据时，你可能希望对收入进行归一化处理时，采用当前的收入中位数而不是模型训练时得到的收入中位数，这意味着某些高收入人(其收入是三倍的收入中位数)与低收入人(其收入低于中位数)将有不同的特征，并且这些特征差异与实际收入的美元数无关。

4.2.3　针对偏态分布和广泛分布的对数转换

当数据分布大致对称时，按照均值和标准差进行归一化处理是最有意义的，如第 4.2.2 节所述。接下来，我们将研究一种能够使某些分布变得更加对称的转换。

货币金额——收入、客户值、账户价值或购买规模——是数据科学应用中最常见的偏态分布的来源。实际上，如我们在附录 B 中所讨论的，货币金额通常呈对数正态分布：数据的对数呈正态分布。这让我们产生了下面的想法，即对货币数据取对数并使之看起来"更加的正态分布"，从而恢复数据的对称性并扩展其规模。我们在图 4.10 中进行了演示。

对于建模来讲，使用哪种对数算法，如自然对数、以 10 为底的对数或以 2 为底的对数，通常并不重要。例如在回归算法中，对数算法的选择会影响与取对数的变量相对应的系数的大小，但不会影响模型的结构。对于货币金额，我们喜欢采用以 10 为底的对数，因为十进制看起来很自然：$100、$1000、$10 000 等。转换后的数据易于读取。

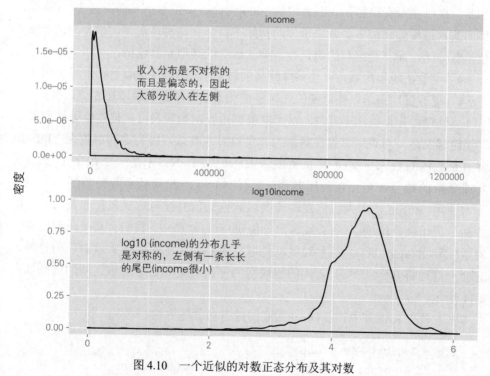

图 4.10　一个近似的对数正态分布及其对数

有关绘图的题外话　注意，图 4.10 中的下图与图 3.7 有相同的形状。使用 ggplot 的图层 scale_x_log10 绘制 income 的密度图与绘制 log10 (income)密度图之间的主要区别是数轴的刻度。使用 scale_x_log10 绘制时，会以美元金额为 x 轴的刻度，而不是用对数。

通常，对所包含的数值相差超过几个数量级的数据进行对数转换也是一个不错的主意，例如城镇和城市的人口，其范围可能从几百到几百万。原因之一是，建模技术通常很难处理非常宽的数据范围。另外一个原因，是由于此类数据通常来自乘法运算而不是加法运算，所以从某种意义上说，对数单位更合理。

作为加法运算的一个示例，假设你正在研究减肥。如果你的体重为 150 磅，而你朋友的体重为 200 磅，你们进行同样的活动，并且都严格遵守相同的低热量饮食，那么可能将减去相同的磅数。减肥多少并不取决于开始减肥时的体重，而仅取决于卡路里的摄入量。在这种情况下，计量单位是所减掉的磅(或千克)数的绝对数。

作为乘法运算的一个例子，我们来考虑加薪。如果管理层给部门中的每个人加薪，很可能不会给每个人额外增加 5000 美元。而是每个人都得到 2%的加薪：你的薪水最终能增加多少取决于你的初始工资。在这种情况下，最合理的计量单位是百分比，而不是绝对的美元数。乘法运算的其他示例包括：

- 更改在线零售站点以使每件商品的转化(购买)增加 2%(而不是两次购买)。
- 更改餐厅菜单以使每晚的顾客量增加 5%(而不是每晚增加 5 位顾客)。

当处理过程是乘法运算时，对运算数据进行对数转换可以使建模更加容易。

遗憾的是，对数运算仅在数据为非负数时才有效，因为零的对数为 - Infinity 并且负数的对数未定义(R 将负数的对数标记为 NaN：不是一个数字)。如果有零或负数的数据，则可以使用其他转换(例如 arcsinh)来减小数据范围。我们并不常使用 arcsinh，因为我们发现转换后数据的值并没有意义。在非正态分布的数据是货币金额(如账户余额或客户价值)的应用程序中，我们会采用所谓的符号对数(signed logarithm)。符号对数就是取变量绝对值的对数再乘以对应的符号。它会严格地将介于-1 和 1 之间的值映射为零。对数和符号对数之间的区别如图 4.11 所示。

以下是在 R 语言中计算以 10 为底的符号对数的方法：

```
signedlog10 <- function(x) {
    ifelse(abs(x) <= 1, 0, sign(x)*log10(abs(x)))
}
```

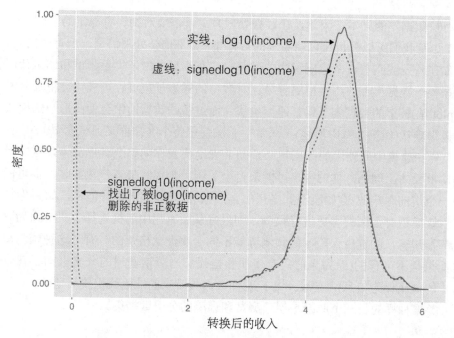

图 4.11 符号对数使你能够在对数刻度上显示非正数据

这样会将-1 和 1 之间的所有数据映射为零,因此很明显,如果幅度小于 1 的值很重要的话,这种转换是没有任何意义的。但是,对于许多货币变量(以美元为例),从实用的角度看,小于 1 美元的值与零(或 1)的差别并不大。因此,映射小于或等于$1 的账户余额为 1(等同于每个账户的最小余额始终为$1)也是可行的。你也可以为“小”选择较大的阈值,例如$100。这会将小于$100 的小额账户映射成相同的值,并消除图 4.10 和图 4.11 中左边的长尾。在某些情况下,消除掉这条长尾可能正是所需要的——至少,它使显示的数据图形看起来不是太偏斜。[1]

一旦合理地清洗和转换完数据后,就可以开始建模阶段了。但在开始之前,我们还有一步要做。

4.3 用于建模和验证的抽样处理

抽样是在分析和建模过程中,选取人群的一个子集来代替整个数据集的过程。在当今的海量数据集时代,有人认为计算能力和现代算法使我们无需抽样即可分析整个海量数据集。但是要记住一点,即使“海量数据”本身通常也是来自更大

---

1 除了 capping 外,还有一些方法可以处理有符号的对数,比如 arcsinh 函数(见 http://mng.bz/ZWQa),但它们也会令接近零的数据失真,使几乎所有的数据看起来都是双峰的,这有可能是假象。

的海量数据集的样本。因此，在数据处理时总是需要对抽样有一定的了解。

尽管我们可以分析比以前更大的数据集，但是抽样处理仍是一个有用的工具。当你在开发或完善一个建模程序的过程中，在小型样本子集上测试和调试代码要比在整个数据集上训练模型更容易。对数据的样本子集进行可视化会更加容易。ggplot 在较小的数据集上运行速度更快，而过多的数据通常会使图形中的模式变得模糊难认(如第 3 章中所述)。通常，无法使用整个客户群来训练模型。

你在建模中所使用的数据集必须能准确地代表你的整个客户群体，这一点是非常重要的。例如，你的客户可能来自全美国。当你收集客户数据时，很可能只用一个州的客户数据(如康涅狄格州的客户数据)来训练模型。但是，如果你打算使用该模型对全国的客户进行预测，则最好从所有州中随机选择客户，因为对德克萨斯州客户的健康保险率的预测可能不同于康涅狄格州的。有时这种预测需求可能也是不可行的(因为当前只有康涅狄格州和马萨诸塞州的分支机构正在收集客户的健康保险信息)，但使用非代表性数据集带来的缺陷我们要清楚。

数据抽样的另一个原因是创建测试和训练的分组数据集。

4.3.1 用于测试和训练的分组数据集

当你建立模型进行预测时，就像我们用来预测健康保险覆盖率的模型一样，你需要数据来构建模型。你还需要数据来测试该模型是否能对新数据做出正确的预测。我们将第一个集合称为训练数据集，第二个集合称为测试(或保留)数据集。图 4.12 显示了数据分组的过程(包括将一个可选分组作为校准数据集，这部分的内容见下文"训练/校准/测试数据集"中的介绍)。

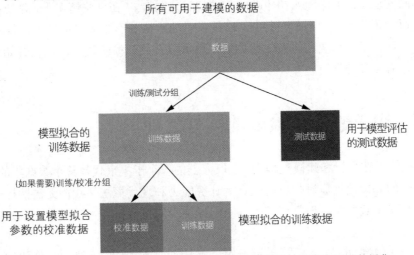

图 4.12　将数据分为训练数据集和测试数据集(或训练、校准和测试数据集)

训练数据集是提供给模型构建算法的数据(将在第 II 部分介绍具体的算法),以便该算法能够拟合正确的数据结构,对结果变量进行最佳的预测。测试数据集是输入到结果模型中的数据,其目的是验证模型的预测结果对新数据也是准确的。我们将在第 6 章中详细介绍使用测试数据集遇到的各种建模问题。现在,我们开始为后续要进行的测试实验准备好数据。

> **训练/校准/测试数据集**
>
> 许多作者推荐训练/校准/测试三种分组方式,其中校准数据集用于设置模型拟合算法所需的参数,而训练数据集用于拟合模型。这也是个很好的建议。我们的理念是:早期将数据分为训练/测试数据集,在最终评估前不去关心测试数据集,如果需要校准数据集,则从训练子集中重新对数据集进行分组。

4.3.2　创建一个样本分组列

一种管理随机抽样的简便方法是给数据框添加样本分组列。样本分组列包含了利用 runif()函数均匀生成的从 0 到 1 的数字。你可以通过样本分组列上的合适阈值,从数据框中抽取任意大小的随机样本。

例如,你一旦用样本分组列(我们将其命名为 gp)标记了数据框的所有行,则所有满足 gp <0.4 的行组成的数据集大约为全部数据的 4/10 或 40%。gp 值在 0.55 和 0.70 之间的所有行组成的数据集大约是全部数据的 15%(0.7 − 0.55 = 0.15)。因此,使用 gp 可以重复生成该数据任意大小的随机样本。

代码清单 4.12　使用随机分组标记对测试数据集和训练数据集进行分组

```
set.seed(25643)          ◄————  设置随机种子数据集,以便此示例可重复使用
customer_data$gp <- runif(nrow(customer_data))
customer_test <- subset(customer_data, gp <= 0.1)  ◄——
customer_train <- subset(customer_data, gp > 0.1)  ◄——

dim(customer_test)
## [1] 7463    16

dim(customer_train)
## [1] 65799    16
```

创建分组列

此处,使用剩余的数据生成训练数据集

此处,使用全部数据生成大约 10%的测试数据集

代码清单 4.12 使用全部数据生成大约 10%的测试数据集,并将剩下的 90%的数据分配给训练数据集。

dplyr 程序包中也包含了名为 sample_n()和 sample_frac()的函数，这些函数从数据框中抽取随机样本(默认情况下是均匀随机样本)。为什么不仅仅用其中之一来抽取训练数据集和测试数据集呢？你当然可以这样做，但同时你务必要通过 set.seed()命令来设置随机种子数据集(如代码清单 4.12 所示)以保证每次抽取的都是相同的分组样本。在调试代码时，可重复抽样是至关重要的。许多情况下，代码会由于人们忽略了某种极端情况而报错。这种极端情况可能会出现在随机样本中。如果每次运行代码时都使用不同的随机输入样本，就无法知道该 bug 是否会重现。这会导致很难跟踪和修复错误。

你也需要可重复的输入样本以便进行软件工程师所谓的回归测试(不要与统计学中的回归搞混)的实验。换言之，就是当你对模型或数据进行更改时，你希望能确保不会前功尽弃。如果模型的版本 1 为某个输入数据集提供了"正确的答案"，那么你当然想要确保模型的版本 2 也能这样做。

我们发现将样本分组列与数据一起存储是一种更可靠的方法，可确保在开发和测试过程中能够重复进行抽样。

可重复抽样并非是 R 语言的功能　如果你的数据在数据库或其他外部存储中，并且你只想将数据的一个子集提取到 R 中进行分析，则可以利用 SQL 命令 RAND，在数据库的相应表中生成一个样本分组列来抽取可重复的随机样本。

4.3.3　记录分组

需要注意的是，上述功能只有当每个受众对象(在本示例中是每个客户)与一个唯一数据行一一对应才起作用。但如果你对哪些客户没有医疗保险不太感兴趣，而对家庭中无保险的成员更感兴趣，该怎么办？如果你是在家庭级别而不是客户级别对问题进行建模，那么家庭的每个成员都应该属于同一个分组(测试或训练数据分组)。换言之，随机抽样也必须在家庭级别。

假设客户同时具有家庭 ID 和客户 ID。如图 4.13 所示。我们希望将家庭划分为训练集和测试集。代码清单 4.13 展示了一种生成合适的样本分组列的方法。

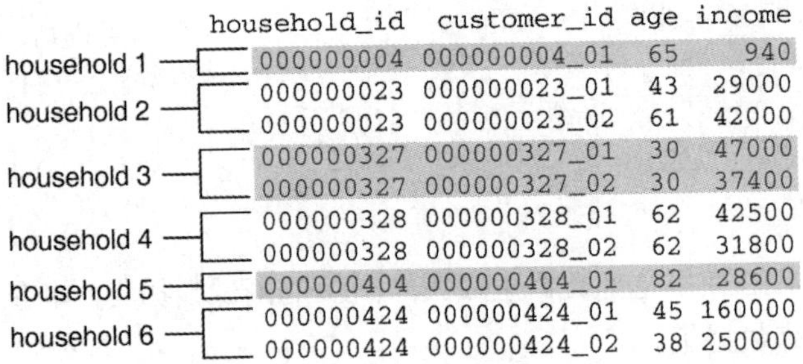

图 4.13　包含客户和家庭的数据集示例

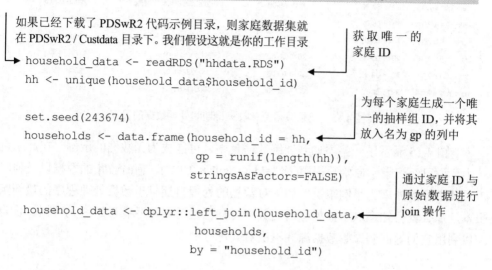

代码清单 4.13　确保测试/训练集分组时不会在家庭内部进行

如果已经下载了 PDSwR2 代码示例目录，则家庭数据集就
在 PDSwR2 / Custdata 目录下。我们假设这就是你的工作目录

获取唯一的
家庭 ID

```
household_data <- readRDS("hhdata.RDS")
hh <- unique(household_data$household_id)

set.seed(243674)
households <- data.frame(household_id = hh,
                         gp = runif(length(hh)),
                         stringsAsFactors=FALSE)

household_data <- dplyr::left_join(household_data,
                         households,
                         by = "household_id")
```

为每个家庭生成一个唯
一的抽样组 ID，并将其
放入名为 gp 的列中

通过家庭 ID 与
原始数据进行
join 操作

所得到的样本分组列如图 4.14 所示。一个家庭中的每个成员都有相同的抽样分组号。

现在可以像前面一样生成测试数据集和训练数据集了。但这次的阈值 0.1 不代表 10%的数据行数，而是代表 10%的家庭，可能大于或小于 10%的数据，这取决于家庭的大小。

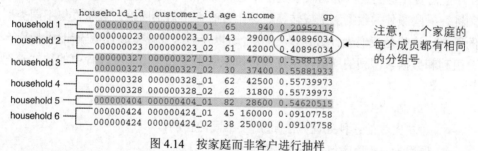

图 4.14　按家庭而非客户进行抽样

4.3.4　数据来源

你也需要添加一列(或多列)来记录数据的来源：何时收集的数据集，在建模之前对数据使用的数据清理程序是哪个版本，等等。这些元数据类似于数据的版本控制。这是一个非常有用的信息，可确保在改进模型、比较不同模型或不同版本的模型过程中，是使用相同的比较原则。

data_source_id	data_collection_date	data_treatment_date	custid	health_ins	income	is_employed
data_pull 8/2/18	2018-08-02	2018-08-03	000006646_03	TRUE	22000	TRUE
data_pull 8/2/18	2018-08-02	2018-08-03	000007827_01	TRUE	23200	NA
data_pull 8/2/18	2018-08-02	2018-08-03	000008359_04	TRUE	21000	TRUE
data_pull 8/2/18	2018-08-02	2018-08-03	000008529_01	TRUE	07770	NA
data_pull 8/2/18	2018-08-02	2018-08-03	000008744_02	TRUE	39000	TRUE
data_pull 8/2/18	2018-08-02	2018-08-03	000011466_01	TRUE	11100	NA

图 4.15   记录数据源、收集日期和处理数据的日期

图 4.15 显示了一些添加到训练数据集中、可能成为元数据的示例。在此示例中，你已经记录了原始数据源(称为"data pull 8/2/18")、何时收集的数据以及何时对其进行的处理。举例来说，如果对数据的处理日期早于数据处理程序的最新版本，那么就会知道这个被处理后的数据可能已过时。多亏有了这些元数据，你可以利用它们返回到原始数据源并再次对其进行处理。

4.4   小结

某些时候，我们可以尽可能地提高数据质量。目前，我们已解决了数据缺失的问题，并执行了所有必要的转换处理。我们已经准备好进入建模阶段。

但需要注意的是，数据科学是一个迭代过程。在建模过程中你可能会发现必须进行一些额外的数据清洗或转换。甚至有时你不得不回退，重新收集不同类型的数据。这就是我们为什么建议为数据集(以及后来的模型和模型输出)添加样本分组列和数据来源列的原因，这样便可以跟踪数据和模型演变过程中的数据管理步骤。

在本章中，你已学习了
- 对缺失值的各种处理方法(适用于不同的目的)。
- 使用 vtreat 程序包自动管理缺失值。
- 如何对数据执行归一化或重新定标，以及进行归一化/重新定标的恰当时机。
- 如何对数据执行对数转换，以及执行对数转换的恰当时机。
- 如何实施可重复的抽样方案，为你的数据创建测试/训练数据分组。

第5章

数据工程与数据整理

本章内容:

- 逐步掌握数据转换
- 学会使用重要的数据处理包, 如 data.table 和 dplyr 程序包
- 学习控制数据的分布

本章将介绍如何使用 R 语言把数据组织或整理成适于分析的形式。如果你的数据不能在一个表中被全部找到或不能在一个完整的集合中用于分析, 就必须对它进行整理。

图 5.1 是本章(处理数据)的思维导图模型。前面的章节中假设数据已经是准备好的格式, 或者已经预先将数据转换成这种格式备用。本章将指导你完成这些准备步骤。数据整理(data wrangling)的基本概念是将数据结构化以使建模更容易, 然后通过一些步骤将此结构添加到数据中。为此, 我们将展示许多示例, 每个示例都具有一个明确的任务, 然后执行转换解决该问题。我们将集中讨论一组功能强大且有用的转换, 它们涵盖了大多数常见情况。

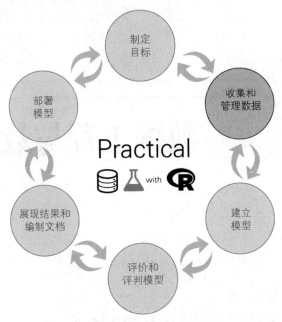

图 5.1 思维模型导图

我们将使用基础 R、data.table 和 dplyr[1] 来展示数据整理的解决方案。它们各具优势，这就是我们提出多个解决方案的原因。贯穿本书，我们特意使用多语言编程来执行数据整理：为了方便，使用基础 R、data.table 和 dplyr 混合编程。这些系统的优势分别如下：

- 基础 R(Base R)——是用 R 编写的代码，可使用 R 的内置功能直接处理 data.frame。将复杂的转换分解为基础 R 的原语(primitive)可能是一个难题，但在本章中，我们将为你提供解决该难题的工具。

- data.table——data.table 是 R 中的一个程序包，可以快速、高效地在内存中实现数据处理。它与常规 R 语义的不同之处在于，data.table 使用的是引用语义(reference semantics)，可以在一个共享数据结构(所有对该结构的引用都是可见的)中直接对其进行更改，而不是 R 语言的比较典型的数值语义(value semantics)，即在一个引用中所做的更改对其他引用不可见。data.table 表达式通过[]索引运算符完成功能强大的转换，使用 help(data.table, package="data.table")和 vignette("datatable-intro", package="data.table")可以看到这些转换的详细解释。

---

1 对于数据库任务，建议使用 dbplyr 或 rquery，附录 A 中有它们的简要介绍。

- dplyr——dplyr 是一个流行的数据处理程序包，它采用类似 SQL(或 Codd 风格)的操作符序列进行数据操作。dplyr 通常没有 data.table 操作速度快(或节省空间)，但其表达式很简洁。

以下是一些用 R 处理数据的免费入门指南：

- *Getting Started in R*，data.table 版：https://eddelbuettel.github.io/gsir-te/Getting-Started-in-R.pdf

- *Getting Started in R*，tidyverse 版：https://github.com/saghirb/Getting-Started-in-R

为了提高你编写 R 代码(将想法转换为实践)和阅读 R 代码(从已有代码中理解想法)的能力，本章与本书的大部分内容一样，设计了一系列实操性示例。我们强烈建议你亲自尝试运行这些示例(可通过 https://github.com/WinVector/PDSwR2 获取)。培养自己在编码之前先规划(甚至绘制出)数据转换的习惯是非常关键的。在埋头于编码细节之前，请先弄清楚自己的意图。请相信，对于最常见的数据整理任务，在 R 语言中总能发现容易的解决方法，并在需要时找到它们。整理数据的根本原因是：通过把数据转换为简单的"数据矩阵"格式(矩阵的每一行都是一个观测值，每一列都是一个度量类型)会使分析更加简单。尽早解决诸如奇怪的列名等这类的问题，后期便无须编写复杂的代码来解决这些问题了。

本章的内容是按照执行的转换类型来组织的。对于各种不同的转换，我们将引入一些小的概念性的数据集，并花一些时间查看每个数据集。这种"任务-示例"的组织模式将引导你快速地熟悉 R 中的数据转换。我们将要介绍的转换内容包括：

- 选取列子集
- 选取行子集
- 重新对行进行排序
- 创建新列
- 处理缺失值
- 按行合并两个数据集
- 按列合并两个数据集
- 连接两个数据集
- 行汇总
- 常规的数据整理(窄表与宽表)

我们之所以在此给出这个列表，是想让你知道在执行海量数据处理时我们有足够的工具可以使用。我们首先将从问题出发，然后给出解决方案。我们将演示哪个命令解决了某个给定的问题，而有关该命令的语法细节可以参考 R 的帮助系统以及本章中建议的指南和教程。请把本章看成数据整理的罗塞塔石碑(Rosetta Stone)：

每个概念先被解释一次，然后执行 3 次(通常在基础 R、data.table 和 dplyr 中执行)。

我们的第一个应用程序(设置行子集和列子集)将配置成通用模式的应用程序，即使你已经在 R 中对数据执行了子集设置，本应用程序也值得一读。

数据源   本章将使用规模很小的一类数据集，以便在执行转换前和转换后能够更便捷地对数据进行检查。我们强烈建议你与我们一起运行所有示例。所有示例都要么是 R 自带的内置数据，要么可以从本书的 GitHub 网站获取：https://github.com/WinVector/PDSwR2。同样，所有代码示例都可以在该地址下的 CodeExamples 目录中找到。我们建议你复制或下载这些资料以便更好地使用本书。

有关 R 内置示例的更多信息，请使用命令 help(datasets)查看。

5.1   数据选取

本节内容涉及：行删除、列删除、对列进行重新排序、删除丢失的数据以及对数据行进行重新排序。在大数据时代，你经常能看到大量的数据，因此将数据限制在所需范围内可以大大加快你的工作速度。

5.1.1   设置行子集和列子集

使用数据集时，一项常见的任务就是查询行子集或列子集。

背景

在第一个示例中，我们将使用 iris 数据集：它涉及三种鸢尾花(iris)的萼片长度、宽度的测量值以及花瓣长度、宽度的测量值。

我们首先来研究一下该数据。建议无论何时都要做这项工作，并使其成为"关注数据"工作准则的一部分。例如，图 5.2 显示了该示例中鸢尾花的花瓣尺寸：

```
library("ggplot2")  ◀────────── 添加 ggplot2 程序包，以备绘图时使用

summary(iris)  ◀────────── 查看一下内置的鸢尾花数据

##   Sepal.Length    Sepal.Width     Petal.Length    Petal.Width
## Min.   :4.300   Min.   :2.000   Min.   :1.000   Min.   :0.100
## 1st Qu.:5.100   1st Qu.:2.800   1st Qu.:1.600   1st Qu.:0.300
## Median :5.800   Median :3.000   Median :4.350   Median :1.300
## Mean   :5.843   Mean   :3.057   Mean   :3.758   Mean   :1.199
```

```
## 3rd Qu.:6.400   3rd Qu.:3.300   3rd Qu.:5.100   3rd Qu.:1.800
## Max.   :7.900   Max.   :4.400   Max.   :6.900   Max.   :2.500
##
##         Species
## setosa    :50
## versicolor:50
## virginica :50
```

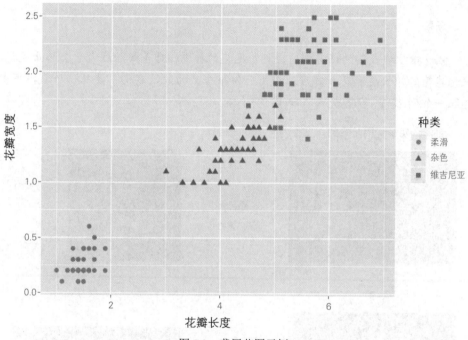

图 5.2　鸢尾花图示例

添加程序包　最佳实践是尽早添加程序包。如果还没有添加，可以使用类似 install.packages("ggplot2")的命令安装。

```
head(iris)
```

```
##   Sepal.Length Sepal.Width Petal.Length Petal.Width Species
## 1          5.1         3.5          1.4         0.2  setosa
## 2          4.9         3.0          1.4         0.2  setosa
## 3          4.7         3.2          1.3         0.2  setosa
## 4          4.6         3.1          1.5         0.2  setosa
## 5          5.0         3.6          1.4         0.2  setosa
```

```
## 6          5.4          3.9          1.7          0.4  setosa
```

```
ggplot(iris,
       aes(x = Petal.Length, y = Petal.Width,
           shape = Species, color = Species)) +
  geom_point(size =2 ) +
  ggtitle("Petal dimensions by iris species: all measurements")
```

R 预装了 iris 数据，它也是 datasets 程序包的一部分。在本章中，我们将专门使用一些小数据量的示例，以便能够快速查看结果。

场景

假设指派给我们的任务是，按照鸢尾花的种类，对花瓣长度大于 2 的鸢尾花，仅就其花瓣的长度和花瓣宽度，给出一份报告。为此，我们需要从一个数据框中选取一个列(变量)子集或一个行(实例)子集。

列选取和行选取如图 5.3 所示。

图 5.3　选取列和行

示意图　本章中的示意图是一些卡通图表，用来辅助你更好地理解数据转换。我们建议你查看转换前后的实际数据，以获得有关数据转换中所执行操作的更加详细的信息。我们也建议你在应用了这些解决方案之后再执行一次检查工作，并查看它们是如何对转换前和转换后的数据进行排列组合的。可以将这些示意图看成数据转换的可视化索引。

解决方案 1：基础 R

基础 R 语言解决方案使用了[,]索引运算符。

DROP = FALSE　当使用[,]运算符时，记得要添加第三个参数 drop = FALSE，它可以解决下列问题：默认情况下，当你从 R 语言的 data.frame 中查询单个列时，它返回的是一个向量，而不是一个包含了该列的 data.frame。在大多数情况下，我们知道会有多个列，因此并不严格地使用该命令。但是，养成添加此参数的好习惯可以避免意外。

解决方案的策略如下：

- 在[,]运算符的第二个位置根据名称或列索引来获取所需的列。
- 在[,]运算符的第一个位置通过布尔值按行获取所需的行。

```
columns_we_want <- c("Petal.Length", "Petal.Width", "Species")
rows_we_want <- iris$Petal.Length > 2

# before
head(iris)

##   Sepal.Length Sepal.Width Petal.Length Petal.Width Species
## 1          5.1         3.5          1.4         0.2 setosa
## 2          4.9         3.0          1.4         0.2 setosa
## 3          4.7         3.2          1.3         0.2 setosa
## 4          4.6         3.1          1.5         0.2 setosa
## 5          5.0         3.6          1.4         0.2 setosa
## 6          5.4         3.9          1.7         0.4 setosa

iris_base <- iris[rows_we_want, columns_we_want, drop = FALSE]

# after
head(iris_base)

##    Petal.Length Petal.Width    Species
## 51          4.7         1.4 versicolor
## 52          4.5         1.5 versicolor
## 53          4.9         1.5 versicolor
## 54          4.0         1.3 versicolor
## 55          4.6         1.5 versicolor
```

```
## 56              4.5          1.3 versicolor
```

注意，选取列也是重新对列进行排序的好方法。基础 R 语言的一个优点是，它速度快并且具有非常稳定的 API：今年用基础 R 语言编写的代码很可能到明年还继续工作(而 tidyverse 程序包的 API 则不太稳定)。基础 R 的缺点是它的一些默认设置很麻烦。例如，我们使用表达式 drop = FALSE 来解决以下问题：如果我们只想选取一列，基础 R 语言会返回一个向量而不是 data.frame。

解决方案 2：data.table

data.table 中的行选取和列选取与基础 R 语言类似。data.table 使用一组非常强大的索引符号。在本示例中，我们使用 ".." 表示法告诉 data.table：我们正在使用第二个索引位置来指定列名(而不是指定计算，这将在后面进行演示)。

```
library("data.table")

iris_data.table <- as.data.table(iris)          转换为 data.table 类以
                                                获取 data.table 语义

columns_we_want <- c("Petal.Length", "Petal.Width", "Species")
rows_we_want <- iris_data.table$Petal.Length > 2

iris_data.table <- iris_data.table[rows_we_want , ..columns_we_want]

head(iris_data.table)                   ".." 表示法告诉 data.table，
                                        columns_we_want 本身并不是列的
                                        名称，而是一个引用列名称的变量

##    Petal.Length Petal.Width     Species
## 1:          4.7         1.4 versicolor
## 2:          4.5         1.5 versicolor
## 3:          4.9         1.5 versicolor
## 4:          4.0         1.3 versicolor
## 5:          4.6         1.5 versicolor
## 6:          4.5         1.3 versicolor
```

data.table 的优点是，它是针对各种规模数据的 R 数据整理方案中最快速、内存利用率最高的解决方案。data.table 有一个极有用的常见问题解答(FAQ)和一个很好的备忘录：

- https://cran.r-project.org/web/packages/data.table/vignettes/datatable-faq.html
- https://www.datacamp.com/community/tutorials/data-table-cheat-sheet

如果通过 R 中 data.table 的 vignette 命令 vignette ("datatable-intro", package = "data.table")，执行了一些示例后，再访问这两个网址，你会有更深刻的感受。

使用 data.table 的注意事项

对于不支持 data.table 的程序包，data.table 的工作方式类似于 data.frame。这意味着你几乎可以将 data.tables 与任何程序包一起使用，甚至包括那些早于 data.table 的程序包。在支持 data.table 的场景下(即可在命令行使用 data.table，或使用依赖 data.table 的程序包)，data.table 具有略微增强的语义。在此展示一个简单的例子：

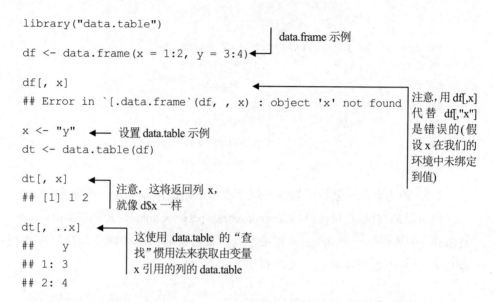

```
library("data.table")

df <- data.frame(x = 1:2, y = 3:4)      ← data.frame 示例

df[, x]
## Error in `[.data.frame`(df, , x) : object 'x' not found      注意，用 df[,x]
                                                                代 替 df[,"x"]
x <- "y"      ← 设置 data.table 示例                             是错误的(假
dt <- data.table(df)                                            设 x 在我们的
                                                                环境中未绑定
dt[, x]        注意，这将返回列 x,                               到值)
## [1] 1 2     就像 d$x 一样

dt[, ..x]
##    y         这使用 data.table 的"查
## 1: 3         找"惯用法来获取由变量
## 2: 4         x 引用的列的 data.table
```

解决方案 3：dplyr

dplyr 解决方案是根据 select 和 filter 编写的：

- dplyr :: select　　选取所需的列
- dplyr :: filter　　选取所需的行

传统做法是把 dplyr 的各个步骤用 magrittr 的管道运算符%>%串联起来，当然分配给临时变量也同样有效。这里，我们将使用显式的点(explicit dot)表示法，其中数据管道的写法是 iris %>% select(., column)，而不是更常见的隐含了第一个参数的表示法(iris %>% select(column))。点表示法我们在第 2 章中进行了讨论，可以参阅下列相关的 R 内容：http://www.win-vector.com/blog/2018/03/r-tip-make-arguments-explicit-in-magrittr-dplyr-pipelines/。[1]

1　在 wrapr 程序包中可以找到一个功能强大的备用管道，称为点箭头管道(写为%.>%)，该管道使用显式的点表示法并提供其他功能。对于本书的大部分内容，我们将一直使用 magrittr 管道，但我们鼓励好奇的读者在自己的工作中使用 wrapr 管道查看。

```
library("dplyr")

iris_dplyr <- iris %>%
  select(.,
         Petal.Length, Petal.Width, Species) %>%
  filter(.,
         Petal.Length > 2)

head(iris_dplyr)

##   Petal.Length Petal.Width    Species
## 1          4.7         1.4 versicolor
## 2          4.5         1.5 versicolor
## 3          4.9         1.5 versicolor
## 4          4.0         1.3 versicolor
## 5          4.6         1.5 versicolor
## 6          4.5         1.3 versicolor
```

dplyr 的优点在于强调了数据处理是将一系列操作分解为一条可见的管道。

你可以通过网址 https://www.rstudio.com/wpcontent/uploads/2015/02/data-wrangling-cheatsheet.pdf 获得一个 dplyr 备忘录。但该备忘录通常比较简单，只有在你使用了一些示例之后，备忘录才显得有用。

5.1.2　删除不完整的数据的记录

划分数据子集的一个重要内容是删除有缺失值的数据行。我们还将执行一些简单的策略，通过跨行移动值(使用 na.locf()函数)或跨列移动值(称为合并)来替换缺失值。[1]

本节我们将介绍如何快速地选取那些没有缺失数据的行或没有缺失值的行。这仅仅是一个例子，我们通常建议使用第 4 章和第 8 章中的方法来处理实际应用中的缺失值。

背景

由于前面的示例没有涉及缺失值，因此我们来看另一个示例：记录不同特征的动物睡眠时间的 msleep 数据集。在此数据集中，有几行包含了缺失值。该示例的另一个

1　实际上，有一门完整的学科是专门针对缺失数据进行填补的。有关这方面的优秀资源可以访问：https://CRAN.R-project.org/view=MissingData。

目的是让你熟悉许多常见的应用数据集。这些数据集会促使你尝试一种新的数据整理方法。

首先，像往常一样，我们来看一下数据：

```
library("ggplot2")
data(msleep)

str(msleep)
```

将 msleep 从 ggplot2 包复制到工作区中

```
## Classes 'tbl_df', 'tbl' and 'data.frame': 83 obs. of 11 variables:
##  $ name        : chr "Cheetah" "Owl monkey" "Mountain beaver"
     "Greater sh ort-tailed shrew" ...
##  $ genus       : chr "Acinonyx" "Aotus" "Aplodontia" "Blarina" ...
##  $ vore        : chr "carni" "omni" "herbi" "omni" ...
##  $ order       : chr "Carnivora" "Primates" "Rodentia" "Soricomorpha" ...
##  $ conservation: chr "lc" NA "nt" "lc" ...
##  $ sleep_total : num 12.1 17 14.4 14.9 4 14.4 8.7 7 10.1 3 ...
##  $ sleep_rem   : num NA 1.8 2.4 2.3 0.7 2.2 1.4 NA 2.9 NA ...
##  $ sleep_cycle : num NA NA NA 0.133 0.667 ...
##  $ awake       : num 11.9 7 9.6 9.1 20 9.6 15.3 17 13.9 21 ...
##  $ brainwt     : num NA 0.0155 NA 0.00029 0.423 NA NA NA 0.07 0.0982 ...
##  $ bodywt      : num 50 0.48 1.35 0.019 600 ...

summary(msleep)

##     name              genus               vore
## Length:83         Length:83          Length:83
## Class :character  Class :character   Class :character
## Mode  :character  Mode  :character   Mode  :character
##
##
##
##
##     order          conservation        sleep_total    sleep_rem
## Length:83         Length:83         Min.   : 1.90  Min.   :0.100
## Class :character  Class :character  1st Qu.: 7.85  1st Qu.:0.900
## Mode  :character  Mode  :character  Median :10.10  Median :1.500
##                                     Mean   :10.43  Mean   :1.875
##                                     3rd Qu.:13.75  3rd Qu.:2.400
##                                     Max.   :19.90  Max.   :6.600
##                                                    NA's   :22
```

```
##    sleep_cycle         awake            brainwt          bodywt
##   Min.    :0.1167   Min.    : 4.10   Min.    :0.00014   Min.    :    0.005
##   1st Qu.:0.1833   1st Qu.:10.25   1st Qu.:0.00290   1st Qu.:    0.174
##   Median :0.3333   Median :13.90   Median :0.01240   Median :    1.670
##   Mean    :0.4396   Mean    :13.57   Mean    :0.28158   Mean    : 166.136
##   3rd Qu.:0.5792   3rd Qu.:16.15   3rd Qu.:0.12550   3rd Qu.:   41.750
##   Max.    :1.5000   Max.    :22.10   Max.    :5.71200   Max.    :6654.000
##   NA's    :51                        NA's    :27
```

场景

我们的任务是构建一个没有缺失值的 msleep 数据集。为此，我们将删除有缺失值的那些行。其转换过程的卡通图如图 5.4 所示。

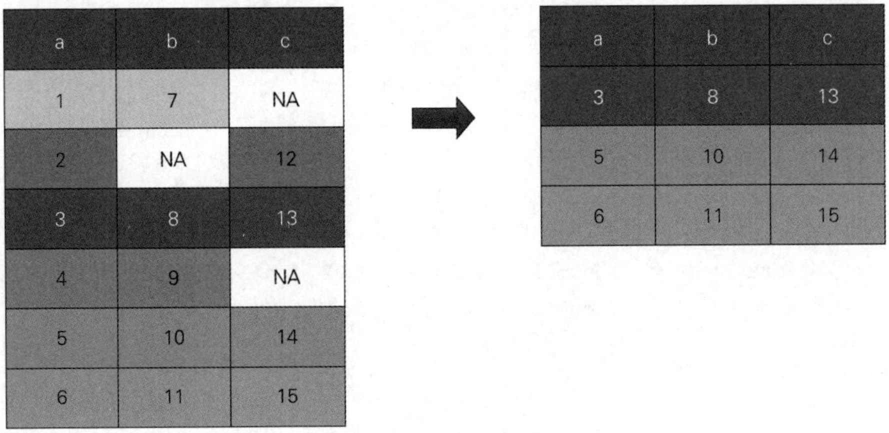

图 5.4　删除有缺失值的行

基础 R 解决方案

- complete.cases()返回一个向量，数据框中的每一行在该向量中都有一个元素，当且仅当该行没有缺失值时，该元素才为 TRUE。一旦我们知道了自己想要哪些行，就只需选择那些行(我们之前已经看到)即可。
- na.omit()用一个步骤完成整个任务。

```
clean_base_1 <- msleep[complete.cases(msleep), , drop = FALSE]

summary(clean_base_1)

##     name              genus              vore
##  Length:20          Length:20          Length:20
##  Class :character   Class :character   Class :character
##  Mode  :character   Mode  :character   Mode  :character
```

```
##
##
##
##    order             conservation    sleep_total     sleep_rem
## Length :20           Length:20       Min.   : 2.900 Min.   :0.600
## Class  :character Class :character 1st Qu.: 8.925 1st Qu.:1.300
## Mode   :character Mode  :character Median :11.300 Median :2.350
##                                    Mean   :11.225 Mean   :2.275
##                                    3rd Qu.:13.925 3rd Qu.:3.125
##                                    Max.   :19.700 Max.   :4.900
##   sleep_cycle       awake           brainwt         bodywt
## Min.   :0.1167 Min.   : 4.30 Min.   :0.00014 Min.   :  0.0050
## 1st Qu.:0.1792 1st Qu.:10.07 1st Qu.:0.00115 1st Qu.:  0.0945
## Median :0.2500 Median :12.70 Median :0.00590 Median :  0.7490
## Mean   :0.3458 Mean   :12.78 Mean   :0.07882 Mean   : 72.1177
## 3rd Qu.:0.4167 3rd Qu.:15.07 3rd Qu.:0.03670 3rd Qu.:  6.1250
## Max.   :1.0000 Max.   :21.10 Max.   :0.65500 Max.   :600.0000
```

```
nrow(clean_base_1)
```

```
## [1] 20
```

```
clean_base_2 = na.omit(msleep)
```

```
nrow(clean_base_2)
```

```
## [1] 20
```

data.table 解决方案

complete.cases()解决方案使用 data.table 也同样起作用:

```
library("data.table")
```

```
msleep_data.table <- as.data.table(msleep)
```

```
clean_data.table = msleep_data.table[complete.cases(msleep_data.table), ]
```

```
nrow(clean_data.table)
```

```
## [1] 20
```

dplyr 解决方案

dplyr :: filter 也可以与 complete.cases()一起使用。

在 magrittr 的管道表示法中,"."用来表示正在传递的项目。这样就可以使用

"."来方便地多次引用我们的数据，例如告诉 dplyr :: filter 将数据既用作要过滤的对象，又用作要传给 complete.cases()的对象。

```
library("dplyr")

clean_dplyr <- msleep %>%
filter(., complete.cases(.))

nrow(clean_dplyr)

## [1] 20
```

5.1.3　对行进行排序

在本节中，我们想对数据行进行排序或控制其顺序。也许数据是未排序的，或者其排序的目的不符合我们的要求。

场景

我们的任务是要按时间构建一个累加的或汇总的销售总额，但是现有的数据却是无序的：

```
purchases <- wrapr::build_frame(
   "day", "hour", "n_purchase" |
 1    ,9    ,5               |
 2    ,9    ,3               |
 2    ,11   ,5               |
 1    ,13   ,1               |
 2    ,13   ,3               |
 1    ,14   ,1               )
```

使用 wrapr::build_frame
直接按照清晰的列顺序
键入数据

问题

首先按照天、其次按照小时对行重新排序，计算出累加的总和。其过程如图 5.5 所示。

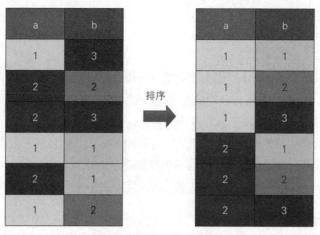

图 5.5　对行进行排序

基础 R 解决方案

```
order_index <- with(purchases, order(day, hour))

purchases_ordered <- purchases[order_index, , drop = FALSE]
purchases_ordered$running_total <- cumsum(purchases_ordered$n_purchase)

purchases_ordered
```

计算累加和

```
##   day hour n_purchase running_total
## 1   1    9          5             5
## 4   1   13          1             6
## 6   1   14          1             7
## 2   2    9          3            10
## 3   2   11          5            15
## 5   2   13          3            18
```

with() 执行第二个参数中的代码，就如同第一个参数的列是变量一样。这样就可以将其写成 x 而不是 purchases_ordered$x

data.table 解决方案

```
library("data.table")

DT_purchases <- as.data.table(purchases)

order_cols <- c("day", "hour")
setorderv(DT_purchases, order_cols)
```

重新对数据排序

```
DT_purchases[ , running_total := cumsum(n_purchase)]

# print(DT_purchases)
```

:= 和 [ ]操作 :=操作用来更改数据，它通过对结果进行注释来禁止打印功能。这个功能很重要，因为通常你使用的是大型数据结构，此时并不想打印中间结果数据。[ ]表示不执行操作，只是用于恢复打印的功能。

setorderv()直接对数据进行重新排序，并按照排好序的列名列表来指定顺序。这比基础 R 解决方案，将多个排序列作为多个参数要方便得多。wrapr :: orderv()试图通过让用户使用一个列表(列表中是列值，而不是列名) 去指定排序约束来弥合这种差距。

dplyr 解决方案
dplyr 使用 arrange 对数据进行排序，并使用 mutate 来添加新列:

```
library("dplyr")

res <- purchases %>%
  arrange(., day, hour) %>%
  mutate(., running_total = cumsum(n_purchase))

# print(res)
```

排序的高级用法
在此处的高级用法示例中，假设我们希望的累加销售总额是按照每天来计算的——即在每天开始时重置总额。

基础 R 解决方案
这个最简单的基础 R 语言的解决方案是拆分和重组策略:

首先对数据进行排序   现在将数据分成组列表

```
order_index <- with(purchases, order(day, hour))
purchases_ordered <- purchases[order_index, , drop = FALSE]

data_list <- split(purchases_ordered, purchases_ordered$day)

data_list <- lapply(                                     将 cumsum 应用于每个组
  data_list,
  function(di) {
    di$running_total <- cumsum(di$n_purchase)
    di
  })
```

将结果统一放入一个
单独的 **data.frame** 中

```
purchases_ordered <- do.call(base::rbind, data_list)
rownames(purchases_ordered) <- NULL

purchases_ordered
```

R 通常将注释保存在 rownames()
中。在本例中，它保存的是重组
数据的原始行号。这会在打印时
令用户感到困惑，因此删除这些
注释是一个好习惯，就像我们在
这里所做的那样

```
##   day hour n_purchase running_total
## 1   1    9          5             5
## 2   1   13          1             6
## 3   1   14          1             7
## 4   2    9          3             3
## 5   2   11          5             8
## 6   2   13          3            11
```

data.table 解决方案

data.table 解决方案非常简洁。首先我们对数据进行排序，然后告诉 data.table
使用 by 参数计算每组的新的累加和。分组是计算的属性，而不是数据的属性，这
种想法与 SQL 相似，有助于最大程度地减少错误。

:= 与 =　在 data.table 中，":="表示"赋值"——它用于更改或创建 data.table
中的一列。而 "="表示 "在新的 data.table 中创建"，我们将这些类型的赋值包装
到 ".()" 表示法中，以使列名不与 data.table 的参数混淆。

```
library("data.table")

# new copy for result solution
DT_purchases <- as.data.table(purchases)[order(day, hour),
            .(hour = hour,
              n_purchase = n_purchase,
              running_total = cumsum(n_purchase)),
            by = "day"]
# print(DT_purchases)

# in-place solution
DT_purchases <- as.data.table(purchases)
order_cols <- c("day", "hour")
setorderv(DT_purchases, order_cols)
DT_purchases[ , running_total := cumsum(n_purchase), by = day]
# print(DT_purchases)

# don't reorder the actual data variation!
```

添加关键字 by，将计
算转换为按组计算

第一种解决方案：结果是 data. (=)表示法
的第二个副本。结果中仅包含计算中使用
的列(例如天)和明确分配给它们的列

第二种解决方案：在分组计
算之前对表进行排序，然后
计算结果

```
DT_purchases <- as.data.table(purchases)
DT_purchases[order(day, hour),
             `:=`(hour = hour,
              n_purchase = n_purchase,
              running_total = cumsum(n_purchase)),
             by = "day"]

# print(DT_purchases)
```

第三种解决方案：结果的顺序与原始表的顺序相同，但是累加总和的计算方式类似于我们对表进行排序，先计算分组的累加和，然后将表恢复为原始顺序

对 data.table 执行序列化 有两种方法可以实现 data.table 的序列化：一个接一个地顺序执行写操作(如我们在这些示例中所做的那样)，或紧接着前一个闭括号]添加一个新的开括号 [，创建新的复制操作(这被称为 method chaining，方法链，等效于使用管道运算符)。

dplyr 解决方案

dplyr 的解决方案之所以有效，是因为如果对数据进行了分组，则 mutate()命令(将在下一节中讨论)会按组执行操作。我们可以使用 group_by()命令对数据进行分组：

```
library("dplyr")

res <- purchases %>%
  arrange(., day, hour) %>%
  group_by(., day) %>%
  mutate(., running_total = cumsum(n_purchase)) %>%
  ungroup(.)

# print(res)
```

ungroup() 在 dplyr 中，当你执行完分组操作时，一定要对数据执行 ungroup 操作取消分组，这一点非常重要。这是因为 dplyr 的分组数据会导致许多后续操作计算出异常的和不正确的结果。我们建议即使在执行了 summarize()步骤之后也要这样做，因为 summarize()会从分组中删除一个键，使得代码阅读器不十分清楚数据是分组的还是不分组的。

5.2　基础数据转换

本节介绍添加列和重命名列。

5.2.1　添加新列

本节介绍如何把新变量(列)添加到数据框中，或对现有列进行转换(见图 5.6)。

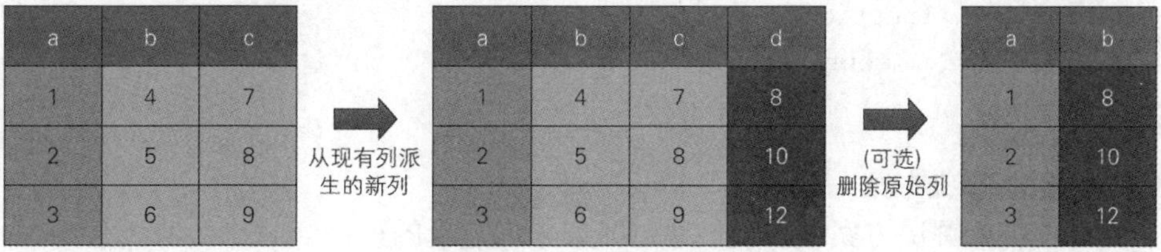

图 5.6　添加或更改列

示例数据

针对我们的示例数据，将使用 1973 年的空气质量测量值，它包含了缺失数据和日期格式不标准的数据：

```
library("datasets")
library("ggplot2")

summary(airquality)

##      Ozone          Solar.R          Wind            Temp
## Min.   :  1.00   Min.   :  7.0   Min.   : 1.700   Min.   :56.00
## 1st Qu.: 18.00   1st Qu.:115.8   1st Qu.: 7.400   1st Qu.:72.00
## Median : 31.50   Median :205.0   Median : 9.700   Median :79.00
## Mean   : 42.13   Mean   :185.9   Mean   : 9.958   Mean   :77.88
## 3rd Qu.: 63.25   3rd Qu.:258.8   3rd Qu.:11.500   3rd Qu.:85.00
## Max.   :168.00   Max.   :334.0   Max.   :20.700   Max.   :97.00
## NA's   :37       NA's   :7
##      Month            Day
## Min.   :5.000   Min.   : 1.0
## 1st Qu.:6.000   1st Qu.: 8.0
## Median :7.000   Median :16.0
## Mean   :6.993   Mean   :15.8
## 3rd Qu.:8.000   3rd Qu.:23.0
## Max.   :9.000   Max.   :31.0
##
```

场景

我们的任务是将这种非标准的日期表示形式转换为新的、更有用的日期列，以便进行查询和绘制。

```r
library("lubridate")
library("ggplot2")

# create a function to make the date string.
datestr = function(day, month, year) {
  paste(day, month, year, sep="-")
}
```

基础 R 解决方案
在基础 R 解决方案中，我们通过赋值来创建新的列：

建立数据副本

└→ `airquality_with_date <- airquality`

添加 date 列，使用 with()来引用列，而无需表名

```r
airquality_with_date$date <- with(airquality_with_date,
                                  dmy(datestr(Day, Month, 1973)))

airquality_with_date <- airquality_with_date[,
                                  c("Ozone", "date"),
                                  drop= FALSE]
```

dplyr 程序包中的 mutate()函数将列添加到数据框中，或修改现有列。同样来自 dplyr 的函数 na_if()将特定的有问题的值(在本例中为 0)转换为 NA。

限制列的个数，只选择感兴趣的列

```r
head(airquality_with_date)    ← 显示结果

##   Ozone       date
## 1    41 1973-05-01
## 2    36 1973-05-02
## 3    12 1973-05-03
## 4    18 1973-05-04
## 5    NA 1973-05-05
## 6    28 1973-05-06

ggplot(airquality_with_date, aes(x = date, y = Ozone)) +    ← 绘制结果图
  geom_point() +
  geom_line() +
  xlab("Date") +
  ggtitle("New York ozone readings, May 1 - Sept 30, 1973")
```

根据上面的代码绘制出图 5.7。

1973年5月1日至9月30日，纽约臭氧读取值

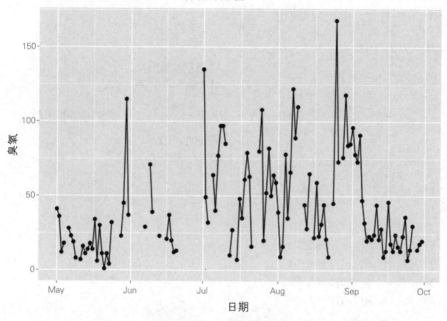

图 5.7　臭氧图示例

基础 R 语言很早之前就包含了这些基本运算符的转换模式(所谓的"管道"功能)，只是这些版本的 R 语言没有管道操作！下面我们再次使用这种转换模式来完成示例：

添加 wrapr 程序包来定义 wrapr 的点箭头管道："%.>%"。点箭头管道是 R 的另一种管道，详见 R Journal 网站 https://journal.r-project.org/archive/2018/RJ-2018-042/index.html 上的描述

```
library("wrapr")

airquality %.>%
  transform(., date = dmy(datestr(Day, Month, 1973))) %.>%
  subset(., !is.na(Ozone), select = c("Ozone", "date")) %.>%
  head(.)
```

与之前的操作步骤一样，执行 transform()和 subset()函数，并增加一个额外的步骤，过滤掉那些有缺失值的 Ozone 行

```
##   Ozone       date
## 1    41 1973-05-01
## 2    36 1973-05-02
## 3    12 1973-05-03
## 4    18 1973-05-04
## 6    28 1973-05-06
## 7    23 1973-05-07
```

data.table 解决方案

data.table 使用 ":=" 表示在 "此处" (对现有的 data.table 执行更改, 而不是创建一个新的)执行列更改或列创建。

```
library("data.table")

DT_airquality <-
  as.data.table(airquality)[          ◄── 建立数据的
                                           data.table 副本
    , date := dmy(datestr(Day, Month, 1973)) ][  ◄── 添加日期列
    , c("Ozone", "date")]◄
                                      限制列的个数, 只
                                      选择感兴趣的列
head(DT_airquality)

##     Ozone      date
## 1:     41 1973-05-01
## 2:     36 1973-05-02
## 3:     12 1973-05-03
## 4:     18 1973-05-04
## 5:     NA 1973-05-05
## 6:     28 1973-05-06
```

注意另一个开括号 "[" 是如何像管道一样工作的, 它们将 data.table 的一个阶段与另一个阶段连接起来。这是 data.table 在[]内放置很多操作的原因之一: 在 R 中, []会自然地执行从左到右的链接操作。

dplyr 解决方案

dplyr 用户会记得, 在 dplyr 中, 新列是使用 mutate()命令生成的:

```
library("dplyr")

airquality_with_date2 <- airquality %>%
  mutate(., date = dmy(datestr(Day, Month, 1973))) %>%
  select(., Ozone, date)

head(airquality_with_date2)

##    Ozone      date
## 1     41 1973-05-01
## 2     36 1973-05-02
## 3     12 1973-05-03
## 4     18 1973-05-04
## 5     NA 1973-05-05
## 6 28 1973-05-06
```

场景的拓展

注意，由于缺失值，原始的 Ozone 图形在数据中包含了空值。我们将尝试把最新的 Ozone 读取值赋给有缺失值的那个日期列来解决此问题。这种"执行任务……然后我们再查看结果"的步骤是数据科学的典型方法。因此，需要我们一直观察并查找问题。

图 5.8 说明了用较早日期的列值填充缺失值的方法。

zoo 程序包提供了一个名为 na.locf()的函数，该函数被设计用来解决我们的问题。下面展示如何应用此函数。

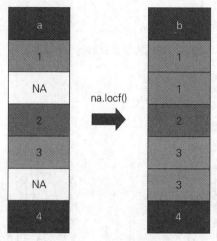

图 5.8　填充缺失值

基础 R 解决方案

```
library("zoo")

airquality_corrected <- airquality_with_date
airquality_corrected$OzoneCorrected <-
  na.locf(airquality_corrected$Ozone, na.rm = FALSE)

summary(airquality_corrected)

##     Ozone            date             OzoneCorrected
## Min.  :  1.00   Min.   :1973-05-01   Min.   :  1.00
## 1st Qu.: 18.00   1st Qu.:1973-06-08   1st Qu.: 16.00
## Median : 31.50   Median :1973-07-16   Median : 30.00
## Mean   : 42.13   Mean   :1973-07-16   Mean   : 39.78
```

```
## 3rd Qu.: 63.25   3rd Qu.:1973-08-23   3rd Qu.: 52.00
## Max.   :168.00   Max.   :1973-09-30   Max.   :168.00
## NA's   :37
```

```
ggplot(airquality_corrected, aes(x = date, y = Ozone)) +
  geom_point(aes(y=Ozone)) +
  geom_line(aes(y=OzoneCorrected)) +
  ggtitle("New York ozone readings, May 1 - Sept 30, 1973",
          subtitle = "(corrected)") +
  xlab("Date")
```

以上代码所生成的结果如图 5.9 所示。

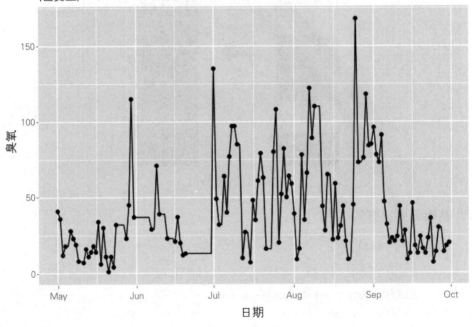

图 5.9　臭氧图示例

使用 NA.RM = FALSE　一定要将 na.rm = FALSE 与 na.locf()一起使用，否则它可能会删除数据中的原始 NA 数据。

data.table 解决方案

```
library("data.table")
library("zoo")
```

```
DT_airquality[, OzoneCorrected := na.locf(Ozone, na.rm=FALSE)]

summary(DT_airquality)

##     Ozone            date            OzoneCorrected
## Min.   :  1.00  Min.   :1973-05-01  Min.   :  1.00
## 1st Qu.: 18.00  1st Qu.:1973-06-08  1st Qu.: 16.00
## Median : 31.50  Median :1973-07-16  Median : 30.00
## Mean   : 42.13  Mean   :1973-07-16  Mean   : 39.78
## 3rd Qu.: 63.25  3rd Qu.:1973-08-23  3rd Qu.: 52.00
## Max.   :168.00  Max.   :1973-09-30  Max.   :168.00
## NA's   :37
```

注意，data.table 在 DT_airquality 中执行"就地"更正，而不是生成一个新的 data.frame。

dplyr 解决方案

```
library("dplyr")
library("zoo")

airquality_with_date %>%
  mutate(.,
        OzoneCorrected = na.locf(Ozone, na.rm = FALSE)) %>%
  summary(.)

##     Ozone            date            OzoneCorrected
## Min.   :  1.00  Min.   :1973-05-01  Min.   :  1.00
## 1st Qu.: 18.00  1st Qu.:1973-06-08  1st Qu.: 16.00
## Median : 31.50  Median :1973-07-16  Median : 30.00
## Mean   : 42.13  Mean   :1973-07-16  Mean   : 39.78
## 3rd Qu.: 63.25  3rd Qu.:1973-08-23  3rd Qu.: 52.00
## Max.   :168.00  Max.   :1973-09-30  Max.   :168.00
## NA's   :37
```

5.2.2　其他简单操作

还有许多其他常用于数据处理的简单操作——特别是通过直接更改列名来重命名列，以及通过赋值 NULL 来删除列。我们将简要地一带而过：

```
d <- data.frame(x = 1:2, y = 3:4)
print(d)
#>   x y
#> 1 1 3
#> 2 2 4

colnames(d) <- c("BIGX", "BIGY")
print(d)
#>  BIGX BIGY
#>1    1    3
#>2    2    4

d$BIGX <- NULL
print(d)
#>  BIGY
#> 1   3
#> 2   4
```

5.3 汇总转换

本节将介绍对多行或多列进行组合的转换操作。

将多个行合并得到汇总行

此处我们要解决的问题是，将单个对象的多个观测值或测量值(在此示例中为鸢尾花的种类)汇总为一个观测值。

场景

我们要给出一份报告：按种类汇总出鸢尾花的花瓣。

问题

按类别汇总测量结果，如图 5.10 所示。

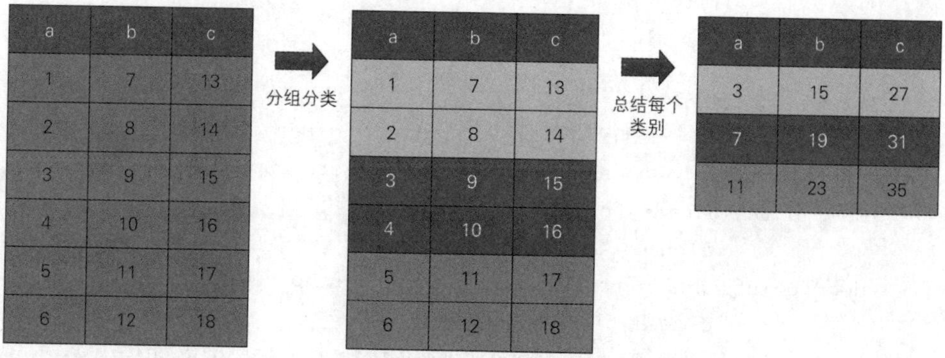

图 5.10 对行执行汇总

示例数据

同样，我们根据鸢尾花的种类，采用来自 iris 数据集中花瓣的长度测量值和宽度测量值：

```
library("datasets")
library("ggplot2")

head(iris)

##   Sepal.Length Sepal.Width Petal.Length Petal.Width Species
## 1          5.1         3.5          1.4         0.2  setosa
## 2          4.9         3.0          1.4         0.2  setosa
## 3          4.7         3.2          1.3         0.2  setosa
## 4          4.6         3.1          1.5         0.2  setosa
## 5          5.0         3.6          1.4         0.2  setosa
## 6          5.4         3.9          1.7         0.4  setosa
```

基础 R 解决方案

```
iris_summary <- aggregate(
  cbind(Petal.Length, Petal.Width) ~ Species,
  data = iris,
  FUN = mean)

print(iris_summary)

#      Species Petal.Length Petal.Width
# 1     setosa        1.462       0.246
# 2 versicolor        4.260       1.326
```

```
# 3  virginica          5.552        2.026
```

```
library(ggplot2)
ggplot(mapping = aes(x = Petal.Length, y = Petal.Width,
                     shape = Species, color = Species)) +
  geom_point(data = iris, # raw data
             alpha = 0.5) +
  geom_point(data = iris_summary, # per-group summaries
             size = 5) +
  ggtitle("Average Petal dimensions by iris species\n(with raw data for
    refer ence)")
```

由此绘制出图 5.11，这是一幅新的鸢尾花图，图中的每个分组中都标有它的均值注释。

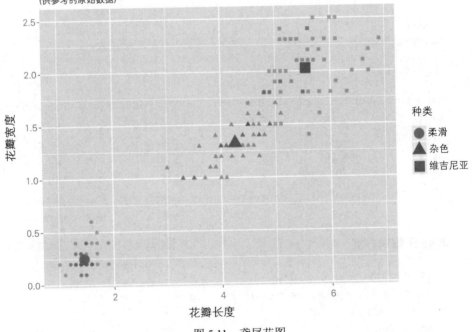

图 5.11　鸢尾花图

data.table 解决方案

```
library("data.table")

iris_data.table <- as.data.table(iris)
iris_data.table <- iris_data.table[,
```

```
                            .(Petal.Length = mean(Petal.Length),
                             Petal.Width = mean(Petal.Width)),
                    by = .(Species)]
```

```
# print(iris_data.table)
```

dplyr 解决方案

* dplyr::group_by
* dplyr::summarize
* 仅有一个参数的聚合函数，例如 sum 或 mean

```
library("dplyr")

iris_summary <- iris %>% group_by(., Species) %>%
  summarize(.,
            Petal.Length = mean(Petal.Length),
            Petal.Width = mean(Petal.Width)) %>%
  ungroup(.)
```

```
# print(iris_summary)
```

窗口函数

data.table 和 dplyr 都包含上述执行分组操作的版本(类似于关系型数据库中的窗口函数)。这样一来，每一行都可以包含每个组的汇总和，而无需构建一个汇总表并执行联接操作(这是计算此类分组数量的常用方法)。例如：

```
iris_copy <- iris
iris_copy$mean_Petal.Length <-
     ave(iris$Petal.Length, iris$Species, FUN = mean)
iris_copy$mean_Petal.Width <- ave(iris$Petal.Width, iris$Species, FUN = mean)
```

```
# head(iris_copy)
# tail(iris_copy)
```

在 data.table 中，此操作执行过程如下：

```
library("data.table")

iris_data.table <- as.data.table(iris)

iris_data.table[ ,
                `:=`(mean_Petal.Length = mean(Petal.Length),
```

```
                    mean_Petal.Width = mean(Petal.Width)),
                by = "Species"]

# print(iris_data.table)
```

请运行上面的代码并打印 iris_data.table 以查看计算出的均值是否是按组分类计算的。

dplyr 也有类似功能:

```
library("dplyr")

iris_dplyr <- iris %>%
  group_by(., Species) %>%
  mutate(.,
         mean_Petal.Length = mean(Petal.Length),
         mean_Petal.Width = mean(Petal.Width)) %>%
  ungroup(.)

# head(iris_dplyr)
```

同样，在应用分组转换操作时，使用 ungroup() 是至关重要的。另外，要记住，dplyr 的分组操作(特别是通过 filter() 进行行筛选)比未分组操作要慢得多，因此你需要让 group()/ungroup() 的间隔尽可能短。一般来讲，dplyr 的分组操作比 data.table 的分组操作要慢得多。

5.4　多表之间数据的转换

本节介绍多个表之间的转换操作。它包括了拆分表、对接表和联接表等操作。

5.4.1　快速地对两个或多个排序的数据框执行合并

此处我们讨论如何合并两个数据框，它们具有相同的行数或列数(以及相同的顺序)。5.4.2 节演示了一种更复杂但更通用的数据合并方法。

场景

我们的任务是从销售数据库中获取有关产品的信息并生成报告。通常，不同的事实数据(本例中是价格和销售量)存储在不同的表中，因此要生成我们所要的报告，就必须合并来自多个表的数据。

例如，假设我们的示例数据如下：

```
productTable <- wrapr::build_frame(
    "productID", "price" |
    "p1"        , 9.99   |
    "p2"        , 16.29  |
    "p3"        , 19.99  |
    "p4"        , 5.49   |
    "p5"        , 24.49  )

salesTable <- wrapr::build_frame(
    "productID", "sold_store", "sold_online" |
    "p1"        , 6          , 64            |
    "p2"        , 31         , 1             |
    "p3"        , 30         , 23            |
    "p4"        , 31         , 67            |
    "p5"        , 43         , 51            )

productTable2 <- wrapr::build_frame(
    "productID", "price" |
    "n1"        , 25.49  |
    "n2"        , 33.99  |
    "n3"        , 17.99  )

productTable$productID <- factor(productTable$productID)
productTable2$productID <- factor(productTable2$productID)
```

问题 1：添加行

当两个表具有完全相同的列结构时，可以将它们对接起来以得到一张更大的表，如图 5.12 所示。

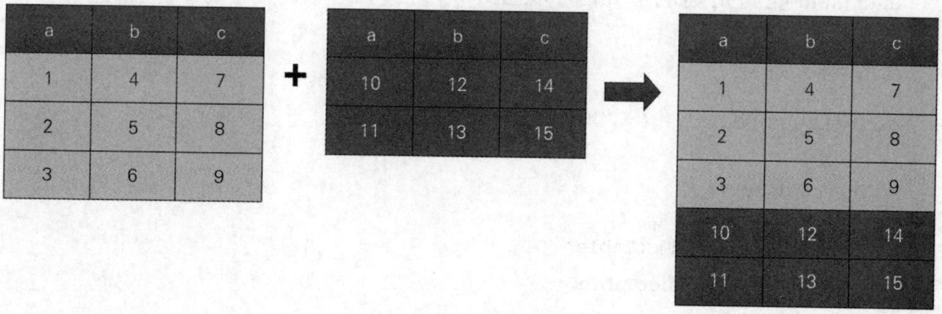

图 5.12　合并行

基础 R 解决方案

rbind

```
rbind_base = rbind(productTable,
                   productTable2)
```

注意，rbind 在合并不兼容的因子变量时会创建一个新的因子变量：

```
str(rbind_base)

## 'data.frame':    8 obs. of 2 variables:
## $ productID : Factor w/ 8 levels "p1","p2","p3",..: 1 2 3 4 5 6 7 8
## $ price     : num 9.99 16.29 19.99 5.49 24.49 ...
```

data.table 解决方案

```
library("data.table")

rbindlist(list(productTable,
               productTable2))

##    productID price
## 1:        p1  9.99
## 2:        p2 16.29
## 3:        p3 19.99
## 4:        p4  5.49
## 5:        p5 24.49
## 6:        n1 25.49
## 7:        n2 33.99
## 8:        n3 17.99
```

data.table 能够正确地合并因子类型。

dply 解决方案

dplyr::bind_rows

```
library("dplyr")

bind_rows(list(productTable,
               productTable2))

## Warning in bind_rows_(x, .id): Unequal factor levels: coercing to character
```

```
## Warning in bind_rows_(x, .id): binding character and factor vector,
## coercing into character vector

## Warning in bind_rows_(x, .id): binding character and factor vector,
## coercing into character vector

##   productID price
## 1        p1  9.99
## 2        p2 16.29
## 3        p3 19.99
## 4        p4  5.49
## 5        p5 24.49
## 6        n1 25.49
## 7        n2 33.99
## 8        n3 17.99
```

注意，bind_rows 将不兼容的因子变量强制转换为字符。

问题 2：拆分表

合并行的相反操作是拆分。我们通过将数据框拆分为一组数据框，然后对每个数据框进行处理，最后再对它们进行合并，这样可以使许多复杂困难的计算变得容易。这个功能实现得最好的是在 data.table 中，它具有一定的优先级(是最优先被处理的操作之一)。na.rm = FALSE 只模拟数据的拆分和重组(因此操作往往非常快)。

基础 R 解决方案

```
# add an extra column telling us which table
# each row comes from
productTable_marked <- productTable
productTable_marked$table <- "productTable"
productTable2_marked <- productTable2
productTable2_marked$table <- "productTable2"

# combine the tables
rbind_base <- rbind(productTable_marked,
                    productTable2_marked)
rbind_base

##   productID price        table
## 1        p1  9.99 productTable
```

```
## 2        p2 16.29   productTable
## 3        p3 19.99   productTable
## 4        p4  5.49   productTable
## 5        p5 24.49   productTable
## 6        n1 25.49 productTable2
## 7        n2 33.99 productTable2
## 8        n3 17.99 productTable2
# split them apart
tables <- split(rbind_base, rbind_base$table)
tables

## $productTable
##   productID price        table
## 1        p1  9.99 productTable
## 2        p2 16.29 productTable
## 3        p3 19.99 productTable
## 4        p4  5.49 productTable
## 5        p5 24.49 productTable
##
## $productTable2
##   productID price         table
## 6        n1 25.49 productTable2
## 7        n2 33.99 productTable2
## 8        n3 17.99 productTable2
```

data.table 解决方案

data.table 将拆分、应用和重组步骤组合为一个非常高效的操作。我们将使用 rbind_base 对象来继续我们的示例，并演示其效果。data.table 可以为每个数据组调用一个用户函数或执行一个用户表达式，并使用指定的变量按组执行工作：

- .BY——一个命名的列表，其中包含了分组变量及其取值。.BY 是一个标量型的列表，按照定义要求，各分组变量不会随着分组而发生变化。
- .SD——一个 data.table 的表示形式，代表给定分组中删除分组列的一组行集合。

例如，要计算每组的最高价格，可执行以下操作：

```
library("data.table")

# convert to data.table
dt <- as.data.table(rbind_base)
```

```
# arbitrary user defined function
f <- function(.BY, .SD) {
  max(.SD$price)
}

# apply the function to each group
# and collect results
dt[ , max_price := f(.BY, .SD), by = table]

print(dt)

##    productID price        table max_price
## 1:        p1  9.99 productTable     24.49
## 2:        p2 16.29 productTable     24.49
## 3:        p3 19.99 productTable     24.49
## 4:        p4  5.49 productTable     24.49
## 5:        p5 24.49 productTable     24.49
## 6:        n1 25.49 productTable2    33.99
## 7:        n2 33.99 productTable2    33.99
## 8:        n3 17.99 productTable2    33.99
```

注意，上面给出了一种功能强大的通用编码格式，我们这里的简单任务并不需要这样实现。通常可以通过命名列来实现简单的按组汇总值：

```
library("data.table")

dt <- as.data.table(rbind_base)
grouping_column <- "table"
dt[ , max_price := max(price), by = eval(grouping_column)]

print(dt)

##    productID price        table max_price
## 1:        p1  9.99 productTable     24.49
## 2:        p2 16.29 productTable     24.49
## 3:        p3 19.99 productTable     24.49
## 4:        p4  5.49 productTable     24.49
## 5:        p5 24.49 productTable     24.49
## 6:        n1 25.49 productTable2    33.99
## 7:        n2 33.99 productTable2    33.99
## 8:        n3 17.99 productTable2    33.99
```

在此示例中，我们简单展示了如何根据变量选取的列进行分组。

dply 解决方案

dplyr 没有自己的分组方法。dplyr 会使用自己的 group_by()操作符模拟子表 (subtable)的实现。例如，要在 dplyr 中计算每组的最高价格，我们可以编写如下 代码：

```
rbind_base %>%
  group_by(., table) %>%
  mutate(., max_price = max(price)) %>%
  ungroup(.)

## # A tibble: 8 x 4
##   productID price table           max_price
##   <fct>     <dbl> <chr>               <dbl>
## 1 p1         9.99 productTable         24.5
## 2 p2        16.3  productTable         24.5
## 3 p3        20.0  productTable         24.5
## 4 p4         5.49 productTable         24.5
## 5 p5        24.5  productTable         24.5
## 6 n1        25.5  productTable2        34.0
## 7 n2        34.0  productTable2        34.0
## 8 n3        18.0  productTable2        34.0
```

这样的实现方法不如在每个数据组中调用一个任意函数那样功能强大。

问题 3：添加列

要把一个数据框作为列添加到另一个数据框中。其条件是这些数据框必须具 有相同的行数和相同的行排序(这通常就是我们所说的行级键)。图 5.13 对此进行 了说明。

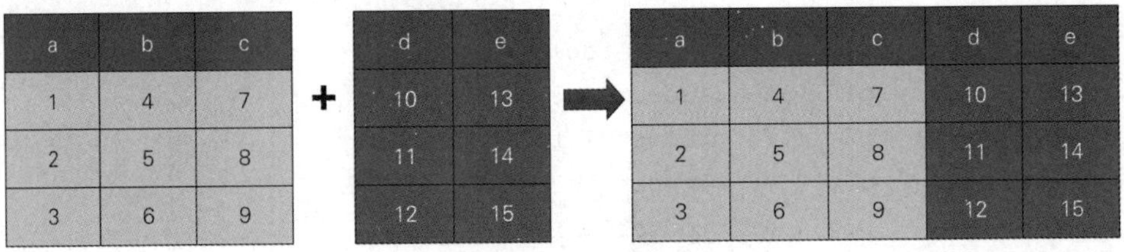

图 5.13 合并列

要从 productTable 和 salesTable 创建一个产品信息表(价格和销售量)。这里我 们假设两个表中的产品是以相同的顺序排序的。如果顺序不同，需对它们进行排 序，或使用 join 命令将两个表合并在一起(见 5.4.2 节)。

基础 R 解决方案

cbind

```
cbind(productTable, salesTable[, -1])
```

```
##   productID price sold_store sold_online
## 1        p1  9.99          6          64
## 2        p2 16.29         31           1
## 3        p3 19.99         30          23
## 4        p4  5.49         31          67
## 5        p5 24.49         43          51
```

data.table 解决方案

当合并列时，data.table 解决方案要求数据必须是 data.table 类型的。

```
library("data.table")
```

```
cbind(as.data.table(productTable),
      as.data.table(salesTable[, -1]))
```

```
##    productID price sold_store sold_online
## 1:        p1  9.99          6          64
## 2:        p2 16.29         31           1
## 3:        p3 19.99         30          23
## 4:        p4  5.49         31          67
## 5:        p5 24.49         43          51
```

dplyr 解决方案

dplyr::bind_cols

```
library("dplyr")
```

```
# list of data frames calling convention
dplyr::bind_cols(list(productTable, salesTable[, -1]))
```

```
##   productID price sold_store sold_online
## 1        p1  9.99          6          64
## 2        p2 16.29         31           1
## 3        p3 19.99         30          23
## 4        p4  5.49         31          67
## 5        p5 24.49         43          51
```

5.4.2 合并多个表中数据的主要方法

join 是一种关系型的操作名称，是指对两个表进行合并，然后生成第三个表。join 操作的结果是生成一个表，表中会生成一个新行，新行包含了原始的两个表中相匹配的那些行(再加上每个表中不匹配的那些行)。行是根据键值对进行匹配的，是从一个表到另一个表进行匹配。最简单的情况是，每个表都有能唯一确定每一行的列组合(也就是唯一键)，这是我们在此要讨论的情况。

场景

我们的示例数据是销售数据库中产品的信息。不同的事实数据(本示例中是价格和销售量)被存储在不同的表中。数据允许有缺失值。我们的任务是合并这些表并生成一个报告。

首先，设置一些示例数据：

```
productTable <- wrapr::build_frame(
    "productID", "price" |
    "p1"        , 9.99   |
    "p3"        , 19.99  |
    "p4"        , 5.49   |
    "p5"        , 24.49  )

salesTable <- wrapr::build_frame(
    "productID", "unitsSold" |
    "p1"        , 10        |
    "p2"        , 43        |
    "p3"        , 55        |
    "p4"        , 8         )
```

左连接(left join)

对于数据科学家而言，左连接可能是最重要的连接操作。该连接操作保留左表中的每一行，并将右表中匹配行的各列添加进来。对于那些不匹配的行，用 NA 填充其对应的新添加的列值。通常会将右表(join 命令的第二个参数)设计为具有唯一键；否则，行数可能会增加(左表无须具有唯一键)。

该操作通常将第二个表(或右表)中的数据添加到第一个表或左表的副本中，如图 5.14 所示。

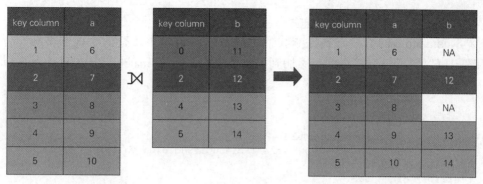

图 5.14　左连接

基础 R 解决方案

使用参数 all.x = TRUE 合并。

```
merge(productTable, salesTable, by = "productID", all.x = TRUE)

##   productID price unitsSold
## 1        p1  9.99        10
## 2        p3 19.99        55
## 3        p4  5.49         8
## 4        p5 24.49        NA
```

data.table 解决方案

```
library("data.table")

productTable_data.table <- as.data.table(productTable)
salesTable_data.table <- as.data.table(salesTable)

# index notation for join
# idea is rows are produced for each row inside the []
salesTable_data.table[productTable_data.table, on = "productID"]

##    productID unitsSold price
## 1:        p1        10  9.99
## 2:        p3        55 19.99
## 3:        p4         8  5.49
## 4:        p5        NA 24.49

# data.table also overrides merge()
merge(productTable, salesTable, by = "productID", all.x = TRUE)

##   productID price unitsSold
## 1        p1  9.99        10
## 2        p3 19.99        55
## 3        p4  5.49         8
## 4        p5 24.49        NA
```

基础 R 语言的索引解决方案

data.table 的索引方式提醒我们，在基础 R 语言中还有另一种非常好的方法，可以利用一个表将某列添加到另一个表中：通过 match()和[]方法进行向量化查找。

```
library("data.table")

joined_table <- productTable
joined_table$unitsSold <- salesTable$unitsSold[match(joined_table$productID,
salesTable$productID)]
print(joined_table)

##   productID price unitsSold
## 1        p1  9.99        10
## 2        p3 19.99        55
## 3        p4  5.49         8
## 4        p5 24.49        NA
```

match()找到匹配的索引，[]使用该索引来检索数据。请参阅 help(match)以获取更多详细信息。

dplyr 解决方案

```
library("dplyr")

left_join(productTable, salesTable, by = "productID")

##   productID price unitsSold
## 1        p1  9.99        10
## 2        p3 19.99        55
## 3        p4  5.49         8
## 4        p5 24.49        NA
```

右连接(right join)

还有一种连接操作被称为"右连接"，它相当于参数次序颠倒的左连接操作。由于右连接与左连接类似，因此不再赘述。

内连接(innerjoin)

在内连接操作中，需要将两个表合并为一个表，但仅保留两个表中键值相同的行。这将产生两个表的交集，如图 5.15 所示。

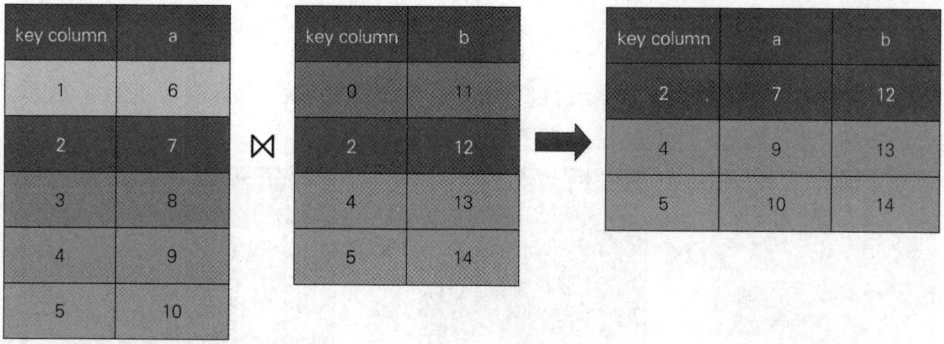

图 5.15　内连接

基础 R 解决方案

merge

```
merge(productTable, salesTable, by = "productID")
```

```
##    productID price unitsSold
## 1         p1  9.99        10
## 2         p3 19.99        55
## 3         p4  5.49         8
```

data.table 解决方案

```
library("data.table")
```

```
productTable_data.table <- as.data.table(productTable)
salesTable_data.table <- as.data.table(salesTable)
```

```
merge(productTable, salesTable, by = "productID")
```

```
##    productID price unitsSold
## 1         p1  9.99        10
## 2         p3 19.99        55
## 3         p4  5.49         8
```

dplyr 解决方案

inner_join

```
library("dplyr")
```

```
inner_join(productTable, salesTable, by = "productID")
```

```
##    productID price unitsSold
## 1         p1  9.99        10
## 2         p3 19.99        55
## 3         p4  5.49         8
```

全连接(fulljoin)

在全连接中，需要将两个表合并为一个表，并要保留所有键值的行。注意，此处的两个表具有同等重要性。图 5.16 中显示了操作结果。

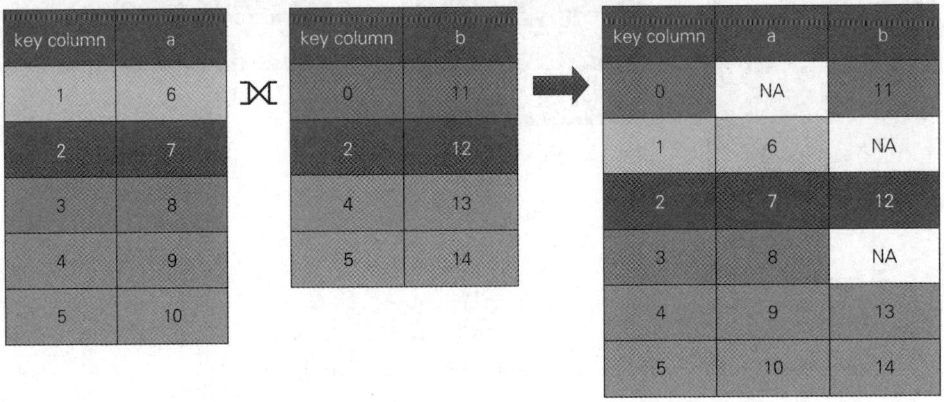

图 5.16　全连接

基础 R 解决方案

使用参数 all=TRUE 合并。

```
# note that merge orders the result by key column by default
# use sort=FALSE to skip the sorting
merge(productTable, salesTable, by = "productID", all=TRUE)

##    productID price unitsSold
## 1        p1  9.99        10
## 2        p2    NA        43
## 3        p3 19.99        55
## 4        p4  5.49         8
## 5        p5 24.49        NA
```

data.table 解决方案

```
library("data.table")

productTable_data.table <- as.data.table(productTable)
salesTable_data.table <- as.data.table(salesTable)

merge(productTable_data.table, salesTable_data.table,
      by = "productID", all = TRUE)

##    productID price unitsSold
## 1:       p1  9.99        10
## 2:       p2    NA        43
## 3:       p3 19.99        55
## 4:       p4  5.49         8
## 5:       p5 24.49        NA
```

dplyr 的解决方案

dplyr::full_join

```
library("dplyr")

full_join(productTable, salesTable, by = "productID")
##    productID price unitsSold
## 1        p1  9.99        10
## 2        p3 19.99        55
## 3        p4  5.49         8
## 4        p5 24.49        NA
## 5        p2    NA        43
```

一个有挑战的 join 问题

到目前为止，我们给出的示例都没有使用行排序。有些问题使用行排序这种方法来解决，确实是更高效的，例如 data.table 的循环连接操作(rolling join)这个强大的功能。

场景

假设你拥有历史股票交易和报价(买入价/卖出价)的数据。你的任务是对股票数据执行如下分析：查找执行每笔交易时的买入价和卖出价。这需要利用行排序来标明时间，同时共享行之间的信息。

示例数据

在股票市场中，买入价是人们愿意为某支股票支付的最高价格，而卖出价则是人们愿意出售某支股票的最低价格。买入价和卖出价统称为报价数据，它们通常是在不规则的时间序列中(因为新报价可以在任意时刻产生，而不按照规则出现)，如下面例子所示：

```
library("data.table")

quotes <- data.table(
  bid = c(5, 5, 7, 8),
  ask = c(6, 6, 8, 10),
  bid_quantity = c(100, 100, 100, 100),
  ask_quantity = c(100, 100, 100, 100),
  when = as.POSIXct(strptime(
    c("2018-10-18 1:03:17",
      "2018-10-18 2:12:23",
      "2018-10-18 2:15:00",
      "2018-10-18 2:17:51"),
    "%Y-%m-%d %H:%M:%S")))
```

```
print(quotes)
##    bid ask bid_quantity ask_quantity                 when
## 1:   5   6          100          100 2018-10-18 01:03:17
## 2:   5   6          100          100 2018-10-18 02:12:23
## 3:   7   8          100          100 2018-10-18 02:15:00
## 4:   8  10          100          100 2018-10-18 02:17:51
```

另一个不规则的时间序列场景是股票交易。下面是有关在给定的时间、以给定的价格完成的股票交易数量的事后报告。

```
trades <- data.table(
  trade_id = c(32525, 32526),
  price = c(5.5, 9),
  quantity = c(100, 200),
  when = as.POSIXct(strptime(
    c("2018-10-18 2:13:42",
      "2018-10-18 2:19:20"),
    "%Y-%m-%d %H:%M:%S")))

print(trades)
##    trade_id price quantity                when
## 1:    32525   5.5      100 2018-10-18 02:13:42
## 2:    32526   9.0      200 2018-10-18 02:19:20
```

循环连接(rolling join)

data.table 的循环连接非常适合查找每笔交易的最新报价信息。循环连接是一种连接操作，它按照某个已排序的列为我们查询提供了最新的可用数据。

```
quotes[, quote_time := when]
    trades[ , trade_time := when ]
    quotes[ trades, on = "when", roll = TRUE ][
        , .(quote_time, bid, price, ask, trade_id, trade_time) ]

##            quote_time bid price ask trade_id          trade_time
## 1: 2018-10-18 02:12:23   5   5.5   6    32525 2018-10-18 02:13:42
## 2: 2018-10-18 02:17:51   8   9.0  10    32526 2018-10-18 02:19:20
```

我们将上述代码理解为"针对每笔交易，查找出合适的报价"。在该连接操作中，when 字段是交易自带的，这也是为什么我们添加 quote_time 字段的原因，这样我们就可以看到报价产生的时间。data.table 的循环连接操作执行得非常快，但它在基础 R 语言、SQL 或 dplyr 中很难被高效地模仿。

循环连接是 data.table 独有的功能。在 R 语言中，有许多任务，例如匹配最新记录，很容易导致跨行移动索引。但是，跨行移动索引在 R 中往往效率不高，因为它无法像列操作那样矢量化进行。循环连接是解决此类问题的直接方法，并且实现效率很高。

5.5　重新整理和转换数据

本节介绍在行和列之间移动数据。这通常称为数据旋转(pivoting)，该名称来自 Pito Salas 的作品，它结合了数据汇总和整理转换的功能。我们将使用三个程序包执行示例：data.table、cdata(仅重新整理数据，而不汇总数据)和 tidyr。基础 R 语言确实也有实现这些转换的函数(如 stack()和 unstack())，但我们认为这三个程序包版本是更好用的工具。

5.5.1　将数据从宽表转换为窄表

我们将展示如何把单行中所存储的全部测量值的数据记录移动到一个新的、存储在多行中的数据记录集里。我们称此为从宽表到细表或窄表的转换。

数据示例

我们采用的数据是按月统计的车辆驾驶员/乘客的受伤或死亡人数。该数据还包括有关燃油价格以及法律是否要求有安全带的附加信息。

此示例涉及的变量有：

- date——测量的年月(以数字型表示)
- DriversKilled——汽车驾驶员的死亡人数
- front——前排乘客丧生或重伤人数
- rear——后排乘客丧生或重伤人数
- law——法律是否要求系安全带(0/1)

```
library("datasets")
library("xts")

# move the date index into a column
dates <- index(as.xts(time(Seatbelts)))
Seatbelts <- data.frame(Seatbelts)
Seatbelts$date <- dates

# restrict down to 1982 and 1983
Seatbelts <- Seatbelts[ (Seatbelts$date >= as.yearmon("Jan 1982")) &
                        (Seatbelts$date <= as.yearmon("Dec 1983")),
                        , drop = FALSE]
Seatbelts$date <- as.Date(Seatbelts$date)
# mark if the seatbelt law was in effect
```

```
Seatbelts$law <- ifelse(Seatbelts$law==1, "new law", "pre-law")
# limit down to the columns we want
Seatbelts <- Seatbelts[, c("date", "DriversKilled", "front", "rear", "law")]

head(Seatbelts)

##             date DriversKilled front rear     law
## 157 1982-01-01            115   595  238 pre-law
## 158 1982-02-01            104   673  285 pre-law
## 159 1982-03-01            131   660  324 pre-law
## 160 1982-04-01            108   676  346 pre-law
## 161 1982-05-01            103   755  410 pre-law
## 162 1982-06-01            115   815  411 pre-law
```

为了将数据转换为可展示的格式，我们执行了本章前面各节所介绍的转换操作：选择行、选择列、添加新的派生列等。因此，现在的数据在每行都有一个日期(我们将日期作为行主键)，并包含了下列信息：三个座位(驾驶员、前排、后排)分别有多少人死亡？新安全带法是否生效？

我们想看看新安全带法是否可以挽救生命。注意，我们正在遗漏一些关键的信息：即归一化因子，如在每个日期对应的汽车数量、驾驶员人口规模，以及每个日期对应的汽车行驶总里程(风险的发生率比绝对数量更有意义)。这是数据科学应用迭代处理的一个真实例子：我们将利用现有的数据尽可能地做好工作，但在实际项目中，我们还需要追溯到数据源和合作伙伴，以获取缺失的关键数据(或者至少是缺失数据的估计值或替代值)。

按照法律给出的数据我们来绘制图：

```
# let's give an example of the kind of graph we have in mind,
# using just driver deaths
library("ggplot2")

ggplot(Seatbelts,
       aes(x = date, y = DriversKilled, color = law, shape = law)) +
  geom_point() +
  geom_smooth(se=FALSE) +
  ggtitle("UK car driver deaths by month")
```

该代码生成了图 5.17。

从图中可以看出,安全带法的出台使死亡人数下降了,与正常死亡人数的变化相比,这是不小的。但这种影响似乎很快就恢复正常了。

假设我们后续的问题是将这些数据进一步细分到座椅位置(因为安全带的类型因座椅位置而有很大差异)。

为了使用 ggplot2 绘制这类图,需要对数据进行转换,将存储在单行中的所有事实数据转换为每个座位的数据并存储为一行。这是从宽表或非规范化格式(机器学习的自然格式)转换为窄表或多行记录格式的示例。

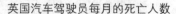

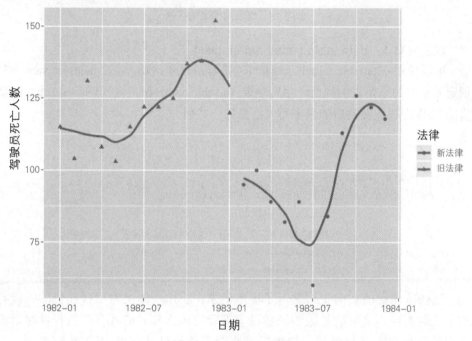

图 5.17　乘客死亡人数图

问题

按照日期和座位的不同,使用 ggplot2 绘制出死亡人数。ggplot2 要求数据采用窄表格式,而不是宽表格式。因此,我们将介绍如何进行此类转换。我们将这种数据转换称为“从面向行的记录转换为行的块记录(blocks of rows)”,如图 5.18 所示。

index	info.	meas1	meas2
1	a	4	7
2	a	5	8
3	c	6	9

将所有测量结果
汇集到同一列中

index	info	meastype	meas
1	a	meas1	4
2	a	meas1	5
3	c	meas1	6
1	a	meas2	7
2	a	meas2	8
3	c	meas2	9

图 5.18 宽表到窄表的转换

解决方案 1：data.table :: melt.data.table()

可以使用 data.table :: melt.data.table()来解决这个问题。通过 measure.vars 参数指定要获取的原始表的列值。使用参数 variable.name(新主键列)和 value.name(新值的列)指定要在转换后的表中写入信息的一对列。

```
library("data.table")

seatbelts_long2 <-
  melt.data.table(as.data.table(Seatbelts),
                  id.vars = NULL,
                  measure.vars = c("DriversKilled", "front", "rear"),
                  variable.name = "victim_type",
                  value.name = "nvictims")
```

这些新图表确实向我们展示了更多信息：法律基本上对后排座位的人没有产生任何影响。这可能是因为法律没有涉及这些座椅，或者强制执行针对后排座椅的合规要求是很难的，或者后排座椅安全带只是腰带(而不是三点式安全带)，其效果不佳。最大的受益者似乎是前排乘客，这并不奇怪，因为前排乘客往往有高质量的安全带，而且他们坐在方向盘的旁边(这是致命伤亡事故的主因)。

解决方案 2：cdata :: unpivot_to_blocks()

```
library("cdata")

seatbelts_long3 <- unpivot_to_blocks(
  Seatbelts,
  nameForNewKeyColumn = "victim_type",
  nameForNewValueColumn = "nvictims",
```

```
columnsToTakeFrom = c("DriversKilled", "front", "rear
"))
```

cdata 提供了一种简单的方法，可以一次性地指定多个列一起转换。可以在
http://www.win-vector.com/blog/2018/10/faceted-graphs-with-cdata-and-ggplot2 /中找
到有关 cdata 的详细介绍。

我们鼓励你尝试这三种解决方案，你会看到它们产生的结果是一样的。我们
更推荐使用 cdata 解决方案，尽管它比较新，而且也不像 data.table 或 tidyr 解决方
案那样被大家所熟知。

解决方案 3：tidyr :: gather()

```
library("tidyr")

seatbelts_long1 <- gather(
  Seatbelts,
  key = victim_type,
  value = nvictims,
  DriversKilled, front, rear)

head(seatbelts_long1)

##          date      law   victim_type nvictims
## 1 1982-01-01 pre-law DriversKilled     115
## 2 1982-02-01 pre-law DriversKilled     104
## 3 1982-03-01 pre-law DriversKilled     131
## 4 1982-04-01 pre-law DriversKilled     108
## 5 1982-05-01 pre-law DriversKilled     103
## 6 1982-06-01 pre-law DriversKilled     115

ggplot(seatbelts_long1,
       aes(x = date, y = nvictims, color = law, shape = law)) +
  geom_point() +
  geom_smooth(se=FALSE) +
  facet_wrap(~victim_type, ncol=1, scale="free_y") +
  ggtitle("UK auto fatalities by month and seating position")
```

现在，我们在图 5.19 中有了按照座位位置绘制的乘客死亡数据的切面图。

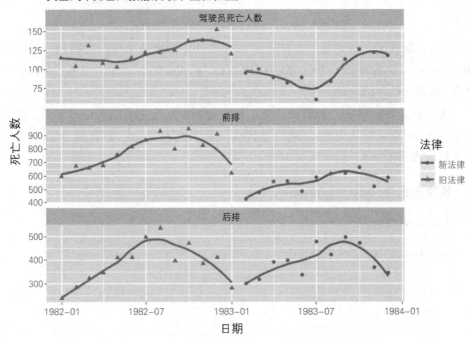

英国汽车死亡人数(按月份和座位位置)

图 5.19 乘客死亡人数的切面图

5.5.2 将数据从窄表转换为宽表

我们已经获得了日志格式的数据,其中测量数据的所有细节都记录在单独的行中。通俗地讲,我们称这种格式的数据为窄表或细表(在形式上,它与诸如 RDF 三元组之类的信息存储思想有关)。转换为宽表的操作与 Microsoft Excel 用户所称的"数据透视表"非常相似,只是聚集操作(求和、平均值、计数)严格地讲并不属于从窄表到宽表转换的一部分(所以我们建议在转换之前先执行聚集操作)。同样,从窄表到宽表的转换当然是我们前面讨论的从宽表到窄表转换的逆过程。

所用数据

本示例中,我们采用 R 语言数据集包里的 ChickWeight 数据。请按照本书的指导尝试这些命令,并用附加的步骤来检查这些数据(使用诸如 View()、head()、summary()等命令):

```
library("datasets")
library("data.table")
library("ggplot2")
```

```
ChickWeight <- data.frame(ChickWeight) # get rid of attributes
ChickWeight$Diet <- NULL # remove the diet label
# pad names with zeros
padz <- function(x, n=max(nchar(x))) gsub(" ", "0", formatC(x, width=n))
# append "Chick" to the chick ids
ChickWeight$Chick <- paste0("Chick", padz(as.character(ChickWeight$Chick)))

head(ChickWeight)

##   weight Time   Chick
## 1     42    0 Chick01
## 2     51    2 Chick01
## 3     59    4 Chick01
## 4     64    6 Chick01
## 5     76    8 Chick01
## 6     93   10 Chick01
```

此数据经过了整理，因此每一行都是一个单独的事实数据，它包含了在某个给定时刻某只雏鸡的数据(即重量)。这是非常容易生成和转换的数据格式，也是它在科学界中受欢迎的原因。为了完成有趣的工作或从数据中了解更多信息，我们需要将数据转换为宽表的结构。在本例中，我们希望有关雏鸡重量的所有数据都在同一行中，并将时间作为新的列名。

在开始工作之前，我们先使用前面学到的知识来了解一下数据。我们可以对数据执行聚集操作，以将个体的信息转变为总体趋势的信息。

```
# aggregate count and mean weight by time
ChickSummary <- as.data.table(ChickWeight)
ChickSummary <- ChickSummary[,
            .(count = .N,
              weight = mean(weight),
              q1_weight = quantile(weight, probs = 0.25),
              q2_weight = quantile(weight, probs = 0.75)),
            by = Time]
head(ChickSummary)

##    Time count   weight q1_weight q2_weight
## 1:    0    50 41.06000        41        42
## 2:    2    50 49.22000        48        51
## 3:    4    49 59.95918        57        63
## 4:    6    49 74.30612        68        80
```

```
## 5:     8   49  91.24490      83       102
## 6:    10   49 107.83673      93       124
```

在 ChickSummary 中，唯一键是 Time(由 data.tableby 参数指定)，现在我们可以看到在给定时间内，有多少只雏鸡存活以及存活的雏鸡其体重的分布情况。

我们可以采用图形方式显示此表。使用 ggplot2 绘制出图形，我们需要将汇总后的数据转换到窄表中(因为 ggplot2 更推荐使用窄表格式的数据)。我们使用 cdata::unpivot_to_blocks 程序包：

```
library("ggplot2")

ChickSummary <- cdata::unpivot_to_blocks(          为了绘图，将数据
  ChickSummary,                                     转换成窄表格式
 nameForNewKeyColumn = "measurement",
 nameForNewValueColumn = "value",
 columnsToTakeFrom = c("count", "weight"))          确保绘图时我们有
                                                    正确的列数据集
ChickSummary$q1_weight[ChickSummary$measurement=="count"] <- NA
  ChickSummary$q2_weight[ChickSummary$measurement=="count"] <- NA
CW <- ChickWeight
CW$measurement <- "weight"

ggplot(ChickSummary, aes(x = Time, y = value, color = measurement)) +
  geom_line(data = CW, aes(x = Time, y = weight, group = Chick),
              color="LightGray") +
 geom_line(size=2) +                                           开始绘图
 geom_ribbon(aes(ymin = q1_weight, ymax = q2_weight),
              alpha = 0.3, colour = NA) +
 facet_wrap(~measurement, ncol=1, scales = "free_y") +
 theme(legend.position = "none") +
 ylab(NULL) +
 ggtitle("Chick Weight and Count Measurements by Time",
         subtitle = "25% through 75% quartiles of weight shown shaded
    around mean")
```

上述代码按照时间和雏鸡变化绘制出雏鸡的重量，如图 5.20 所示。

图中，我们绘制了存活的雏鸡总数与时间的关系，各个体重轨迹以及概要统计信息(平均体重，以及 25% 至 75% 之间四分位数的体重)。

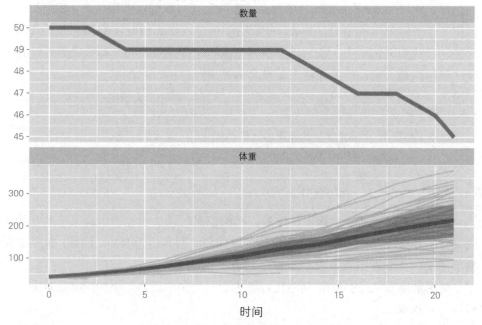

按时间测量的雏鸡的体重和数量

25%到75%之间四分位数的体重在均值周围显示为阴影部分

图 5.20　随时间推移的雏鸡数量和体重

问题

现在，我们可以执行本节的示例任务了：将每只雏鸡的所有信息放入单独一行。

如图 5.21 所示，把 meastype 列的取值作为新的列标题，而把 meas 列的取值作为新列对应的值。我们将这种操作称为从块到宽表行记录的数据转换。

index	meastype	meas
1	meas1	4
2	meas1	5
3	meas1	6
1	meas2	7
2	meas2	8
3	meas2	9

将测量值分拆到不同的列中

index	meas1	meas2
1	4	7
2	5	8
3	6	9

图 5.21　从窄表到宽表的转换

解决方案 1：data.table :: dcast.data.table()

为了使用 dcast.data.table()将数据转换为宽表，我们需要用带有~标记的公式来指定一个结果矩阵中的行和列，并说明如何使用 value.var 参数填充此矩阵的单元格。在我们的例子中，使用以下步骤生成一个数据框，其中每个雏鸡是一行，每个时间点是一列，而单元格中是雏鸡的体重：

```
library("data.table")

ChickWeight_wide2 <- dcast.data.table(
  as.data.table(ChickWeight),
  Chick ~ Time,
  value.var = "weight")
```

该表为矩阵形式，行标识是雏鸡，列标识是时间。单元格中是某雏鸡在给定时间点的体重(如果雏鸡没有活到给定的时间点，则其值为 NA)。注意，此格式更易于阅读，并可以生成报表。

调用 data.table 的 dcast 功能还可以进行更复杂的转换，例如同时处理多个变量和聚合操作。

解决方案 2：cdata::pivot_to_rowrecs()

cdata :: pivot_to_rowrecs()生成了你想要的表，它由行键、生成的新列以及新列所对应的值构成。

```
library("cdata")

ChickWeight_wide3 <- pivot_to_rowrecs(
  ChickWeight,
  columnToTakeKeysFrom = "Time",
  columnToTakeValuesFrom = "weight",
  rowKeyColumns = "Chick")
```

解决方案 3：tidyr::spread()

```
library("tidyr")

ChickWeight_wide1 <- spread(ChickWeight,
                            key = Time,
                            value = weight)

head(ChickWeight_wide1)
```

```
##      Chick  0  2  4  6  8  10  12  14  16  18  20  21
## 1 Chick01 42 51 59 64 76  93 106 125 149 171 199 205
## 2 Chick02 40 49 58 72 84 103 122 138 162 187 209 215
## 3 Chick03 43 39 55 67 84  99 115 138 163 187 198 202
## 4 Chick04 42 49 56 67 74  87 102 108 136 154 160 157
## 5 Chick05 41 42 48 60 79 106 141 164 197 199 220 223
## 6 Chick06 41 49 59 74 97 124 141 148 155 160 160 157
```

5.5.3　数据坐标

数据转换涉及很多细节。需要牢记的重要概念是：数据是有坐标的，如表名、列名和行标识等。指定坐标的正确方法是了解实现的细节或将其转换为易用的方式。所有这些都是基于 Codd 数据库设计的第二条原则：“必须保证通过使用表名、主键值和列名的组合，关系数据库中的每个数据(原子值)都是逻辑上可访问的。[1]”我们希望你能了解的是：数据坐标(或访问计划)哪些恰好是表名？哪些是行键？哪些是列名？而这个实现的细节是可以修改的。

简单代码优先　尽早构建临时表、添加列和更正列名比使用复杂的分析代码要好得多。这是雷蒙德的“表示原则”。

雷蒙德的“表示原则”

将知识转换成数据，以使程序逻辑质朴而健壮。

——Unix 编程艺术，埃里克·雷蒙德(Erick S.Raymond)，Addison-Wesley，2003

我们建议尽早对数据执行转换，达到解决问题的目的(如更改列名、修改数据的布局)，这样会使后面的处理过程更容易。你应该尝试将数据转换成预测建模的格式，这种格式是数据库设计人员所说的非规范化格式，也是统计学家所说的多元数据矩阵或模型矩阵：一个规则的数组，行对应每个个体，列对应观测值。[2]

有兴趣的读者可了解 cdata 在数据布局上具有的功能强大的图表系统，该系统已被广泛采用，详见 https://github.com/WinVector/cdata。

5.6　小结

本章中，我们根据分析和展示的要求，完成了基本的数据转换示例。

1　详见 https://en.wikipedia.org/wiki/Edgar_F._Codd。
2　详见 W. J. Krzanowski 和 F. H. C. Marriott 的 *Multivariate Analysis*, *Part 1*, Edward Arnold, 1994。

至此，我们已经学习了大量数据转换的功能。我们自然会想到：这些转换已经足够了吗？我们能够快速地将任何任务分解为这些转换中的一个组成部分吗？

答案是"可以，或不可以"。"不可以"是因为还有一些更专业的转换，例如"循环窗口(rolling window)"函数和其他难以用这些转换操作来表示的时间序列操作，而实际上它们在 R 语言和 data.table 中有其高效的实现方式。但回答"可以"是因为我们有充分的理由认为，我们所学到的这些转换操作是够用的。基本的转换操作几乎涵盖了 Edgar F. Codd 的关系代数理论：这些转换操作自 1970 年以来一直在推动着数据工程的发展。

在本章中，你已学习了

- 如何使用数据整理和转换的各种强大功能。
- 如何应用这些转换来解决数据整理的问题。

在本书的第 II 部分，我们将讨论构建和评估模型的处理流程，从而达到你的既定目标。

第II部分

建 模 方 法

在第I部分中，我们讨论了数据科学项目的初始阶段。在定义了需要回答的问题和想要解决的问题范围之后，接下来是分析数据和寻找答案的阶段。在第II部分，我们将使用来自统计学和机器学习的强有力的建模方法进行建模。

第6章涵盖了如何识别合适的建模方法来解决特定的业务问题。该章也讨论了如何评估模型的质量和有效性。

第7章涵盖了基本的线性模型：线性回归、逻辑回归和正则化线性模型。线性模型是完成许多分析任务的工具，特别有助于识别关键的变量和看清问题的本质结构。深入了解这些内容对于一个数据科学家来说是非常有价值的。

第8章暂时从建模任务转到了使用 vtreat 程序包来准备优质的数据。vtreat 程序包为建模步骤准备了来自现实世界的复杂数据。由于理解 vtreat 的工作原理需要对线性模型和模型评估指标有一定的了解，因此我们把这个话题放到了第II部分。

第9章涵盖了无监督学习方法：聚类和关联规则挖掘。无监督学习方法不会做出明确的结果预测；它们主要是发现数据中的关系和隐藏的结构。

第10章涉及一些更高级的建模算法。我们将讨论 bagged 决策树、随机森林、梯度增强树、广义相加模型以及支持向量机。

我们将使用特定的数据科学问题和具体的数据集讨论每种方法。在每一章里，针对各种方法我们也额外讨论了模型的评估和解释过程。

完成第II部分的学习后，你将熟悉最受欢迎的建模方法，并且明白用哪种方法回答不同类型的问题最适合。

第 **6** 章

选择和评价模型

本章内容：
- 将业务问题映射为机器学习任务
- 评估模型质量
- 解释模型的预测结果

本章中，我们将讨论建模过程(见图 6.1)。我们在进入特定机器学习方法的细节之前，先讨论此过程，因为本章的主题通常适用于任何类型的模型。首先讨论如何选择合适的建模方法。

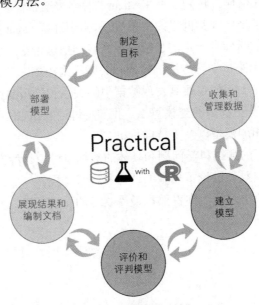

图 6.1　思维模型导图

6.1　将业务问题映射为机器学习任务

作为数据科学家，你的任务是将业务问题映射到良好的机器学习方法上。我们来看一种真实世界的情况。假设你是一家网上零售公司的数据科学家，可能有许多业务问题需要你的团队去解决：

- 根据过去的交易情况，预测客户可能购买哪些产品
- 辨别欺诈性交易
- 确定各种产品或产品类别的价格弹性(指某种产品涨价而导致销量下降的比率，或者相反情况)
- 客户搜索某一件产品时，确定最佳的产品列表呈现方式
- 客户细分：将购买行为相似的客户分组
- 关键词广告(AdWord)的估价：公司应该花多少钱用于在搜索引擎上购买特定的关键词广告
- 评估营销活动
- 将新产品整理到产品目录

你对模型用途的预期会对你应该使用哪种方法有很大的影响。如果想知道输入变量的微小变化会对结果产生什么影响，那么可使用回归分析方法；如果想知道哪个变量驱动了大多数的分类，那么决策树可能是一个不错的选择。此外，对于每个业务问题我们都建议采用一种统计方法。为便于讨论，我们将数据科学家通常要解决的各种问题归为以下几类：

- 分类——给数据打标签
- 打分——给数值赋值
- 分组——发现数据中的模式和共性

在本节中，我们将描述这些问题分类，并针对每种问题列出一些典型的解决方法。

6.1.1　分类问题

我们从下面的示例开始讨论分类问题。

示例　假设你的任务是将公司新产品自动分配到各个产品目录中，如图 6.2 所示。

实际情况可能比听起来要复杂得多。不同来源的产品可能有它自己的产品分类，而这些分类与你在零售网站上使用的产品分类不一致，甚至它们可能根本没

有任何分类。许多大型网上零售商使用人工打标签的方式对他们的产品进行分类。这不仅劳动强度大，而且协调不好还容易出错。自动化分类是一个有吸引力的选择。不仅节省人力，而且还能提高零售网站的质量。

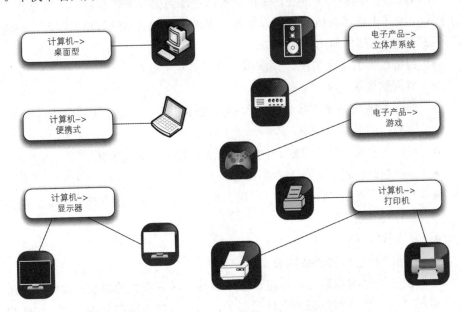

图 6.2　将产品分类到产品目录中

基于产品属性和(或)产品的文本描述来对产品进行分类，是分类(classification)的一个例子：它决定了如何给对象打上(已知的)标签。分类本身就是所谓的监督式学习(supervised learning)的一个例子：为了学习如何将对象分类，你需要一个已分类对象的数据集(称为训练集)。建立训练数据是大多数分类任务中最主要的开销，特别是文本相关的分类任务。

多类分类与两类分类

　　产品分类是多类分类或多元分类的一个例子，大多数分类问题和分类算法都是专门针对两类分类或二元分类的。使用二元分类器解决多类分类问题是有技巧的(例如，为每一个类别建立一个分类器，这样的分类器被称为"一对多分类器")。但大多数情况下，花些精力寻找合适的多类别分类工具是值得的，因为它们确实比多次使用二元分类器效果更好(例如，在执行逻辑回归计算时使用 mlogit 程序包而不是基本方法 glm())。

本书中介绍的常见分类方法包括逻辑回归(带有阈值)和决策树集合。

6.1.2　打分问题

打分过程可以解释如下。

示例　假设你的任务是帮助评估不同的市场营销活动如何提高有价值的网站流量。其目标不仅是吸引更多的人访问该站点，还要吸引更多的购买者。

在这种情况下，你可能需要考虑许多因素：交流渠道(网站广告、YouTube 视频、印刷媒体、电子邮件等)、流量来源(Facebook、Google、广播电台等)、目标人群、日期等。你想衡量这些因素是否会增加销售额，以及增加多少。

基于诸如此类的因素来预测某个营销活动产生的销售额的增长就是回归或打分的一个示例。在这种情况下，回归模型将各种被测量的因素映射为一个数值：销售额或者相对基准线的销售额的增长。

预测某个事件发生的概率(如属于某个给定类别)也可以视为打分。例如，你可以将欺诈检测视为分类：此事件是否是欺诈？但是，如果你要预测某个事件的欺诈概率，就可以将其视为打分，如图 6.3 所示。打分也是监督式学习的一个示例。

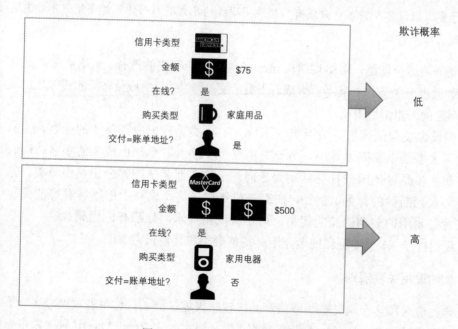

图 6.3　判定交易欺诈概率的概念性示例

6.1.3 分组：目标未知情况下的处理

前述方法要求有一个已知结果情形下的训练数据集。在某些情况下，你想预测的事情没有(或还没有)一个具体的结果，那么可能就要寻找数据的模式和关系，以便更好地了解你的客户或业务。

这些情形对应一类叫作无监督学习的方法：无监督学习的目的是发现数据中的相似性和关系，而不是靠输入来预测输出。一些常见的无监督学习任务包括：

- 聚类——将相似的对象分在一组
- 关联规则——发现常见的行为模式，例如，总是同时购买一些商品，或总是同时借出一些图书馆的书籍

我们来进一步看看这两类无监督学习的方法。

何时使用基本聚类

下面是一个很好的聚类示例。

示例 假设你要将客户分成有相似购买模式的几大类。而你可能事先并不知道这些类别应该是什么。

要解决这个问题，用 k-均值(k-means)聚类是个不错的选择。k-均值聚类是这样一种数据分类方法：把数据分成若干组，使得每组的组内成员之间的相似性比组间成员之间的相似性更高。

假设你发现顾客被分成两类(见图 6.4)，一类是有未成年孩子的顾客，他们的购买大多是以家庭为导向，另一类是没有小孩或者小孩已成年的顾客，他们的购买大多是以休闲或社会活动为导向。一旦你把某个顾客分到其中一类，你就能大致判断他的行为。例如，在有未成年孩子这个聚类中的顾客有可能更喜欢好看且耐用的玻璃器皿的促销，而不喜欢精美水晶红酒杯的促销。

我们将在 9.1 节中更详细地介绍 k-均值聚类和其他聚类方法。

何时使用关联规则

你可能对顾客会同时购买哪些产品比较感兴趣。例如，你可能发现顾客一般会同时购买泳衣和太阳镜，或者那些购买像《追讨者》(Repo Man)这种热映电影的人，一般也会同时购买其电影原声带。

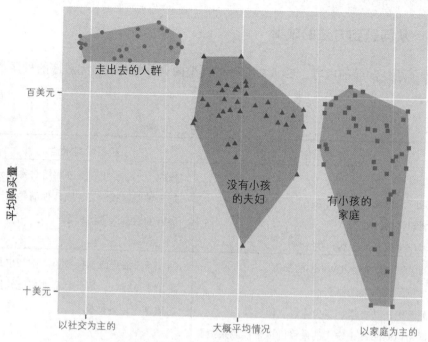

图 6.4　通过购买模式和数量将顾客分类的假想示例

这是关联规则(甚至是推荐系统)的一个很好的应用。你可以挖掘有用的产品推荐：每当看到有人把泳衣放进购物车时，你也可以向他推荐防晒霜，如图 6.5 所示。我们将在 9.2 节中详细介绍关联规则中的 Apriori 算法。

 比基尼、太阳镜、防晒霜、人字拖鞋

 游泳裤、防晒霜

 保守款游泳衣、防晒霜、凉鞋

 比基尼、太阳镜、防晒霜

 连体款游泳衣、海滩浴巾

> 80%的购买者同时购买
> 游泳衣和防晒霜
>
> 80%的游泳衣购买者也同时
> 购买了防晒霜
>
> 因此买游泳衣的顾客
> 可能也会对防晒霜的推荐
> 感兴趣

图 6.5　从数据中发现购买模式的一个概念示例

6.1.4　从问题到方法的映射

为了总结前面的内容，表 6.1 将一些典型的业务问题映射为对应的机器学习任务。

表 6.1　从问题到方法的映射

任务示例	机器学习术语
识别垃圾邮件 根据产品目录对产品分类 识别即将违约的贷款 将客户分配到某个客户类中	分类——将已知标签分配给对象。分类是一种监督式学习，因此你需要用已分类好的数据来训练模型
预测关键词广告(AdWords)的价值 估算贷款被拖欠的概率 预测营销活动将增加多少流量或销售额 根据相似商品过去拍卖的最终价格来预测某拍卖商品的最终价格	回归——预测或预报数值。回归也是一种监督式学习，因此你需要用已知结果的数据来训练模型
查找一起购买的产品 识别在同一会话中经常访问的网页 识别网页(点击量多)和关键词广告的成功组合	关联规则——查找经常一起出现在数据中的对象。关联规则是一种无监督学习；你不需要事先了解数据之间的关系，而是要尝试发现数据中的关系
识别具有相同购买模式的客户群 识别在相同地区或相同客户群里受欢迎的商品类 识别所有正在讨论的类似事件的新闻	聚类——发现对象的分类，而这些组内对象与其他组的对象相比更为相似。聚类也是一种无监督学习：不需要事先对数据分组，而是要尝试发现数据的分类

预测与预报

在日常用语中，我们容易混淆预测(prediction)和预报(forecasting)的用法。从技术角度讲，预测是选出一个结果，例如"明天会下雨"，而预报是给出一个概率值，例如"明天下雨的概率是80%"。对于非平衡型分类应用(如预测信用卡拖欠)，这个差异是很重要的。例如建立贷款拖欠模型时，假定总体拖欠率是5%。那么识别出某组有30%的拖欠率虽是不准确的预测(你不知道这组中谁会拖欠，并且这组中大多数人不会拖欠)，但这却是个潜在的很有用的预报(这个组的拖欠率是总体拖欠率的 6 倍)。

6.2　模型评估

当建立一个模型时，你必须评估模型的质量，以确保该模型在实际运行中表现良好。为了评估模型的未来性能，通常将数据分为训练数据和测试数据，如图6.6 所示。测试数据是训练过程中没有使用过的数据，旨在为我们提供一些有关模型将如何处理新数据的经验。

测试集可以帮助你识别出过拟合(overfitting)现象：构建一个模型，即使它记忆了训练数据，也不能在新数据中得到很好的应用。许多建模问题都与过拟合有关，寻找过拟合的迹象是诊断模型好坏的第一步。

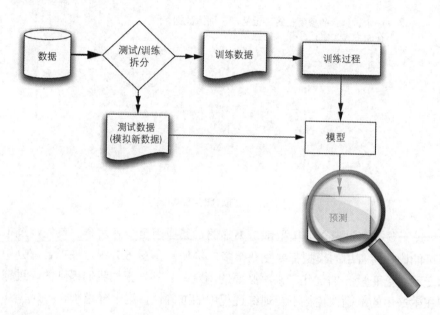

图 6.6　模型构建和评估示意图

6.2.1　过拟合

过拟合模型一般在训练数据上表现很好，但在新数据上却表现很差。模型在训练数据上的预测误差被称为训练误差。模型在新数据上的预测误差被称为泛化误差(generalization error)。通常，训练误差要小于泛化误差(这不足为奇)。但理想情况下，这两个错误率应该很接近。如果泛化误差很大并且模型的测试性能不佳，则表明模型可能过拟合了——它记忆了训练数据，而不是发现泛化的规则或模式。对此，你可能希望通过采用更简单的模型来避免过拟合，而这实际上也确实是更好的方法[1]。图 6.7 显示了一个正常模型和一个过拟合模型的典型表现。

一个正常拟合的模型在新数据和训练数据上会产生几乎相同级别的误差。

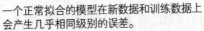

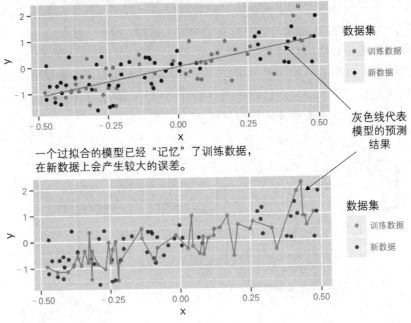

图 6.7 过拟合的概念示意图

过于复杂和过拟合的模型都是不好的,其原因至少有两个。首先,过拟合模型可能比任何有用的模型都要复杂得多。例如,在图 6.7 中,过拟合部分中多余的变动会给变量 x 的优化带来不必要的困难。另外,正如我们提到的,过拟合模型在生产中的准确性往往不及训练过程中的准确性,这十分尴尬。

在保留数据上做测试

4.3.1 节中,我们介绍了将数据分为测试-训练集或测试-训练-校准集的方法,如图 6.8 所示。下面详细介绍为什么要以这种方式划分数据。

示例 假设你正在基于汽车的各种功能构建模型以预测二手车价格。你同时使用线性回归模型和随机森林模型进行拟合,并希望将两者进行比较。[2]

---

1 防止过拟合的其他技术包括:正则化(关注于模型变量带来的小影响)和 bagging 方法(对不同的模型计算平均值以减少方差)。

2 这两种建模技术将在本书后面的章节中介绍。

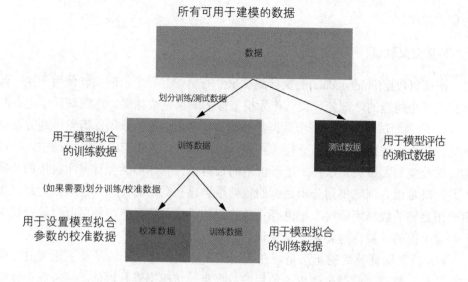

图 6.8　将数据分为训练和测试(或训练、校准和测试)集

如果你不对数据进行拆分，而是使用所有数据来训练和评估每个模型，那么你可能理所当然地认为自己会选出较好的模型，因为在模型评估过程中看到了很多数据。但实际上用于构建模型的数据并不是评估模型性能的最佳数据。这是因为此数据存在乐观的测量偏差，具体原因是该数据是我们在模型构建过程中已经看到和使用过的。模型构建正在优化你的性能测量值(或至少是与性能测量相关的数值)，因此在训练数据上更容易获得过高的性能估计。

此外，数据科学家自然会倾向于调整他们的模型以便从中获得最佳性能。这也会导致性能测量值被夸大。这通常称为多重比较偏差(multiple comparison bias)。而且由于这种调优有时可能会利用训练数据中的某些独有的特性，因此有可能导致过拟合。

对于这种乐观的偏差，我们建议采取的预防措施是将可用数据分为测试集和训练集。仅对训练数据执行算法的所有任务，并尽可能推迟到项目的最后期限再利用测试数据进行性能测量(因为在看到测试结果或已有的性能后所做出的选择都会产生建模偏差)。我们将测试数据尽可能地保持不被使用的原因也正是我们在实际项目中将数据分为训练集、校准集和测试集的原因(详见 8.2.1 节)。

在对数据进行分组时，你要在下面两者之间取得平衡：一个是拥有足够多的数据以获得一个好的拟合模型，另一个是保留足够多的数据以对模型的性能进行良好的评估。一些常见的数据划分方法是 70%的训练数据、30%的测试数据，或 80%的训练数据、20%的测试数据。对于大型数据集，有时甚至可能会看到 50–50

的划分方式。

k-重交叉验证

在保留数据(holdout data)上执行测试虽然有用，但每个示例仅能使用一次：要么作为模型构建的一部分，要么作为模型评估的保留数据集。这在统计学上并非有效[1]，因为测试集通常比整个数据集小得多。这意味着如果如此简单地划分数据的话，我们会在模型的性能评估中损失一些准确率。在我们的示例场景中，假设你无法收集到大量关于以往二手车价格的数据集。而你可能会觉得所收集的数据不足，既难以为训练集划分出足够的数据用于建立良好的模型，也难以为测试集划分出足够的数据用于对模型进行正确的评估。这种情况下，你可能会选择使用一种更全面的、被称为 k-重交叉验证的划分方案。

k-重交叉验证背后的想法是，在所用的训练数据集的不同子集上重复进行模型的构建，然后用模型构建中未使用的数据集对该模型进行评估。这样我们能够在模型训练和模型评估中使用各自的样本数据(这样永远不会同时在两个角色中使用相同的样本)。图 6.9 演示了这种想法，图中 k = 3。

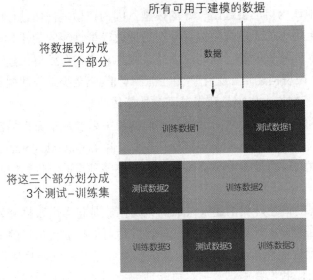

对于每一组划分，在训练集上执行模型训练，
在对应的测试集上执行模型预测

图 6.9　进行三重交叉验证的数据划分

在该图中，数据被分成无重叠的三个组，这三个组被划分成三个测试-训练集。

1　当模型评估在给定数据集大小的情况下，具有最小的方差时，称其为有效的统计。

对于每个分组，会在训练集上执行模型训练，在对应的测试集上执行模型预测。然后，使用本章后面要讨论的评估打分法对整个的预测数据集进行评估。这样我们就可以在与整个数据集同样大小的保留数据集上模拟训练一个模型，然后对其进行评估。在整个数据集上对模型的性能进行评估可以使我们更精确地估算出该类模型在新数据集上的性能。假设你对这次性能的评价是满意的，那么你可以使用所有的训练数据来训练最终的模型。

划分测试-训练数据集对于海量数据而言是非常好的方法，且能够快速实现。在数据科学应用中，交叉验证通常用于调整建模参数，它通常需要不断地尝试许多模型。交叉验证也用于嵌套模型(即把一个模型作为另一模型的输入)。这在转换数据进行分析时可能会产生问题，我们将在第 7 章中讨论。

6.2.2 模型性能的度量

本节将介绍模型性能的一些量化度量指标。从评价的角度来看，可按照以下方式对模型的类型进行分组：

- 分类
- 打分
- 概率估计
- 聚类

对于大多数模型评价来说，我们只想计算一个或两个总得分，从而知道该模型是否有效。为了判断给定分数的高低，通常会将模型的性能与一些基准模型的进行比较。

空值模型

空值模型是你试图超越的、非常简单的最优模型版本。最典型的空值模型是对所有的情形都给出相同的答案(它是一个固定模型)。我们用空值模型作为性能期望的下限。例如，在分类问题中，空值模型总是返回最常见的类别，因为这是最简单且不易出错的猜测。对于打分模型，空值模型通常给出的是所有结果的平均值，因为从这些结果计算出的方差最小。

其想法是这样，如果你的结果不优于空值模型，那么你就不要提交结果值。注意，做到与最优空值模型一样好可能会很难，因为尽管空值模型很简单，但是它能优先知道要测试的所有项的总体分布。我们总是假定作为对照的空值模型应是所有可能的空值模型中最好的。

单变量模型

我们也建议将任意一个复杂的模型与你可用的最优单变量模型进行比较(如何将单变量转换为单变量模型请参阅第 8 章中的相关内容)。如果一个复杂模型的性能不能超过利用训练数据得到的最优单变量模型,那么它就得不到认可。此外,业务分析师有许多构建有效的单变量模型的工具(如数据透视表),所以如果你的客户是分析师,他们可能希望获得高于此水平的性能。

我们将给出模型质量的标准度量,这些度量在模型构建过程中非常有用。不管在什么情况下,我们都建议除了标准的模型质量评估以外,你要尝试和你的项目出资方或客户一起设计自己习惯的面向业务的度量指标。通常,这与给每个输出结果指派一个估计值,然后查看模型在该准则下如何表现一样简单。下面先介绍如何评价分类模型,然后逐步深入。

6.2.3　分类模型的评价

分类模型将样本分类到两个或多个类别中。为度量分类器的性能,我们将首先介绍一个非常有用的工具,称为混淆矩阵(confusion matrix),并说明如何用它来计算许多重要的评价得分。我们将讨论的第一个得分是精度。

示例　假设我们要将电子邮件分为垃圾邮件(我们无论如何都不想接收)和非垃圾邮件(我们想接收)。

一个现成的示例(具有清晰的描述)就是 "Spambase Data Set" (http://mng.bz/e8Rh)。该数据集的每一行都是度量特定电子邮件的一组特征,并有一个附加列告知这封邮件是垃圾邮件(不想接收的)还是非垃圾邮件(想接收的)。我们将使用逻辑回归算法快速地建立一个垃圾邮件分类模型,由此来评价结果。我们将在第 7.2 节中讨论逻辑回归算法,但就目前而言,只需从本书的 GitHub 网站(https://github.com/WinVector/PDSwR2/tree/master/Spambase)下载文件 Spambase/spamD.tsv,然后按代码清单 6.1 中所示的步骤操作即可。

代码清单 6.1　建立并应用基于逻辑回归的垃圾邮件模型

```
spamD <- read.table('spamD.tsv',header=T,sep='\t')    ◄─── 读入数据

spamTrain <-
        subset(spamD,spamD$rgroup >= 10)    ◄─┐
spamTest <- subset(spamD,spamD$rgroup < 10)    │  将数据分为训
                                                   练集和测试集
```

拟合
逻辑
回归
模型

```
spamVars <- setdiff(colnames(spamD), list('rgroup','spam'))
spamFormula <- as.formula(paste('spam == "spam"',
paste(spamVars, collapse = ' + '),sep = ' ~ '))
spamModel <- glm(spamFormula,family = binomial(link = 'logit'),
                           data = spamTrain)

spamTrain$pred <- predict(spamModel,newdata = spamTrain,
                    type = 'response')
spamTest$pred <- predict(spamModel,newdata = spamTest,
                    type = 'response')
```

创建一个
描述模型
的公式

对训练和
测试集做
出预测

该垃圾邮件模型预测出某给定电子邮件为垃圾邮件的概率。这个简单的垃圾邮件分类器的结果样本如代码清单 6.2 所示。

代码清单 6.2　垃圾邮件分类

```
sample <- spamTest[c(7,35,224,327), c('spam','pred')]
print(sample)
##          spam          pred
## 115      spam 0.9903246227
## 361      spam 0.4800498077
## 2300 non-spam 0.0006846551
## 3428 non-spam 0.0001434345
```

第一列给出了实际的类别标签(垃圾邮件或非垃圾邮件)。第二列给出了电子邮件是垃圾邮件的预测概率。如果概率 >0.5，则将电子邮件标记为"垃圾邮件"；否则，将其标记为"非垃圾邮件"

混淆矩阵

对于分类器的性能来说，最有意义的汇总描述就是混淆矩阵。混淆矩阵是一张汇总表，它实际包含了分类器针对已知的数据类别预测出的结果。

混淆矩阵是一张表，它统计出每个已知的结果(truth 值)与每种预测类型相互组合在一起发生的概率。对于垃圾邮件的例子，混淆矩阵可通过代码清单 6.3 所示的 R 命令获得。

代码清单 6.3　垃圾邮件的混淆矩阵

```
confmat_spam <- table(truth = spamTest$spam,
                      prediction = ifelse(spamTest$pred > 0.5,
                      "spam", "non-spam"))
print(confmat_spam)
##          prediction
## truth   non-spam spam
```

```
##  non-spam   264   14
##  spam        22  158
```

表中的行(被标记为 truth)对应于数据的实际标签：它们是否真的是垃圾邮件。该表的列(被标记为 prediction)对应于模型预测的结果。因此，表中的第一个单元格(truth =non-spam, prediction = non-spam)对应于测试集中的 264 封非垃圾电子邮件(并且该模型正确地预测为非垃圾邮件)。这些正确的负实例预测值被称为真阴性(true negatives)。

混淆矩阵约定

包括 Wikipedia 在内的许多工具，在绘制混淆矩阵时，都用实际的 truth 值作为图中的 x 轴。这可能是由于数学约定所致，即矩阵和表中的第一个坐标命名的是行(垂直偏移)，而不是列(水平偏移)。我们认为直接用诸如"pred"和"actual"命名比任何其他约定都更清晰。另外要注意，在残差图中，x 轴始终是预测值，建议在绘图时，最好能够按照此重要约定执行。本书中，我们将在 x 轴上绘制预测值(不管如何对其命名)。

按照标准术语，实际有意义的类别被称为正实例(positive instance)，而那些无意义的类别被称为负实例(negative instance)。在我们的示例中，垃圾邮件是正实例，非垃圾邮件是负实例。

在一个 2×2 的混淆矩阵中，每个单元格都有一个具体的名称，如表 6.2 所示。

表 6.2　2×2 混淆矩阵

	预测结果= NEGATIVE (被预测为非垃圾邮件)	预测结果= POSITIVE (被预测为垃圾邮件)
truth mark=NEGATIVE (非垃圾邮件)	true negatives (TN) confmat_spam[1,1]=264	false positives (FP) confmat_spam[1,2]=14
truth mark=POSITIVE (垃圾邮件)	false negatives (FN) confmat_spam[2,1]=22	true positives (TP) confmat_spam[2,2]=158

利用这个汇总表，我们现在可以开始计算垃圾邮件过滤器的各种性能指标了。

将得分转换成分类

注意，通过查看得分是否高于 0.5，我们把数值型预测得分转换成了一个决策。这意味着，如果模型给出某邮件是垃圾邮件的概率大于 50%，我们就将其归为垃圾邮件。对于一些打分模型(如逻辑回归)，0.5 分可能会是一个阈值，可以使分类器具有相当好的精度。但是，精度并不一定是最终目标，对于不平衡的训练数据，

0.5 这个阈值并不是很好。选取非 0.5 的阈值可以使数据科学家在准确率和召回率之间取得平衡(将在本章后面定义这两个术语)。你可以从 0.5 开始，也可以尝试其他阈值并查看 ROC 曲线(请参阅第 6.2.5 节)。

精度

精度(accuracy)能够回答以下问题："当垃圾邮件过滤器说该电子邮件是垃圾邮件或不是垃圾邮件时，其正确的概率是多少？"对于分类器来说，精度被定义为准确分类的物品数量与总物品数量的比值。无非就是说在何时分类器是正确的，如图 6.10 所示。

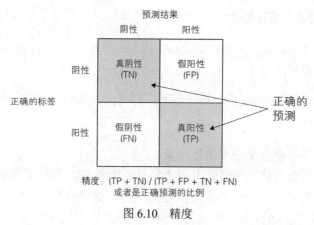

图 6.10　精度

至少分类器要能精确地工作。下面计算垃圾邮件过滤器的精度：

```
(confmat_spam[1,1] + confmat_spam[2,2]) / sum(confmat_spam)
## [1] 0.9213974
```

8%的误差率对于垃圾邮件过滤器来说是不可接受的，但足以代表不同种类的模型评价标准。

在我们继续之前，想分享一个很好用的垃圾邮件过滤器的混淆矩阵。代码清单 6.4 是我们为 Win-Vector 博客[1]中的 Akismet 垃圾评论邮件过滤器创建的混淆矩阵。

1　详见 http://www.win-vector.com/blog/。

代码清单 6.4   手工输入 Akismet 混淆矩阵

```
confmat_akismet <- as.table(matrix(data=c(288-1,17,1,13882-17),nrow=2,ncol=2))
rownames(confmat_akismet) <- rownames(confmat_spam)
colnames(confmat_akismet) <- colnames(confmat_spam)
print(confmat_akismet)
##           non-spam spam
## non-spam  287      1
## spam      17 13865
```

由于 Akismet 过滤器使用了来自其他网站关于链接目的网址(以及文本特征)的提示，因此它具有让人更容易接受的精度：

```
(confmat_akismet[1,1] + confmat_akismet[2,2]) / sum(confmat_akismet)
## [1] 0.9987297
```

更重要的是，Akismet 似乎很少抑制正面评论。我们将在下一节的准确率和召回率中量化这种区别。

精度是对不平衡分类的不恰当度量

假设我们现在的情况是遇到了一个罕见事件(比如，分娩期间的严重并发症)。如果我们要预测的这个事件是非常罕见的(比如，大约 1%的人口会出现这种并发症)，那么判断罕见事件从不发生的空值模型是非常准确(99%)的。实际上，空值模型要比下面这种有用的模型(但不完美)更准确：能识别出 5%的人口"有这种风险"并能捕捉到所有不良事件均出现于这 5%的人口中。这不是某种悖论，只是对于分布不均衡或成本不均衡的事件来说，精度不是一个好的度量。

准确率(precision)与召回率(recall)

机器学习的研究员使用的另一种评价方法是被称为准确率和召回率的一对数字。这两个术语来自信息检索领域，其定义如下。

准确率回答以下问题："如果垃圾邮件过滤器认为某封电子邮件是垃圾邮件，那么该邮件真的是垃圾邮件的概率是多少？"准确率被定义为真阳性与预测为阳性的比值，如图 6.11 所示。

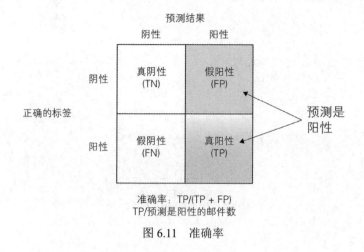

图 6.11　准确率

可以用如下方法计算垃圾邮件过滤器的准确率：

```
confmat_spam[2,2] / (confmat_spam[2,2]+ confmat_spam[1,2])
## [1] 0.9186047
```

这个准确率与之前提到的精度非常接近，这只是个巧合而已。再说一次，准确率是预测结果为正并被证明是正确的概率。要记住，准确率是分类器和数据集的组合函数，这一点很重要。孤立地问分类器的准确率有多高是毫无意义的。只有在给定数据集的情况下问分类器的准确率才有意义。我们的数据集是从全数据集里抽取的，我们希望分类器在全数据集上的处理与给定数据集上的处理有相近的准确率——即全数据集是与给定数据集有着相同正实例分布的数据集。

在我们的垃圾电子邮件示例中，92%的准确率意味着被标记为垃圾邮件的邮件中，有 8%的邮件实际上不是垃圾邮件。这个比率是不可接受的，因为有可能丢掉重要消息。另一方面，Akismet 的准确率超过了 99.99%，因此它丢弃的非垃圾邮件非常少。

```
confmat_akismet[2,2] / (confmat_akismet[2,2] + confmat_akismet[1,2])
## [1] 0.9999279
```

伴随准确率的得分是召回率。召回率能解答这类问题："在所有电子邮件的全部垃圾邮件中，垃圾邮件过滤器检测到垃圾邮件的比例是多少？"召回率是真阳性与所有实际结果为阳性的比值，如图 6.12 所示。

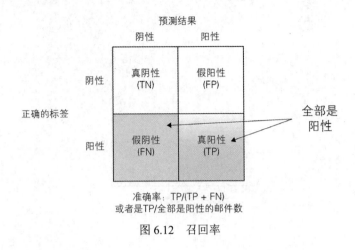

图 6.12 召回率

我们来比较一下这两个垃圾邮件过滤器的召回率。

```
confmat_spam[2,2] / (confmat_spam[2,2] + confmat_spam[2,1])
## [1] 0.8777778

confmat_akismet[2,2] / (confmat_akismet[2,2] + confmat_akismet[2,1])
## [1] 0.9987754
```

对于前面的垃圾邮件过滤器，这个值是 88%，意味着我们收到的垃圾邮件中有大约 12%仍会进入我们的收件箱。Akismet 的召回率为 99.88%。在这两种情况下，大多数垃圾邮件实际上都被标记了(具有高的召回率)，并且准确率要重于召回率。这适合垃圾邮件过滤器应用，因为不丢失非垃圾邮件比从我们的收件箱中过滤掉每一封垃圾邮件更为重要。

切记一点：准确率是一种确认性的度量(当分类器识别某个类别为阳性时，其事实是正确的比率)，召回率是一种实用性的度量(分类器找到了多少实际要找的东西)。准确率和召回率往往与业务需求相关，它们是你与项目出资方和客户进行讨论的不错的度量方法。

F1

示例 假设有多个垃圾邮件过滤器可供选择，每个过滤器的准确率和召回率都不同。如何选取过滤器？

在这种情况下，有些人更喜欢只用一个数字来比较所有不同的选择。F1 得分就是这样的一个可选得分。F1 得分是介于准确率和召回率之间的折中度量。它被定义为准确率和召回率的综合平均值。你可以通过一个明确的计算就能非常容易

地得出:

```
precision <- confmat_spam[2,2] / (confmat_spam[2,2]+ confmat_spam[1,2])
recall <- confmat_spam[2,2] / (confmat_spam[2,2] + confmat_spam[2,1])

(F1 <- 2 * precision * recall / (precision + recall) )
## [1] 0.8977273
```

我们的垃圾邮件过滤器的准确率为 0.93, 召回率为 0.88, 其 F1 得分为 0.90。当分类器具有完美的准确率和召回率时, 其 F1 为 1.00; 对于有非常低的准确率或召回率(或两者都低)的分类器, 其 F1 为 0.00。假设你认为你的垃圾邮件过滤器丢失了太多的真实电子邮件, 希望其在邮件处理上更加“挑剔”一些, 也就是说, 你想提高其准确率。那么通常的情况是, 提高分类器的准确率也会降低其召回率: 在这种情况下, “挑剔”的垃圾邮件过滤器也可能会减少应该标记为垃圾邮件的数量, 并允许这些未被标记的垃圾邮件进入收件箱。如果过滤器的召回率随着准确率的提高而下降得太低, 将会导致 F1 降低。这可能意味着你为了达到更高的准确率而损失了过多的召回率。

灵敏度(sensitivity)和特异性(specificity)

示例 假设你已使用自己的电子邮件工作账户成功地训练了一个垃圾邮件过滤器, 其准确率和召回率都是可接受的。现在, 你想把这个垃圾邮件过滤器用于你的个人电子邮件账户上, 主要对摄影爱好邮件进行过滤。这个过滤器还能很好地工作吗?

由于这两个账户之间垃圾邮件的特性(如邮件的长度、使用的词汇、链接的数量等)不会有太大变化, 因此过滤器在你的个人邮件账户上能正常工作。但是, 你个人邮件账户中收到的垃圾邮件所占比例与工作账户中的比例会不同。而这可能会改变你个人电子邮件上的垃圾邮件过滤器的性能。[1]

我们来看看垃圾邮件比例的变化如何对垃圾邮件过滤器的性能指标产生改变。如代码清单 6.5 所示, 我们模拟两种情况: 电子邮件集中的垃圾邮件的比例高于或低于过滤器所用训练集中垃圾邮件所占的比例。

代码清单 6.5 查看当垃圾邮件比例发生变化时邮件过滤器性能的变化

```
set.seed(234641)
```

---

1 垃圾邮件过滤器的性能也会发生变化, 因为非垃圾邮件的特性将有所不同: 合法电子邮件中的链接或图像数量会有所不同; 你通信对象的电子邮件域也可能不同。在此讨论中, 我们假定垃圾邮件的比例是垃圾邮件过滤器性能产生变化的主要原因。

```
N <- nrow(spamTest)
pull_out_ix <- sample.int(N, 100, replace=FALSE)
removed = spamTest[pull_out_ix,]

get_performance <- function(sTest) {
  proportion <- mean(sTest$spam == "spam")
  confmat_spam <- table(truth = sTest$spam,
                        prediction = ifelse(sTest$pred>0.5,
                                     "spam",
                                     "non-spam"))
  precision <- confmat_spam[2,2]/sum(confmat_spam[,2])
  recall <- confmat_spam[2,2]/sum(confmat_spam[2,])
  list(spam_proportion = proportion,
       confmat_spam = confmat_spam,
       precision = precision, recall = recall)
}

sTest <- spamTest[-pull_out_ix,]
get_performance(sTest)

## $spam_proportion
## [1] 0.3994413
##
## $confmat_spam
##           prediction
## truth      non-spam spam
##   non-spam      204   11
##   spam           17  126
##
## $precision
## [1] 0.919708
##
## $recall
## [1] 0.8811189

get_performance(rbind(sTest, subset(removed, spam=="spam")))

## $spam_proportion
## [1] 0.4556962
##
## $confmat_spam
```

从测试集随机抽取
100 封邮件

一种快捷打印函数，打印
出过滤器在测试集上的混
淆矩阵、准确率和召回率

在测试集中查看性能，该
测试集与训练数据集具
有相同的垃圾邮件比例

只添加额外的垃圾邮件，
于是测试集的垃圾邮件
比例高于训练集

```
##           prediction
## truth      non-spam spam
##    non-spam     204   11
##    spam          22  158
##
## $precision
## [1] 0.9349112
##
## $recall
## [1] 0.8777778
```

```
get_performance(rbind(sTest, subset(removed, spam=="non-spam")))
```

只添加额外的非垃圾邮
件，于是测试集的垃圾邮
件比例低于训练集

```
## $spam_proportion
## [1] 0.3396675
##
## $confmat_spam
##           prediction
## truth      non-spam spam
##    non-spam     264   14
##    spam          17  126
##
## $precision
## [1] 0.9
##
## $recall
## [1] 0.8811189
```

　　注意，在这三种情况下，过滤器的召回率是相同的：大约 88%。当数据集中的垃圾邮件数超过了过滤器在训练集中的垃圾邮件数时，过滤器的准确率就会提高一些，这意味着它会降低丢弃非垃圾邮件的比例。这很好！但是，当数据集中的垃圾邮件数少于过滤器在训练集中的垃圾邮件数时，准确率会降低，这意味着过滤器会增大丢弃非垃圾邮件的比例。这不是我们所希望的。

　　由于在某些情况下，可能会针对不同数量的阳性类别(在前述示例中为垃圾邮件)的人群使用分类器或过滤器，因此不依赖于类别的变化数量、具有独立的分类器性能指标是非常有用的。这样的一对度量指标就是灵敏度和特异性。这对度量指标在医学研究中很常见，因为针对疾病和其他状况的测试将用于不同人群，且一种既定疾病或状况的患病率不同。

　　灵敏度也称为真阳性率(true positive rate)，与召回率完全相等。特异性也称为

真阴性率(true negative rate)：它是真阴性与所有实际结果为阴性的比值，如图 6.13
所示。

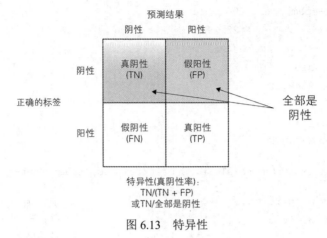

图 6.13 特异性

灵敏度和召回率可以解答这类问题："垃圾邮件过滤器找到垃圾邮件的比例是多少？"特异性可以解答这类问题："垃圾邮件过滤器找到的非垃圾邮件的比例是多少？"我们可以计算出垃圾邮件过滤器的特异性：

```
confmat_spam[1,1] / (confmat_spam[1,1] + confmat_spam[1,2])
## [1] 0.9496403
```

用 1 减去特异性也称为假阳性率(false positive rate)。假阳性率解答了这类问题："模型将非垃圾邮件分类为垃圾邮件的比例是多少？"你当然希望获得较低的假阳性率(或较高的特异性)，以及较高的灵敏度。我们的垃圾邮件过滤器的特异性约为 0.95，这意味着它将把大约 5%的非垃圾邮件标记为垃圾邮件。

灵敏度和特异性的一个重要特性是：如果你转换标签(从你想要识别的垃圾类邮件转换到你想要识别的非垃圾类邮件)，那么你只互换了灵敏度和特异性。同样，一个总是给出阳性或阴性判断的简单分类器将总是给出灵敏度或特异性为零的结果。所以，无用的分类器在灵敏度或特异性的度量中得分很低。

为什么会同时存在准确率/召回率和灵敏度/特异性这两对指标？从过去的历史看，这些指标来自不同领域，但各有优势。灵敏度/特异性在医学这样的领域是有益的，重点是要了解分类器、测试或过滤器如何将阳性实例与阴性实例区分开来，而与人群中不同类别的分布无关。但是，准确率/召回率可以使你了解分类器或过滤器在特定人群中的效果。如果你想知道被识别为垃圾邮件的电子邮件确实是垃圾邮件的概率，则必须知道该人的电子邮箱中垃圾邮件的普遍程度，而这个合适的度量就是准确率。

总结：常用的分类性能度量

你在与客户和出资方合作时，应该使用这些标准打分去查看他们的业务需要的大多数模型是哪种度量。对于每个得分，都要问他们是否需要该得分很高，然后与他们进行一个快速的实验，以确认你满足了他们的业务需求。然后，你要能根据某一对度量的最小界限来制定项目目标。表 6.3 显示了一个典型的业务需求以及每个度量存在的疑问。

表 6.3　采用分类器性能度量业务需求

度量指标	典型的业务需求	存在的疑问
精度	"我们需要大多数决策是正确的。"	"我们可以容许 5%的误差吗？用户看到的诸如将垃圾邮件标记为非垃圾邮件或非垃圾邮件标记为垃圾邮件之类的错误是等价的吗？"
准确率	"大多数被我们标记为垃圾邮件的邮件，最好就是垃圾邮件。"	"这可以确保垃圾邮件文件夹中的大多数邮件实际上是垃圾邮件，但这不是度量用户合法邮件丢失率的最佳方法。我们可以通过欺骗的手段达到这一目标：向所有用户发送一堆很容易识别的垃圾邮件。也许我们真的想要良好的特异性。"
召回率	"我们希望将用户看到的垃圾邮件数量减少 10 倍(消除 90%的垃圾邮件)。"	"如果放过了 10%的垃圾邮件，那么用户会看到大部分非垃圾邮件还是大部分垃圾邮件？这个结果会产生良好的用户体验吗？"
灵敏度	"我们必须减少大量的垃圾邮件；否则，用户将看不到任何好处。"	"如果我们将垃圾邮件数量减少到现在的 1%，那会是一种很好的用户体验吗？"
特异性	"对于合法电子邮件，必须做到至少 99.9%，即用户必须看到至少 99.9%的非垃圾邮件。"	"用户会容忍合法电子邮件的丢失率为 0.1%吗？我们应该让用户查看垃圾邮件文件夹吗？"

上述关于垃圾邮件分类对话过程的一个结论是：制定业务目标时最好能兼顾最大的灵敏度和保证特异性至少是 0.999。

6.2.4　评估打分模型

让我们先看一个简单示例的评估。

示例　假设你已经知道蟋蟀鸣叫的频率与温度成正比，所以你收集了一些数据，并拟合了一个模型：根据一只带条纹的蟋蟀的鸣叫频率(唧啾/秒)来预测温度(华氏度)。现在你要评估这个模型。

如代码清单 6.6 所示，可将线性回归模型与此数据拟合，然后进行预测。我们将在第 8 章详细讨论线性回归模型。首先确保你的工作目录中有数据集 crickets.csv。[1]

代码清单 6.6　拟合蟋蟀模型并做出预测

```
crickets <- read.csv("cricketchirps/crickets.csv")

cricket_model <- lm(temperatureF ~ chirp_rate, data=crickets)
crickets$temp_pred <- predict(cricket_model, newdata=crickets)
```

图 6.14 将实际的数据(图中的点)与模型的预测值(图中的线)进行了比较。temperatureF 实际值和 temp_pred 预测值之间的差异被称为该数据模型的残差或误差。我们将使用残差来计算模型评分的一些常见的性能指标。

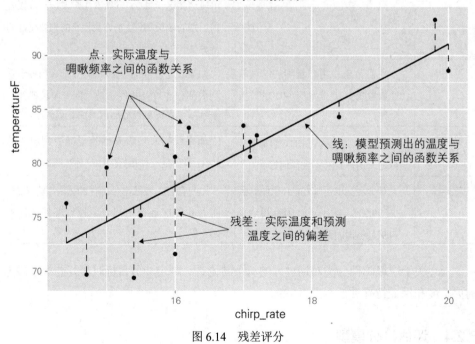

图 6.14　残差评分

1　George W. Pierce, *The Song of Insects*, Harvard University Press, 1948。此数据集位于 https://github.com/WinVector/PDSwR2/tree/master/cricketchirps。

均方根误差

最常见的拟合度度量方法是均方根误差(root mean square error,RMSE)。RMSE 是残差平方的均值的平方根。RMSE 回答了这类问题 "预测出的温度通常会偏差多少？ "。代码清单 6.7 给出了 RMSE 的计算方法。

```
error_sq <- (crickets$temp_pred - crickets$temperatureF)^2
( RMSE <- sqrt(mean(error_sq)) )
## [1] 3.564149
```

RMSE 与预测的结果使用相同的单位：由于预测结果(温度)以华氏度为单位，因此 RMSE 也以华氏度为单位。示例中的 RMSE 告诉我们，模型预测的结果(即平均意义上)与实际温度相差约 3.6 度。假设预测的温度偏差通常在 5 度以内你认为该模型就是 "不错的"，那么恭喜你，这个拟合的模型就满足了你的目标要求。

由于所使用的合适算法总是会明确要求最小化均方根误差，所以 RMSE 是一个很好的度量标准。在商业决策中，一个好的 RMSE 业务目标是 "我们希望每个账户的 RMSE 低于 1000 美元"。

其中，mean(error_sq)被称为均方误差。sum(error_sq)被称为误差平方和，也称为模型的方差。

R-平方

另一个重要的拟合度量是 R-平方(或称为 R2，或决定系数)。我们可以通过如下方法定义 R-平方。

基于你收集的数据，最简单的温度基线预测就是数据集上获得的平均温度。这是空值模型的预测，它不是一个很好的模型，你的模型必须比它表现得更好。数据的方差总和是空值模型的误差平方值之和。通常，你希望实际模型的误差平方和远比数据集的方差小得多——也就是说，你希望模型的误差平方和与方差总和的比值接近零。R-平方被定义为 1 减去这个比值，因此我们希望 R-平方接近 1。下面给出 R-平方的计算方法，如代码清单 6.8 所示。

计算各项的
误差平方值

对它们求和以获得模型的
误差平方和或方差

```
error_sq <- (crickets$temp_pred - crickets$temperatureF)^2
numerator <- sum(error_sq)
```

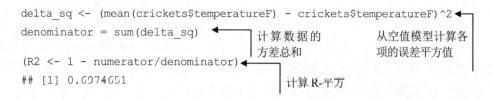

```
delta_sq <- (mean(crickets$temperatureF) - crickets$temperatureF)^2
denominator = sum(delta_sq)
(R2 <- 1 - numerator/denominator)
## [1] 0.6974651
```

计算数据的
方差总和

从空值模型计算各
项的误差平方值

计算 R-平方

由于 R-平方是通过将模型的方差与方差总和进行比较而得出的，因此你可以将 R-平方视为衡量模型能"解释"多少方差的指标。R-平方有时也被称为衡量模型"拟合"数据的程度或其"拟合优度"的度量。

R-平方最理想的值是 1.0，而接近于 0 或负的 R-平方都是不好的。其他一些模型(如逻辑回归)使用偏差来描述类似的数量，被称为伪 R-平方。

在某些确定的情况下，R-平方等于另一个叫作"相关性(correlation)"度量的平方(请参阅 http://mng.bz/ndYf)。一个好的 R-平方业务目标的描述应该是："我们希望模型能够解释至少 70%账户值的变化。"

6.2.5 概率模型的评估

概率模型既可以判断某个对象是否在给定的分类中，也可以给出该对象在这个分类中的概率估计值(或置信度)。逻辑回归和决策树都是著名的返回准确概率估计的建模技术。正如我们在 6.2.3 节中介绍的，这些模型可以根据它们的最终决策来评估，也可以根据估计概率值来评估。

我们认为，大多数概率模型的度量都是专业性极强的，能够在同一数据集上比较各个模型的质量。数据科学家们通常会使用这些标准，因此了解标准的内容非常重要。但是，将这些评判标准应用在业务需求上并不容易，我们建议你要掌握它们，但尽量不要让项目出资方或客户去使用它们。

我们将继续使用 6.2.3 节中的垃圾邮件过滤器示例，以在概率模型中使用不同的指标。

示例 在构建垃圾邮件过滤器时，假设你尝试了几种不同的算法和建模方法，并提出了几种模型，这些模型都会给出已知电子邮件为垃圾邮件的概率。你最终想快速地比较这些不同的模型，并识别出最优的垃圾邮件过滤器的模型。

要想将概率模型转变为分类器，需要选择一个阈值：得分高于阈值的邮件将被归类为垃圾邮件；否则，它们将被归类为非垃圾邮件。概率模型最简单(可能是最常见)的阈值是 0.5，但是对于一个给定的概率模型，其"最佳"分类器很可能需要不同的阈值。最佳阈值会因模型而异。本节中会将指标直接与概率模型做比较，而没有将它们转换成分类器。如果合理地认为最佳概率模型可以构建出最佳分类器，那么可以使用这些指标来快速地选择最合适的概率模型，然后花一些时间来调整阈值以构建满足需求的最佳分类器。

双密度图

在考虑概率模型时，创建一个双密度图(如图 6.15 所示)是很有用的，如代码清单 6.9 所示。

代码清单 6.9　绘制双密度图

```
library(WVPlots)
DoubleDensityPlot(spamTest,
                  xvar = "pred",
                  truthVar = "spam",
                  title = "Distribution of scores for spam filter")
```

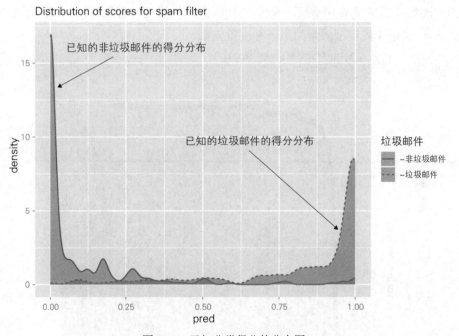

图 6.15　已知分类得分的分布图

图中的 x 轴表示：垃圾邮件过滤器给出的预测得分。图 6.15 说明了我们在评估概率模型时应检查的内容：类别中的样例大多数应具有较高得分，而不在这个类别中的样例则大多数得分较低。

在选择分类器阈值或者阈值的得分(即分类器将电子邮件从非垃圾邮件的标记

转换为垃圾邮件)时，双密度图是很有用的。正如前面所述，标准分类器的阈值为0.5，意味着如果某电子邮件为垃圾邮件的概率大于 0.5，便将该电子邮件标记为垃圾邮件。这是你在 6.2.3 节中使用的阈值。但在某些情况下，你可能会选择使用其他阈值。例如，把垃圾邮件过滤器使用的阈值定为 0.75，将获得准确率较高(但召回率较低的)的分类器，因为得分高于 0.75 的电子邮件实际上是垃圾邮件的比例更高。

ROC 曲线和 AUC

ROC 曲线(receiver operating characteristic curve，受试者操作特性曲线)是代替双密度图的一种常用的方法。对于每个不同的分类器，我们会在垃圾邮件和非垃圾邮件之间选择一个不同的分数阈值，来绘制真阳性(TP)率和假阳性(FP)率。而由此绘制出的曲线表明：在真阳性率和假阳性率之间的所有可能的权衡都可以被该模型的分类器使用。图 6.16 显示了我们的垃圾邮件过滤器的 ROC 曲线，生成该曲线的代码如代码清单 6.10 所示。我们在代码清单的最后一行计算出 AUC(曲线下的面积)，这是评估模型质量的另一种度量方法。

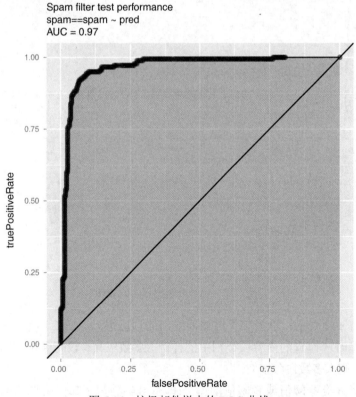

图 6.16　垃圾邮件样本的 ROC 曲线

代码清单 6.10　绘制 ROC 曲线

```
library(WVPlots)
ROCPlot(spamTest,                        绘制 ROC
        xvar = 'pred',                   曲线
        truthVar = 'spam',
        truthTarget = 'spam',
        title = 'Spam filter test performance')

library(sigr)
calcAUC(spamTest$pred, spamTest$spam=='spam')    计算出ROC曲
 ## [1] 0.9660072                                线下的面积
```

AUC 背后的原理

模型的另一个极端是理想的完美模型，即垃圾邮件的得分为 1，非垃圾邮件的得分为 0。这个理想模型将形成一条具有三个点的 ROC 曲线：

- (0,0)——由阈值 p = 1 定义的分类器，没有什么内容被归类为垃圾邮件，因此该分类器的假阳性率是 0，真阳性率是 0。
- (1,1)——由阈值 p = 0 定义的分类器：所有内容都被归类为垃圾邮件，因此该分类器的假阳性率是 1，真阳性率是 1。
- (0,1)——由 0 到 1 之间的某个阈值定义的任何分类器，所有邮件内容都被正确地归类，因此该分类器的假阳性率是 0，真阳性率是 1。

理想模型的 ROC 形状如图 6.17 所示。该模型曲线下边的面积为 1。返回随机分数的模型，它所具有的 ROC 形状是从原点到点(1,0)的一条对角线：真阳性率与阈值成正比。随机模型曲线下边的面积为 0.5。因此，你需要的是一个 AUC 接近 1 且大于 0.5 的模型。

当比较多个概率模型时，你通常希望选择 AUC 较高的模型。然而，你也希望知道 ROC 的形状，以便在项目目标和可能的模型之间折中。曲线上的每个点都显示了该模型下可实现的真阳性率和假阳性率之间的权衡。如果你与客户分享 ROC 曲线的信息，那么他们可能会对两者之间如何权衡有自己的看法。

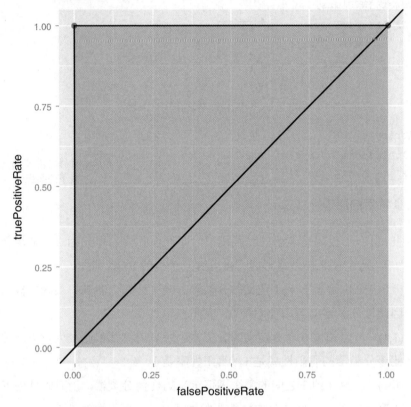

图 6.17　一个完美分类的理想模型的 ROC 曲线

对数似然估计值

对数似然估计值(log likelihood)用于衡量模型的预测结果与真实的类别标签"匹配"的程度。它是一个非正数,对数似然值为 0 表示完全匹配:模型将所有垃圾邮件的概率打分为 1,所有非垃圾邮件的概率打分为 0。对数似然值越大,匹配程度越低。

在特定实例上,模型预测结果的对数似然估计值是将模型识别出实例的实际类别的概率取对数。如图 6.18 所示,对于一个垃圾邮件,若其被识别为垃圾邮件的概率为 p,则其对数似然估计值就是 $\log(p)$;对于一个非垃圾邮件,同样被识别为垃圾邮件的概率为 p,其对数似然估计值就是 $\log(1-p)$。

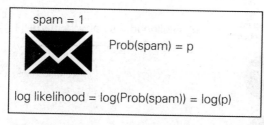

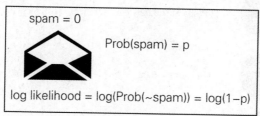

图 6.18　垃圾邮件过滤器预测结果的对数似然估计值

在一个完整数据集上，模型预测结果的对数似然估计值是单个类别的对数似然估计值之和：

```
log_likelihood = sum(y * log(py) + (1-y) * log(1 - py))
```

这里，y 是类别标签(0 表示非垃圾邮件，1 表示垃圾邮件)，py 是实例被识别为类别 1(垃圾邮件)的概率。我们用乘法来选择正确的对数。我们也使用 0*log(0)=0 这一约定(不过为了简单起见，代码中没有显示这一点)。

图 6.19 显示了对数似然估计值的奖励与惩罚机制：对比电子邮件的实际标签与模型给出的分数，如果是匹配的，对数似然估计值就给予奖励；如果不匹配，就给予惩罚。对于正实例(垃圾邮件)，模型预测结果应该接近 1；对于负实例(非垃圾邮件)，模型预测结果应该接近 0。当预测结果与类别标签匹配时，对数似然估计值的贡献是一个较小的负数；当不匹配时，对数似然估计值的贡献则是一个较大的负数。对数似然值越接近 0，预测效果越好。

代码清单 6.11 显示了一种方法：计算垃圾邮件过滤器的预测结果的对数似然估计值。

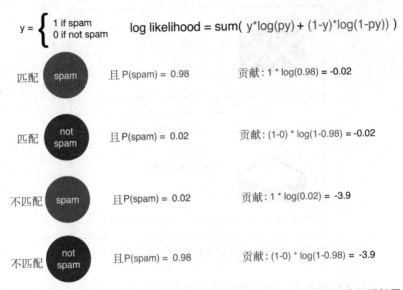

图 6.19 对数似然估计值对预测结果和正确的分类标签之间的不匹配进行了惩罚

代码清单 6.11 计算对数似然估计值

```
ylogpy <- function(y, py) {
    logpy = ifelse(py > 0, log(py), 0)
  y*logpy
}

y <- spamTest$spam == 'spam'

sum(ylogpy(y, spamTest$pred) +
        ylogpy(1-y, 1-spamTest$pred))
## [1] -134.9478
```

一个计算 y * log(py)的函数，约定为 0 * log(0)=0

获取测试集的类标签为 TRUE/FALSE，在 R 的算术运算中，将其视为 1/0

计算测试集上的模型预测结果的对数似然估计值

当利用同一个测试数据集对比多个概率模型时，对数似然估计值是非常有用的——因为对数似然估计值是非归一化的总和，其大小默认与数据集的大小有关，因此你无法直接比较用不同的数据集计算出来的对数似然估计值。当比较多个模型时，通常会选择对数似然值较大(而数据集较小)的模型。

此外，你需要将模型的性能与空值模型(针对每个样本都预测出相同概率)比较，如代码清单 6.12 所示。对于被识别出垃圾邮件的概率，其单个评价指标的最佳观察点就是在训练集上观察到的垃圾邮件的概率。

代码清单 6.12　计算空值模型的对数似然估计值

```
(pNull <- mean(spamTrain$spam == 'spam'))
## [1] 0.3941588

sum(ylogpy(y, pNull) + ylogpy(1-y, 1-pNull))
## [1] -306.8964
```

垃圾邮件模型在测试集上给出的对数似然值为-134.9478，它比空值模型的 -306.8964 要好得多。

偏差

对概率模型执行拟合时，另一个常用的度量是偏差(deviance)。偏差被定义为 -2*(logLikelihood-S)，其中 S 是一个技术常数，被称为"饱和模型的对数似然估计值"。在大多数情况下，饱和模型是一个完美的模型，当对象属于该类别时就返回概率值 1，当对象不在此类别时就返回概率值 0(即 S = 0)。偏差越小，模型越好。

我们最关心的是偏差比值，比如空值模型的偏差和预测模型的偏差之间的比值。这些偏差可用于计算伪 R-平方(请参阅 http://mng.bz/j338)。可把空值模型的偏差视为需要解释的变化量，把预测模型的偏差视为模型无法给出解释的变化量。我们希望伪 R-平方的值接近 1。

在代码清单 6.13 中，我们展示了使用 sigr 程序包快速计算偏差和伪 R-平方的方法。

代码清单 6.13　计算偏差和伪 R-平方

```
library(sigr)

(deviance <- calcDeviance(spamTest$pred, spamTest$spam == 'spam'))
## [1] 253.8598
(nullDeviance <- calcDeviance(pNull, spamTest$spam == 'spam'))
## [1] 613.7929

(pseudoR2 <- 1 - deviance/nullDeviance)
## [1] 0.586408
```

与对数似然估计值一样，偏差是非归一化的，因此你只能对相同数据集上计算出的偏差进行比较。当比较多个模型时，通常会优先选择偏差值较小的模型。而伪 R-平方是归一化的(它是偏差比值的函数)，因此原则上，即使在不同的测试集上计算出了伪 R-平方，也可以对它们进行比较。当比较多个模型时，通常会优先选择伪 R-平方值较大的模型。

AIC(赤池信息准则)

偏差的一个重要变体是赤池信息准则(akaike information criterion，AIC)。它等于 "偏差 + 2 * numberOfParameters(模型中使用的参数的个数)"。模型中的参数越多，模型越复杂；模型越复杂，过拟合的可能性就越大。因此，AIC 会因模型的复杂度而受到偏差的惩罚。当在同一测试集上比较模型时，通常会首选 AIC 较小的模型。在比较复杂度不同的模型和不同数量级变量的模型时，AIC 是非常有用的。然而，使用 6.2.1 节中讨论的保留和交叉验证方法，通常可以更可靠地实现对模型复杂度的调整。

到目前为止，我们已经对模型的整体性能进行了评估：即模型在测试数据集上给出正确或不正确的预测总比值。下一节将介绍一种方法，用于对特定样例上的模型进行评估，并解释模型为何对指定样例给出特定的预测结果。

6.3 使用局部可解释的、与模型无关的解释技术 (LIME)来解释模型预测

许多人看来，像深度学习或梯度增强树之类的现代机器学习方法对预测性能的改善是以减少解释为代价的。正如你在第 1 章中所看到的，人类领域专家可以查看决策树的 if-then 结构，并把它与他们自己的决策过程进行比较，以判断决策树是否可以做出合理的决策。线性模型也具有易于解释的结构，第 8 章会有相关介绍。然而，其他方法由于结构太复杂而很难让人评估。举个例子，随机森林的多个独立树(如图 6.20 所示)或者拥有复杂连接的神经网络拓扑结构。

如果模型在保留数据集上表现不错，那么这意味着在实际环境中模型也会表现良好——但这并非万无一失。一个潜在的问题是，保留数据集通常与训练数据集来自相同的数据源，并且与训练数据集有相同的数据特征。那么你如何判断模型是在学习实际要发掘的特征？还是仅限于该数据的特征？或者换一种说法，该模型是否可以处理来自不同数据源的相似数据？

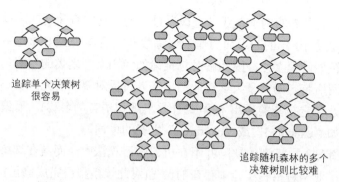

追踪单个决策树
很容易

追踪随机森林的多个
决策树则比较难

图 6.20 一些模型相比其他模型更易于使用人工检查

示例 假设你要训练一个分类器,用于区分有关基督教和无神论的文档。

人们使用带帖子的语料库和来自 20 个新闻组的数据集(机器学习领域常用的研究文本处理的数据集)训练这个模型。所得到的随机森林模型在保留数据集上的准确率为 92%[1]。从表面上看,这似乎相当不错。

但是,当我们对该模型进行深入研究后却发现,它正在使用数据集中的偏好特征(诸如"There""Posting"或"edu"之类的词)来判断某个帖子是关于基督教的还是关于无神论的。换句话说,模型正在查看数据中的错误特征。该模型进行分类后的结果示例如图 6.21 所示[2]。

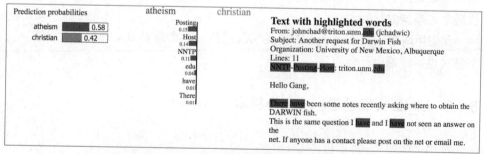

图 6.21 文档示例和词语(这些词语在模型中最倾向于将发帖者归类为"无神论者")

此外,由于语料库中的文档似乎包含具体发帖者的姓名,因此该模型也可能潜在地对"经常在训练语料库中发帖的人是个基督徒还是个无神论者"进行学习,这与识别某个文本是基督教还是无神论的学习过程是不同的,尤其是尝试将模型应用于来自不同的语料库和不同的作者等这类文档中时是完全不同的学习过程。

---

1 Ribeiro、Singh 和 Guestrin 在 *'Why Should I Trust You?' Explaining the Predictions of Any Classifier*, https://arxiv.org/pdf/1602.04938v1.pdf 中对此实验进行了描述。

2 来源于 https://homes.cs.washington.edu/~marcotcr/blog/lime/。

另一个现实世界的例子是亚马逊最近进行的自动审查简历的实验，它使用在亚马逊工作超过 10 年的雇员简历作为训练数据[1]。正如路透社报道的那样，公司发现他们的模型歧视女性。因为它对包括诸如"妇女"之类的字眼的简历进行惩罚，并对从两所特定的女子大学毕业的申请人投反对票。研究人员还发现，该算法忽略了涉及特定技能的通用术语(如计算机编程语言的名称)，而偏爱男性申请人常用的诸如"executed"或"captured"之类的单词。

在这种情况下，模型的缺陷并不在机器学习算法中，而是在训练数据集中，它显然利用了亚马逊招聘实验中存在的偏见(对此该模型已完成修正)。而像 LIME 之类的预测解释技术可能会发现此类问题。

6.3.1 LIME：自动的完整性检查

为了检测模型是否正确地学习概念，而不是仅仅学习数据的特征，领域专家通常会动地对模型进行完整性检查，其方法是运行一些样例并查看模型给出的答案。通常，你会只尝试一些典型案例和一些极端案例以观察模型预测的结果。可以将 LIME 视为一种自动进行完整性检查的方式。

LIME 会基于某特定数据集做出的模型预测生成一个"解释"。也就是说，LIME 试图确定数据的哪些特性对模型的决策贡献最大。这有助于数据科学家理解黑盒机器学习模型的行为。

我们用两个示例来演示 LIME 的实现过程，一个是对 iris 物种进行分类，一个是对电影评论进行分类。

6.3.2 LIME 实现过程：一个小样本

第一个样例是 iris 的分类。

示例　假设你有一个数据集，包含了三种 iris 的花瓣和萼片的测量值，实验的目的是根据其花瓣和萼片的尺寸来预测给定的 iris 是否是 setosa?

我们将获得的数据分为测试数据集和训练数据集，如代码清单 6.14 所示。

1　Jeffrey Dastin，*Amazon scraps secret AI recruiting tool that showed bias against women*，路透社，2018 年 10 月 9 日，https://www.reuters.com/article/us-amazon-com-jobs-automation-insight/ amazon-scraps-secret-ai-recruiting-tool-that-showed-bias-against-women-idUSKCN1MK08G。

代码清单 6.14　加载 iris 数据集

```
iris <- iris

iris$class <- as.numeric(iris$Species == "setosa")
```
◄── setosa 是正确的分类

```
set.seed(2345)

intrain <- runif(nrow(iris)) < 0.75
```
◄── 使用 75%的数据进行训练,其余作为保留数据集(测试数据集)

```
train <- iris[intrain,]

test <- iris[!intrain,]

head(train)

##    Sepal.Length Sepal.Width Petal.Length Petal.Width Species class
## 1           5.1         3.5          1.4         0.2  setosa     1
## 2           4.9         3.0          1.4         0.2  setosa     1
## 3           4.7         3.2          1.3         0.2  setosa     1
## 4           4.6         3.1          1.5         0.2  setosa     1
## 5           5.0         3.6          1.4         0.2  setosa     1
## 6           5.4         3.9          1.7         0.4  setosa     1
```

变量是萼片和花瓣的长度和宽度。你要预测的结果是类别:当 iris 属于 setosa 类型时预测结果为 1,否则为 0。我们将使用梯度增强模型(来自 xgboost 程序包)进行拟合来预测类别。

你将在第 10 章中学习梯度增强模型的详细内容。现在,我们已经将拟合过程集成到函数 fit_iris_example()中,该函数将输入矩阵和类别标签向量作为输入,并返回一个预测分类的模型[1]。fit_iris_example()的源代码位于 https://github.com/WinVector/PDSwR2/tree/master/LIME_iris/lime_iris_example.R。第 10 章中将详细介绍该函数的工作方式。

首先,将训练数据转换成一个矩阵并进行模型的拟合操作,如代码清单 6.15 所示。确保文件 lime_iris_example.R 是在你的工作目录中。

代码清单 6.15　拟合模型以应用 iris 训练数据

```
source("lime_iris_example.R")
```
◄── 加载快捷函数

```
input <- as.matrix(train[, 1:4])
model <- fit_iris_example(input, train$class)
```
◄── 模型的输入是训练数据的前四列,同时将其转换为矩阵

1　程序包 xgboost 要求输入为数字矩阵,而类别标签为数字向量。

当模型拟合操作完成后，就可以在测试数据集上对模型执行评估了，如代码清单 6.16 所示。模型的预测结果为给定的 iris 是 setosa 的概率。

代码清单 6.16　评估 iris 模型

```
predictions <- predict(model, newdata=as.matrix(test[,1:4]))
teframe <- data.frame(isSetosa = ifelse(test$class == 1,
                                         "setosa",
                                         "not setosa"),
                      pred = ifelse(predictions > 0.5,
                                    "setosa",
                                    "not setosa"))
with(teframe, table(truth=isSetosa, pred=pred))

##              pred
## truth      not setosa setosa
## not setosa      25        0
## setosa           0       11
```

对测试数据集进行预测。预测结果为 iris 是 setosa 的概率

预测结果和实际结果的数据框

检查混淆矩阵

注意，测试集中的所有数据都落在了混淆矩阵的对角线上：该模型正确地将所有的 setosa 样例都标记为 "setosa"，而将其他的所有样例都标记为 "not setosa"。此模型在测试集上的预测结果非常完美！然而，你可能还想知道在用此模型对 iris 进行分类时，iris 的哪些特征最为重要。我们从测试数据集中抽取一个具体的样例，并使用 lime 程序包对其进行解释[1]。

首先，使用训练集和模型构建一个解释器：这是一个函数，你将用它来解释模型的预测结果，如代码清单 6.17 所示。

代码清单 6.17　通过模型和训练数据集构建一个 LIME 解释器

```
library(lime)
explainer <- lime(train[,1:4],
                  model = model,
                  bin_continuous = TRUE,
                  n_bins = 10)
```

通过训练数据集构建解释器

进行解释时绑定连续变量

使用 10 个 bin

现在从测试集中选择一个具体样例，如代码清单 6.18 所示。

1　不是每一种开箱即用的模型都有 lime 程序包的支持。请参阅 help(model_support) 以获取被支持的模型列表 (xgboost 是被支持的模型之一)，以及如何添加对其他类型模型的支持。此外，也请参见 LIME 的 README 文件 (https://cran.r-project.org/web/packages/lime/README.html) 以获得其他示例。

代码清单 6.18   一个 iris 数据样例

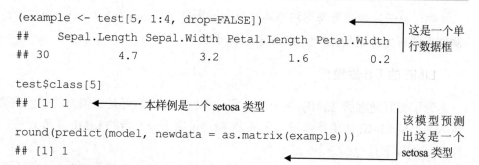

```
(example <- test[5, 1:4, drop=FALSE])
##      Sepal.Length Sepal.Width Petal.Length Petal.Width
## 30           4.7         3.2          1.6         0.2

test$class[5]
## [1] 1
```

←——— 这是一个单行数据框

←——— 本样例是一个 setosa 类型

```
round(predict(model, newdata = as.matrix(example)))
## [1] 1
```

该模型预测出这是一个 setosa 类型

现在,我们来解释针对样例的模型预测。注意,dplyr 程序包也包含一个被称为 explain() 的函数,因此,如果你的命名空间中有 dplyr 程序包,那么可能会在调用 lime 的 explain() 函数时遇到冲突。为避免这种歧义,请使用命名空间的名称来调用该函数:lime::explain(...),如代码清单 6.19 所示。

代码清单 6.19   解释 iris 样例

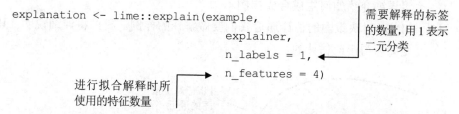

```
explanation <- lime::explain(example,
                             explainer,
                             n_labels = 1,
                             n_features = 4)
```

需要解释的标签的数量,用 1 表示二元分类

进行拟合解释时所使用的特征数量

可以调用 plot_features() 对模型解释进行可视化描述,如图 6.22 所示。

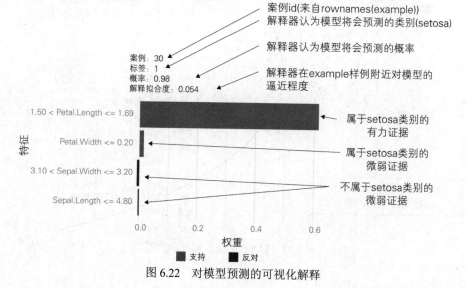

案例id(来自 rownames(example))
解释器认为模型将会预测的类别(setosa)
解释器认为模型将会预测的概率
解释器在 example 样例附近对模型的逼近程度

属于 setosa 类别的有力证据
属于 setosa 类别的微弱证据
不属于 setosa 类别的微弱证据

图 6.22   对模型预测的可视化解释

```
plot_features(explanation)
```

图中显示：解释器希望模型将样例预测为属于 setosa(Label = 1)，而支持此预测结果的有力证据是该样例的 Petal.Length 值。

LIME 的工作原理

为了更好地理解 LIME 做出的解释，并判断这些解释是否值得信赖，需要更深入地了解 LIME 的工作原理。图 6.23 概述了用于分类器的 LIME 工作过程。图中描述了以下几点：

- 模型的决策面。分类器的决策面是指变量空间中的平面部分，决策面将模型分类结果为阳性(示例中为"setosa")的数据区和阴性(示例中为"not setosa")的数据区分隔开。
- 我们要解释的数据在图中被标记为带圆圈的加号。该数据代表了阳性样例。在后续的解释中，我们将其称为"原始样例"或样例。
- 合成数据点集(synthetic data points)是由算法生成的，用于模型评估。我们将详细介绍如何生成合成样例。
- LIME 对决策面的估计逼近我们要做解释的样例。我们将详细说明 LIME 是如何得出此估计的。

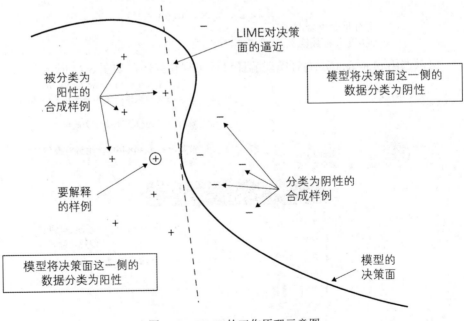

图 6.23　LIME 的工作原理示意图

其工作过程描述如下：

1. 对原始样例进行"抖动(Jitter)"，以便生成与其相似的合成样例。

你可以将每个抖动点都视为原始样例，其中每个变量的值都略有变化。例如，如果原始样例是：

```
Sepal.Length Sepal.Width Petal.Length Petal.Width
         5.1         3.5          1.4         0.2
```

那么抖动后的点可能是：

```
Sepal.Length Sepal.Width Petal.Length Petal.Width
    5.505938    3.422535       1.3551   0.4259682
```

为了确保合成样例是合理的，LIME 使用训练集中的数据分布来生成抖动数据。在我们的讨论中，将这个合成样例集称为 {s_i}。图 6.23 中的合成数据被显示为带加号和减号的点。

注意，抖动是随机的。这意味着对同一样例多次运行 explain()时，每次都将产生不同的结果。如果 LIME 做的解释是证据确凿的，那么结果应该不会有太大差异，因此，LIME 的解释数量会保持类似。就本例而言，Petal.Length 可能始终作为权重最大的变量出现；它只是代表了 Petal.Length 权重的精确值以及与其他变量间的关系，而这些变量会有所不同。

2. 使用该模型对所有合成样例预测{y_i}。

图 6.23 中的加号表示模型分类为阳性的合成样例，减号表示模型分类为阴性的合成样例。

LIME 将使用{y_i}值来获取模型的决策面在原始样例附近的形状。图 6.23 中的决策面是一个曲线形状，它将模型分类结果为阳性的数据区和模型分类结果为阴性的数据区分隔开。

3. 将{y_i}的 m 维线性模型拟合为{s_i}的函数。

线性模型是 LIME 在样例附近对原始模型决策面的估计，如图 6.23 中的虚线所示。使用线性模型表明 LIME 认为模型的决策面在样例附近的小区域内是局部线性(直线)的。你可以认为 LIME 估计的决策面是平面(在图中它是一条直线)，它非常准确地将阳性的合成样例与阴性的合成样例分隔开。

线性模型的 R^2(图 6.22 中显示为"解释拟合度")表示满足此假设的程度。如果解释拟合度接近 0，那么说明不存在一个平面可以将阳性的样例与阴性的样例完全分隔开，因此 LIME 的解释可能不可靠。

可以在函数 explain()中使用 n_features 参数指定 m 的值。在示例中，我们使用四个特征(也是全部特征)来拟合线性模型。当样例中存在大量特征时(如文本处理中)，LIME 会尝试选择最佳的 m 个特征来拟合模型。

线性模型的系数提供了解释过程中特征变量的权重。对于分类模型而言，如果阳性的权重大，那么说明该特征是支持模型预测的有力证据；如果阴性的权重大，说明该特征是不支持模型预测的有力证据。

集成所有的步骤

以上描述可能让你感觉有很多步骤要执行，但实际上所有这些步骤都集成在一个 lime 程序包中，使用方便。总之，这些步骤给我们提供了一种解决方案，反向思考该问题：如果给定的样例具有不同的属性，那么它将如何获得不同的得分？而摘要部分的描述强调了哪些是最重要的、似乎合理的变化。

回到 iris 样例

让我们再多挑选一些样例(如代码清单 6.20 所示)，然后对模型的预测结果进行解释。

代码清单 6.20　更多的 iris 样例

```
(example <- test[c(13, 24), 1:4])

##      Sepal.Length Sepal.Width Petal.Length Petal.Width
## 58            4.9         2.4          3.3          1.0
## 110           7.2         3.6          6.1          2.5

test$class[c(13,24)]        ◀──── 这两个样例都属于阴性
## [1] 0 0                          (不是 setosa)


round(predict(model, newdata=as.matrix(example)))    ◀── 该模型预测出两个
## [1] 0 0                                                样例均为阴性


explanation <- explain(example,
                       explainer,
                       n_labels = 1,
                       n_features = 4,
                       kernel_width = 0.5)


plot_features(explanation)
```

解释器希望模型预测出的这两个样例都不是 setosa(Label = 0)类别。案例 110 的结果(代码清单 6.20 的第二行和图 6.24 的右侧部分)，也是由于 Petal.Length 特征造成的。而案例 58 的结果(图 6.24 的左侧部分)似乎很奇怪：大多数证据似乎与

预期的分类相互矛盾！注意，案例 58 的解释拟合度非常小：比案例 110 的拟合度小了一个数量级。这表明你可以不用相信这个解释。

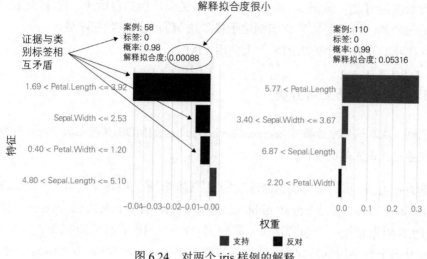

图 6.24　对两个 iris 样例的解释

我们再来看看这三个样本案例与其他 iris 数据的比较结果。图 6.25 显示了样本数据中花瓣和萼片的尺寸分布，并标记出这三个样本案例。

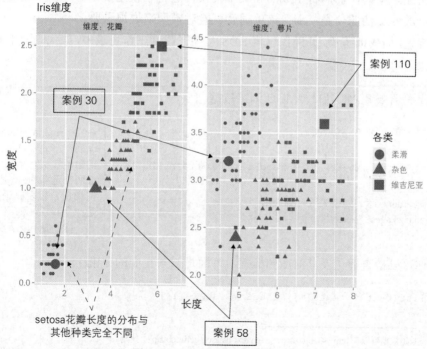

图 6.25　按种类划分的花瓣和萼片尺寸的分布

从图 6.25 可以清楚地看出，花瓣长度将 setosa 类型与 iris 的其他种类明显地区分开来。按照花瓣长度，案例 30 显然是 setosa 类型，而案例 110 显然不是。由于花瓣长度的缘故，案例 58 似乎不是 setosa 类型，但如前所述，案例 58 的整个解释是很差的，可能是因为该案例位于模型决策面上的某种扭结处。

现在我们要在一个更大的示例上使用 LIME。

6.3.3　LIME 用于文本分类

示例　在本示例中你将对 Internet Movie Database (IMDB) 里的电影评论进行分类。具体任务是找出正面的评价。

为方便起见，我们已将数据从原始档案[1]转换为两个 RDS 文件：IMDBtrain.RDS 和 IMDBtest.RDS，位于 https://github.com/WinVector/PDSwR2/tree/ master/IMDB。每个 RDS 对象都是一个包含两个元素的列表：一个代表 25 000 条评论的字符向量，以及一个数字型标签向量，其中标签值为 1 表示正面评论，0 表示负面评论[2]。我们将再次使用 xgboost 模型做拟合并对评论进行分类。

你可能想了解 LIME 是如何对文本数据进行"抖动"的。其方法就是从文档中随机删除单词，然后将生成的新文本转换为适合于模型的表示。如果删除某个单词会改变文档的分类，那么该单词就可能对模型来说很重要。

首先，加载训练集，并确保已将 RDS 文件下载到工作目录中，如代码清单 6.21 所示。

代码清单 6.21　加载 IMDB 训练数据

```
library(zeallot)

c(texts, labels) %<-% readRDS("IMDBtrain.RDS")
```

加载 zeallot 库。如果失败，则调用 install.packages("zealot") 程序包

命令 read(IMDBtrain.RDS) 返回一个列表对象。zeallot 的赋值箭头%<-%将列表拆成两个元素：text 是一个字符向量，代表评论；labels 是一个 0/1 向量，代表类标签。标签值 1 表示正面评论

你可以检查评论及其对应的标签。下面是一条正面的评论：

```
list(text = texts[1], label = labels[1])
```

1　原始数据可以在 http://s3.amazonaws.com/text-datasets/aclImdb.zip 上找到。

2　我们用来创建 RDS 文件的提取/转换脚本可以在 https://github.com/WinVector/PDSwR2/tree/master/IMDB/getIMDB.R 中找到。

```
## $text
## train_21317
## train_21317
## "Forget depth of meaning, leave your logic at the door, and have a
## great time with this maniacally funny, totally absurdist, ultra-
## campy live-action \"cartoon\". MYSTERY MEN is a send-up of every
## superhero flick you've ever seen, but its unlikelysuper-wannabes
## are so interesting, varied, and well-cast that they are memorable
## characters in their own right. Dark humor, downright silliness,
## bona fide action, and even a touchingmoment or two, combine to
## make this comic fantasy about lovable losers a true winner. The
## comedic talents of the actors playing the Mystery Men --
## including one Mystery Woman -- are a perfect foil for Wes Studi
## as what can only be described as a bargain-basement Yoda, and
## Geoffrey Rush as one of the most off-the-wall (and bizarrely
## charming) villains ever to walk off the pages of a Dark Horse
## comic book and onto the big screen. Get ready to laugh, cheer,
## and say \"huh?\" more than once.... enjoy!"
##
## $label
## train_21317
##         1
```

下面是一条负面的评论：

```
list(text = texts[12], label = labels[12])
## $text
## train_385
## train_385
## "Jameson Parker And Marilyn Hassett are the screen's most unbelievable
## couple since John Travolta and Lily Tomlin. Larry Peerce's direction
## wavers uncontrollably between black farce and Roman tragedy. Robert
## Klein certainly think it's the former and his self-centered performance
## in a minor role underscores the total lack of balance and chemistry
## between the players in the film. Normally, I don't like to let myself
## get so ascerbic, but The Bell Jar is one of my all-time favorite books,
## and to watch what they did with it makes me literally crazy."
##
## $label
```

```
## train_385
##         0
```

建立模型的代表性文档

对于文本模型来说，特征就是每个单词，而文本中包含大量的单词。如果我们打算使用 xgboost 对该文本的模型进行拟合，那么首先必须构建一个有限的特征集或词汇表。词汇表中的单词将是模型要考虑的唯一特征。

我们不希望使用太常见的单词，因为在正面评论和负面评论中都会出现的常见词不会提供任何信息。我们也不想使用太稀有的单词，因为评论中很少出现的单词也没有太大用处。在这次实验中，我们将"太常见的单词"定义为在一半以上的训练文档中出现的单词，而将"太稀有的单词"定义为在不足 0.1%的文档中出现的单词。

我们将使用 text2vec 程序包创建一个包含 10 000 单词的词汇表，其中的词汇既不是太常见也不是太稀有。为简便起见，我们将该过程打包在 create_pruned_vocabulary()函数中，该函数将文档向量作为输入并返回词汇表对象。create_pruned_vocabulary()函数的源代码位于 https://github.com/WinVector/PDSwR2/tree/master/IMDB/lime_imdb_example.R。

一旦有了词汇表，就必须将文本(再次使用 text2vec 程序包)转换为 xgboost 可以使用的数字表示形式。这种表示形式称为文档-术语矩阵，其中每一行表示语料库中的每个文档，而每一列则表示词汇表中的一个单词。对于文档-术语矩阵 dtm，元素 dtm [i, j]是词汇表中的单词 w[j]出现在文档 texts[i]中的次数，如图 6.26 所示。注意，这种表示方式会丢失文档中单词的顺序。

文档-术语矩阵非常庞大：25 000 行乘以 10 000 列。幸运的是，词汇表中的大多数单词不会出现在给定的文档中，因此每一行大多为 0。这意味着我们可以使用一种特殊的表示形式：被称为稀疏矩阵的 dgCMatrix 类，它能以节省空间的方式表示大量的、大部分元素为 0 的矩阵。

我们将此转换集成在 make_matrix()函数中，该函数将一个文本向量和一个词汇表向量作为输入，并返回一个稀疏矩阵。就像在鸢尾花示例中一样，我们也将模型拟合过程集成到函数 fit_imdb_model()中，这个函数将一个文档-术语矩阵和数字文档标签作为输入，返回一个 xgboost 模型。这些函数的源代码也位于 https://github.com/WinVector/PDSwR2/tree/master/IMDB/lime_imdb_example.R。

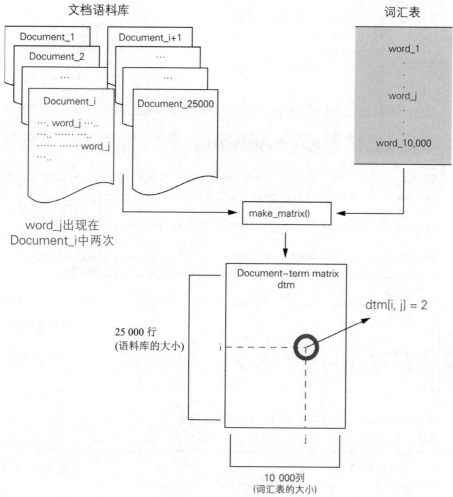

图 6.26　创建文档术语矩阵

6.3.4　对文本分类器进行训练

将 lime_imdb_example.R 下载到工作目录中后，可以根据训练数据集创建词汇表和文档-术语矩阵，然后对模型进行拟合(代码清单 6.22)。这可能会需要一些时间。

代码清单 6.22　对文本进行转换，然后对模型进行拟合

```
source("lime_imdb_example.R")

vocab <- create_pruned_vocabulary(texts)
```

根据训练数据集创
建词汇表

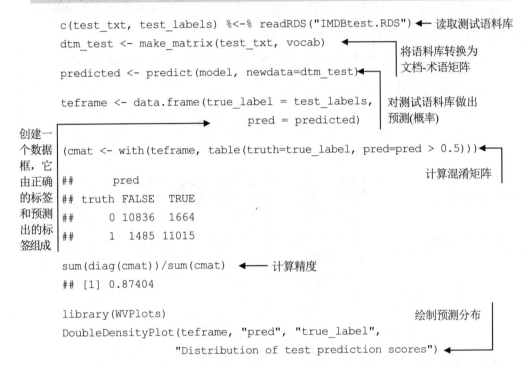

现在，加载测试语料库并评估模型，如代码清单 6.23 所示。

代码清单 6.23   对评论分类器进行评估

根据模型在测试数据集上的性能，可以看到模型在对评论执行分类方面做得不错，但还不完美。从测试数据集上的预测分数的分布(图 6.27)来看，大多数负面评论(类别值为 0)的得分较低，而大多数正面评论(类别值为 1)的得分较高。但是，也有些正面评论的得分接近 0，而有些负面评论的得分接近 1。有些评论的得分接近 0.5，这意味着该模型无法判定评论的正负面。你可能希望改进分类器的性能，以便在这些看似模棱两可的评论上做得更好。

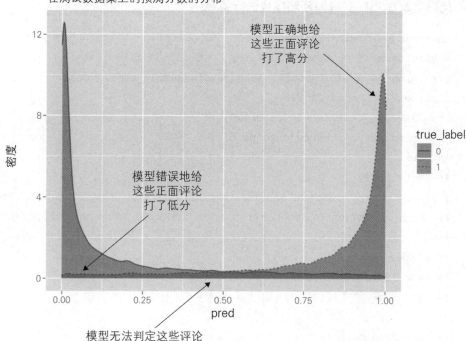

图 6.27 测试数据集的预测分数的分布

6.3.5 对分类器的预测进行解释

下面对几条样例评论的预测结果进行解释，以深入了解该模型。首先，根据训练数据和模型构建解释器。对于文本模型，lime()函数采用了一个预处理器函数，如代码清单 6.24 所示，该函数将训练文本和合成样例转换为模型的文档-术语矩阵。

代码清单 6.24 为文本分类器构建解释器

```
explainer <- lime(texts, model = model,
                  preprocess = function(x) make_matrix(x, vocab))
```

现在从测试语料库中获取一个简短的样例文本，如代码清单 6.25 所示。该评论是正面的，并且模型也预测它是正面的。

代码清单 6.25　对模型预测结果进行解释

```
casename <- "test_19552";
sample_case <- test_txt[casename]
pred_prob <- predict(model, make_matrix(sample_case, vocab))
list(text = sample_case,
     label = test_labels[casename],
     prediction = round(pred_prob) )
## $text
## test_19552
## "Great story, great music. A heartwarming love story that's beautiful to
## watch and delightful to listen to. Too bad there is no soundtrack CD."
##
## $label
## test_19552
##            1
##
## $prediction
## [1] 1
```

现在，用五个最有力的单词来解释模型的分类，如代码清单 6.26 所示。图 6.28 显示了对预测影响最大的几个单词。

代码清单 6.26　解释模型的预测结果

```
explanation <- lime::explain(sample_case,
                     explainer,
                     n_labels = 1,
                     n_features = 5)

plot_features(explanation)
```

代码清单 6.26 中使用了 plot_features()来可视化解释，就像在鸢尾花示例中所做的那样，但是 lime 也有一个特定的文本可视化函数：plot_text_explanations()。

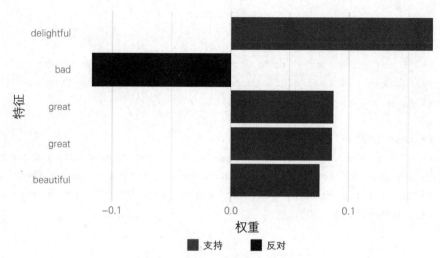

图 6.28　针对评论样例的预测结果的解释

如图 6.29 所示，plot_text_explanations()函数加亮显示了文本中的关键字，绿色表示支持的证据，红色表示反对的证据。证据越有力，颜色越深。在这里，解释器希望该模型能够基于单词"delightful(令人愉快)""great(伟大)"和"beautiful(美丽)"而忽略单词如"bad(坏)"来预测该评论是正面的。

```
plot_text_explanations(explanation)
```

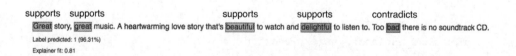

图 6.29　针对代码清单 6.26 中的预测文本的解释

我们再多看两个评论，如代码清单 6.27 所示，其中包括模型错误分类的评论。

代码清单 6.27　检查另外两个评论

```
casenames <- c("test_12034", "test_10294")
sample_cases <- test_txt[casenames]
pred_probs <- predict(model, newdata=make_matrix(sample_cases, vocab))
```

```
list(texts = sample_cases,
     labels = test_labels[casenames],
     predictions = round(pred_probs))

## $texts
## test_12034
## "I don't know why I even watched this film. I think it was because
## I liked the idea of the scenery and was hoping the film would be
## as good. Very boring and pointless."
##
## test_10294
## "To anyone who likes the TV series: forget the movie. The jokes
## are bad and some topics are much too sensitive to laugh about it.
## <br /><br />We have seen much better acting by R. Dueringer in
## \"Hinterholz 8\"".
##
## $labels
## test_12034 test_10294       ←————————  这两条评论都是负面的
##          0          0
##
## $predictions
## [1] 0 1                     ←————————  模型把第二条评论
                                          错误地分类

explanation <- lime::explain(sample_cases,
                             explainer,
                             n_labels = 1,
                             n_features = 5)

plot_features(explanation)
plot_text_explanations(explanation)
```

　　如图 6.30 所示，解释器希望该模型基于"pointless(无意义的)"和"boring(无聊的)"两个单词将第一条评论分类为负面评论。同时希望该模型基于"8""sensitive(敏感的)"和"seen(看到)"三个单词，而忽略掉"bad(不好)"和"better(更好)"等单词(忽略掉 better 有些令人惊讶)，将第二条评论分类为正面评论。

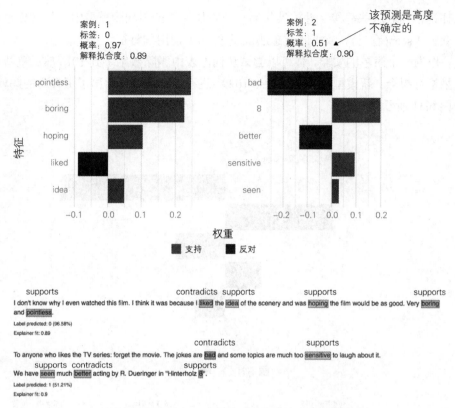

图 6.30　代码清单 6.27 中两个样例评论的可视化解释

注意，根据图 6.30 显示的结果，第二条评论的预测分类概率似乎为 0.51——换句话说，解释器希望模型根本无法确定它的预测结果。我们来比较一下模型的实际预测结果：

```
predict(model, newdata=make_matrix(sample_cases[2], vocab))
## [1] 0.6052929
```

该模型实际上预测标签为 1 的概率是 0.6：这不是一个可信的预测结果，但是比解释器预估的可信度稍强(尽管仍然是错误的)。两者之间有差异的原因是：解释器给出的标签和概率是来自对模型的线性逼近所产生的预测结果，而不是来自模型本身。偶尔地，你甚至可能看到解释器和模型针对同一样例给出不同的标签值。通常在对解释器拟合不充分时会发生这种情况，此时你肯定不会相信这些解释。

作为负责对评论进行分类的数据科学家，你可能想知道数字 8 为何看起来这么重要？让我们回想一下，你可能还记得一些电影评论包含等级"10 分的话给 8 分"或"8/10"这样的描述。这可能会让你考虑在将评论传送给文本处理器之前，从评论中抽取这些等级，并将其作为一个附加的特征添加到模型中。想必你也不喜欢将"seen(看见)"或"idea(想法)"之类的单词用作特征。

作为一个简单的实验，你可以尝试从词汇表中删除数字 1 到 10，[1]然后重新对模型进行拟合。新模型正确地对 test_10294 进行了分类，并给出了更合理的解释，如图 6.31 所示。

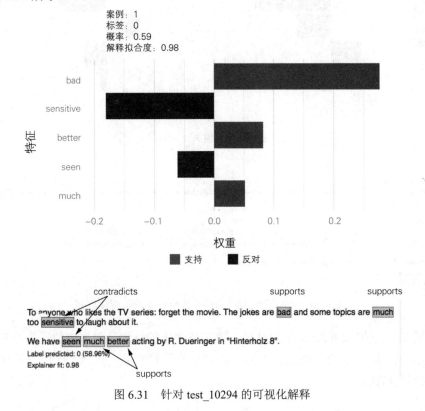

图 6.31　针对 test_10294 的可视化解释

针对模型分类给出的一些错误预测，查看那些评论的解释，可能会让你改进特征选取的过程或数据预处理的过程，从而达到改善模型的目的。为了获得更好的特征，你可以自行决定采用单词序列如"good idea"而不是单词"idea"作为模型的特征。也可以自行决定所使用的文本的表示形式，以及所采用的模型是按照文档中单词的顺序而不仅仅是单词的频率来预测。无论何种情况，查看模型在极端情况下预测结果的解释都可以让你深入地了解模型，并帮助你决定如何更好地实现建模目标。

1　这涉及将数字 1 到 10 作为字符串添加到 lime_imdb_example.R 文件内 create_pruned_vocabulary()函数的停用词列表中。我们将重新创建词汇表和文档-术语矩阵，并重新构建评论分类器，以供读者练习。

6.4　小结

现在，你已经对如何选择建模技术有了一些基本的了解。你也知道如何评估自己或他人的数据科学工作的质量。本书第 II 部分的其余章节将更详细地解释如何构建、测试和交付有效的预测模型。下一章将开始构建实际的预测模型。

在本章中，你已学习了

- 如何将所要解决的问题与合适的建模方法相匹配。
- 如何划分数据集以进行有效的模型评估。
- 针对分类模型评估，如何计算其各种度量。
- 针对打分(回归)模型评估，如何计算其各种度量。
- 针对概率模型评估，如何计算其各种度量。
- 如何使用 LIME 包来解释模型的每个预测结果。

第7章

线性和逻辑回归

本章内容：

- 使用线性回归预测数值
- 使用逻辑回归预测概率或类别值
- 从线性模型中获取关系和建议
- 解释 R 的 lm()调用所产生的诊断信息
- 解释 R 的 glm()调用所产生的诊断信息
- 通过 glmnet 程序包采用正则化方法解决线性模型可能出现的问题

上一章中我们学习了如何评估模型。既然我们已经具备了讨论模型好坏的能力，现在就该进入建模阶段了，如思维导图模型所示(见图 7.1)。本章中将介绍 R 语言中线性模型的拟合操作和解释过程。

若你不仅想要预测结果，还想知道输入变量和预测结果之间的关系，则线性模型特别有用。之所以它有用，主要在于这种关系通常能用作一个建议来指导你获取想要的结果。

我们将首先定义线性回归，然后使用它来预测客户的收入。之后，使用逻辑回归来预测新生婴儿需要额外医疗护理的概率。在对线性回归模型或逻辑回归模型进行拟合时，我们也会介绍 R 语言产生的诊断信息。

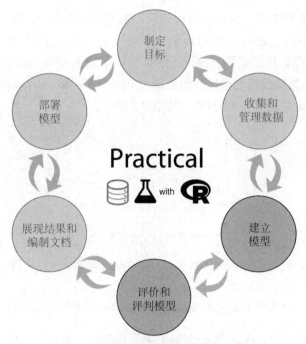

图 7.1　思维模型导图

　　线性回归模型在各种情况下都可以很好地工作，其应用范围非常广泛。但是，如果模型的输入是相关的或共线的，那么可能会出现问题。在使用逻辑回归模型的情况下，当一个变量子集在训练数据子集的基础上完美地预测出分类的结果时，也可能存在问题(这非常具有讽刺意味)。本章的最后一节将介绍如何通过一种称为正则化的技术来解决这些问题。

7.1　使用线性回归

　　线性回归是统计学家和数据科学家们最主要的预测方法。如果你要预测利润、成本或销售量等数量，应该首先尝试线性回归模型。如果该模型工作得很好，你就完成任务了；如果失败，就会给出详细的诊断信息，建议你下一步应该尝试哪种方法。

7.1.1　了解线性回归

　　示例　假设你想要根据节食和锻炼计划来预测一个人在一个月内会减重多少磅。你将基于与此人有关的其他事实做出这个预测，例如他们在该月中平均每日减少了多少卡路里的摄入量以及他们每天锻炼了多少个小时。换句话说，对于每个人 i，你都希望基于 daily_cals_down [i] 和 daily_exercise [i] 来预测 pounds_lost [i]。

线性回归模型假设结果 pounds_lost 与每个输入变量 daily_cals_down[i] 和 daily_exercise[i] 都是线性相关的。这意味着 daily_cals_down[i] 和 pounds_lost 之间的关系可能类似一条(杂乱的)直线，如图 7.2 所示。[1]

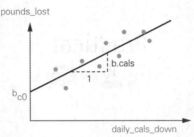

pounds_lost ~ b.cals * daily_cals_down
(加上偏移量)

图 7.2　daily_cals_down 和 pounds_lost 之间的线性关系

daily_exercise 和 pounds_lost 之间的关系也类似一条直线。假设图 7.2 中直线的方程为：

```
pounds_lost = bc0 + b.cals * daily_cals_down
```

这意味着，对于 daily_cals_down 的单位变化(每减少 1 卡路里)，无论 daily_cals_down 的初始值是多少，pounds_lost 的值都会随着 b.cals 变化。具体说来，假设 pounds_lost = 3 + 2 * daily_cals_down。则无论 daily_cals_down 的初始值是多少，当 daily_cals_down 的值增加 1 时，pounds_lost 的值便增加 2。而对于 pounds_lost = 3 + 2 *(daily_cals_down ^ 2)，这个结论却不正确。

线性回归模型进一步假设体重减少的总磅数是变量 daily_cals_down [i] 和变量 daily_exercise [i] 的线性组合，或者即为因热量摄入减少与因运动而减少的磅数之和。这就给出了如下形式的 pounds_lost 的线性回归模型：

```
pounds_lost[i] = b0 + b.cals * daily_cals_down[i] +
    b.exercise * daily_exercise[i]
```

线性回归模型的目标就是找到 b0、b.cals 和 b.exercise 的值，以使训练数据集中每个 i 的 daily_cals_lost [i] 和 daily_exercise [i](加上偏移量 b0)的线性组合都非常接近 pounds_lost [i]。

1　我们希望 b0J = bC0 + be0 或 b.calsJ = b.cals，但是，联合回归模型也不能确保它成立。

下面用更通用的术语来解释这个问题。假设 y [i]是你要预测的数值量(称为因变量或响应变量), x [i,]是与输出 y [i]对应的一行输入(x [i,]称为自变量或解释性变量)。线性回归模型试图找到一个函数 f(x)，使得

```
y[i] ~ f(x[i,]) + e[i] = b[0] + b[1] * x[i,1] + ... + b[n] * x[i,n]
+ e[i]
```

方程式 7.1　线性回归模型的表达式

对于训练数据中的所有(x [i,], y [i])对，我们想要得到数值 b [0], ..., b [n](称为系数或 β 值)，使得 f(x [i,])尽可能地接近 y[i]。R 提供了一个行命令：lm()，用来发现这些系数。

方程式 7.1 中最末项 e[i]被称为非系统误差或噪声。非系统误差的平均值为 0(因而它们并不代表一个单纯的向上或向下偏差)，并且与 x [i,]无关。换句话说，x [i,]不应包含有关 e [i]的信息(反之亦然)。

通过假设噪声是非系统性的，线性回归模型尝试拟合一个"无偏"预测器。换句话说就是，预测器在整个训练集上得到了"均衡"的正确答案，也就是说预测值偏低和预测值偏高的数量是相同的。特别是，无偏预测通常会正确地计算出总和。

示例　假设你已经拟合了一个线性回归模型：基于减少热量摄入量并进行运动来预测体重的减轻。现在讨论一下训练数据中的受试者集合：LowExercise，他们每天进行 0~1 小时的锻炼。并且，这些受试者在研究过程中总共减少了 150 磅。那么该模型预测他们会减少多少？

使用线性回归模型时，如果你得到了 LowExercise 中所有受试者的体重减轻的预测值并把它们相加，且相加的总和为 150 磅，这意味着该模型可以正确预测 LowExercise 组中某人的平均体重减少量，即使有些人的体重减少量比模型预测的要多，而有些人少。在商业环境中，获得正确的总和至关重要，尤其是在汇总金额数量时。

在这些假设前提(线性关系和非系统噪声)下，线性回归模型通过连续不断地迭代来找到最佳的系数 b[i]。如果存在一些有益的特征组合或特征剔除，线性回归模型会发现这些情形。线性回归不会为了获得线性关系而重塑变量值，但说来奇怪，即便变量间的实际关系不是线性的，线性回归也通常表现非常出色。

关于线性回归模型的思考　使用线性回归模型时，你可能会怀疑，一方面，"加法太简单了， 无需做什么工作"，另一方面，"该方法怎么可能估计这些系数呢？"。

这很自然,因为该方法既简单又很强大。我们的朋友 Philip Apps 笑称该方法为:"每天你必须早早起床才能征服线性回归。"

什么时候线性回归的假设不成立

作为一个示意性的例子,请考虑仅仅使用一个线性函数加一个常数来拟合前 10 个整数 1~10 的平方。我们需要求出系数 b[0]和 b[1]使得

```
x[i]^2 近似等于 b[0] + b[1] * x[i]
```

显然这不是线性回归模型可以直接求解的问题,因为我们知道,我们试图预测的变量不是线性的。但是,即便在这种情况下,线性回归仍然可以很好地解决它。线性回归选择以下拟合方法:

```
x[i]^2 近似等于 -22 + 11 * x[i]
```

如图 7.3 所示,在我们用于训练的数值范围内,这个拟合结果非常好。

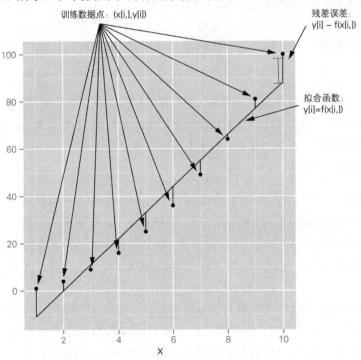

图 7.3　针对 $y = x^2$ 比较拟合结果与实际情况

图 7.3 是线性回归"在非线性领域中的实际应用"的典型示例——我们使用一个线性模型来预测一个问题，而该问题本身并非是线性的。请注意，这里存在一个小问题：尤其要注意该模型的预测结果与真实的 y 之间的误差不是随机的，而是系统性的：因为该模型对 x 在特定范围内的预测值偏低，而对其他范围内的预测值偏高。虽然这不是理想的结果，却是我们能做到的最好结果。另外请注意，在本示例中可以看到，在拟合的两个端点附近，预测结果远远地偏离了真实的结果，这表明在训练数据集 x 所涵盖的范围之外使用该模型可能是不安全的。

外插法不如内插法安全　一般而言，你应仅将模型用于内插法(interpolation)：预测位于训练数据集内的新数据。而外插法(extrapolation，预测位于训练数据集外的新数据)对于所有的模型预测都存在较高的风险。除非你知道所建模的系统是真正的线性模型，否则对线性模型来说风险更大。

下面通过一个示例来介绍如何将线性回归应用到更有意义的真实数据上。

PUMS 数据集简介

示例　假设我们希望根据年龄、受教育程度和其他人口特征变量，在一定比例的普通民众中预测个人收入。除了预测收入外，我们还有一个目的：对比完全没有学位的人，确定学士学位对收入的影响。

为了完成此任务，我们将使用 2016 年美国人口普查 PUMS 数据集。为简单起见，我们为本示例准备了一个很小的 PUMS 数据样本。数据准备步骤包括：

- 将样本数据集限制为 20～50 岁，收入为 1000～250 000 美元的全职员工。
- 将样本数据集分为训练集 dtrain 和测试集 dtest。

我们把 psub.RDS(位于 https://github.com/WinVector/PDSwR2/raw/master/PUMS/psub.RDS)下载到工作目录，然后执行代码清单 7.1 中的步骤。[1]

代码清单 7.1　加载 PUMS 数据并拟合模型

```
psub <- readRDS("psub.RDS")


set.seed(3454351)                      创建一个随机变量以对
gp <- runif(nrow(psub))   ◀────────    数据进行分组和分区


dtrain <- subset(psub, gp >= 0.5)  ◀──── 将数据对半分为训练和测试集
 dtest <- subset(psub, gp < 0.5)
```

1　可以访问以下地址找到准备数据样本的脚本：https://github.com/WinVector/PDSwR2/blob/master/PUMS/makeSubSample.Rmd。

```
model <- lm(log10(PINCP) ~ AGEP + SEX + COW + SCHL, data = dtrain)
dtest$predLogPINCP <- predict(model, newdata = dtest)
dtrain$predLogPINCP <- predict(model, newdata = dtrain)
```

给 log(income)拟合
一个线性模型

获取利用测试和训练集得
出的 log(income)的预测值

PUMS 数据的每一行表示匿名的一个人或一个家庭。记录的个人数据包括职业、受教育程度、个人收入以及许多其他人口特征变量。

对于此示例，我们决定预测 log10(PINCP)，或者说是收入的对数。拟合对数数据通常会得到相对较小的误差结果，其特点是收入越小，误差也越小。但是，这种相对误差的减少是以产生偏差为代价的：平均而言，所预测的收入值会低于训练集中实际的收入值。预测 log(income)的一种无偏差方法是使用一种被称为"Poisson 回归"的广义线性模型。我们将在 7.2 节中讨论广义线性模型(明确地说，就是逻辑回归)。Poisson 回归是无偏差的，但代价通常是有较大的相对误差。[1]

在本节的分析中，我们将考虑以下输入变量：年龄(AGEP)、性别(SEX)、员工类别(COW)和受教育程度(SCHL)。输出变量是个人收入(PINCP)。我们也会设置参考类别值或"默认"性别为 M(男性)；员工类别的参考类别值设置为"Employee of a private for-profit(私人营利性组织的雇员)"；受教育程度的参考类别值设置为"no high school diploma(没有高中文凭)"。我们将在本章后面讨论参考类别值的设置。

> **参考类别值是基准，而非数值判断**
>
> 当我们说到默认性别是男性，并且默认教育程度是没有高中文凭时，我们并非暗示一名典型的工人就是男性，或者一名典型的工人就是没有高中文凭的。变量的参考类别值是一个基准，可利用此基准对该变量的其他值进行比较。由此得出，在某个时间点的分析中，我们想要比较的是女性工人与具有相同特征的男性工人的收入，或者具有高中学历或学士学位的工人和没有高中文凭的工人的收入(但他们在其他方面的特征相同)。
>
> 默认情况下，R 会将类别型变量按字母顺序排列的第一个值作为参考类别值。

现在进入模型构建阶段。

---

[1] 有关这些问题的系列文章，请参阅 http://www.win-vector.com/blog/2019/07/link-functions-versus-data-transforms/。

7.1.2　建立一个线性回归模型

预测或者发现关系(建议)的第一步是建立线性回归模型。R 语言中构建线性回归模型的函数是 lm()，由 stats 程序包提供。lm()最重要的参数是一个带有"~"的公式，这里用"~"代替了等号。该公式指出要预测数据框的哪一列的值，以及要使用哪些列进行预测。

统计人员把要预测的量称为因变量，把用于预测的变量/列称为自变量。我们发现，把将要预测的量称为 y，把将要用于预测的变量称为 x 会更容易理解。我们的公式是：log10(PINCP) ~ AGEP + SEX + COW + SCHL，其含义为"预测收入的以 10 为底的对数是年龄、性别、职业类别和受教育程度的函数。"[1]该方法的全部过程如图 7.4 所示。

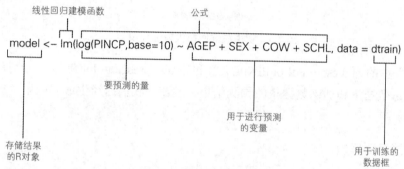

图 7.4　使用 lm()建立线性模型

图 7.4 中的语句构建了线性回归模型，并将结果存储在名为 model 的新对象中。该模型能够进行预测，并从数据中获取重要的建议。

R 将训练数据存储在模型中　R 在其模型中保留了一份训练数据的副本，以提供在 summary(model)中所示的残差信息。保留数据副本并没有必要，因为它可能把内存耗光。如果内存不足(或需要内存交换区)，则可以使用 rm()命令来处理像 model 这样的 R 对象。在这种情况下，可以通过运行 rm("model")来删除它。

7.1.3　预测

一旦调用了 lm()来构建模型，首要的目的就是预测收入。这在 R 语言中很容

1　回想一下 4.2 节中关于对数正态分布的讨论，对货币量进行对数变换通常很有用。对数变换也与我们最初的预测收入的任务相兼容，这个预测任务包含相对误差(这意味着大误差比小收入更重要)。7.2 节的 glm()方法可用于避免对数变换，并以最小化平方误差的方式进行预测(因此，无论收入多少，减去$ 50 000 都会被视为相同的误差)。

易实现。要进行预测，就要将数据传输到 predict()方法中。图 7.5 演示了这一方法的执行过程，其中使用了测试数据框 dtest 和训练数据框 dtrain。

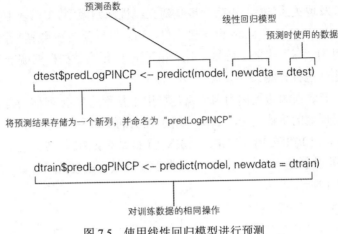

图 7.5　使用线性回归模型进行预测

　　数据框的列 dtest$predLogPINPINCP 和 dtrain$predLogPINCP 现在分别存储着针对测试数据集和训练数据集的预测结果。现在，我们已经生成并应用了线性回归模型。

描述预测质量

　　在公开预测结果之前，我们可能想要检查预测方法和模型以保证质量。我们推荐用绘图的方式将想要预测的实际 y 值(本例中就是要预测的收入)绘制出来，就如同它是你的预测的函数。本例中，绘制 log10(PINCP)图，就如同它是 predLogPINCP 的函数。如果这个预测结果非常好，则该图中的点将分布在直线 y=x 附近，我们将其称为"完美预测线"(该短语不是一个标准术语，我们使用它是为了更容易讨论该图)。绘制上图的结果如图 7.6 所示，绘制该图的命令包含在代码清单 7.2 中。

代码清单 7.2　将收入的对数视为被预测收入对数的函数，绘制函数图

```
library('ggplot2')
ggplot(data = dtest, aes(x = predLogPINCP, y = log10(PINCP))) +
    geom_point(alpha = 0.2, color = "darkgray") +
    geom_smooth(color = "darkblue") +
    geom_line(aes(x = log10(PINCP),
                  y = log10(PINCP)),          ←—— 绘制直线 y=x
              color = "blue", linetype = 2) +
    coord_cartesian(xlim = c(4, 5.25),        ←—— 限制图形的范围
                    ylim = c(3.5, 5.5))            以便于阅读
```

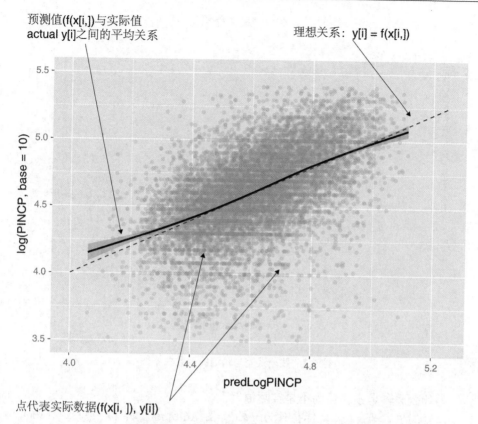

预测值(f(x[i,])与实际值
actual y[i]之间的平均关系

理想关系：y[i] = f(x[i,])

点代表实际数据(f(x[i,]), y[i])

图 7.6　实际收入的对数与预测收入的对数之间的关系图

统计学家更愿意使用图 7.7 所示的残差点线图，图中绘制出了残差误差(本例中为 predLogPINCP - log10(PINCP))与 predLogPINCP 的函数关系。在本例中，完美预测线是曲线 y = 0。请注意，这些点在这条线附近散布得很广(这可能是拟合质量低的一种信号)。图 7.7 中的残差图由代码清单 7.3 中的 R 命令产生。

代码清单 7.3　绘制残差收入与预测收入的对数的函数关系

```
ggplot(data = dtest, aes(x = predLogPINCP,
                  y = predLogPINCP - log10(PINCP))) +
geom_point(alpha = 0.2, color = "darkgray") +
geom_smooth(color = "darkblue") +
ylab("residual error (prediction - actual)")
```

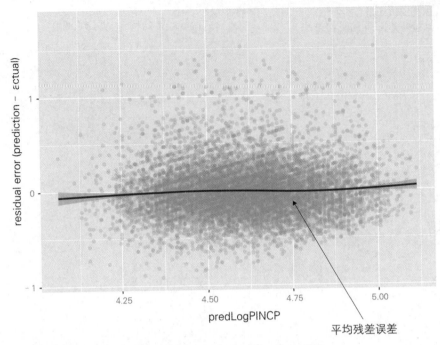

图 7.7　残差误差与预测的函数关系图

为什么 x 轴是预测值而不是实际值？

　　以预测值作为 x 轴、实际值作为 y 轴(如图 7.6 所示)，或者以预测值作为 x 轴、残差作为 y 轴的这类图形(如图 7.7 所示)，与以实际值作为 x 轴、预测值(或者残差)作为 y 轴相比，这两类图回答的是不同的问题。统计学家更喜欢使用图 7.7。在预测值作为 x 轴的残差图上，根据模型的输出，可以看出预测值是低于实际值还是高于实际值。

　　即使没有建模问题，这个残差图(以 x 轴表示实际的输出、以 y 轴表示残差)的结构也不够理想。这种错觉是由于一种称为均值回归(regression to the mean)或平庸回归(reversion to mediocrity)的效应所导致的。

　　当看到真实值与拟合对比图或残差图时，你可能正在寻找一些具体的问题，下面就讨论这些问题。

平均来看，这个预测是正确的吗？

　　这条光滑曲线位于那条完美预测线之上还是之下呢？理想情况下，这些点都应该非常靠近那条直线，但如果基于输入变量预测的结果不是非常接近于实际结果，则可能获得一个分布范围较宽的点云(如图 7.6 和 7.7 中所示)。然而，如果这条光滑曲线就位于那条完美预测线上，并且是在点云的中间位置，那么平均来看，该模型的预测是正确的：其预测结果偏低和偏高的情况大约一样多。

存在系统误差吗？

如图 7.8 所示，如果这条光滑曲线偏离完美预测线太多，则表明在某些范围内其预测结果系统性地偏低或偏高：误差与预测结果是相关的。系统误差说明该系统还不够"线性"，对于线性模型来说它无法很好地拟合，因此需要尝试采用其他不同的建模方法，我们将在本书后面讨论这些方法。

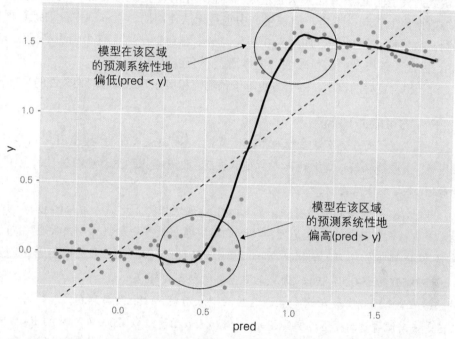

图 7.8　模型预测中的系统误差示例

R-平方和 RMSE

除了查看图形，还应该对预测结果和残差的质量产生量化摘要。R-平方是衡量预测结果质量的一种标准度量，6.2.4 节中已介绍过。R-平方是衡量模型与数据是否"拟合"得好或者"拟合优度(goodness of fit)"如何的一种度量。可以使用代码清单 7.4 中的 R 语言命令计算预测值与实际值 y 之间的 R-平方。

代码清单 7.4　计算 R-平方

```
rsq <- function(y, f) { 1 - sum((y - f)^2)/sum((y - mean(y))^2) }
```

```
rsq(log10(dtrain$PINCP), dtrain$predLogPINCP)
 ## [1] 0.2976165
```
◀ 在训练数据集上计算模型的 R-平方

```
rsq(log10(dtest$PINCP), dtest$predLogPINCP)
 ## [1] 0.2911965
```
◀ 在测试数据集上计算模型的 R-平方

可以认为 R-平方是由回归模型所解释的 y 变化的那个部分。我们希望 R-平方尽量大(最大可以取 1.0)，并且在测试数据集和训练数据集上的 R-平方应尽量相似。测试数据集上的 R-平方如果明显较低，则预示着模型是过拟合的，即使该模型在训练数据集上看起来不错，但在生产中也是无法使用的。在本例中，训练数据集和测试数据集上的 R-平方均约为 0.3。我们希望看到 R-平方比这个值更高(即 0.7～1.0)。因此，该模型的质量较低，但本质上不会过拟合。

对于拟合良好的模型，R-平方也等于预测值和实际训练值之间相关性的平方。[1]

R-平方可能过于乐观

一般来说，对于具有更多输入参数的模型，不管这更多的变量实际上是否改进了该模型，其在训练数据集上的 R-平方值将更高。这就是人们更喜欢调整过的 R-平方的原因(将在本章后面讨论这个问题)。

另外，R-平方与相关性有关，如果模型正确地预测了少数异常值(outlier)，相关性就可以被人为地夸大。这是因为增加的数据区域使整个数据云"更紧地"靠在完美预测线周围。这里给出一个小示例。假设 y <-c(1,2,3,4,5,9,10) 并且 pred <-c(0.5,0.5,0.5,0.5,0.5,9,10)，就是说该模型所预测的前五个点与真实结果完全不相关，却正确地预测了最后两个点，这后两个点与前五个点距离有点远。显然可以看出这是一个低质量的模型，但其相关性 cor(y, pred)约为 0.926，而对应的 R-平方为 0.858。因此，除了检查 R-平方，查看测试数据集上的真实值与拟合值对比图是十分明智的。

另一个好的度量方法是考虑均方根误差(RMSE)，如代码清单 7.5 所示。

代码清单 7.5 计算均方根误差

```
rmse <- function(y, f) { sqrt(mean( (y-f)^2 )) }

rmse(log10(dtrain$PINCP), dtrain$predLogPINCP)
 ## [1] 0.2685855
```
◀ 在训练数据集上计算模型的 RMSE

---

[1] 参见 http://www.win-vector.com/blog/2011/11/correlation-and-r-squared/。

```
rmse(log10(dtest$PINCP), dtest$predLogPINCP)
## [1] 0.2675129
```
在测试数据集上计算模型的 RMSE

可以把 RMSE 看成围绕在完美预测线周围的数据云厚度的度量。我们希望 RMSE 很小，达到这一目的的一种方法是引入更多有用的解释性变量。

7.1.4 发现关系并抽取建议

回想一下，除了预测收入之外，我们还有一个目的是要发现一个拥有学士学位的人的收入。下面展示如何直接从线性回归模型中读取这个值以及数据集中的其他关系。

线性回归模型中的所有信息都被存储在一个名为"系数"的数字块中。这些系数通过 coefficients(model) 函数获得。收入模型的系数如图 7.9 所示。

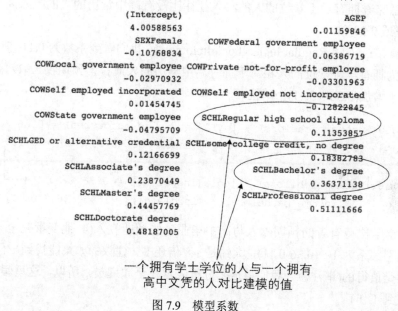

一个拥有学士学位的人与一个拥有
高中文凭的人对比建模的值

图 7.9 模型系数

报告给出的系数

我们初始建模的变量只有 AGEP、SEX、COW(职业类别)和 SCHL(上学/教育)，但是该模型报告的系数比这四个要多。下面解释报告给出的这些系数都是什么。

在图 7.9 中，有 8 个以 SCHL 为前缀的系数。原始变量 SCHL 包含了这八个字符串值以及一个未显示出来的字符串值：no high school diploma(没有高中文凭)。这其中每一个可能的字符串值称为一个类别值(level)，而 SCHL 本身称为一个类别型变量或因子变量。未显示出来的类别值被称为参考类别值(reference level)。图中其他类别值的系数都是相对于该参考类别值来度量的。

例如，在 SCHLBachelor's degree 处，我们看到系数为 0.36，意为"若对收入取以 10 为底的对数，则相对于没有高中学历的人，该模型对拥有学士学位的人给出的收入增幅的对数值为 0.36"。可以用如下方法求出具有学士学位的人与没有高中学历的人(具有相同的性别、年龄和职业类别)的收入比值：

```
log10(income_bachelors) = log10(income_no_hs_degree) + 0.36
log10(income_bachelors) - log10(income_no_hs_degree) = 0.36
        (income_bachelors) / (income_no_hs_degree) = 10^(0.36)
```

这意味着拥有学士学位的人的收入往往比没有高中学历的人的收入高出大约 10^0.36 或 2.29 倍。

还有，在 SCHLRegular high school diploma 处，我们看到系数为 0.11。意为"该模型认为拥有学士学位的人相对于拥有高中学历的人而言，预期收入取对数的结果趋向于增加(0.36 - 0.11)个单位。"

```
log10(income_bachelors) - log10(income_no_hs_degree) = 0.36
        log10(income_hs) - log10(income_no_hs_degree) = 0.11

log10(income_bachelors) - log10(income_hs) = 0.36 - 0.11  ←
        (income_bachelors) / (income_hs) = 10^(0.36 - 0.11)
```

从第一个方程中减去第二个方程

学士学位持有者的预期收入与高中毕业生的预期收入(其他变量完全一样)之间的模型关系为 10^(0.36-0.11)，大约是 1.8 倍还多。建议：如果能找到一份工作，读大学是值得的(请注意，我们将这个分析限定在全职雇员，所以，这里假设受众可以找到工作)。

SEX 和 COW 也是离散变量，其参考类别值分别为"Male"和"Employee of a private for profit [公司]"。可以用类似于受教育水平的方式来解释对应于 SEX 和 COW 的不同类别值的系数。AGEP 是一个连续变量，系数为 0.0116。可以将其解释为：随着年龄的逐年递增，其收入增幅的对数值为 0.0116。换句话说，随着年龄增加一岁，收入将增加 10^0.0116(或者一个值为 1.027 的因子)——即收入增加了大约 2.7%(所有其他变量均相等)。

系数(Intercept)对应一个变量，其值恒等于 1，除非调用 lm()时在公式中使用一个特殊的 0+符号，否则该变量将被默认地加到线性回归模型中。解释 intercept 系数的一种方法是将其视为"针对参考对象的预测"，这里的参考对象就是指类别型输入变量的所有参考类别值，对于连续变量其值为 0。请注意，这可能不是有实际意义的对象。

在我们的示例中，参考对象是一家私营盈利性公司的男性雇员、没有高中学历、年龄为 0。如果这样的雇员存在，那么该模型预测出其以 10 为底的对数收入约为 4.0，相当于 10 000 美元的收入。

> **指示变量**
>
> 大多数建模方法在处理具有 n 个可能的字符串取值的(类别型)变量时，是通过将其转换为 n 个(或 n-1 个)二元变量(或称为指示变量)来处理的。R 语言有相关的命令可以显式地控制将字符串取值变量转换为通用的指示变量的过程：as.factor()函数根据字符串变量来创建类别型变量；relevel()函数允许用户指定参考类别值。
>
> 但是小心那些具有大量类别值的变量，如邮政编码。线性回归(和逻辑回归)的运行时间大致以系数个数的立方来递增。太多的类别值(或广义上说是太多的变量)会使算法陷入困境，而且需要更多的数据来保证可靠的推理。在第 8 章中，我们将讨论处理这类高维度变量的方法，如编码效率或编码效果。

前面对系数的解释均假设模型已经提供了良好的系数估计。下一节将介绍如何对系数估计进行检查。

7.1.5　阅读模型摘要并刻画系数质量

7.1.3 节中，我们检查了对收入的预测是否可信。现在，我们将说明如何检查模型的系数是否可靠。这很重要，因为我们一直在强调要将系数关系作为建议展示给他人。

我们想要知道的大部分内容模型摘要中均已包含，这个模型摘要是使用 summary(model)命令产生的。这个命令的输出如图 7.10 所示。

图中的数据看起来令人生畏，但包含大量有用的信息和诊断。然而，图中各个元素的含义可能是人们所关心的问题，因此我们将演示所有这些数据项是如何得到的，以及各数据项的含义。

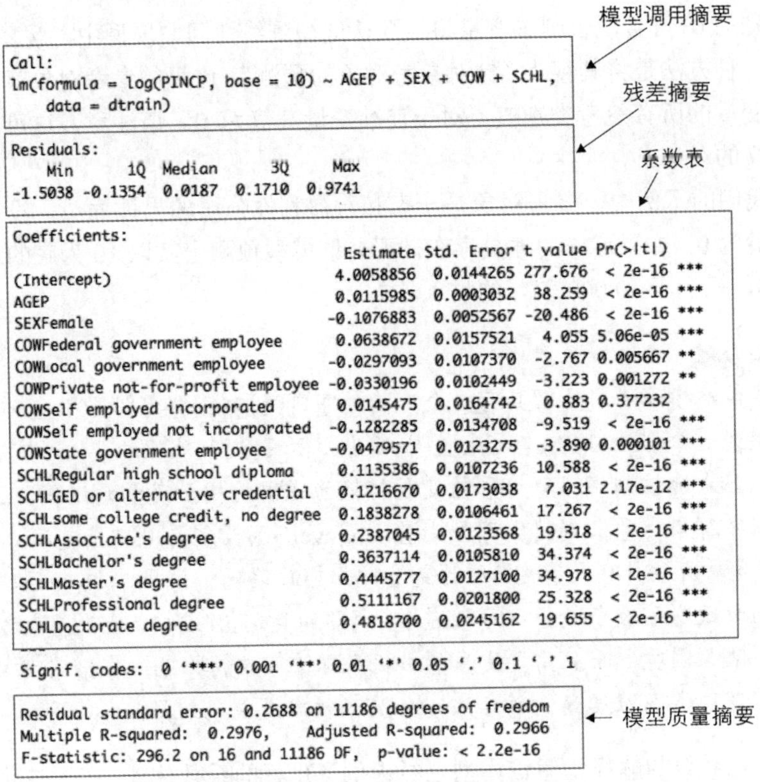

```
Call:
lm(formula = log(PINCP, base = 10) ~ AGEP + SEX + COW + SCHL,
    data = dtrain)
```
模型调用摘要

```
Residuals:
     Min      1Q  Median      3Q     Max
  -1.5038 -0.1354  0.0187  0.1710  0.9741
```
残差摘要

系数表

```
Coefficients:
                                      Estimate Std. Error t value Pr(>|t|)
(Intercept)                          4.0058856  0.0144265 277.676  < 2e-16 ***
AGEP                                 0.0115985  0.0003032  38.259  < 2e-16 ***
SEXFemale                           -0.1076883  0.0052567 -20.486  < 2e-16 ***
COWFederal government employee       0.0638672  0.0157521   4.055 5.06e-05 ***
COWLocal government employee        -0.0297093  0.0107370  -2.767 0.005667 **
COWPrivate not-for-profit employee  -0.0330196  0.0102449  -3.223 0.001272 **
COWSelf employed incorporated        0.0145475  0.0164742   0.883 0.377232
COWSelf employed not incorporated   -0.1282285  0.0134708  -9.519  < 2e-16 ***
COWState government employee        -0.0479571  0.0123275  -3.890 0.000101 ***
SCHLRegular high school diploma      0.1135386  0.0107236  10.588  < 2e-16 ***
SCHLGED or alternative credential    0.1216670  0.0173038   7.031 2.17e-12 ***
SCHLsome college credit, no degree   0.1838278  0.0106461  17.267  < 2e-16 ***
SCHLAssociate's degree               0.2387045  0.0123568  19.318  < 2e-16 ***
SCHLBachelor's degree                0.3637114  0.0105810  34.374  < 2e-16 ***
SCHLMaster's degree                  0.4445777  0.0127100  34.978  < 2e-16 ***
SCHLProfessional degree              0.5111167  0.0201800  25.328  < 2e-16 ***
SCHLDoctorate degree                 0.4818700  0.0245162  19.655  < 2e-16 ***
Signif. codes:  0 '***' 0.001 '**' 0.01 '*' 0.05 '.' 0.1 ' ' 1
```

```
Residual standard error: 0.2688 on 11186 degrees of freedom
Multiple R-squared:  0.2976,     Adjusted R-squared:  0.2966
F-statistic: 296.2 on 16 and 11186 DF,  p-value: < 2.2e-16
```
← 模型质量摘要

图 7.10　模型摘要

我们首先将 summary()分解为不同的部分。

初始模型调用

summary()的第一部分是构建 lm()模型：

```
Call:
lm(formula = log10(PINCP) ~ AGEP + SEX + COW + SCHL,
    data = dtrain)
```

这里能够有效地复核我们是否使用了正确的数据框、是否执行了预期的转换以及是否使用了正确的变量。例如，我们可以复核是否使用了数据框 dtrain 而不是数据框 dtest。

残差摘要

summary()的下一部分是残差摘要：

```
Residuals:
    Min      1Q  Median      3Q     Max
-1.5038 -0.1354  0.0187  0.1710  0.9741
```

前面讲过残差是我们预测的误差：log10(dtrain$PINCP) - predict(model,newdata=dtrain)。在线性回归中，残差决定一切。我们想要知道的大部分关于模型拟合的质量问题都在残差部分。我们可以计算出训练集和测试集中有用的残差摘要，如代码清单 7.6 所示。

代码清单 7.6　残差的摘要

```
( resids_train <- summary(log10(dtrain$PINCP) -
      predict(model, newdata = dtrain)) )
##    Min. 1st Qu. Median    Mean  3rd Qu.    Max.
## -1.5038 -0.1354  0.0187  0.0000   0.1710  0.9741

( resids_test <- summary(log10(dtest$PINCP) -
      predict(model, newdata = dtest)) )
##       Min.   1st Qu.    Median      Mean  3rd Qu.     Max.
## -1.789150 -0.130733  0.027413  0.006359 0.175847 0.912646
```

在线性回归中，所选系数应使残差的平方和最小化。这就是该方法也经常被称为最小二乘法(least squares method)的原因。因此，对于好的模型，我们希望其残差要小。

残差摘要中给出了 Min.和 Max.，它们分别是计算出最小和最大残差。同时还给出了残差的 3 个四分位数：1st. Qu.，即数据的前 25%的上限值；Median(中位数)，即数据的前 50%的上限值；以及 3rd Qu.：数据前 75%的上限值(Max 为第 4 个四分位数：数据的 100%的上限值)。四分位数可以让我们对数据的分布有个大致的了解。

我们希望在残差摘要中看到的是中位数接近 0(如示例中的那样)，而 1st. Qu.和 3rd Qu.与中位数大致相等(即两者都不要太大)。在我们的示例中，训练数据的残差(resids_train)的 1st. Qu.和 3rd Qu.都与中位数相差约 0.15。对于测试数据的残差，1st. Qu.和 3rd Qu.这二者的对称性稍差(分别距中位数 0.16 和 0.15)，但仍在范围之内。

1st. Qu.和 3rd Qu.的四分位数很有趣，因为它们恰好有一半的训练数据的残差落在此范围内。在我们的示例中，如果随机抽取一个训练数据，那么其残差有一半可能是落在-0.1354～0.1710 范围内。因此，我们通常只期望看到这些数量级的预测误差。如果这些误差对于你的应用而言太大，那么说明该模型不能用。

系数表

summary(model)接下来的部分是系数表，如图 7.11 所示。该表的矩阵形式可以用 summary(model)\$coefficients 检索到。

每个模型系数构成摘要系数表的一行。摘要系数表的列则给出被估计的系数值、该估计值的不确定性、被估计的系数与这个不确定性有多大的相关性，以及偶然产生这一比率的可能性有多大。图 7.11 给出了各列的名称及说明。

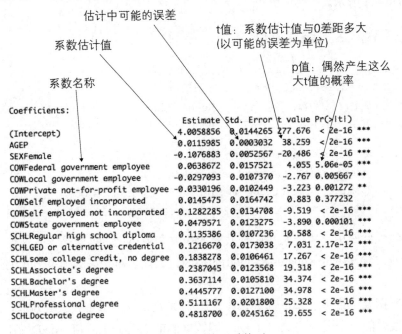

图 7.11　模型摘要系数列

无关紧要的系数

注意图 7.11 中，系数 COWSelf employed incorporated 是"不重要的"。这意味着，在模型设计中没有足够的证据决定该系数是否为非 0。

有人建议采用逐步回归以删除此类变量，或增加如下形式的归纳偏好："如果我们不能决定它为非 0，则将其强制为 0。"在我们的示例中，这样做并不方便，因为该变量只是类别型变量的一个类别值(因此单独处理起来有点困难)。我们确实不建议采用逐步回归的方法，因为逐步回归会引入多重比较的问题，这会使其余系数的估计值产生偏离。[1]我们建议要么保留不重要的估计值(因为即使将其替换

1　请参见 Robert Tibshirani, "Regression shrinkage and selection via the lasso." *Journal of the Royal Statistical Society,* Series B 58: 267–288, 1996。

为 0，仍然是将一个不确定的估计值替换成了另外一个不确定的估计值)，要么出于实用预过滤掉这些变量，或者使用正则化方法(如 glmnet/lasso)处理这些变量。而本书涵盖了所有这些方法。

切记一点：就预测(我们的主要目标)而言，包含少量的、影响不大的、非重要的系数并不会产生问题。只有当非重要的系数是有较大的影响或者有大量非重要的系数存在时，才会产生问题。

我们的出发点是研究收入以及"获得学士学位"这一变量值对收入的影响，但是为了检查干扰效果，我们必须查看所有的系数。

例如，对于 SEXF，其系数为－0.108 意味着：对于女性收入而言，我们的模型会对 log10(PINCP)施加的惩罚为－0.108。根据模型，女性收入与男性收入之比为 $10 ^{(-0.108)}$：即在模型所有其他参数均相同的情况下，女性的收入是男性的 78%。请注意，我们说的是"模型中所有其他参数都相同"，而不是"所有其他条件都相等"。这是因为我们没有对员工的工龄(年龄不能准确地代表工龄)或职业/行业类型(这对收入有很大影响)进行建模。仅仅使用给出的特征，该模型还不能测试在平均情况下，与男性具有相同工作和相同工龄的女性是否收入更少。

用统计学尝试修正低劣的实验设计

要测试是否存在性别导致的收入分配差异，完好的实验应该是对所有可能的变量(年龄、受教育程度、从业年限、绩效评估、种族、地区等)都相同，只有性别不同的情况下的个人收入进行比较。由于我们不太可能访问所有这些数据，只能寄希望于一个好的实验设计：一个样本全体，其中任何特征与性别均不存在相关性。随机选择有助于实验的设计，但不是万能的。除非有良好的实验设计，否则实际的策略通常是"引入额外的变量来表征一些影响因素，这些因素有可能一直干扰我们在设法研究的那个影响"。因此，在关于性别对收入影响的研究中，可以包括如受教育程度和年龄这样的额外变量，以尽量消除相互冲突的影响。

p-值和显著性

p-值(也称为显著性)是系数摘要中最重要的诊断列之一。p-值是估计系数概率的一种方法，如果该系数确实为 0(变量对结果没有影响)，那么所估计的系数与你所观察的系数具有相同的数量级。不要相信任何 p-值较大的系数的估计值。通常，人们会选择一个阈值，并将 p-值低于该阈值的所有系数称为统计意义上的显著性，这意味着这些系数很可能不为 0。常见的阈值为 $p<0.05$；然而，这不是一个确定的值。

注意，较低的 p-值不一定就是"更好"，只要足够好就行。只要两个 p-值均低于所选的阈值，就没有理由认为 p-值为 1e-23 的系数比 p-值为 1e-08 的系数更好。低于所选阈值，我们就知道这两个系数值可能都有好的估计，也应该倾向于选择诠释了最大方差的那个系数。另外请注意，正如在此所讨论的那样，高 p-值并不总是意味着那个系数不好。

共线性(collinearity)也会降低显著性

有时，一个预测变量不会具有显著性，因为它与其他预测变量是共线性的(或具有相关性的)。例如，如果我们真的尝试使用年龄和从业年限来预测收入，则这两个变量都不会具有显著性。这是因为年龄往往与从业年限相关。如果删掉其中的一个变量，而另一个变量就具有了显著性，这是一个好的相关性的标识。

如果看到系数似乎不合理地大(通常是相反的符号)，或者系数的标准误差异常大，则可能表示相应的变量是共线变量。

另一个表明输入中存在共线性的情况是发现带有意外符号的回归系数。例如，看到收入与从业年限是负相关的。

该总体模型仍然可以很好地预测收入，即使其输入是相关时亦然，但它却无法确定哪一个变量对于预测来讲是值得信任的。

正如 7.3 节中将讨论的那样，存在共线变量的情况下，使用正则化方法会有所帮助。正则化方法倾向于使用较小的系数，这样的系数在用于新数据时危害较小。

如果要使用该回归系数值作为建议并进行好的预测，那就尽可能设法避免输入的共线性。

模型总体质量摘要

summary(model)报告的最后一部分是模型总体质量的统计信息。在分享任何预测或系数之前，先检查一下模型的整体质量是一个好主意。该摘要信息如下：

```
Residual standard error: 0.2688 on 11186 degrees of freedom
Multiple R-squared: 0.2976, Adjusted R-squared: 0.2966
F-statistic: 296.2 on 16 and 11186 DF, p-value: < 2.2e-16
```

下面更详细地解释每个摘要部分。

自由度

自由度是数据的行数减去回归系数拟合的个数，在我们的例子中，即：

```
(df <- nrow(dtrain) - nrow(summary(model)$coefficients))
## [1] 11186
```

自由度是指针对所求解的系数个数进行修正之后,所具有的训练数据的行数。训练集中的基准个数应该比所求解的系数个数多;换句话说,就是希望自由度要高。自由度低表示在所拥有的数据量下,进行拟合的模型过于复杂,而且模型有可能会过拟合。过拟合是指在训练数据集中发现了整体人群中并不存在的偶然关系。过拟合是有害的:在构建的模型并不好时,却误认为它是好的。

残差标准误差

残差标准误差(residual standard error)是残差的平方和(或均方误差和)除以自由度。因此,它与我们之前讨论的 RMSE(均方根误差)类似,只是将数据行的数量调整为自由度。在 R 中,其计算公式如下:

```
(modelResidualError <- sqrt(sum(residuals(model)^2) / df))
## [1] 0.2687895
```

相对于 RMSE,残差标准误差是对模型性能更为保守的估计,因为它针对模型的复杂性进行了调整(自由度小于训练数据的行数,因此残差标准误差大于RMSE)。同样,这样做是努力弥补这样一个事实:越复杂的模型越有可能过拟合数据。

测试数据集中的自由度

对于测试数据集(训练期间未使用的数据),自由度等于数据的行数。这不同于训练数据集,训练数据集的自由度等于数据的行数减去模型的参数的个数。

差异源自以下事实:模型训练"窥探"的是训练数据,而不是测试数据。

多重 R-平方和调整的 R-平方

多重 R-平方就是模型在训练数据上的 R-平方(7.1.3 节中已讨论过)。

调整的 R-平方是针对输入变量的个数而被惩罚的多重 R-平方。造成这种惩罚的原因是,通常来说,增加输入变量的个数会改善训练数据集上的 R-平方,即使增加的这些变量实际上并不能提供有用的信息。换一种说法:由于过拟合,越复杂的模型在训练数据集上看起来越好,因此调整的 R-平方是对模型拟合优度的较保守的估计。

如果你没有测试数据集,那么最好在评估模型时依靠调整的 R-平方。而且,最好是根据保留的测试数据集计算预测值与实际值之间的 R-平方。在 7.1.3 节中,我们看到测试数据集的 R-平方为 0.29,这与报告的调整的 R-平方为 0.3 大致相同。尽管如此,我们仍然建议同时准备训练数据集和测试数据集。因为测试数据集的估计值比统计公式更能代表生产模型的性能。

F-统计量及其 p-值

F-统计量类似于此前在图 7 11 所看到的回归系数的 t-值。正如 t-值用于计算系数的 p-值一样，F-统计量用于计算模型拟合的 p-值。它的名称源于 F-检验，它用于检查两个方差是否有明显的不同——这里的两个方差指的是由常数模型预测的残差方差与由线性模型预测的残差方差。与之对应的 p-值是一个概率的估计，即如果问题中的这两个方差实际上相同，那么我们观察到的 "F-统计量相同或更大"。所以这个 p-值应该小(常见阈值：小于 0.05)。

在我们的示例中，F-统计量的 p-值非常小(<2.2e-16)：该模型比常数模型解释了更多的方差，这种优势应该不是由于抽样误差引起的。

解释模型的显著性

大多数线性回归检验，包括对回归系数和模型显著性的检验，都是基于误差项或者说残差是正态分布的这一假设。通过图表来考查或使用分位数分析来确定该回归模型是否适用是非常重要的。

7.1.6 线性回归要点

线性回归是预测数值量的常用的统计建模方法。它很简单，其优点是模型系数经常可以用作建议。关于线性回归，需记住以下几点：

- 线性回归假设输出是输入变量的线性组合。因此，当该假设接近事实时，效果最佳，但即使事实并非如此，它的预测也相当好。
- 如果想将模型的回归系数用作建议，则应只相信那些在统计上具有显著性的系数。
- 系数量级过大、系数估计上的标准误差过大以及系数上的符号错误都将预示输入具有相关性。
- 即使存在相关的变量，线性回归也可以比较好地进行预测，但是相关变量的存在会降低所给出建议的质量。
- 当涉及的变量很多或类别型变量有大量的类别值时，线性回归将遇到麻烦。
- 尽管线性回归程序包中带有一些可用的、内置的最佳诊断程序，但最有效的安全检查方式仍然是在测试数据上重新检查所构建的模型。

7.2　使用逻辑回归

逻辑回归是广义线性模型中一类最重要(也最常用的)的成员。与线性回归不同，逻辑回归可以直接预测限于(0，1)区间的值，例如概率。它是预测概率或比率的首选方法，就像线性回归一样，逻辑回归模型的系数也可以作为建议。对于二元分类问题，它也是较好的首选方案。

本节中，我们将使用一个医学分类示例(预测一个新生儿是否需要额外的医疗护理)来逐步演示建立和使用逻辑回归模型的所有步骤。[1]

同线性回归模型一样，在处理这个重要的示例之前，先快速地简介一下逻辑回归。

7.2.1　理解逻辑回归

示例　假设你要根据航班的始发地、目的地、天气和航空公司等因素来预测航班是否会延误。对于任一个航班 i，你都要基于 origin[i]、destination[i]、weather[i]和 air_carrier[i]来预测 flight_delayed[i]。

我们想使用线性回归来预测 i 航班延误的概率，但概率是严格地位于 0:1 范围内，而线性回归的预测值并不限制在该范围内。

一种想法是找到一个在-Infinity:Infinity 范围内的概率函数，拟合一个线性模型来预测其数值，然后根据模型预测值求解出适合的概率。由此，我们转向另一思路：考虑航班延迟的发生几率(odds)或考虑航班延迟的概率与未延迟的概率的比值，而不是预测航班延迟的概率。

```
odds[flight_delayed] = P[flight_delayed == TRUE] / P[flight_delayed =
           = FALSE]
```

这个发生几率函数的范围不是-Infinity:Infinity，而只能是非负数。但是我们可以取发生几率的对数"log-odds"来获得-Infinity:Infinity 范围内的概率函数。

```
log_odds[flight_delayed] = log(P[flight_delayed == TRUE] / P[flight_delayed =
    = FALSE])

Let: p = P[flight_delayed == TRUE]; then
log_odds[flight_delayed] = log(p / (1 - p))
```

1　逻辑回归通常用于分类，但是逻辑回归及其近亲 β 回归也可用于估计比率。事实上，R 语言的标准函数 glm()调用除了预测分类外，还可以预测 0 到 1 之间的数值。

请注意，如果航班延误的可能性大于准点的可能性，那么 odds 比值将大于 1；如果航班延误的可能性小于准点的可能性，则 odds 比值将小于 1。因此，如果航班延误的可能性更大，那么 log-odds 是正数；如果航班准时的可能性更大，那么 log-odds 是负数；如果延误的机会为 50 比 50，则 log-odds 为 0。如图 7.12 所示。

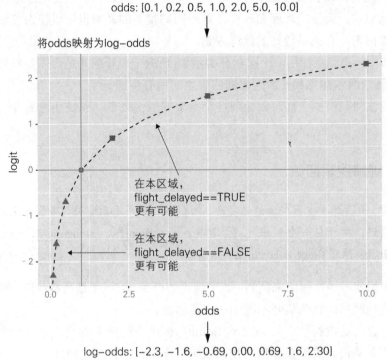

图 7.12　将航班延误的发生几率映射为对数几率

概率 p 的 log-odds 也称为 logit(p)。logit(p)的反函数是"sigmoid"函数，如图 7.13 所示。sigmoid 函数将-Infinity:Infinity 范围内的值映射为 0:1 范围值——本例中，sigmoid 函数将无限范围的 log-odds 比值映射为 0 和 1 之间的概率值。

```
logit <- function(p) { log(p/(1-p)) }
s <- function(x) { 1/(1 + exp(-x))}

s(logit(0.7))
# [1] 0.7

logit(s(-2))
# -2
```

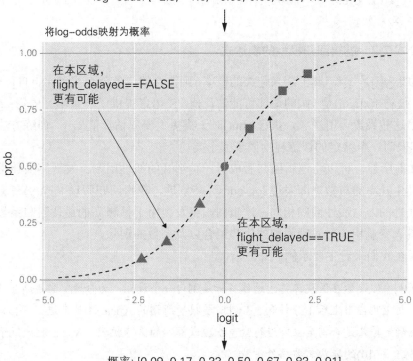

log-odds: [−2.3, −1.6, −0.69, 0.00, 0.69, 1.6, 2.30]

概率: [0.09, 0.17, 0.33, 0.50, 0.67, 0.83, 0.91]

图 7.13　通过 sigmoid 函数将 log-odds 映射为航班延误的概率

现在，我们可以尝试对航班延误的 log-odds 用线性模型进行拟合：

```
logit(P[flight_delayed[i] == TRUE]) = b0 + b_origin * origin[i] + ...
```

但是，我们真正感兴趣的是航班延误的概率。为此，我们对两边使用 sigmoid 函数 s()：

```
P[flight_delayed[i] == TRUE] = s(b0 + b_origin * origin[i] + ...)
```

这是航班将会延误的概率的逻辑回归模型。前面的推导似乎是随机的，但是如大家所知，在使用 logit 函数进行概率转换后会得到一些我们想要的特征。例如，像我们在线性回归中所做的，它可以让所有数值都是正的(将在 7.2.3 节介绍)。

一般地，我们假设 y[i]是对象 i 的类：其值为 TRUE 或 FALSE；表示航班要么延迟(delayed)要么准时(on_time)。而且，我们假设 x[i,]是一行输入，我们将其中的一个类称为"感兴趣的类"或目标类，它是我们要预测的类(预测目标是否为 TRUE 或者所预测的航班是否属于 delayed 类)。之后，逻辑回归尝试找到一个拟合函数 f(x)，使得

```
P[y[i] in class of interest] ~ f(x[i,]) = s(a + b[1] * x[i,1] + ... + b[n] *
  x[i,n])
```

公式 7.2　逻辑回归模型的表达式

如果 y[i]是 x[i,]属十感兴趣类的概率，则拟合的任务就是找到 a、b [1]、……、b [n]，使得 f(x[i,])是 y[i]的最佳可能估计值。R 语言提供了一条单行语句：glm()[1] 来求出这些系数。请注意，执行 glm()时无需提供概率估计值 y[i]；训练方法只需要 y[i]表明一个给定的训练样本属于哪个类。

如前所述，可以将逻辑回归看成另一种形式的线性回归：发现感兴趣类别概率的发生几率的对数，即发现 log-odds。特别地，逻辑回归假设 logit(y)在 x 的值中是线性的。与线性回归相同，逻辑回归将发现用于预测 y 的最佳回归系数，包括当输入变量相关时发现系数的优势组合以及系数的剔除。

现在我们来看主要示例。

示例　假设你在医院工作。总体目标是制订一个计划，为分娩室配备新生儿急救设备。新生儿在出生后 1 分钟和 5 分钟时要接受所谓的 Apgar 测试来进行评估，该测试旨在确定婴儿是否需要立即进行紧急护理或额外的医疗护理。Apgar 测试低于 7 分 (分值从 0 到 10)的婴儿需要格外注意。

这种有风险的婴儿很少见，因此医院不想为每次分娩都配备额外的急救设备。另一方面，高危婴儿可能需要迅速得到关注，因此主动为恰好需要的分娩提供资源可以挽救生命。该项目的任务是建立一个模型，提前识别出具有较高风险概率的情况，以便合理地分配资源。

我们将使用一个示例数据集，这些示例数据集来源于公开使用的 2010 CDC 的生育数据文件(http://mng.bz/pnGy)。该数据集记录了在 50 个州和哥伦比亚特区注册的所有美国出生婴儿的统计数据，包括有关父母的数据以及分娩的数据。在一个名为 sdata 的数据框中，包含 26 000 个新生儿数据[2]。我们使用所添加的随机分组列将数据分为训练集和测试集(如代码清单 7.7 所示)，利用这个分组比率我们能够进行可重复的实验。

1　逻辑回归可用于分类出任意数量的类别（只要各个类别是不相交的并且涵盖所有概率：每个 x 都必须属于给定类别之一）。但 glm()仅处理两个类别的情况，因此我们的讨论仅针对这种情况。

2　我们预先准备的文件位于 https://github.com/WinVector/PDSwR2/tree/master/CDC/NatalRiskData.rData；我们还提供了一个脚本文件(https://github.com/WinVector/PDSwR2/blob/master/CDC/PrepNatalRiskData.R)，该脚本准备的数据框是从完整的出生数据集中抽取的。相关详细内容，请参见 https://github.com/WinVector/PDSwR2/blob/ master/CDC/README.md。

代码清单 7.7　加载 CDC 数据

```
load("NatalRiskData.rData")
train <- sdata[sdata$ORIGRANDGROUP <= 5 , ]
test <- sdata[sdata$ORIGRANDGROUP > 5, ]
```

表 7.1 列出了将要使用的数据集的列。因为我们的目标是提前预测有风险的婴儿，所以我们将变量限制为那些在分娩前即已知其值或在分娩期间可以确定其值的变量。例如，有关母亲的体重和健康史的事实就是有用的输入变量，但像婴儿出生时的体重这种出生后才能得到的事实就是无用的。当论证了模型能够在分娩室(根据协议或检查列表)及时修改后，我们可以把像臀位分娩等分娩并发症考虑进来，以便在产前配备好急救资源。

表 7.1　出生数据集中的一些变量

变　　量	类　　型	描　　述
atRisk	逻辑型	如果 5 分钟时的 Apgar 得分<7，则为 TRUE；否则为 FALSE
PWGT	数值型	母亲的怀孕体重
UPREVIS	数值型(整型)	产前检查次数
CIG_REC	逻辑型	如果是吸烟者为 TRUE；否则为 FALSE
GESTREC3	类别型	分为两类：<37 周(早产儿)和>＝37 周
DPLURAL	类别型	胞胎数，分三类：单胞胎/双胞胎/三胞胎及以上
ULD_MECO	逻辑型	如果羊水胎粪中度/重度污染则为 TRUE
ULD_PRECIP	逻辑型	如果是明显的分娩时间(少于 3 个小时)则为 TRUE
ULD_BREECH	逻辑型	如果是臀位(骨盆先出)分娩则为 TRUE
URF_DIAB	逻辑型	如果母亲患有糖尿病则为 TRUE
URF_PHYPER	逻辑型	如果母亲患有妊娠高血压，则为 TRUE
URF_ECLAM	逻辑型	如果母亲经历过子痫，患有与妊娠有关的癫痫，则为 TRUE

现在我们已为构建该模型做好了准备。

7.2.2　构建逻辑回归模型

在 R 语言中，构建逻辑回归模型的函数是 glm()，它是由 stats 程序包提供的。本示例中，因变量 y 对应逻辑型(或布尔型)变量 atRisk；表 7.1 中的所有其他变量均为自变量 x。使用这些变量构建用于预测 atRisk 的模型的公式很长，手动输入比较麻烦。可以使用程序包 wrapr 中的 mk_formula()函数来生成该公式，如代码清单 7.8 所示。

代码清单 7.8　构建模型的公式

```
complications <- c("ULD_MECO","ULD_PRECIP","ULD_BREECH")
riskfactors <- c("URF_DIAB", "URF_CHYPER", "URF_PHYPER",
                 "URF_ECLAM")
y <- "atRisk"
x <- c("PWGT",
       "UPREVIS",
       "CIG_REC",
       "GESTREC3",
       "DPLURAL",
       complications,
       riskfactors)
library(wrapr)
fmla <- mk_formula(y, x)
```

如代码清单 7.9 所示，我们使用训练数据集构建这个逻辑回归模型。

代码清单 7.9　拟合逻辑回归模型

```
print(fmla)

## atRisk ~ PWGT + UPREVIS + CIG_REC + GESTREC3 + DPLURAL + ULD_MECO +
##     ULD_PRECIP + ULD_BREECH + URF_DIAB + URF_CHYPER + URF_PHYPER +
##     URF_ECLAM
## <environment: base>

model <- glm(fmla, data = train, family = binomial(link = "logit"))
```

与调用 lm()的线性回归建模过程类似，逻辑回归的建模过程也需要一个附加的参数：family = binomial(link = "logit")。family 函数指定了因变量 y 的假设分布。在本例中，我们将 y 建模为二项式分布，或者硬币问题——其正面出现的概率取决于 x。link 函数将输出"链接"到一个线性模型——通过 link 函数传递到 y，然后将结果值建模为 x 值的线性函数。family 函数和 link 函数的不同组合会产生不同类型的广义线性模型(如 Poisson 或 probit)。本书中，我们仅讨论逻辑回归模型，因此我们只需要使用 logit 链接的二项式 family 函数。[1]

不要忘记 family 参数　如果没有显式地给出 family 参数，glm()会默认为标准的线性回归(如同 lm)。

family 参数可用于查看 glm()函数的多种不同结果。例如，选择 family = quasipoisson，可以选择一个"log"链接函数，这会使用预测值的对数与输入变量构建出一个线性模型。

这也是针对 7.1 节中的收入预测问题的另一种验证方法。然而，对于一个给定的问题，选择对数转换+线性模型还是 log-链接函数+广义线性模型，则是一个微妙的选择问题。log-链接函数将更好地预测总收入(无论收入高低，50 000 美元的误差的得分几乎相同)。对数变换方法能更好地预测相对收入(同样是 50 000 美元的误差，收入高的得分要比收入低的得分少)。

同以前一样，我们已经在对象 model 中存储了结果。

7.2.3　预测

使用逻辑模型进行预测与使用线性模型进行预测类似——都要使用 predict()函数。代码清单 7.10 中的代码将训练集和测试集的预测存储为相应数据框中的 pred 列。

代码清单 7.10　应用逻辑回归模型

```
train$pred <- predict(model, newdata=train, type = "response")
test$pred <- predict(model, newdata=test, type="response")
```

注意附加的参数 type = "response"。这告诉 predict()函数要返回被预测的概率 y。如果没有指定 type = "response"，那么默认情况下，predict()将返回 link 函数的输出，logit(y)。

逻辑回归的优点之一是它保留了训练数据的边际概率。这意味着，如果对整个训练集的预测概率的值求和，其结果将等于训练集中的正例(atRisk == TRUE)的数量。对于该模型中所包含的变量所确定的数据子集，这一结果仍成立。例如，如代码清单 7.11 所示，在训练数据的子集中，对于满足 train$GESTREC == "<37

---

[1]　函数 logit 对于二项式类型来讲是默认的，因此，调用 glm(fmla, data = train, family = binomial)函数很合适。为了便于讨论，我们在本示例中明确地给出了这个 link 函数。

weeks"(即新生儿为早产儿)的子集,预测概率的累加和等于正的训练示例的数量(参见示例 http://mng.bz/j338)。

代码清单 7.11　通过逻辑回归保留边际概率

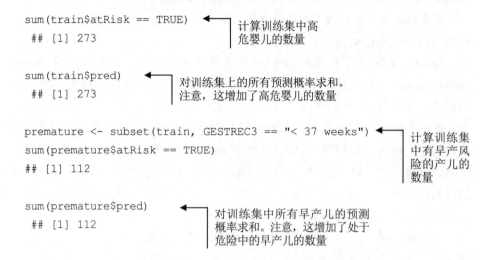

```
sum(train$atRisk == TRUE)
 ## [1] 273
```
计算训练集中高危婴儿的数量

```
sum(train$pred)
 ## [1] 273
```
对训练集上的所有预测概率求和。注意,这增加了高危婴儿的数量

```
premature <- subset(train, GESTREC3 == "< 37 weeks")
sum(premature$atRisk == TRUE)
## [1] 112
```
计算训练集中有早产风险的产儿的数量

```
sum(premature$pred)
 ## [1] 112
```
对训练集中所有早产儿的预测概率求和。注意,这增加了处于危险中的早产儿的数量

由于逻辑回归保留边际概率,因此我们可知该模型在某些情况下的预测结果与训练数据是一致的。当我们把模型应用于与训练数据有相似分布的未来数据时,它应该返回与该数据一致的结果:预测出有风险的婴儿的正确概率数以及关于婴儿特征的正确分布。然而,如果将模型应用于数据分布有很大差异的未来数据(例如,有风险的婴儿的比例较高),则该模型很可能预测不准。

刻画预测质量

如果我们的目标是使用该模型将新的示例分类成两种类别之一(本例中为"有风险"或"无风险"),就希望该模型的正例得分高,而负例得分低。正如 6.2.5 节中讨论的那样,我们可以通过绘图表达正例和负例的得分分布来检查是否如此。让我们在训练集上执行此操作(我们也应该对测试集绘制此图,以确保针对测试集的预测达到训练集的类似质量,如代码清单 7.12 所示)。

代码清单 7.12　由已知结果得出的预测值得分的分布图

```
library(WVPlots)
DoubleDensityPlot(train, "pred", "atRisk",
                  title = "Distribution of natality risk scores")
```

其结果如图 7.14 所示。理想情况下，我们希望得分的分布是分离的，即负例 (FALSE)的得分分布集中在左侧，而正例的得分分布集中在右侧。我们在前面的图 6.15(复制过来成图 7.15)中，展示了一个正例和负例分布很好地分开的分类器示例(垃圾邮件过滤器)。对于新生儿出生的风险模型，两种分布都集中在左侧，这意味着正例和负例的得分均低。这也不奇怪，因为正例(有风险的婴儿)是罕见的(大约占数据集中所有出生婴儿的 1.8%)。负例的得分分布比正例的得分分布降得更快。这意味着该模型确实在数据中识别出了高危新生儿的比率高于新生儿平均值的子群体，如图 7.14 所示。

要使用该模型作为分类器，必须选择一个阈值：高于该阈值的得分将被作为正例，低于该阈值的得分将被作为负例。在选择阈值时，就要努力在分类器的准确率(预测为正例且有多少是真的正例)和召回率(该分类器发现了多少真的正例)之间寻求平衡。

如果正例和负例的得分分布能像图 7.15 那样很好地分开，就能在两个峰之间的"谷底"选择一个合适的阈值。在本例中，这两个分布并不能很好地分开，这表明该模型不能构建一个能同时取得好的召回率和好的准确率的分类器。

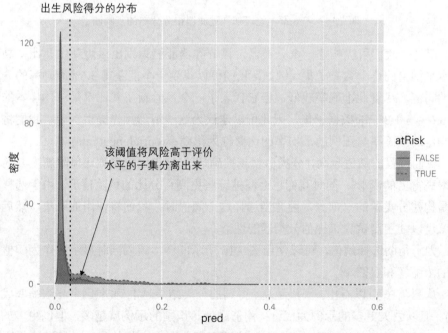

图 7.14　正例(TRUE)和负例(FALSE)的得分分布

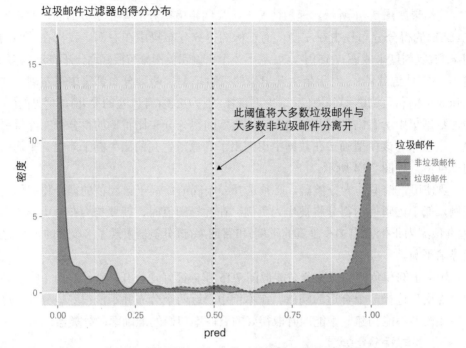

图 7.15　第 6 章中垃圾邮件过滤器得分分布的复制图

　　但是，我们可以构建一个分类器，该分类器能够识别出风险新生儿比率高于样本平均值的一个数据子集。例如，我们可以找到一个能获得 3.6%准确率的分类器的阈值。尽管此准确率较低，但它代表了一个风险新生儿比率是总体样本的两倍(3.6%与 1.8%)的数据子集，因此可以建议为这些情形预先提供资源。我们将该分类器的准确率与正例的平均率的比率称为浓缩率(enrichment rate)。

　　我们设置的阈值越高，分类器就越准确(我们将识别一系列比风险新生儿的平均率高得多的情形)；同时我们也会漏掉一些更高百分比的风险情形。由于选择阈值是构建分类器的一部分，因此当选择这个阈值时，我们将使用训练集。然后我们就可以使用测试集来评估分类器的性能。

　　为了帮助选择阈值，可以使用图 7.16 所示的图，该图同时显示了作为阈值函数的浓缩率和召回率。

　　从图 7.16 可以看出，阈值越高、得到的分类结果越准确(准确率与浓缩率成正比)，但以丢失更多的示例为代价；阈值越低、识别的示例就越多，但以更多的假阳性为代价(较低的准确率)。准确率/浓缩率和召回率之间的最佳权衡取决于医院可分配多少资源，以及在分类器出错的情况下，医院可以保证储备(或重新分配)多少资源。阈值设为 0.02(在图 7.16 中用虚线标记)可能是一个不错的权衡。由此生成的分类器能识别出一个人口子集，其出生风险率是总体人口样本的 2.5 倍，这些风险情形占所有真实风险情形的大约一半。

针对新生儿模型浓缩率/召回率与阈值的关系

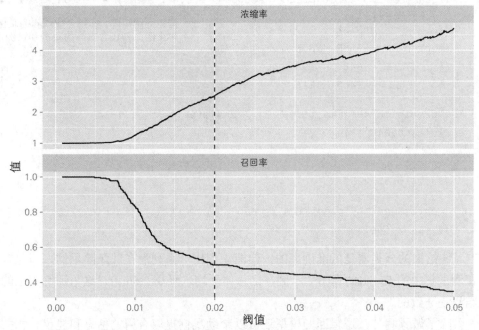

图 7.16　针对训练集绘制出浓缩率(上图)和召回率(下图)与阈值的函数关系

可以使用 WVPlots 程序包中的 PRTPlot()函数来生成图 7.16，如代码清单 7.13 所示。

代码清单 7.13　探索建模的权衡

```
library("WVPlots")
library("ggplot2")
plt <- PRTPlot(train, "pred", "atRisk", TRUE,      调用 PRTPlot()，其中 pred 是预
                                                   测列，atRisk 是真实结果的输
       plotvars = c("enrichment", "recall"),       出列，TRUE 是感兴趣的类
       thresholdrange = c(0,0.05),
       title = "Enrichment/recall vs. threshold for natality model")
plt + geom_vline(xintercept = 0.02, color="red", linetype = 2)

增加一行标识
阀值=0.02
```

正如 6.2.3 节中讨论的那样，一旦选择了一个合适的阈值，便可以通过查看混淆矩阵来评估所生成的分类器。如代码清单 7.14 所示，我们使用测试集来评估阈值为 0.02 的分类器。

代码清单 7.14 评估所选模型

```
( ctab.test <- table(pred = test$pred > 0.02, atRisk = test$atRisk) )
##           atRisk
## pred     FALSE    TRUE
##   FALSE   9487      93
##   TRUE    2405     116

( precision <- ctab.test[2,2] / sum(ctab.test[2,]) )
## [1] 0.04601349

( recall <- ctab.test[2,2] / sum(ctab.test[,2]) )
## [1] 0.5550239

( enrichment <- precision / mean(as.numeric(test$atRisk)) )
## [1] 2.664159
```

构建混淆矩阵。行包含被预测的负例和正例；列包含实际的负例和正例

该结果的分类器是低准确率的，但能识别出一系列潜在的风险示例，即包含在测试集中的 55.5%的真阳性示例，比总体平均水平高 2.66 倍。这与训练集上的结果是一致的。

除了做预测外，逻辑回归模型还可以帮助我们提取有用的信息和建议。相关内容将在下一节中介绍。

7.2.4 从逻辑回归模型中发现关系并提取建议

逻辑回归模型的系数将对输入变量和输出之间的关系进行编码，该编码方法类似于线性回归模型的系数编码方法。通过调用 coefficients (model)可以获得该模型的系数，如代码清单 7.15 所示。

代码清单 7.15 模型系数

```
coefficients(model)
##          (Intercept)                 PWGT
##          -4.41218940           0.00376166
##              UPREVIS          CIG_RECTRUE
##          -0.06328943           0.31316930
##   GESTREC3< 37 weeks  DPLURALtriplet or higher
##           1.54518311           1.39419294
##          DPLURALtwin          ULD_MECOTRUE
##           0.31231871           0.81842627
```

```
##                    ULD_PRECIPTRUE              ULD_BREECHTRUE
##                       0.19172008                  0.74923672
##                    URF_DIABTRUE                URF_CHYPERTRUE
##                      -0.34646672                  0.56002503
##                    URF_PHYPERTRUE              URF_ECLAMTRUE
##                       0.16159872                  0.49806435
```

统计上显著的[1]负系数对应于一些变量——这些变量与正例结果(有危险的婴儿)出现的几率(以及由此产生的概率)负相关。统计上显著的正系数则与负例结果出现的几率正相关。

与线性回归一样,每个类别型变量均扩展为一组指示变量。如果原始变量有 n 个类别值,则将有 n-1 个指示变量,剩下的一个类别值为参考类别值。

例如,变量 DPLURAL 有 3 个类别值,分别为单胞胎、双胞胎和三胞胎及以上。逻辑回归模型有两个相应的系数:DPLURALtwin 和 DPLURALtriplet or higher。参考类别值是单胞胎。DPLURAL 的两个系数均为正,表明在其他所有变量都相同的情况下,多胞胎生育的风险几率高于单胞胎。

逻辑回归也不适用于变量数量庞大的情形 与线性回归一样,应避免处理有太多类别值的类别型变量。

对系数的解释

对逻辑回归的系数的解释比线性回归的要复杂一些。如果变量 x[, k]的系数为 b [k],则对于 x[, k]的每个单位变化,正例结果的几率都要乘以一个 exp(b[k])因子。

示例 假设一个具有某些特征的足月婴儿有风险的概率为 1%。该婴儿的风险几率为 p/(1-p),即 0.01/0.99 = 0.0101。那么具有相同特征的早产婴儿有风险的几率(及风险概率)是多少?

GESTREC3 <37 周(对于早产婴儿)的系数为 1.545183。因此,对于一个早产婴儿,在其他输入变量不变的情况下,有风险的几率要比足月出生的婴儿高 exp(1.545183)= 4.68883 倍。与我们假设的具有相同特征的足月婴儿相比,早产婴儿的风险几率为 0.0101 * 4.68883 = 0.047。

我们将公式 odds = p/(1 - p)求逆,求出 p 作为 odds 的函数:

```
p = odds * (1 - p) = odds - p * odds
```

---

1 我们将在下一节介绍如何检查统计显著性。

```
p * (1 + odds) = odds
p = odds/(1 + odds)
```

这个早产儿具有风险的概率为 0.047/1.047，大约是 4.5%，比同等条件的足月婴儿要高得多。

类似地，UPREVIS(产前检查次数)的系数约为－0.06。这意味着每次产前检查都会使风险婴儿的概率降低 exp(-0.06)或约 0.94。假设一个早产婴儿的母亲没有进行产前检查，在同样的情况下，如果一个婴儿的母亲进行了 3 次产前检查，那么该母亲生下风险婴儿的概率约为 0.047×0.94×0.94×0.94 = 0.039。这相当于 3.75%的风险概率。

所以，在这种情况下，通常的建议是：要特别注意早产儿(以及多胞胎新生儿)，并且鼓励准妈妈们定期进行产前检查。

7.2.5　解读模型摘要并刻画系数

如前所述，如果系数值是统计上显著的，那么关于系数值的结论是唯一值得信赖的。我们也要确保模型确实在解释某些情形。而模型摘要中的诊断将帮助我们确定有关模型质量的某些事实。这就要像以前一样调用 summary(model)，如代码清单 7.16 所示。

代码清单 7.16　模型摘要

```
summary(model)

## Call:
## glm(formula = fmla, family = binomial(link = "logit"), data = train)
##
## Deviance Residuals:
##     Min       1Q   Median       3Q      Max
## -0.9732  -0.1818  -0.1511  -0.1358   3.2641
##
## Coefficients:
##                          Estimate Std. Error z value Pr(>|z|)
## (Intercept)             -4.412189   0.289352 -15.249  < 2e-16 ***
## PWGT                     0.003762   0.001487   2.530 0.011417 *
## UPREVIS                 -0.063289   0.015252  -4.150 3.33e-05 ***
## CIG_RECTRUE              0.313169   0.187230   1.673 0.094398 .
## GESTREC3< 37 weeks       1.545183   0.140795  10.975  < 2e-16 ***
```

```
## DPLURALtriplet or higher  1.394193   0.498866   2.795 0.005194 **
## DPLURALtwin                0.312319   0.241088   1.295 0.195163
## ULD_MECOTRUE               0.818426   0.235798   3.471 0.000519 ***
## ULD_PRECIPTRUE             0.191720   0.357680   0.536 0.591951
## ULD_BREECHTRUE             0.749237   0.178129   4.206 2.60e-05 ***
## URF_DIABTRUE              -0.346467   0.287514  -1.205 0.228187
## URF_CHYPERTRUE             0.560025   0.389678   1.437 0.150676
## URF_PHYPERTRUE             0.161599   0.250003   0.646 0.518029
## URF_ECLAMTRUE              0.498064   0.776948   0.641 0.521489
## ---
## Signif. codes:  0 '***' 0.001 '**' 0.01 '*' 0.05 '.' 0.1 ' ' 1
##
## (Dispersion parameter for binomial family taken to be 1)
##
##     Null deviance: 2698.7 on 14211 degrees of freedom
## Residual deviance: 2463.0 on 14198 degrees of freedom
## AIC: 2491
##
## Number of Fisher Scoring iterations: 7
```

当然，在给出预测结果时可能有人想知道模型摘要中各元素的含义，因此我们将介绍这些字段的含义以及如何使用它们来解释模型。

原始模型调用

摘要的第一行是对 glm() 的调用：

```
Call:
glm(formula = fmla, family = binomial(link = "logit"), data = train)
```

此处用于检查我们是否使用了正确的训练集和正确的公式。也能证实我们使用了正确的 family 和 link 函数来生成逻辑模型。

偏差残差摘要

偏差残差类似于线性回归模型的残差：

```
Deviance Residuals:
    Min       1Q    Median       3Q       Max
-0.9732  -0.1818  -0.1511  -0.1358   3.2641
```

线性回归模型通过最小化残差平方和来求解，逻辑回归模型则是通过最小化残差偏差和来求解，这等同于在给定模型的条件下，使模型数据的对数似然估计值(将在本章后面讨论)最大化。

逻辑模型也能直接用于计算比率：给定几组相同的数据点(除结果外)，预测每组中正例的结果。这种数据称为分组数据。在分组数据的情况下，偏差残差可以作为模型拟合程度的诊断。这就是在摘要中包含偏差残差的原因。我们使用的是未分组的数据——训练集中的每个数据点都可能是唯一的。在未分组数据的情况下，使用偏差残差对模型的拟合程度进行诊断将不再有效，因此不再赘述。[1]

摘要系数表

逻辑回归的摘要系数表与线性回归的摘要系数表具有相同的格式：

```
Coefficients:
                          Estimate Std. Error  z value Pr(>|z|)
(Intercept)              -4.412189   0.289352  -15.249  < 2e-16 ***
PWGT                      0.003762   0.001487    2.530 0.011417 *
UPREVIS                  -0.063289   0.015252   -4.150 3.33e-05 ***
CIG_RECTRUE               0.313169   0.187230    1.673 0.094398 .
GESTREC3< 37 weeks        1.545183   0.140795   10.975  < 2e-16 ***
DPLURALtriplet or higher  1.394193   0.498866    2.795 0.005194 **
DPLURALtwin               0.312319   0.241088    1.295 0.195163
ULD_MECOTRUE              0.818426   0.235798    3.471 0.000519 ***
ULD_PRECIPTRUE            0.191720   0.357680    0.536 0.591951
ULD_BREECHTRUE            0.749237   0.178129    4.206 2.60e-05 ***
URF_DIABTRUE             -0.346467   0.287514   -1.205 0.228187
URF_CHYPERTRUE            0.560025   0.389678    1.437 0.150676
URF_PHYPERTRUE            0.161599   0.250003    0.646 0.518029
URF_ECLAMTRUE             0.498064   0.776948    0.641 0.521489
---
Signif. codes:  0 '***' 0.001 '**' 0.01 '*' 0.05 '.' 0.1 ' ' 1
```

表中各列所代表的含义如下：

- 系数
- 该系数的估计值
- 该估计值的上下误差
- 估计的系数值与 0 之间的符号距离(使用标准误差作为距离的单位)

---

1 详见 Daniel Powers 和 Yu Xie, *Statistical Methods for Categorical Data Analysis*, 2nd ed, Emerald Group Publishing Ltd., 2008。

- 在系数值实际为 0 的空假设下，看到一个系数值至少与我们观察到的值一样大的概率

最后那个值称为 p-值或显著性，它告诉我们是否应该相信这个估计的系数值。通常的做法是假定 p-值小于 0.05 的系数是可靠的，尽管一些研究人员偏好更严格的阈值。

对于这些出生数据，我们可以从系数摘要中看到，早产儿和多胞胎是预示新生儿需要额外医疗护理的重要预测指标：该系数的量级是不可忽略的，其 p-值表明了它的显著性。其他影响结果的变量包括：

- PWGT——母亲的孕前体重(母亲体重越大表明风险越高)
- UPREVIS——产前检查的次数(检查次数越多，风险越低)
- ULD_MECOTRUE——羊水中的胎粪污染
- ULD_BREECHTRUE——出生时的臀位

母亲的吸烟与分娩风险之间可能存在正相关性，但该数据并未明确表现出这一点。而其他变量也均未表现出与分娩风险有强相关性。

显著性不足可能意味着有共线性的输入变量

与线性回归相同，逻辑回归也能利用共线性(或有相关关系)的输入变量来很好地进行预测，但是这种相关性可能会掩盖好的建议。

为了让读者切身体会这一点，我们在数据集 sdata 中保留了以克为单位的新生儿的体重数据。它以 DBWT 列的形式出现在测试数据和训练数据中。除了所有其他变量外，如果尝试将 DBWT 列加到逻辑回归模型中，那么我们会发现新生儿体重的系数是显著的、不可忽略的(对预测有重大影响)，并且与风险呈负相关。DPLURALtriplet or higher 的系数则显得不重要，GESTREC3<37 weeks 的系数量级也小得多。这是因为低体重的新生儿与早产和多胞胎相关。在这 3 个相关的变量(新生儿体重、是否早产儿、是否多胞胎)中，新生儿体重是预测结果的一个最佳预测因子，因为已知"婴儿是三胞胎"不会增加额外的有用信息，而已知"婴儿是早产儿"也仅仅增加了少量的信息。

根据建模的目的——预先将急救资源分配到更需要的地方——出生体重并不是一个非常有用的变量，因为新生儿出生前我们不知道其体重。但可以预先知道它是早产儿还是多胞胎，因此使用 GESTREC3 和 DPLURAL 代替 DBWT 作为输入变量更合适。

其他可能的共线性输入变量也许包括带有错误符号的系数和具有巨大标准误差的系数量级。

模型总体质量摘要

摘要的下一部分包含模型质量的统计信息：

```
Null deviance: 2698.7 on 14211 degrees of freedom
Residual deviance: 2463.0 on 14198 degrees of freedom
AIC: 2491
```

空偏差和残差偏差

偏差是衡量模型对数据拟合程度的一种度量机制。对于一个给定模型，它是数据集的负对数似然的两倍。正如之前在 6.2.5 节中所述，对数似然的思想是：正例 y 在模型下应该有很高的发生概率 py；负例应该有较低的发生概率(换句话说，(1- py)应该较大)。对数似然函数对预测结果 y 与预测概率 py 之间的匹配给予奖励，而对不匹配给予惩罚(即针对负例，如果 py 高则惩罚之，反之亦然)。

如果认为偏差与方差相似，那么空偏差类似于正例的平均率附近的数据方差。残差偏差则类似于模型周围数据的方差。与方差一样，相比于空偏差，我们希望残差偏差尽量小。而模型摘要显示了训练数据集中模型的偏差和空偏差，我们要能(也应该)根据测试数据计算出它们。如代码清单 7.17 所示，我们计算出训练集和测试集的偏差。

代码清单 7.17　计算偏差

这是计算一个数据集的对数似然的函数。变量 y 是数值型的输出(1 为正例，0 为负例)。变量 py 是 y==1 的预测概率

```
loglikelihood <- function(y, py) {
    sum(y * log(py) + (1-y)*log(1 - py))
}
```

计算数据集中正例的比率

```
(pnull <- mean(as.numeric(train$atRisk)) )
## [1] 0.01920912
```

计算空偏差

```
(null.dev <- -2 *loglikelihood(as.numeric(train$atRisk), pnull) )
## [1] 2698.716
```

对于训练数据集，空偏差存储在 model$null.deviance 插槽中

```
model$null.deviance
## [1] 2698.716
```

在训练数据上对概率进行预测

```
pred <- predict(model, newdata = train, type = "response")
(resid.dev <- -2 * loglikelihood(as.numeric(train$atRisk), pred) )
## [1] 2462.992
```

在训练数据上计算模型的偏差

```
model$deviance
## [1] 2462.992
```

对于训练数据集，模型偏差存储
在 **model$deviance** 插槽中

```
testy <- as.numeric(test$atRisk)
testpred <- predict(model, newdata = test,
                    type = "response")
( pnull.test <- mean(testy) )
## [1] 0.0172713

( null.dev.test <- -2 * loglikelihood(testy, pnull.test) )
## [1] 2110.91

( resid.dev.test <- -2 * loglikelihood(testy, testpred) )
## [1] 1947.094
```

在测试数据集上计算
空偏差和残差偏差

伪 R-平方

一种基于偏差的有用的拟合优度度量是伪 R-平方：1－(dev.model/dev.null)。伪 R-平方类似于线性回归中的 R-平方度量。它用来度量有多少偏差能被模型"解释"。理想情况下，伪 R-平方应该接近于 1。下面为测试数据和训练数据计算伪 R-平方，如代码清单 7.18 所示。

代码清单 7.18　计算伪 R-平方

```
pr2 <- 1 - (resid.dev / null.dev)

print(pr2)
## [1] 0.08734674
pr2.test <- 1 - (resid.dev.test / null.dev.test)
print(pr2.test)
## [1] 0.07760427
```

该模型仅仅解释了 7.7%～8.7%的偏差，它不是一个好的预测模型(从图 7.14 就能看出这一点)。这表明我们仍然没有识别出实际上用于预测分娩风险的所有因素。

模型的显著性

此外，我们能够使用空偏差和残差偏差来检查：模型的概率预测从统计学上是否优于仅凭猜测得到的正例的平均比率。换句话说，模型的偏差的减少是有意义的，还是只是偶尔观察到的？这类似于计算出线性回归中报告的 F 检验统计和相关的 p-值。针对逻辑回归，我们将执行的测验是卡方(chi-squared)检验，因此，需要知道空模型和实际模型的自由度(已在摘要中给出)。空模型的自由度是数据点数减去 1：

```
df.null = dim(train)[[1]] - 1
```

执行拟合的模型的自由度是数据点数减去模型中系数的个数：

```
df.model = dim(train)[[1]] - length(model$coefficients)
```

如果训练集中的数据点的个数多，并且 df.null-df.model 小，那么偏差之差 null.dev-resid.dev 与我们所观察到的差异一样大，其概率分布就近似于自由度为 df.null-df.model 的卡方分布。具体如代码清单 7.19 所示。

代码清单 7.19 计算观察到的拟合的显著性

```
( df.null <- dim(train)[[1]] - 1 )          ◄── 空模型具有(数据
## [1] 14211                                     点数-1)的自由度


( df.model <- dim(train)[[1]] - length(model$coefficients) )  ◄──
## [1] 14198
                                            拟合模型具有(数据点数
                                            -系数个数)的自由度

( delDev <- null.dev - resid.dev )          ◄── 计算偏差之差和自
 ## [1] 235.724                                  由度之差
( deldf <- df.null - df.model )
## [1] 13
( p <- pchisq(delDev, deldf, lower.tail = FALSE) )  ◄──
 ## [1] 5.84896e-43
                                            使用卡方分布估计看到所
                                            观察到的偏差的差异在空
                                            模型(p 值)之下的概率
```

这个 p-值非常小，所以我们偶然看到这种偏差急剧减少(偏差的差异如此之大)的情况是极不可能发生的。这意味着(但并不确定)：该模型在数据中发现了有用的模式。

拟合优度与显著性的对比

值得注意的是，我们构建的模型是一个合理的模型，而不是一个完备的模型。其 p-值很好，表明该模型是合理的：它预测训练数据中存在分娩风险，且预测的质量高而且也不是纯偶然的。其伪 R-平方较差，这意味着该模型没有为我们提供足够的信息量，无法高效地区分低分娩风险和高分娩风险。

　　(在训练数据上)有好的伪 R-平方，却有差的 p-值也是可能的。这是过拟合的标志。因此，同时对训练数据和测试数据检查模型的伪 R-平方是个好主意，或者说这样做更好。

AIC(赤池信息量准则)

　　模型摘要给出的最后一个度量指标是 AIC(Akaike Information Criterion)，或称赤池信息量准则。 AIC 是根据系数的数量调整的对数似然估计值。正如在线性回归中，变量个数较多时，R-平方通常也会更高一样，逻辑回归中的对数似然估计值也随着变量个数的增加而增加，如代码清单 7.20 所示。

代码清单 7.20　计算 AIC

```
aic <- 2 * (length(model$coefficients) -
        loglikelihood(as.numeric(train$atRisk), pred))
aic
## [1] 2490.992
```

　　AIC 通常用于决定在模型中使用哪些输入变量以及使用多少输入变量。如果在相同的训练集上使用不同变量集训练许多不同的模型，那么可以认为 AIC 值最低的模型是最佳的拟合模型。

Fisher(菲舍尔)打分迭代次数

　　模型摘要的最后一行是 Fisher 打分迭代的次数：

```
Number of Fisher Scoring iterations: 7
```

　　Fisher 打分方法是一种迭代优化的方法，它类似于 Newton(牛顿法)，即 glm() 用来发现逻辑回归模型的最佳系数。它应该经过大约 6～8 次迭代后会收敛。如果迭代次数超过这个数，则该算法可能不具有收敛性，该模型可能无效。

分离与准分离

　　不收敛的原因可能是分离或准分离：模型的某个变量或模型变量的某个组合在至少一个训练数据的一个子集上完美地预测出了结果。一般人会认为这是好事，但具有讽刺意味的是，当变量太强大时，逻辑回归反而失效。实际上，当 glm() 检测到分离或准分离时会发出告警：

```
Warning message:
glm.fit: fitted probabilities numerically 0 or 1 occurred
```

遗憾的是，某些情况下似乎没有发出警告，但却有其他警告信号：

- Fisher 迭代次数出奇得多
- 系数非常大，通常还具有极大的标准误差
- 残差偏差比空偏差更大

如果看到上述信号之一，那么这个模型就值得怀疑了。本章的最后一部分介绍了解决该问题的一种方法：正则化。

7.2.6　逻辑回归的要点

逻辑回归是二元分类的首选统计建模方法。与线性回归一样，逻辑回归模型的系数通常可以用来提出建议。关于逻辑回归，需要记住以下几点：

- 逻辑回归已得到很好的校准：它再现了数据的边缘概率。
- 伪 R-平方是关于拟合优度的一个有用的启发式度量指标。
- 逻辑回归在处理大量变量或具有大量类别值的类别型变量时，会出现麻烦。
- 即使在变量相关的情况下，逻辑回归也可以很好地进行预测，但变量相关性会降低建议的质量。
- 系数量级过大、系数估计值的标准误差过大以及系数的符号错误都可能是输入变量具有相关性的征兆。
- Fisher 迭代次数太多、系数过大且标准误差很大，可能表明逻辑回归模型不收敛，因此可能是无效的。
- glm()提供了良好的诊断功能，但是利用测试数据对模型进行重新检查仍然是最有效的诊断方法。

7.3　正则化

如前所述，系数量级过大和标准误差过大可能表明模型存在一些问题：线性模型或逻辑回归模型中有近似的共线变量，或者逻辑回归系统中存在分离或准分离。

近似共线的变量会导致回归求解器不必要地引入大的系数，这些系数经常彼此抵消，并且还具有较大的标准误差。分离/准分离会导致逻辑回归无法收敛到预期的结果。这是大系数和大标准误差的一个独立来源。

系数量级过大是不值得信赖的，同时在将该模型应用于新数据时还可能出现风险。每个系数的估计值都有一些测量噪声，而且大的系数其估计值中的这种噪

声会导致预测的较大变化(和较大的误差)。直观地讲，拟合近似共线变量的大系数必须在训练数据中相互抵消才能显示出所观察的变量对结果的影响。如果这些变量在未来的数据中无法用同样的方式相互抵消，就会对训练数据产生过拟合。

示例　假设 age 和 years_in_workforce 之间具有很强的相关性，而且当年龄大一岁/从业时间增长一年时，训练数据中的对数收入就会增加一个单位。如果模型中只有 years_in_workforce，则其系数约为 1。如果模型中还包含 age，会发生什么？

在某些情况下，如果模型中同时包含 age 和 years_in_workforce 两个系数，线性回归模型可能会赋给 years_in_workforce 和 age 这两个系数相反符号的较大的数值。例如，赋给 years_in_workforce 系数值为 99，age 系数值为 -98。这些大的系数会"相互抵消"以获得合理的效果。

即使没有共线变量，由于准分离，在逻辑模型中也会产生类似的效果。为了说明这一点，我们将在本节介绍一个更大的使用场景。

7.3.1　一个准分离的例子

示例　假设一个汽车检查站根据几个特征对汽车进行评级，包括负载能力和安全性评级。汽车评级为"非常好""好""可以接受"或"不可接受"。我们的目标是预测汽车是否无法通过审核，即获得不可接受的评级。

本例将再次使用第 2 章中使用的 UCI 机器学习资料库中的汽车数据。该数据集包含有关 1728 个汽车厂商的信息，涉及以下变量：

- car_price——(vhigh, high, med, low)
- maint_price——(vhigh, high, med, low)
- doors——(2, 3, 4, 5, more)
- persons——(2, 4, more)
- lug_boot——(small, med, big)
- safety——(low, med, high)

预测的结果变量是评级(vgood，good，acc，unacc)。

首先，我们读入数据并将其划分为训练数据和测试数据，如代码清单 7.21 所示。如果还未完成此任务，可以从 https://github.com/WinVector/PDSwR2/blob/master/UCICar/car.data.csv 处下载 car.data.csv 文件，并将该文件置于工作目录下。

代码清单 7.21   准备汽车数据

```
cars <- read.table(
  'car.data.csv',
  sep = ',',
  header = TRUE,
  stringsAsFactor = TRUE
)

vars <- setdiff(colnames(cars), "rating")     ◄──── 获取输入变量

cars$fail <- cars$rating == "unacc"

outcome <- "fail"     ◄──── 你想预测汽车是否获得
                            不可接受的评级

set.seed(24351)

gp <- runif(nrow(cars))     ◄──── 为测试训练分组创建分组变量
                                  (训练为70%，测试为30%)

library("zeallot")

c(cars_test, cars_train) %<-% split(cars, gp < 0.7)     ◄──── 
                           split()函数返回一个包含两个组的列
                           表，其中 gp < 0.7 == FALSE 那个组在
nrow(cars_test)            前面。zeallot 程序包的 %<-%操作采用
## [1] 499                 此列表并将它解压缩到名为 cars_test
                           和 cars_train 的变量中
nrow(cars_train)
## [1] 1229
```

要解决这个问题，我们首先想到的是使用简单的逻辑回归模型，如代码清单
7.22 所示。

代码清单 7.22   拟合逻辑回归模型

```
library(wrapr)
(fmla <- mk_formula(outcome, vars) )

## fail ~ car_price + maint_price + doors + persons + lug_boot +
## safety
## <environment: base>

model_glm <- glm(fmla,
          data = cars_train,
          family = binomial)
```

我们将看到 glm() 返回一个警告：

```
## Warning: glm.fit: fitted probabilities numerically 0 or 1 occurred
```

这个警告说明此问题是能够准分离的：一些变量的组合完美地预测了数据的一个子集。实际上，此问题非常简单，我们能够很容易地判定："安全评级低"完美地预示该汽车将无法通过审核(我们将其作为练习留给读者)。但是，即使汽车具有较高的安全评级，也可能会获得"不可接受"的评级，因此安全变量只预测了数据的一个子集。

如果查看模型的摘要(如代码清单 7.23 所示)，也可以发现这个问题。

代码清单 7.23　查看模型摘要

```
summary(model_glm)

##
## Call:
## glm(formula = fmla, family = binomial, data = cars_train)
##
## Deviance Residuals:
##      Min       1Q   Median       3Q      Max
## -2.35684  -0.02593  0.00000  0.00001  3.11185
##
## Coefficients:
##                   Estimate Std. Error  z value  Pr(>|z|)
## (Intercept)        28.0132  1506.0310    0.019  0.985160
## car_pricelow       -4.6616     0.6520   -7.150  8.67e-13 ***
## car_pricemed       -3.8689     0.5945   -6.508  7.63e-11 ***
## car_pricevhigh      1.9139     0.4318    4.433  9.30e-06 ***
## maint_pricelow     -3.2542     0.5423   -6.001  1.96e-09 ***
## maint_pricemed     -3.2458     0.5503   -5.899  3.66e-09 ***
## maint_pricevhigh    2.8556     0.4865    5.869  4.38e-09 ***
## doors3             -1.4281     0.4638   -3.079  0.002077 **
## doors4             -2.3733     0.4973   -4.773  1.82e-06 ***
## doors5more         -2.2652     0.5090   -4.450  8.58e-06 ***
## persons4          -29.8240  1506.0310   -0.020  0.984201
## personsmore       -29.4551  1506.0310   -0.020  0.984396
## lug_bootmed         1.5608     0.4529    3.446  0.000568 ***
## lug_bootsmall       4.5238     0.5721    7.908  2.62e-15 ***
## safetylow          29.9415  1569.3789    0.019  0.984778
## safetymed           2.7884     0.4134    6.745  1.53e-11 ***
## ---
```

← 变量 persons4 和 personsmore 的负数值显著偏大几个数量级，而且标准误差值也偏大

← 变量 safetylow 的正数值显著偏大几个数量级，而且标准误差值也偏大

```
## Signif. codes: 0 '***' 0.001 '**' 0.01 '*' 0.05 '.' 0.1 ' ' 1
##
## (Dispersion parameter for binomial family taken to be 1)
##
##     Null deviance: 1484.7 on 1228 degrees of freedom
## Residual deviance:  245.5 on 1213 degrees of freedom
## AIC: 277.5
##
## Number of Fisher Scoring iterations: 21)
```

该算法执行了很多次的
Fisher 打分迭代算法

变量 safetylow、persons4 和 personsmore 都具有异常高的量级和非常大的标准误差。如前所述，safetylow 始终对应于"不可接受的"这个评级，因此，safetylow 是不能通过审核的最有力的标识。但是，一些大型汽车(可容纳更多人的汽车)并不总是会通过审核。由此可以知道，该算法可能已经观察到，大型汽车往往更安全(获得了一个高于 safetylow 的安全评级)，因此它会使用 persons4 和 personsmore 两个变量来抵消 safetylow 这个过大的系数。

另外，可以看到 Fisher 打分迭代的次数异常多：该算法不收敛。

这个问题比较简单，因此模型在测试集上可以给出很好的预测。但是，通常当你看到有证据表明 glm() 没有收敛时，就不应再信任该模型了。

如代码清单 7.24 所示，为了与正则化算法进行比较，下面绘制逻辑回归模型的系数(图 7.17)。

代码清单 7.24　查看逻辑模型的系数

```
coefs <- coef(model_glm)[-1]
coef_frame <- data.frame(coef = names(coefs),
                    value = coefs)
library(ggplot2)
ggplot(coef_frame, aes(x = coef, y = value)) +
  geom_pointrange(aes(ymin = 0, ymax = value)) +
  ggtitle("Coefficients of logistic regression model") +
  coord_flip()
```

获取系数值(intercept
系数除外)

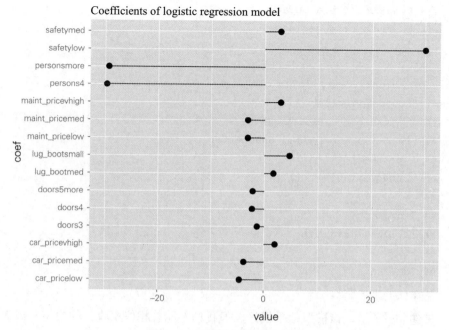

图 7.17 逻辑回归模型的系数

在图 7.17 中，指向右侧的系数与未通过审查评级是呈正相关的，而指向左侧的系数则与未通过审核评级是呈负相关的。

我们也能够在测试数据集上查看模型的性能，如代码清单 7.25 所示。

代码清单 7.25　逻辑模型的测试性能

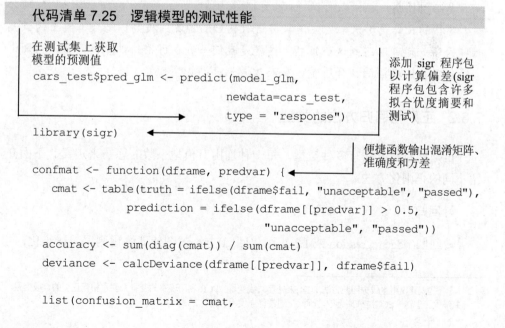

```
在测试集上获取
模型的预测值
cars_test$pred_glm <- predict(model_glm,
                              newdata=cars_test,
                              type = "response")
library(sigr)

confmat <- function(dframe, predvar) {
  cmat <- table(truth = ifelse(dframe$fail, "unacceptable", "passed"),
                prediction = ifelse(dframe[[predvar]] > 0.5,
                                    "unacceptable", "passed"))
  accuracy <- sum(diag(cmat)) / sum(cmat)
  deviance <- calcDeviance(dframe[[predvar]], dframe$fail)

  list(confusion_matrix = cmat,
```

添加 sigr 程序包以计算偏差(sigr 程序包包含许多拟合优度摘要和测试)

便捷函数输出混淆矩阵、准确度和方差

```
        accuracy = accuracy,
        deviance = deviance)
}

confmat(cars_test, "pred_glm")
## $confusion_matrix
##                 prediction
## truth          passed  unacceptable
##    passed         150             9
##    unacceptable    17           323
##
## $accuracy
## [1] 0.9478958
##
## $deviance
## [1] 97.14902
```

在这个例子里，该模型似乎很好。但我们不能总相信不收敛的模型，或者是系数过大的模型。

当遇到系数大得可疑且其标准误差也很大的情况时，无论是由于共线性还是准分离，我们都建议进行正则化[1]。正则化会增加模型惩罚力度，使模型的系数偏向 0。这使得模型求解器很难将系数扩展到不必要的大数值上。

关于过拟合

建模的目的是对未来的应用数据进行良好的预测。提高训练数据集上的预测性能并不一定可以达到这个目的。这就是我们一直在讨论的过拟合问题。正则化会降低对训练数据的拟合质量，从而改善未来的模型性能。

7.3.2 正则化回归方法的类型

正则化回归方法有多种类型，每一种均由对模型系数的惩罚来定义。下面介绍不同的正则化方法。

岭回归

岭回归(ridge regression 或 L2 正则化回归)方法试图使训练预测误差最小化，同

---

1 有些人建议用主成分回归方法(PCR)来处理共线变量。PCR 利用现有的变量来创建相互正交的合成变量，消除共线性。但该方法对准分离无效。因此，通常优先使用正则化方法。

时也会使系数的平方数量和最小化[1]。下面介绍正则化的线性岭回归。我们知道：
线性回归试图找到这样一个系数 b，使得下列方程式

```
f(x[i,]) = b[0] + b[1] x[i,1] + ... b[n] x[i,n]
```

在全部的训练数据集上尽可能地接近 y[i]。这可以通过最小化(y - f(x))^2(即 y 和 f(x)
之间的平方差之和)来实现。而岭回归方法则是试图找到一个 b 值，使得下列方程
式的值最小：

```
(y - f(x))^2 + lambda * (b[1]^2 + ... + b[n]^2)
```

其中，lambda> =0。当 lambda = 0 时，这个方程式就简化为通用的线性回归
方法；lambda 越大，算法就越难惩罚大系数。逻辑回归的正则化表达式也与此
类似。

岭回归是如何影响系数的

当输入变量近似共线时，岭回归便对所有的共线变量求平均。可以说"岭回
归发挥了平均的作用"。

例如，我们回顾使用年龄和从业年限这两个变量(这两个变量近似共线)来对对
数收入进行线性回归拟合的示例。在该例中，年龄大一岁/从业时间增长一年可以
使训练数据中的对数收入增加一个单位。

在这种情况下，岭回归可能会给变量 age 和 years_in_workforce 都分配一个系
数值 0.5，这样相加就产生了合理的预测结果。

lasso 回归

lasso 回归(或称为 L1 正则化回归)就是使训练预测误差最小化，同时也使系数
的绝对值之和最小化[2]。对于线性回归而言，就是使下式的值最小：

```
(y - f(x))^2 + lambda * ( abs(b[1]) + abs(b[2]) + .... abs(b[n]) )
```

lasso 回归是如何影响系数的？

当变量近似共线时，lasso 回归会将其中一个变量或多个变量变为 0。因此，
对于上述例子，lasso 回归将 years_in_workforce 的系数设为 1，而将 age 的系数设
为 0。[3]由于这个原因，通常将 lasso 回归作为变量选择的一种方式。lambda 越大，
就有越多的系数设为 0。

1　称为"系数向量的 L2 范数"，因此而得名。
2　或称为"系数向量的 L1 范数"。
3　如 Hastie 等人在 *The Elements of Statistical Learning* 第二版(Springer，2009)中指出的，将哪些相关
变量设为 0 在某种程度上是拍脑袋决定的。

弹性网(elastic net)

对于某些情况(如准分离)，岭回归解决方案可能是首选。而对于其他情况(例如有很多变量，而且其中许多变量还彼此相关)，lasso 回归可能才是首选。由于无法确定哪种方法最好，因此一种折衷方案就是将两者结合起来使用。这称为弹性网。使用弹性网的惩罚是岭回归的惩罚和 lasso 回归的惩罚的组合：

```
(1 - alpha) * (b[1]^2 + ... + b[n]^2) +
    alpha * ( abs(b[1]) + abs(b[2]) + .... abs(b[n]) )
```

当 alpha = 0 时，上式就简化为岭回归；而当 alpha = 1 时，就简化为 lasso 回归。而对于 0 和 1 之间的不同 alpha 值，我们可以在相关变量中求平均和仅保留变量的一个子集这两者中二选一。

7.3.3 使用 glmnet 程序包实现正则化回归

我们所讨论的各种类型的正则化回归都是由 R 语言中的 glmnet 程序包实现的。遗憾的是，glmnet 程序包使用的调用界面很不符合 R 风格。具体地说，它期望所输入的数据是一个数字矩阵而不是数据框。因此，我们将使用 glmnetUtils 程序包为这些函数提供更符合 R 风格的界面。

> **调用接口**
>
> 如果所有的建模过程都具有相同的调用接口，那是最理想的。lm()和 glm()程序包几乎做到了，而在 glmnetUtils 的帮助下，glmnet 与 R 的调用接口规范也更加兼容。
>
> 然而，要正确使用一种给定的方法，就必须了解一些有关它的特定约束和限制。这意味着即使所有建模方法都具有相同的调用接口，也需要研究其文档以了解如何正确使用它。

下面我们基于汽车评级预测问题比较一下各种不同的正则化方法。

岭回归解决方案

当减少输入变量的个数不会带来任何问题时，我们通常首选岭回归方法，因为我们认为它是一种更平滑的正则化方案，保留了对系数的全部解释(但请阅读本节后面的警告信息)。参数 alpha 说明了岭回归惩罚和 lasso 回归惩罚的组合(0 =岭回归惩罚，1 =lasso 回归惩罚)；因此对于岭回归，将 alpha 设置为 0。而参数 lambda 是正则化惩罚。

通常，由于我们不知道最好的 lambda 是多少，因此原始函数 glmnet::glmnet() 会尝试多个 lambda 值(默认为 100 个)，并返回对应于每个值的模型。另外，函数 glmnet::cv.glmnet()还会执行交叉验证以便找到 lambda 值(即针对一个给定的 alpha 值，该 lambda 值获得最小的交叉验证误差)，同时将其作为字段 lambda.min 返回。它也返回值 lambda.1se，这是最大的 lambda 值，其误差是高于最小值 1 个标准误差的范围内，如图 7.18 所示。

函数 glmnetUtils::cv.glmnet()能够让我们使用 R 语言的友好界面来调用交叉验证功能。

在使用正则化回归方法时，最好是对数据进行归一化处理，或对数据进行中心化和定标处理(请参阅第 4.2.2 节)。幸运的是，cv.glmnet()会在默认情况下执行此操作，如代码清单 7.26 所示。如果出于某种原因要关闭此功能(也许你已经对数据进行了归一化)，可使用参数 standardize = FALSE[1]。

代码清单 7.26　对岭回归模型进行拟合

```
library(glmnet)
library(glmnetUtils)

(model_ridge <- cv.glmnet(fmla,
                          cars_train,
                          alpha = 0,
                          family = "binomial"))
```

> 对于逻辑回归类的模型，使用 family ="binomial"；对于线性回归类的模型，使用 family ="gaussian"

```
## Call:
## cv.glmnet.formula(formula = fmla, data = cars_train, alpha = 0,
##      family = "binomial")
##
## Model fitting options:
##      Sparse model matrix: FALSE
##      Use model.frame: FALSE
##      Number of crossvalidation folds: 10
##      Alpha: 0
##      Deviance-minimizing lambda: 0.02272432 (+1 SE): 0.02493991
```

表中 model_ridge 给出的结果说明 lambda 对应于最小交叉验证误差(即偏差)——model_ridge$lambda.min。同时它也给出了 model_ridge$lambda.1se 的值。

1　有关 glmnetUtils::cv.glmnet()的帮助/文档，请见 help(cv.glmnet, package = "glmnetUtils")、help(cv.glmnet, package = "glmnet")和 help(glmnet, package = "glmnet")。

请注意，cv.glmnet()默认会返回 100 个模型，当然，我们实际上只想要一个"最好"的模型。如图 7.18 所示，当调用诸如 predict()或 coef()之类的函数时，默认情况下，cv.glmnet 模型对象会使用与 lambda.1se 对应的那个模型，因为一些人认为与 lambda.min 相比，lambda.1se 不太可能过拟合。

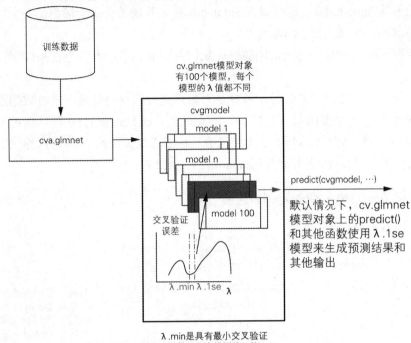

图 7.18　cv.glmnet()的示意图

下面，代码清单 7.27 对 lambda.1se 模型的系数进行查看。如果要查看与 lambda.min 对应的模型，用(coefs <- coef(model_ridge, s = model_ridge$lambda.min))替换代码清单中的第一行即可。

代码清单 7.27　查看岭回归模型的系数

```
(coefs <- coef(model_ridge))

## 22 x 1 sparse Matrix of class "dgCMatrix"
##                               1
## (Intercept)          2.01098708
```

```
## car_pricehigh      0.34564041
## car_pricelow      -0.76418240
## car_pricemed      -0.62791346
## car_pricevhigh     1.05949870
## maint_pricehigh    0.18896383
## maint_pricelow    -0.72148497
## maint_pricemed    -0.60000546
## maint_pricevhigh   1.14059599
## doors2             0.37594292
## doors3             0.01067978
## doors4            -0.21546650
## doors5more        -0.17649206
## persons2           2.61102897
## persons4          -1.35476871
## personsmore       -1.26074907
## lug_bootbig       -0.52193562
## lug_bootmed       -0.18681644
## lug_bootsmall      0.68419343
## safetyhigh        -1.70022006
## safetylow          2.54353980
## safetymed         -0.83688361
```

请注意，类别型变量 persons 的所有类别值都显示出来了(它们没有参考类别值)

```
coef_frame <- data.frame(coef = rownames(coefs)[-1],
                         value = coefs[-1,1])

ggplot(coef_frame, aes(x = coef, y = value)) +
  geom_pointrange(aes(ymin = 0, ymax = value)) +
  ggtitle("Coefficients of ridge model") +
  coord_flip()
```

　　注意，cv.glmnet()并没有在类别型变量中使用参考类别值：例如，coefs 矢量包含变量 persons2，persons4 和 personsmore，分别对应于 persons 变量的类别值 2、4 和 "more"。而本书 7.3.1 节中的逻辑回归模型使用了变量 persons4 和 personsmore，并使用了类别值值 2 作为参考类别值。正则化时使用所有变量类别值的好处是，系数量级的正则化趋向于 0 而不是趋向于一个(任意可能的)参考类别值。

　　我们可以在图 7.19 中看到，该模型不再有异常巨大的系数值。系数的方向表明，低安全评级、小型汽车以及很高的购买或维护价格能够用来正确地预测不可接受的评级。有人可能会怀疑小型汽车与低安全评级怎么会有关系呢？可能是图中的 safetylow 和 persons2 起了作用。

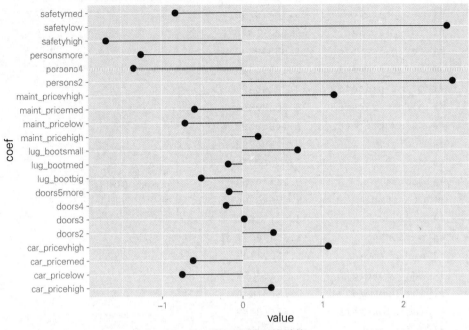

图 7.19　岭回归模型的系数

正则化对模型解释的影响　由于正则化为算法的优化函数增加了一个附加项，因此无法像在 7.1.4 和 7.2.4 节中那样完全解释系数。例如，没有给出系数的显著性。但也可以使用系数的符号来说明哪些变量与联合模型中的结果是正相关的或负相关的。

我们也可以根据测试数据评估 model_ridge 的性能，如代码清单 7.28 所示。

代码清单 7.28　查看岭回归模型的测试性能

```
prediction <- predict(model_ridge,
                      newdata = cars_test,
                      type = "response")

cars_test$pred_ridge <- as.numeric(prediction)    ◀────  预测变量是一维矩
                                                          阵；将其添加到
                                                          cars_test 数据框中
confmat(cars_test, "pred_ridge")                          之前，先将其转换
## $confusion_matrix                                      为矢量
##                  prediction
## truth        passed  unacceptable
##    passed      147         12
```

```
##    unacceptable     16            324
##
## $accuracy
## [1] 0.9438878
##
## $deviance
## [1] 191.9248
```

要想查看与 lambda.min 对应的模型的预测结果，可以使用以下命令替换代码清单 7.28 中的第一个命令：

```
prediction <- predict(model_ridge,
                      newdata = cars_test,
                      type="response",
                      s = model_ridge$lambda.min)
```

lasso 回归模型的解决方案

你可以按照上一节中的相同步骤使用 alpha = 1(默认值)来拟合 lasso 回归模型，我们将模型拟合的步骤留作练习，这里只给出结果，如代码清单 7.29 所示。

代码清单 7.29 lasso 模型的系数

```
## 22 x 1 sparse Matrix of class "dgCMatrix"
##                             1
## (Intercept)      -3.572506339
## car_pricehigh     2.199963497
## car_pricelow     -0.511577936
## car_pricemed     -0.075364079
## car_pricevhigh    3.558630135
## maint_pricehigh   1.854942910
## maint_pricelow   -0.101916375
## maint_pricemed   -0.009065081
## maint_pricevhigh  3.778594043
## doors2            0.919895270
## doors3                      .
## doors4           -0.374230464
## doors5more       -0.300181160
```

```
## persons2          9.299272641
## persons4          -0.180985786
## personsmore         .
## lug_bootbig        -0.842393694
## lug_bootmed          .
## lug_bootsmall       1.886157531
## safetyhigh         -1.757625171
## safetylow           7.942050790
## safetymed            .
```

如图 7.20 所示,尽管 cv.glmnet()将一些变量(doors3、personsmore、lug_boot_med、safety_med)归零处理了,但它并没有减少最大系数的量值,同时它选择了一组相似的变量作为"不可接受评级"的强预测变量。

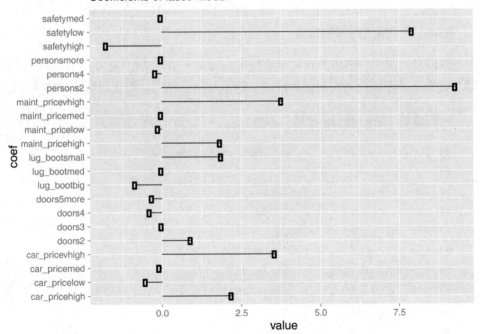

图 7.20   lasso 回归模型的系数

lasso 模型在测试数据上的精度与岭回归模型的精度类似,但是偏差却低得多,这表明该模型在测试数据上的性能更好,如代码清单 7.30 所示。

代码清单 7.30　lasso 模型的测试性能

```
### $confusion_matrix
##                 prediction
## truth         passed unacceptable
##   passed         150            9
##   unacceptable    17          323
##
## $accuracy
## [1] 0.9478958
##
## $deviance
## [1] 112.7308
```

弹性网解决方案：选择 alpha 值

cv.glmnet()函数只对 lambda 进行了优化；它假定 alpha 这个变量是固定的，alpha 变量是对岭回归模型和 lasso 模型的惩罚组合的描述。glmnetUtils 程序包提供了一个名为cva.glmnet()的函数，该函数将同时对 alpha 和 lambda 进行交叉验证，如代码清单 7.31 所示。

代码清单 7.31　对 alpha 和 lambda 进行交叉验证

```
(elastic_net <- cva.glmnet(fmla,
                           cars_train,
                           family = "binomial"))
## Call:
## cva.glmnet.formula(formula = fmla, data = cars_train, family = "binomial")
##
## Model fitting options:
##     Sparse model matrix: FALSE
##     Use model.frame: FALSE
##     Alpha values: 0 0.001 0.008 0.027 0.064 0.125 0.216 0.343 0.512 0.729 1
##     Number of crossvalidation folds for lambda: 10
```

选取最佳模型的过程有些复杂。与 cv.glmnet 函数不同，cva.glmnet 函数不会返回 alpha.min 或 alpha.1se 值。相反，字段 elastic_net$alpha 返回该函数使用过的所有 alpha 值(默认情况下为 11 个)，字段 elastic_net$modlist 返回所有与之对应的 glmnet::cv.glmnet 模型对象(如图 7.21 所示)。这些模型中的每个对象实际上是 100 个模型，因此对于给定的 alpha 值，我们将选择 lambda.1se 模型作为"最佳模型"。

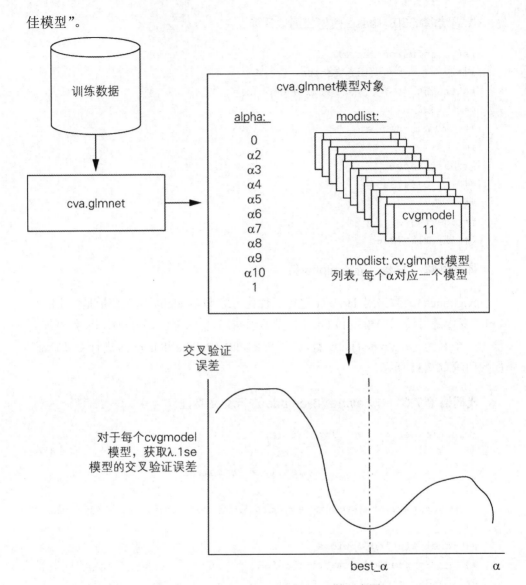

图 7.21　使用 cva.glmnet 选择 alpha 的示意图

　　代码清单 7.32 实现了图 7.21 所示的过程，可获得每个"最佳模型"的平均交叉验证误差，并绘制出误差与 alpha 之间的函数关系图(图 7.22)。你可以使用函数 minlossplot(elastic_ net)创建一张类似的图，但是代码清单 7.32 也返回了经过测试的最佳 alpha 值。

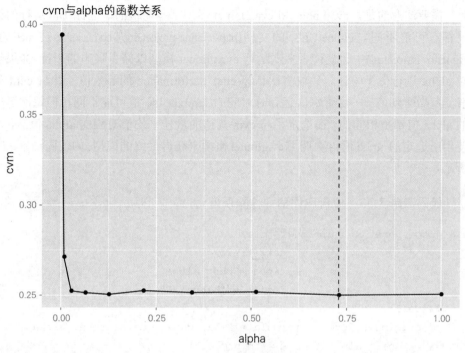

图 7.22　cvm 与 alpha 的函数关系

代码清单 7.32　找出最小误差的 alpha 值

该函数用于获取 cv.glmnet lambda.1se 模型
的交叉验证误差的平均值

```
get_cvm <- function(model) {
index <- match(model$lambda.1se, model$lambda)
model$cvm[index]
}
enet_performance <- data.frame(alpha = elastic_net$alpha)
models <- elastic_net$modlist
enet_performance$cvm <- vapply(models, get_cvm, numeric(1))
minix <- which.min(enet_performance$cvm)
(best_alpha <- elastic_net$alpha[minix])
## [1] 0.729

ggplot(enet_performance, aes(x = alpha, y = cvm)) +
geom_point() +
geom_line() +
geom_vline(xintercept = best_alpha, color = "red", linetype = 2) +
ggtitle("CV loss as a function of alpha")
```

获取算法所使
用的 alpha 值

获取生成的模型对象

获取每个最佳
模型的误差

找出最小交叉
验证误差

获取相应的
alpha 值

绘制模型性能与 alpha
之间的函数关系图

需要注意的是，cv.glmnet 和 cva.glmnet 模型都是随机的，因此每次运行的结果都有可能不同。glmnetUtils 的文档(https://cran.r-project.org/web/packages/glmnetUtils/vignettes/intro.html)中建议读者多次运行 cva.glmnet 模型以减少噪声的干扰。如果想对 alpha 进行交叉验证，建议多次计算 enet_performance 的等效值，并与 cvm 列值一起做平均值——尽管每次运行时对应的 lambda.1se 值可能不同，但每次运行的 alpha 值都是相同的。在选定了与 cvm 列值的最佳平均值对应的 alpha 值后，可使用所选定的 alpha 值再次调用 cv.glmnet 模型来获得最终的模型，如代码清单 7.33 所示。

代码清单 7.33　拟合和评估弹性网模型

```
(model_enet <- cv.glmnet(fmla,
                         cars_train,
                         alpha = best_alpha,
                         family = "binomial"))
## Call:
## cv.glmnet.formula(formula = fmla, data = cars_train, alpha =
##     best_alpha,family = "binomial")
##
## Model fitting options:
##     Sparse model matrix: FALSE
##     Use model.frame: FALSE
##     Number of crossvalidation folds: 10
##     Alpha: 0.729
##     Deviance-minimizing lambda: 0.0002907102 (+1 SE): 0.002975509

prediction <- predict(model_enet,
                      newdata = cars_test,
                      type = "response")

cars_test$pred_enet <- as.numeric(prediction)

confmat(cars_test, "pred_enet")

## $confusion_matrix
##               prediction
## truth         passed unacceptable
##   passed        150              9
##   unacceptable   17            323
```

```
##
## $accuracy
## [1] 0.9478958
##
## $deviance
## [1] 117.7701
```

此外，还要注意，在这种情况下，交叉验证的损失会在 alpha = 0 以后下降得很快，因此在实践中，几乎所有非零的 alpha 值都将给出相似质量的模型。

7.4　小结

线性回归和逻辑回归均假设输出结果是输入变量的一个线性组合函数。这似乎是限制性约束，但实际上，即便这种理论上的假设不完全成立，线性回归和逻辑回归模型仍然可以执行得很好。我们将在第 10 章说明如何围绕这些限制开展下一步的工作。

线性回归和逻辑回归模型也能通过量化模型的输出结果和输入变量之间的关系来提供建议。由于模型完全由其系数表达，因此它们是小巧的、简洁的且高效的——这些是一个模型投入生产运行时非常有价值的品质。如果该模型的误差与 y 不相关，那么将该模型用于训练范围之外的外推预测是可信的。外推法不是十分安全，但有时却是必要的。

当输入变量是相关的、或预测问题是准分离情况时，线性方法的效果可能不佳。在这些情况下，尽管这些模型的系数给出的有关输入变量和结果之间关系的建议不是非常有用，但是正则化方法却能产生适用于新数据的更安全的模型。

在学习本章的线性模型时，我们假设数据的分布是良好的：数据没有缺失值、类别型变量的分级数较少，而且这些所有的分级数在训练数据集中都存在。在现实世界的数据集中，这些假设并不总是成立。下一章中，我们将学习一些高级方法，针对有缺陷的数据使用这些高级方法来进行建模。

在本章中，你已学习了

- 如何使用线性回归模型预测数值量。
- 如何使用逻辑回归模型预测概率或进行分类。
- 如何对 lm() 和 glm() 模型的诊断进行解释。
- 如何解释线性模型的系数。
- 如何诊断线性模型何时可能会是不"安全的"或是不可信的(存在共线性、准分离)。
- 如何使用 glmnet 来拟合正则化线性模型和逻辑回归模型。

第*8*章

高级数据准备

本章内容:
- 利用 vtreat 程序包进行高级数据准备
- 交叉验证的数据准备

在上一章中,我们基于高质量的数据或分布良好的数据构建了大量的模型。本章将学习如何针对无序的真实数据进行数据准备或处理,以构建模型。我们将使用第 4 章介绍的原理和高级数据准备程序包:vtreat。将重新讨论由于缺失值、类别型变量、变量重编码、冗余变量以及变量过多所引起的问题。我们将在变量选择上花一些时间,即使是使用当前的机器学习方法,这也是重要的一步。本章的思维导图模型(如图 8.1 所示)说明了本章的重点在于如何进行数据处理并为机器学习建模做准备。我们将首先简要介绍 vtreat 程序包,然后详细介绍如何解决一个实际问题,最后再介绍使用 vtreat 程序包要注意的一些细节问题。

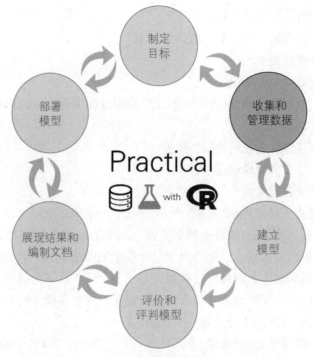

图 8.1　思维导图模型

8.1　vtreat 程序包的作用

vtreat 是一个 R 语言程序包，用于给有监督学习或预测建模准备真实的数据。它旨在处理大量常见的问题，让数据科学家不必再为这些问题劳神费力。这样他们便有更多的时间来发现和处理那些特定领域的专业问题。vtreat 程序包是第 4 章中讨论的概念以及许多其他概念的完美实现。第 4 章的目标之一是使你了解在处理数据时可能遇到的一些问题，以及在处理此类数据时应采取的原则性步骤。vtreat 将这些步骤封装到了一个高性能的、高效率的程序包中，可以自动执行，并且它还是一个正式的可引用的方法，可用于自己的工作中。我们无法简要概述 vtreat 对数据所做的一切，因为它的功能非常多。有关它的详细信息，请参阅 https://arxiv.org/abs/1611.09477 上的详细文档。此外，https://CRAN.R-project.org/package =vtreat 上有许多关于 vtreat 的说明性短文和常用示例。

本章中，我们将基于 KDD Cup 2009 数据集，通过预测账户销户(客户流失)这一示例来展示 vtreat 的功能。在此示例场景中，将使用 vtreat 来准备供以后建模使用的数据。此外，vtreat 能帮助解决的问题还包括：

- 有缺失值的数值型变量
- 有异常值或超出范围值的数值型变量
- 有缺失值的类别型变量
- 类别型数据中有稀疏值
- 类别型数据中的新值(该值在测试或应用过程中看到了，但在训练过程中却未看到)
- 具有非常多可能值的类别型数据
- 由于变量太多而导致过拟合
- 由于"嵌套模型偏差"而导致的过拟合

vtreat 的基本工作流程(如图 8.2 所示)是使用一些训练数据来创建处理计划，记录数据的一些关键特征(如各个独立变量与结果之间的关系)。然后，这个处理计划被用于准备两类数据：一类是用于拟合模型的数据，另一类是模型将要使用的数据。这样可确保准备或处理过的数据是"安全的"，因为没有任何缺失值或异常值，但可能会有新的合成变量，这些合成变量将提高模型的拟合度。从这个意义上讲，vtreat 程序包本身就像一个模型。

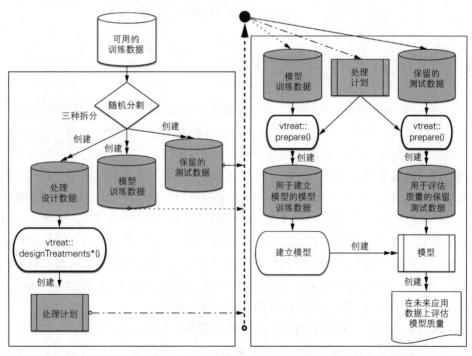

图 8.2　vtreat 的三种数据拆分策略

我们在第 4 章中看到了 vtreat 的一种简单用法：处理缺失值。本章中，我们将在客户流失示例中使用 vtreat 程序包的所有功能。同时，将解决 KDD Cup 2009 的问题，然后讨论常规情况下如何使用 vtreat 程序包。

KDD Cup 2009 提供了有关客户关系管理的数据集。该比赛数据提供了 230 个事实，约 50 000 个信用卡账户。竞赛目标之一是，通过这些特征预测账户销户的可能性(称为客户流失)。

使用 vtreat 的基本方法是采用三种数据拆分策略：一个数据集用于学习数据处理计划，另一个数据集用于建模，第三个数据集用于预测模型在新数据上的质量。图 8.2 展示了这个概念，一旦完成了这个示例，它会有助于你记忆。如图 8.2 所示，我们按照这种方式使用 vtreat 程序包，将数据分为三个子集并使用其中一个子集来制定处理计划。然后，使用处理计划准备其他两个子集：一个子集拟合所需的模型，另一个子集评估所拟合出来的模型。该过程可能看起来很复杂，但是从用户的角度来看，却非常简单。

我们从下面这个示例场景开始学习使用 vtreat 解决 KDD Cup 2009 账户销户的预测问题。

8.2 KDD 和 KDD Cup 2009

示例 我们的任务是预测在某给定的时间段内，哪些信用卡账户将会销户。这种销户称为流失。为了构建模型，我们检查了能够使用的训练数据。对于训练数据中的每个账户，我们都有数百个度量特征值，同时知道该账户以后是否会销户。我们希望建立一个模型来识别此数据中有"销户风险的"账户，并使该模型也能应用于未来数据。

为了模拟这种情况，将使用 KDD Cup 2009 竞赛数据集。[1]

该数据集的不足之处

与许多基于分数的竞赛一样，该竞赛集中在机器学习上，有意地分离出或跳过了许多重要的数据科学问题，例如共同定义目标、请求新的度量特征、收集数据以及根据商业目标量化分类器的性能等。对于此比赛数据，我们没有任何自变量(或输入变量)[2] 的名称或定义，也没有因变量(或结果变量)的真实定义。对我们有利的是数据采用现成的模型格式(所有输入变量和结果都以单行排列)。但是我们不知道任何变量的含义

---

[1] 有关该数据和为在 R 中建模而准备数据的步骤详见 https://github.com/WinVector/PDSwR2/ tree/master/ KDD2009。
[2] 我们将建模的变量或列称为各种变量，如自变量、输入变量等，以试图将它们与要预测的值(称为结果或因变量)区分开。

(因此很遗憾，我们无法加入外部数据源)，并且不能使用任何能精细地处理时间和重复事件的方法(如时间序列方法或生存分析)。

为了模拟数据科学过程，我们假设可以使用任何列来进行预测(所有这些列在需要预测之前都是已知的)[1]。我们将假设竞赛指标(AUC，或 6.2.5 节中讨论的曲线下的面积)是适用的，而顶级竞赛者的 AUC 是一个很好的上限(告诉我们何时停止调整)。[2]

8.2.1   使用 KDD Cup 2009 数据

在示例中，我们将尝试预测 KDD 数据集中的客户流失。KDD 竞赛是利用 AUC(曲线下的面积，6.2.5 节中讨论过，是对预测质量的度量)来评判的，因此我们也将 AUC 用作性能的度量[3]。获胜的团队在客户流失率上达到的 AUC 值为 0.76，因此我们将其视为性能上限。性能下限是 AUC 值为 0.5，因为低于 0.5 的 AUC 值比随机预测还要差。

要知道，该问题包含大量的变量，其中许多变量是具有许多层级的类别型变量。如我们所见，即使在制定处理计划的过程中，此类变量也特别容易过拟合。因此，我们将数据拆分为三个集合：训练集、校正集和测试集。在下面的示例中，我们将使用训练集设计处理计划，并使用校正集检查处理计划中是否存在过拟合，测试集用于对模型性能进行最终估计。许多研究人员都推荐这三种拆分方法。[4]

我们现在开始操作，如下面的代码清单 8.1 所示，我们对数据进行准备，以便进行分析和建模。[5]

代码清单 8.1   准备用于分析的 KDD 数据

读取自变量文件，所有的数据均来自
https://github.com/WinVector/PDSwR2/tree/master/KDD2009

```
d <- read.table('orange_small_train.data.gz',
```

---

1   检查一个列在预测期间是否真正可用(而不是未知输出的某个后续功能)是数据科学项目中关键的步骤。

2   AUC 是一个很好的初始筛选指标，因为它能度量你的得分经过单调变换后是否有好的得分。我们将使用 R 平方和伪 R 平方(第 6 章中已定义)进行精细调优，因为它们能更严格地度量你所获得的准确值是否有好的得分。

3   另外，正如示例问题所示，我们没有项目发起人，因而也无从与之讨论度量问题，所以我们对于评估的选择会有些随意。

4   通常应该用校正集来设计处理计划，用训练集来训练模型，用测试集来评估模型。但因为本章的焦点集中在数据处理上，所以将用最大的集合(dTrain)来设计处理计划，而用其余的集合来评估它。

5   注意，要么在PDSwR2支持的资料的KDD2009子目录中工作，要么将相关文件复制到工作目录下。PDSwR2 支持的资料可从 https://github.com/WinVector/PDSwR2 获取，入门指导可在本书附录 A 中找到。

读取已
知的客
户流失
结果

```
      header = TRUE,
       sep = '\t',
    na.strings = c('NA', ''))
churn <- read.table('orange_small_train_churn.labels.txt',
    header = FALSE, sep = '\t')
d$churn <- churn$V1

set.seed(729375)
rgroup <- base::sample(c('train', 'calibrate', 'test'),
    nrow(d),
    prob = c(0.8, 0.1, 0.1),
    replace = TRUE)
dTrain <- d[rgroup == 'train', , drop = FALSE]
dCal <- d[rgroup == 'calibrate', , drop = FALSE]
dTrainAll <- d[rgroup %in% c('train', 'calibrate'), , drop = FALSE]
dTest <- d[rgroup == 'test', , drop = FALSE]

outcome <- 'churn'
vars <- setdiff(colnames(dTrainAll), outcome)

rm(list=c('d', 'churn', 'rgroup'))
```

将 NA 和空字符串都
视为缺失的数据

将 churn 添加为新列

通过给伪随机数生成器设置
种子随机数，让生成器可重
复使用：有人重复该操作时，
将看到完全相同的结果

将数据拆分为训练集、校
正集和测试集。如果加载
了 dplyr 程序包，那么明
确指定 base::sample() 函
数，以免和 dplyr::sample()
发生命名冲突

从工作区中删除不
需要的对象

我们还在 GitHub 的资料库中保存了一个 R 语言的工作区，它包含了本章的大部分数据、函数和结果，可以通过命令 load('KDD2009.Rdata')来加载该工作区。现在，我们已经准备好构建一些模型了。

提醒读者一点：始终要检查你的数据。查看数据是发现异常情况的最快方法。有两个函数能帮助你初步检查数据：str()(以转置形式显示前几行的结构)和summary()。

练习：使用 str()和 summary()

在继续操作之前，请先运行代码清单 8.1 中的所有步骤，然后尝试自己运行一下 str(dTrain)和 summary(dTrain)。通过检查保留数据但不做建模决策，我们尽量试着避免过拟合。

> **使用样本子集快速制作原型**
>
> 通常，数据科学家会专注于业务问题、数学问题和数据，而忘记了有多少试验和错误正等着他。通常一个好的办法是先对训练数据的一小部分进行处理，这样调试代码仅需几秒钟而不是几分钟。除非不得已，否则不要使用海量数据和耗时长的数据。

对结果特征进行描述

在开始建模之前，应该先查看一下预测结果的分布。这能让我们知道预测的
结果会有多少可能的变化值。我们按照如下所示操作：

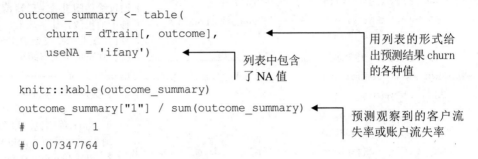

```
outcome_summary <- table(
    churn = dTrain[, outcome],
    useNA = 'ifany')

knitr::kable(outcome_summary)
outcome_summary["1"] / sum(outcome_summary)
#         1
# 0.07347764
```

用列表的形式给
出预测结果 churn
的各种值

列表中包含
了 NA 值

预测观察到的客户流
失率或账户流失率

图 8.3 所示的表格说明，churn 的取值有两个：-1 和 1。值 1(表示发生了流失
或账户销户)出现的频率大约是 7%。因此，我们可以按照 93%的准确率预测不会
有任何账户流失，尽管它不是一个非常有用的模型！[1]

churn	Freq
-1	37110
1	2943

图 8.3 KDD2009 的流失率

8.2.2 "莽撞"做法

让我们先不去管曾提出的建议：检查数据、查看列以及描述变量(即所建议的
解释变量与要预测的变量)之间的关系。在此，我们首先尝试的是：不要制定处理
计划，将 dTrain 和 dCal 数据(作为集合 dTrainAll)一起用于拟合模型。我们来看看
在给定解释变量的情况下，如果直接尝试使用 churn == 1 来建立模型会发生什么
(提示：这不会有什么好的结果)，如代码清单 8.2 所示。

---

1 请访问 http://www.win-vector.com/blog/2009/11/i-dont-think-that-means-what-you-think-it-means-statistics-
to-english-translation-part-1-accuracy-measures/。

代码清单 8.2　不做准备就建模的尝试

```
library("wrapr")

outcome <- 'churn'
vars <- setdiff(colnames(dTrainAll), outcome)

formula1 <- mk_formula("churn", vars, outcome_target = 1)
model1 <- glm(formula1, data = dTrainAll, family = binomial)

# Error in `contrasts ...
```

为 mk_formula() 之类的快捷函数添加 wrapr 程序包

使用 glm()函数创建一个逻辑回归模型

尝试失败了，显示一个错误发生

为模型建立一个公式规范，在 churn==1 时对解释变量的函数进行预测

如代码清单 8.2 所见，这个初步尝试失败了。一些研究表明，我们尝试用作解释变量的某些列是不会变化的，其值在每行或每个示例中都完全相同。我们可以尝试手动过滤掉这些不合适的列，但用一种专门的方式解决常见的数据问题会很烦琐。例如，代码清单 8.3 就显示了如果尝试仅使用第一个解释变量 Var1 来构建模型时会发生什么。

解释变量

解释变量是我们试图用作模型输入的列或变量。本例中，我们所看到的这些变量是没有信息名称的变量，因此它们以 Var# 来命名，其中 # 代表一个数字。在实际项目中，它们可能来自某些数据管理合作商的未提交的数据，需要在尝试建模之前做一些处理。

代码清单 8.3　尝试只使用一个变量

```
model2 <- glm((churn == 1) ~ Var1, data = dTrainAll, family = binomial)
summary(model2)
#
# Call:
# glm(formula = (churn == 1) ~ Var1, family = binomial, data = dTrainAll)
#
# Deviance Residuals:
#     Min      1Q   Median      3Q     Max
# -0.3997 -0.3694 -0.3691 -0.3691 2.3326
```

```
#
# Coefficients:
#                 Estimate Std. Error z value Pr(>|z|)
# (Intercept) -2.6523837  0.1674387 -15.841   <2e-16 ***
# Var1         0.0002429  0.0035759   0.068    0.946
# ---
# Signif. codes: 0 '***' 0.001 '**' 0.01 '*' 0.05 '.' 0.1 ' ' 1
#
# (Dispersion parameter for binomial family taken to be 1)
#
#     Null deviance: 302.09 on 620 degrees of freedom
# Residual deviance: 302.08 on 619 degrees of freedom
#   (44407 observations deleted due to missingness)
# AIC: 306.08
#
# Number of Fisher Scoring iterations: 5
```

这意味着建模过程将大量(几乎全部)的训练数据都丢弃了

```
dim(dTrainAll)
# [1] 45028 234
```

我们在 7.2 节中详细描述了如何阅读模型摘要。这里的一行"44407 observations deleted due to missingness.(由于丢失而删除了 44407 行观测值)",意味着建模过程将 45028 行训练数据丢弃了 44407 行,仅基于剩余的 621 行数据建立了模型。因此,除了不变的列外,还有大量的具有缺失值的列。

数据问题不止于此。再看一下另一个变量,这次是一个名为 Var200 的变量:

```
head(dTrainAll$Var200)
# [1] <NA>    <NA>    vynJTq9 <NA>    0v21jmy <NA>
# 15415 Levels: _84etK_ _9bTOWp _A3VKFm _bq4Nkb _ct4nkXBMp ... zzQ9udm

length(unique(dTrainAll$Var200))
# [1] 14391
```

head()命令显示了 Var200 的前几个值,告诉我们此列具有字符串值,它们被编码为因子。因子是 R 语言对于从已知集合中提取出来的字符串的名称。这是另一个问题所在。注意,代码清单显示该因子具有 15415 个可能的不同层级。具有如此多不同层级的因子或字符串型变量在过拟合方面将是一个大问题,同时也很难使用 glm()代码做处理。另外,length(unique(dTrainAll$Var200))摘要告诉我们,Var200 仅采用了训练样本集中 14391 个不同的值。这说明我们的训练数据样本并未包含此变量的所有已知值。除了训练过程中看到的值外，我们所保留的测试集中还包含训练集中未包含的新值。这对于字符串值或具有大量不同层级的类别型变量来讲，是非常普遍的，它在尝试对新数据进行预测时，会导致大多数 R 建模代码出错。

下面继续执行操作。我们还没有碰到过 8.1 节列出的通常会出错的所有情况。但此时，我们希望读者能明白：一种能识别、描述和减少常见数据质量问题的系统方法将会是大有帮助的。采用一种好方法来处理与行业无关的常见的数据质量问题，就可以让我们有更多的时间来处理数据和解决不同领域特定的问题。vtreat 程序包就是一个完成此任务的好工具。在本章的后面，将对 KDD Cup 2009 数据进行一些处理，并学会使用 vtreat 程序包的常用功能。

8.3　为分类操作准备基本数据

vtreat 程序包通过清除现有列或变量以及引入新列或变量来准备要使用的数据。对于本例账户销户场景，vtreat 将解决缺失值、包含很多级别的类别型变量的问题以及其他问题。我们从此入手，掌握 vtreat 的流程。

首先，将使用部分数据(dTrain 集)来设计变量处理计划，如代码清单 8.4 所示。

代码清单 8.4　为分类操作准备基本数据

```
library("vtreat")

(parallel_cluster <- parallel::makeCluster(parallel::detectCores()))

treatment_plan <- vtreat::designTreatmentsC(
  dTrain,
  varlist = vars,
  outcomename = "churn",
  outcometarget = 1,
  verbose = FALSE,
  parallelCluster = parallel_cluster)
```

添加 vtreat 程序包，以使用 designTreatments() 等函数

启动一个并行集群以加快计算速度，如果不想使用并行集群，只需将 pallel_cluster 设置为 NULL

使用 designTreatments() 从训练数据中学习处理计划。对于数据规模和复杂性如同 KDD2009 的数据集合，这可能需要几分钟

然后，使用处理计划来准备经过清理和处理的数据。prepare()方法会创建一个

新的数据框, 行的顺序与原始数据框的相同, 其列来自处理计划(如果因变量列存在的话, 也将它复制)。该想法如图 8.4 所示。在代码清单 8.5 中, 我们将处理计划应用于 dTrain 数据, 这样便可以将处理后的数据与原始数据进行比较了。

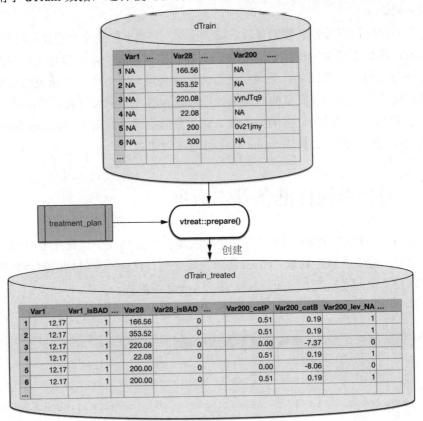

图 8.4　vtreat 程序包的变量准备

代码清单 8.5　使用 vtreat 程序包进行数据准备

```
dTrain_treated <- prepare(treatment_plan,
                          dTrain,
                          parallelCluster = parallel_cluster)
head(colnames(dTrain))
## [1] "Var1" "Var2" "Var3" "Var4" "Var5" "Var6"
head(colnames(dTrain_treated))
## [1] "Var1"        "Var1_isBAD" "Var2"        "Var2_isBAD" "Var3"
## [6] "Var3_isBAD"
```

将原始 dTrain 数据的列与经过处理的对应列进行比较

注意, 处理后的数据既转换现有列, 又引入新列或派生变量。下一节中, 我们将研究这些新变量是什么以及如何使用它们。

8.3.1 变量的分数框

到目前为止，我们一直使用的 vtreat 流程都是以 designTreatmentsC()为中心的，它返回处理计划。处理计划是一个 R 对象，具有两个目的：在数据准备中由 prepare()语句使用，以及对所提出的变量进行简单的摘要和初步评判。这个简单的摘要封装在分数框(score frame)中。分数框列出了将由 prepare()方法创建的变量以及有关它们的一些信息。分数框是我们使用 vtreat 引入新变量时的指南，可以简化建模工作。我们来看一下分数框：

一个指示符，表明此变量的值并非总是相同的(不是常数，常数对于建模是无用的)

所估计的 R 平方的显著性

派生变量或列的名称

变量的 R 平方或伪 R 平方；表明在线性模型中，该变量单独解释输出结果的变化的比例

```
score_frame <- treatment_plan$scoreFrame
t(subset(score_frame, origName %in% c("Var126", "Var189")))
```

```
# varName            "Var126"        "Var126_isBAD"  "Var189"       "Var189_isBAD"
# varMoves           "TRUE"          "TRUE"          "TRUE"         "TRUE"
# rsq                "0.0030859179"  "0.0136377093"  "0.0118934515" "0.0001004614"
# sig                "7.876602e-16"  "2.453679e-64"  "2.427376e-56" "1.460688e-01"
# needsSplit         "FALSE"         "FALSE"         "FALSE"        "FALSE"
# extraModelDegrees  "0"             "0"             "0"            "0"
# origName           "Var126"        "Var126"        "Var189"       "Var189"
# code               "clean"         "isBAD"         "clean"        "isBAD"
```

变量的复杂程度，对于类别型变量，它与水平(level)数有关

用于构建此变量的转换类型的名称

派生出该变量的原始列的名称

一个指示符，当它为 TRUE 时，向用户发出的一个警告：该变量正在隐藏额外的自由度(衡量模型复杂度的一种度量)，需要使用交叉验证技术进行评估

分数框是一个 data.frame，每个派生的解释变量各占一行。每行都显示将从中派生出变量的原始变量(origName)、用于生成派生变量的转换类型(代码)，以及有关该变量的一些质量摘要。

在示例中，Var126 产生两个新的派生变量：Var126(原始变量 Var126 的清洁版，没有 NA /缺失值)和 Var126_isBAD(指示符变量，指示 Var126 的哪些行最初就有缺失值或不良值)。

rsq 列记录给定变量的伪 R 平方，它表明如果将该变量作为单变量模型的输出来处理，那么该变量的信息量有多大。sig 列是此伪 R 平方的显著性的估计。注意，var126_isBAD 比清洁后的原始变量 var126 更富含信息。这表明应考虑在模型中包括 var126_isBAD，即使我们决定不包括 var126 的清洁版本身时也应如此！

信息量大的缺失值

在生产系统中，缺失通常更富含信息。缺失通常表示有问题的数据遇到了某种条件(温度超出范围、测试未进行或发生其他情况)，并以编码形式给出了许多上下文。我们已经看到许多这样的情况：缺少变量这一信息比清洗后的变量值本身能传递更多信息。

下面来看一个类别型变量。原始的 Var218 具有两个可能的水平：cJvF 和 UYBR。

```
t(subset(score_frame, origName == "Var218"))

# varName            "Var218_catP"   "Var218_catB" "Var218_lev_x_cJvF"
                                                   "Var218_lev_x_UYBR"

# varMoves           "TRUE"          "TRUE"        "TRUE" "TRUE"

# rsq                "0.011014574"   "0.012245152" "0.005295590"
                                                   "0.001970131"

# sig                "2.602574e-52"  "5.924945e-58" "4.902238e-26"
                                                    "1.218959e-10"

# needsSplit         " TRUE"         " TRUE"       "FALSE"  "FALSE"
# extraModelDegrees  "2"             "2"           "0"      "0"
# origName           "Var218"        "Var218" "Var218" "Var218
# code               "catP"          "catB"   "lev"    "lev"
```

原始变量 Var218 产生了四个派生变量。尤其是水平 cJvF 和 UYBR，每一个都分别提供了新的派生列或变量。

水平变量(lev)

Var218_lev_x_cJvF 和 Var218_lev_x_UYBR 是指示变量，当原始 Var218 的值

分别为 cJvF 和 UYBR 时，这两个变量的值为 1[1]，我们过一会儿将讨论其他两个变量。回忆一下第 7 章，大多数建模方法都会把具有 n 个可能水平的类别型变量转换为 n 个(或 n-1 个)二进制变量，或指示变量(有时称为 one-hot encoding(独热编码)或 dummies(虚拟变量))。R 中的许多建模函数，如 lm 或 glm，都会自动执行此转换，而其他函数(如 xgboost)，则不会执行此转换。通常，vtreat 会尽量明确地对分类进行独热编码。这样处理后，数据就可以被 glm 之类的建模函数，或者 xgboost 之类的函数使用了。

默认情况下，vtreat 仅为"非稀有(non-rare)"水平(出现时间超过 2%的水平)创建指示变量。我们将看到，Var218 也有一些缺失值，但是缺失出现的时间仅占 1.4%。如果缺失具有更丰富的信息，那么 vtreat 还会创建 Var218_lev_x_NA 指示变量。

影响变量(catB)

独热编码会为类别型变量的每个非稀有水平创建一个新变量。catB 编码返回一个单独的新变量，它为原始类别型变量的每个可能的水平都提供了一个数值。该值表明一个给定的水平有多大的信息量：幅度大的值所对应的水平具有更多的信息。我们称之为对结果的影响水平。因此，我们命名此术语为"影响变量(impact variable)"。为了了解影响变量，我们将原始的 Var218 与 Var218_catB 进行了比较：

```
comparison <- data.frame(original218 = dTrain$Var218,
                         impact218 = dTrain_treated$Var218_catB)
head(comparison)
 ##   original218 impact218
 ## 1       cJvF -0.2180735
 ## 2       <NA>  1.5155125
 ## 3       UYBR  0.1221393
 ## 4       UYBR  0.1221393
 ## 5       UYBR  0.1221393
 ## 6       UYBR  0.1221393
```

对于分类问题，影响的编码值与逻辑回归模型的预测值有关，该模型根据 Var218 预测流失。为了说清楚这一点，我们将使用 4.1.3 节中的简单缺失处理将 Var218 中的 NA 值显式地转换为新的水平。还将使用第 7 章中介绍的 logit 或 log-odds 函数。

1　在实际的建模项目中，我们应坚持使用有意义的水平名称和描述各个水平含义的数据字典。KDD2009 竞赛数据没有提供这样的信息，这是竞赛数据的一个缺陷，并阻止了诸如利用变量加入来自外部数据源的附加信息之类的强大方法。

进行简单的处理，把 NA 转换为安全的字符串　　　　　　创建处理后的数据

```
treatment_plan_2 <- design_missingness_treatment(dTrain, varlist = vars)
dtrain_2 <- prepare(treatment_plan_2, dTrain)
head(dtrain_2$Var218)

## [1] "cJvF" "_invalid_" "UYBR" "UYBR" "UYBR" "UYBR"

model <- glm(churn ==1 ~ Var218,          拟合单变量逻辑
             data = dtrain_2,              回归模型
             family = "binomial")

pred <- predict(model,                    根据数据进行预测
                newdata = dtrain_2,
                type = "response")

(prevalence <- mean(dTrain$churn == 1) )  计算 churn 的全
## [1] 0.07347764                         局概率

logit <- function(p) {                    一种计算 logit 或概率
    log ( p / (1-p) )                     的 log-odds 的函数
}
comparison$glm218 <- logit(pred) - logit(prevalence)
head(comparison)                          手动计算 catB
## original218 impact218 glm218           的值
## 1 cJvF -0.2180735 -0.2180735
## 2 <NA> 1.5155125 1.5155121             注意，来自 vtreat 的影响编
## 3 UYBR 0.1221393 0.1221392             码与来自标准 glm 模型的经
## 4 UYBR 0.1221393 0.1221392             过"delta logit"编码的预测
## 5 UYBR 0.1221393 0.1221392             是相匹配的。这有助于说明
## 6 UYBR 0.1221393 0.1221392             vtreat 是如何执行的
```

　　在此处的 KDD2009 示例中，我们看到 catB 影响编码正在使用相应的单变量逻辑回归模型的预测值替换类别型变量。由于技术原因，预测是在"联系空间"或对数空间中进行的，而不是在概率空间中进行的，并被表示为与空模型之差，空模型总是预测输出结果的整体概率。在所有情况下，此数据准备都会采用一种潜在的复杂类别变量(可能意味着有许多自由度或虚拟变量列)，并派生出一个单独的数字列，该数字列挑选出了大多数变量的建模工具。

　　当建模问题是回归而不是分类(结果是数字型的)时，影响编码与单变量线性回归的预测有关。我们将在本章后面看到有关这个问题的一个示例。

> **变量的伦理问题**
>
> 注意：对于某些应用程序，使用某些变量和推断可能是不道德的或非法的。例如，由于历史上的"红线制度"歧视做法，在美国，禁止依据邮政编码和种族来进行信贷批准决策。
>
> 在实际应用中，对道德问题敏感并熟悉数据和建模方面的法律至关重要。

流行变量(catP)

提出流行变量(prevalence variable)是基于这种想法：对于某些变量，知道某个水平发生的频率是非常有用的。以美国邮政编码为例，罕见的邮政编码可能都来自人口稀少的农村地区。流行变量仅对原始变量的值为某个给定水平的频率进行编码，从而以一种方便的 perexample 格式将这些有关整个数据集的统计信息提供给建模过程。

下面来看另一个给我们带来麻烦的变量：Var200。回想一下，该变量具有 15415 个可能的值，其中只有 13324 个出现在训练数据中。

```
score_frame[score_frame$origName == "Var200", , drop = FALSE]

# varName varMoves                    rsq           sig needsSplit
          extraModelDegrees origName code
# 361 Var200_catP  TRUE 0.005729835 4.902546e-28
                   TRUE              13323 Var200 catP
# 362 Var200_catB  TRUE 0.001476298 2.516703e-08
                   TRUE              13323 Var200 catB
# 428 Var200_lev_NA TRUE 0.005729838 4.902365e-28
                   FALSE                 0 Var200 lev
```

注意，vtreat 仅返回了一个指示变量，指示缺失值。Var200 的所有其他可能值都很罕见：它们出现的频率不到 2%。对于像 Var200 这样具有大量水平的变量，在建模时将所有水平编码为指示变量是不切实际的。而将变量表示为一个数值型变量(如 catB 变量)在计算上会更有效。

在我们的示例中，designTreatmentsC()方法将原始的 230 个解释变量重新编码为 546 个新的全数字的解释变量，这些变量没有缺失值。这样做的想法是，这 546 个变量更易于使用，并且可以很好地描述数据中大多数原始的预测信息。vtreat 程序包的文档中提供了有关 vtreat 可以引入哪种新变量的完整说明。[1]

1　详见 https://winvector.github.io/vtreat/articles/vtreatVariableTypes.html。

8.3.2 正确使用处理计划

处理计划对象的主要用途是让 prepare()在拟合和应用模型之前将新数据转换为安全的、十净的形式。我们来看看这是如何完成的。在此，我们把从 dTrain 集合中学到的处理计划应用于校正集 dCal，如图 8.5 所示。

```
dCal_treated <- prepare(treatment_plan,
                        dCal,
                        parallelCluster = parallel_cluster)
```

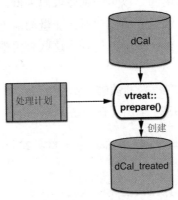

图 8.5 对保留的数据进行准备

通常，可以用 dCal_treated 为流失进行模型拟合。在此例中，我们将用它来说明分数框中为 needSplit == TRUE 时转换变量的过拟合的风险。

如前所述，可以将 Var200_catB 变量视为预测流失的单变量逻辑回归模型。当调用 designTreatmentsC()时，就是使用 dTrain 对此模型进行拟合。然后，当调用 prepare()时，就是将其应用于 dCal 数据。我们在训练集和校正集上查看该模型的 AUC：

```
library("sigr")

calcAUC(dTrain_treated$Var200_catB, dTrain_treated$churn)

# [1] 0.8279249

calcAUC(dCal_treated$Var200_catB, dCal_treated$churn)

# [1] 0.5505401
```

注意，训练数据中估计的 AUC 为 0.83，这似乎非常好。但是，当我们查看校正数据(未被用来设计变量处理)时，却无法获得此 AUC 值。对于 dTrain_treated，Var200_catB 过拟合了。Var200_catB 是一个很有用的变量，只是不如其在训练数据上表现得那样出色而已。

不要直接使用相同的数据来设计处理计划和拟合模型　为避免过度拟合，一般规则是，每当预建模数据处理步骤中要使用输出结果中的信息时，就不应在预建模步骤和建模中使用相同的数据。

本节中的 AUC 计算表明，Var200_catB 在训练数据上看起来"太好"了。任何使用 dTrain_treated 来拟合流失模型的模型拟合算法都可能根据此变量的表面值而过度使用它。然后，所生成的模型却无法在新数据上实现那个值，并且其预测效果也不会达到预期。

正确的流程是在设计数据处理计划后，不再使用 dTrain，而应使用 dCal_treated 进行模型训练(尽管在这种情况下，我们应使用比原始分配的占比更大的可用数据)。在有足够的数据和正确的数据拆分(例如，40%用于数据处理设计，50%用于模型训练，10%用于模型测试/评估)情况下，这是一种有效的策略。

在某些情况下，我们可能没有足够的数据来实现三种拆分策略。vtreat 内置的交叉验证程序使我们在设计数据处理计划和正确构建模型时，可以使用相同的训练数据。这就是我们接下来要学习的内容。

8.4　适用于分类的高级数据准备

现在，我们已经了解了如何准备数据以进行分类，接下来我们研究如何采用统计学上的有效方法来准备数据。也就是，我们来掌握一些能安全地将相同的数据用于设计处理计划和训练模型的技术。

8.4.1　使用 mkCrossFrameCExperiment()

使用 vtreat 可以轻松地将相同的数据安全地用于数据处理计划设计和模型构建。而我们要做的就是用 mkCrossFrameCExperiment()方法代替 designTreatmentsC()。mkCrossFrameCExperiment()方法使用交叉验证技术来生成用于训练的特殊的交叉框，而不是对训练数据使用 prepare()，图 8.6 中对此进行了回顾。

交叉框(cross frame)是特殊的训练数据，其行为就如同未被用来建立自己的处理计划一样。该过程如图 8.7 所示，可以将其与图 8.6 进行对比。

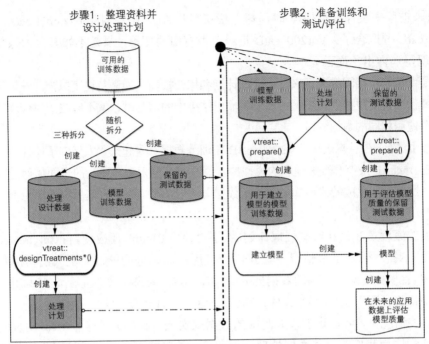

图 8.6　vtreat 的三种拆分策略

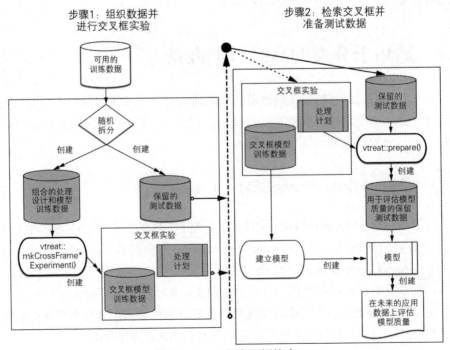

图 8.7　vtreat 的交叉框策略

其实，该过程中的用户可见部分很小且简单。图 8.7 只是看起来很复杂，因为 vtreat 提供了非常复杂的服务：正确的交叉验证组织，它使我们能够安全地重用数据进行处理计划设计和模型训练。

处理计划和交叉框可以按代码清单 8.6 所示的方式构建。在此，我们将最初分配给训练和校正的所有数据用作一个单独的训练集 dTrainAll。然后，我们将评估测试集中的数据。

代码清单 8.6　用于分类的高级数据准备

```
library("vtreat")

parallel_cluster <- parallel::makeCluster(parallel::detectCores())

cross_frame_experiment <- vtreat::mkCrossFrameCExperiment(
  dTrainAll,
  varlist = vars,
  outcomename = "churn",
  outcometarget = 1,
  verbose = FALSE,
  parallelCluster = parallel_cluster)
dTrainAll_treated <- cross_frame_experiment$crossFrame          ← 我们用交
treatment_plan <- cross_frame_experiment$treatments                叉框来训
score_frame <- treatment_plan$scoreFrame                          练逻辑回
                                                                  归模型

→ dTest_treated <- prepare(treatment_plan,
                            dTest,
  准备测试集，以便我们
  可以在其上调用模型      parallelCluster = parallel_cluster)
```

我们有意使代码清单 8.6 中的步骤与代码清单 8.4 中的步骤类似。注意，dTrainAll_treated 是作为实验的一部分而返回的值，而不是使用 prepare()产生的值。这个总体数据处理策略实现了图 8.7 的思想。

我们重新在训练集和测试集上检查 Var200 的预测质量的估计值：

```
library("sigr")

calcAUC(dTrainAll_treated$Var200_catB, dTrainAll_treated$churn)

# [1] 0.5450466

calcAUC(dTest_treated$Var200_catB, dTest_treated$churn)
```

```
# [1] 0.5290295
```

注意，现在 Var200 在训练数据上的估计效用非常接近其在测试数据上的未来性能[1]。这意味着基于训练数据做出的决策很可能在以后对保留的测试数据进行再检测或对未来的应用数据进行检测时也是正确的。

8.4.2　建立模型

现在，我们已经处理了变量，下面再次尝试构建模型。

变量的选择

建立具有多个变量的模型的关键部分是选择所要使用的变量。我们使用的每个变量都意味着它有解释更多结果差异的机会(即建立更好的模型的机会)，但也意味着它是一种可能的噪声源和过度拟合。为了进行相应的控制，通常会预先选择要使用的变量子集。即使是"不需要预先选择变量"的模型，变量选择也是重要的防御性建模步骤。对于现代数据仓库中通常会出现的大量的列，即使是最高级的机器学习算法也无能为力。[2]

vtreat 提供了两种筛选变量的方法：一种基于分数框中的摘要统计信息，还有一种称为 value_variables_C()的方法。分数框中的摘要是每个变量的线性拟合的质量，因此它们可能低估复杂的非线性数值关系。通常可以使用 value_variables_C()来尝试给非线性关系正确打分。对于我们的示例，我们将拟合线性模型，因此使用较简单的分数框方法很合适。[3]

我们将根据显著性对变量进行过滤，但要注意，对显著性本身的估计就是有噪声的，如果选择不当，变量选择本身可能会成为误差和偏离的来源[4]。我们的想法是：假设某些列实际上是不相关的，并且使用最宽松的条件，即仅允许通过中等数量的不相关列。我们使用最宽松的条件来减少可能会被偶然过滤掉但实际上很有用的列或变量的数量。注意，尽管相关列的显著性值应接近于 0，但不相关列的显著性值应在 0~1 的间隔内均匀分布(这与显著性的定义密切相关)。因此，一个好的筛选过滤器应该能保留所有显著性值不超过 k/nrow(score_frame)的变量。

1　记住，我们是在利用采样得来的数据来估计性能，因此所有质量估计都是有噪声的，不应将观察到的差异视为一个问题。

2　请访问 http://www.win-vector.com/blog/2014/02/bad-bayes-an-example-of-why-you-need-hold-out-testing/。

3　https://github.com/WinVector/PDSwR2/blob/master/KDD2009/KDD2009vtreat.md 上共享了一个可用的 xgboost 的解决方案，其性能(由 AUC 度量)与线性模型相似。情况有所改善，但似乎前景并不乐观。

4　关于这一效应，Freedman 的 *A note on screening regression equations*(The American Statistician，volume 37，pp. 152-155，1983)是篇好文章。

我们期望只有大约 k 个无关变量能通过这样的过滤器。

可以按以下方式执行这种变量选择:

```
k <- 1
  (significance_cutoff <- k / nrow(score_frame))
# [1] 0.001831502
score_frame$selected <- score_frame$sig < significance_cutoff
```
在显著性为 k/nrow(score_frame)的点上,从 k=1 开始使用我们的过滤器

```
suppressPackageStartupMessages(library("dplyr"))
```
引入 dplyr 包以帮助对选择进行摘要

```
score_frame %>%
  group_by(., code, selected) %>%
  summarize(.,
            count = n()) %>%
  ungroup(.) %>%
  cdata::pivot_to_rowrecs(.,
                          columnToTakeKeysFrom = 'selected',
                          columnToTakeValuesFrom = 'count',
                          rowKeyColumns = 'code',
                          sep = '=')

# # A tibble: 5 x 3
#   code `selected=FALSE` `selected=TRUE`
#   <chr> <int> <int>
# 1 catB 12 21
# 2 catP 7 26
# 3 clean 158 15
# 4 isBAD 60 111
# 5 lev 74 62
```

上面的表显示了对于每种转换后的变量类型,有多少个变量被选择或拒绝了。特别要注意的是,几乎所有类型为 clean 的变量(这是用于清洗数值型变量的代码)都因为不可用而被丢弃。这有可能是线性方法不足以解决此问题,因此应考虑使用非线性模型的证据。在这种情况下,可以使用 value_variables_C()(它会返回与分数框相似的结构)来选择变量,并使用第 10 章的高级非线性机器学习方法。本章中,我们将重点放在介绍变量准备的步骤上,因此仅建立一个线性模型,而将使用不同建模技术的具体实践作为练习留给读者。[1]

---

[1] 但我们提供了一个可用的 xgboost 的解决方案: https://github.com/WinVector/PDSwR2/blob/master/KDD2009/KDD2009vtreat.md。

建立一个多变量模型

一旦我们准备好要使用的变量，构建模型就显得水到渠成了。对于本例，将使用逻辑回归(7.2 节的主题)。代码清单 8.7 中给出了拟合多变量模型的代码。

代码清单 8.7   基本变量的记录和筛选

构建一个公式，对 churn==1 进行建模，使之成为所有变量的函数

```
library("wrapr")

newvars <- score_frame$varName[score_frame$selected]

f <- mk_formula("churn", newvars, outcome_target = 1)
model <- glm(f, data = dTrainAll_treated, family = binomial)
# Warning message:
# glm.fit: fitted probabilities numerically 0 or 1 occurred
```

通过 R 的 glm()函数使用该建模公式

注意这个警告,它暗示我们应当继续使用一种正则化的方法，如 glmnet 等

评估该模型

既然已经有了一个模型，下面就在测试数据上对它进行评估:

将模型的预测值作为一个新的列添加到评估数据中

再次强调，注意这个警告: 它暗示我们应该使用一种正则化的方法，如 glmnet

```
library("sigr")

dTest_treated$glm_pred <- predict(model,
                         newdata = dTest_treated,
                         type = 'response')

# Warning message:
# In predict.lm(object, newdata, se.fit, scale = 1, type = ifelse(type == :
#   prediction from a rank-deficient fit may be misleading

calcAUC(dTest_treated$glm_pred, dTest_treated$churn == 1)
## [1] 0.7232192
```

计算模型在保留数据上的 AUC

```
permTestAUC(dTest_treated, "glm_pred", "churn", yTarget = 1)
  ## [1] "AUC test alt. hyp. AUC>AUC(permuted): (AUC=0.7232, s.d.=0.01535,
      p<1e-05)."


var_aucs <- vapply(newvars,
      function(vi) {
      calcAUC(dTrainAll_treated[[vi]], dTrainAll_treated$churn == 1)
      }, numeric(1))
(best_train_aucs <- var_aucs[var_aucs >= max(var_aucs)])
## Var216_catB
## 0.5873512
```

此处计算最佳单变量模型
的 AUC 以便进行比较

使用另一种方法再一次计算 AUC,
该方法还估计标准偏差或误差条

该模型的 AUC 为 0.72。它不如获胜作品的 0.76(在不同的测试数据上),但要远好于用作单一变量模型的最佳输入变量的质量(它的 AUC 为 0.59)。请记住,对于这种大小的测试集,permTestAUC()计算出的 AUC 估计值的标准偏差为 0.015。这意味着 AUC 值的正负 0.015 的差异在统计上并不显著。

将逻辑回归模型转化为分类器

从模型得分的双密度图可以看出(见图 8.8),该模型仅能大致地将流失的账户与不流失的账户区分开。如果错误地将此模型用作硬分类器,将所有预测为流失倾向超过 50%的客户都视为高风险,那么将看到以下糟糕的表现:

```
table(prediction = dTest_treated$glm_pred >= 0.5,
      truth = dTest$churn)
#            truth
# prediction  -1    1
#      FALSE 4591  375
#      TRUE     8    1
```

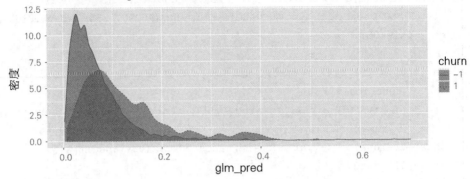

图 8.8 基于测试数据的 glm 模型的得分分布

该模型仅识别出 9 人有如此高的概率，而其中只有 1 位流失。记住这是一个不平衡的分类问题，只有 7.6% 的测试示例确实流失了。该模型只需要能识别流失风险较高的个人，而不是那些一定会流失的人。例如，如果我们想知道哪些人的流失风险是该预期风险的两倍，模型会给出什么结果：

```
table(prediction = dTest_treated$glm_pred>0.15,
      truth = dTest$churn)
#             truth
# prediction    -1    1
#     FALSE    4243  266
#     TRUE      356  110
```

注意，在本例中，使用 0.15 作为评分阈值，该模型识别出了 466 个潜在有风险账户，其中有 101 个确实流失了。因此，该子集的流失率是 24%，或约为总流失率的 3 倍。该模型识别出了 376 个流失者中的 110 个，或者说是其中的 29%。从业务的角度来看，此模型识别出了居民群体的一个 10% 的子群体，该子群体具有 29% 的流失可能。这是很有用的。

在 7.2.3 节中，我们看到了如何在召回率(被检测到的流失者的比率)和浓缩率(所选集合中更常见的流失是多少)之间进行权衡取舍。图 8.9 显示了流失模型的召回率和浓缩率作为阈值的函数的图形。

基于测试数据的glm预测，浓缩率

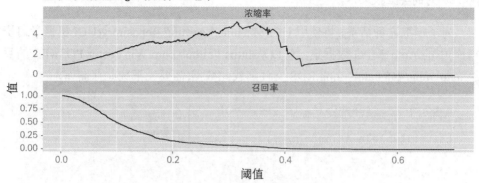

图 8.9　glm 的召回率和浓缩率作为阈值的函数的图形

使用图 8.9 的一种方法是在选定的 x 轴的阈值(如 0.2)处绘制一条垂直线。如果将高于阈值的分数归类为阳性，则这条垂直线与每条曲线相交点的高度就使我们同时看到了浓缩和召回率。本例中，召回率约为 0.12(这意味着我们识别出了风险账户的 12%)，而浓缩值约为 3(意味着关注的居民的账户销户率是一般居民的 3 倍，表明这确实是高风险居民)。

生成这些图表的代码如下所示：

```
WVPlots::DoubleDensityPlot(dTest_treated, "glm_pred", "churn",
                          "glm prediction on test, double density plot")

WVPlots::PRTPlot(dTest_treated, "glm_pred", "churn",
               "glm prediction on test, enrichment plot",
               truthTarget = 1,
               plotvars = c("enrichment", "recall"),
               thresholdrange = c(0, 1.0))
```

至此，我们已经使用 vtreat 解决了一个实质性的分类问题。

8.5　为回归建模准备数据

为回归准备数据与为分类准备数据非常相似。只是要调用 designTreatmentsN()或 mkCrossFrameNExperiment()，而不是调用 designTreatmentsC()或 mkCrossFrame-CExperiment()。

示例　根据有关汽车的其他事实，例如重量和马力数，来预测汽车燃油的经济性

(以每加仑的英里数表示)。

为了模拟这种情况,将使用 UCI Machine Learning Repository(UCI 机器学习资料库)中的 Auto MPG 数据集。可以从 https://github.com/WinVector/PDSwR2/的目录 auto_mpg/中的 auto_mpg.RDS 文件加载此数据(需要先下载此存储库)。

```
auto_mpg <- readRDS('auto_mpg.RDS')
                                           快速查
knitr::kable(head(auto_mpg))              ◀── 看数据
```

mpg	cylinders	displacement	horsepower	weight	acceleration	model_year	origin	car_name
18	8	307	130	3504	12.0	70	1	"chevrolet chevelle malibu"
15	8	350	165	3693	11.5	70	1	"buick skylark 320"
18	8	318	150	3436	11.0	70	1	"plymouth satellite"
16	8	304	150	3433	12.0	70	1	"amc rebel sst"
17	8	302	140	3449	10.5	70	1	"ford torino"
15	8	429	198	4341	10.0	70	1	"ford galaxie 500"

图 8.10   auto_mpg 数据的前几行

浏览完图 8.10 中的数据后,先采用"莽撞"方法进行建模,并直接调用 lm(),不检查或处理数据:

```
library("wrapr")
                                          不处理数据就直
                                          接开始建模
vars <- c("cylinders", "displacement",  ◀──
          "horsepower", "weight", "acceleration",
          "model_year", "origin")
f <- mk_formula("mpg", vars)
model <- lm(f, data = auto_mpg)
                                                        将模型预测
                                                        值添加为一
                                                        个新的列
auto_mpg$prediction <- predict(model, newdata = auto_mpg)◀──
```

```
str(auto_mpg[!complete.cases(auto_mpg), , drop = FALSE])

# 'data.frame' : 6 obs. of 10 variables:
# $ mpg          : num 25 21 40.9 23.6 34.5 23
# $ cylinders    : num 4 6 4 4 4 4
# $ displacement : num 98 200 85 140 100 151
# $ horsepower   : num NA NA NA NA NA NA
# $ weight       : num 2046 2875 1835 2905 2320 ...
# $ acceleration : num 19 17 17.3 14.3 15.8 20.5
# $ model_year   : num 71 74 80 80 81 82
# $ origin       : Factor w/ 3 levels "1","2","3": 1 1 2 1 2 1
# $ car_name     : chr "\"ford pinto\"" "\"ford maverick\"" "\"renault lecar
deluxe\"" ...
# $ prediction   : num NA NA NA NA NA NA
```

注意：这些汽车的
马力数没有记录

所以这些汽车没
有预测值

由于数据集有缺失值，因此模型无法为每行都返回一个预测。现在，再尝试一次，使用 vtreat 先对数据进行处理：

```
library("vtreat")

cfe <- mkCrossFrameNExperiment(auto_mpg, vars, "mpg",
                               verbose = FALSE)
treatment_plan <- cfe$treatments
auto_mpg_treated <- cfe$crossFrame
score_frame <- treatment_plan$scoreFrame
new_vars <- score_frame$varName

newf <- mk_formula("mpg", new_vars)
new_model <- lm(newf, data = auto_mpg_treated)

auto_mpg$prediction <- predict(new_model, newdata = auto_mpg_treated)
# Warning in predict.lm(new_model, newdata = auto_mpg_treated):
# prediction from a rank-deficient fit may be misleading
str(auto_mpg[!complete.cases(auto_mpg), , drop = FALSE])
# 'data.frame': 6 obs. of 10 variables:
# $ mpg : num 25 21 40.9 23.6 34.5 23
# $ cylinders : num 4 6 4 4 4 4
# $ displacement: num 98 200 85 140 100 151
# $ horsepower : num NA NA NA NA NA NA
```

再尝试一次，
用 ctreat 进行
数据准备

```
# $ weight : num 2046 2875 1835 2905 2320 ...
# $ acceleration: num 19 17 17.3 14.3 15.8 20.5
# $ model_year : num 71 74 80 80 81 82
# $ origin : Factor w/ 3 levels "1","2","3": 1 1 2 1 2 1
# $ car_name . chr "\"ford pinto\"" "\"ford maverick\"" "\"renault lecar
      deluxe\"" ...
# $ prediction : num 24.6 22.4 34.2 26.1 33.3 ...
```

现在，即使对于有
缺失值的项目，也
能预测了

现在，模型为每一行都返回一个预测值，包括那些有缺失数据的行。

8.6   掌握 vtreat 程序包

既然我们已经了解了如何使用 vtreat 程序包，那么接下来花一些时间看看该
程序包可做哪些工作。这一点最容易办到，通过一个小示例就够了。

vtreat 旨在为有监督的机器学习或预测建模准备数据。该软件被设计用来帮助
解决将一堆输入或解释变量与要预测的单个输出或因变量关联的问题。

8.6.1   vtreat 的各个阶段

如图 8.11 所示，vtreat 分两个阶段进行工作：设计阶段和应用程序/准备阶段。
在设计阶段，vtreat 会了解数据的详细信息。对于每个解释变量，它会估计该变量
与结果的关系，因此，解释变量和因变量都必须是可用的。在应用程序阶段，vtreat
引入了新变量，它们是从解释变量派生出来的，但它们更适合于简单的预测建模。
转换后的数据都是数字型的，并且没有缺失值[1]。R 本身就具有处理缺失值的方法，
包括许多缺失值插值包[2]。R 也具有将任意的 data.frame 转换为数字数据的规范方
法：model.matrix()，许多模型都用它来接受任意数据。vtreat 是处理这些任务的专
用工具，能在有监督的机器学习或预测性建模任务中很好地工作。

---

1 记住，缺失值并不是数据出错的唯一原因，也不是 vtreat 解决的唯一问题。
2 详见 https://cran.r-project.org/web/views/MissingData.html。

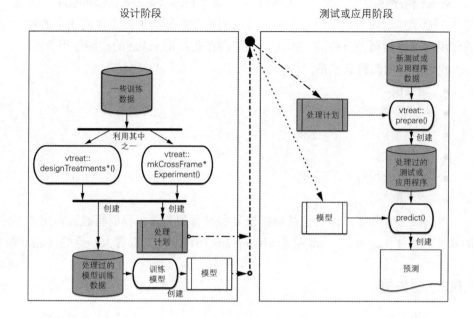

图 8.11 vtreat 的两个阶段

在处理设计阶段，会调用以下函数之一：

- designTreatmentsC()——为二元分类任务设计一个变量处理计划。二元分类任务：预测某示例是否在给定类别中，或预测示例在给定类别中的概率。

- designTreatmentsN()——为回归任务设计变量处理计划。若示例的输出是数字型的，则回归任务也将给出一个数字的预测结果。

- designTreatmentsZ()——设计一个简单的变量处理计划，该计划不考虑训练数据的输出。该计划处理缺失值，并将字符串重新编码为指示变量(独热编码)，但不产生影响变量(这需要了解训练数据的输出)。

- design_missingness_treatment()——设计一种非常简单的处理方法，该处理方法仅处理缺失值，且不对类别型变量进行独热编码，而是用令牌"_invalid_"代替 NA。

- mkCrossFrameCExperiment()——使用交叉验证技术为分类准备数据，以便用于设计变量处理的数据可以被安全地重用于训练模型。

- mkCrossFrameNExperiment()——使用交叉验证技术为回归准备数据，以便用于设计变量处理的数据可以被安全地重用于训练模型。

对于应用程序或数据准备阶段，我们总是调用 prepare()方法。

　　vtreat 程序包随附了大量文档和示例，详见 https://winvector.github.io/vtreat/。但是，除了知道如何操作程序包外，数据科学家们还必须知道他们使用的程序包的作用，这才是至关重要的。因此，我们将在此讨论 vtreat 的实际作用。

　　我们要回顾的概念包括

- 缺失值
- 指示变量
- 影响编码
- 处理计划
- 变量分数框
- 交叉框

　　尽管概念有些多，但它们是数据修复和准备的关键。我们将通过特定的小示例来使之具体化。可访问 https://arxiv.org/abs/1611.09477 查看大一点的性能示例。

8.6.2　缺失值

　　正如之前讨论的，R 对于缺失的、未知的或不可用的值有一个特殊的代码：NA。许多建模过程不接受带有缺失值的数据，因此，如果遇到这种情况，就必须对它们进行一些处理。常见的策略包括：

- 将范围局限于"完美案例" ——仅使用那些没有一个列有缺失值的数据行。这对于模型训练可能是有问题的，因为完美案例的分布可能不会与实际数据集相同，或不能代表实际数据集的分布。同样，此策略也不能就如何对有缺失值的新数据进行评分给出好的主意。目前也有一些有关如何对数据进行重新加权以使其更具代表性的理论，但我们不鼓励使用这些方法。
- 缺失值填充——这类方法使用非缺失值来推断或估算缺失值的值(或值的分布)。可以在 https://cran.r-project.org/web/views/MissingData.html 中找到专用于这些方法的 R 任务视图。
- 使用容忍缺失值的模型——决策树或随机森林的某些实现方式可以容忍缺失值。
- 将缺失视为可观察的信息——用备用信息替换缺失值。

　　vtreat 提供了实现最后一个想法(将缺失作为可观察的信息)的程序，因为这很容易做到，并且非常适合有监督的机器学习或预测建模。这个想法很简单：将缺失值替换为一些备用值(可以是 0，也可以是非缺失值的平均值)，并添加额外的一列以表明已进行了替代。这个额外的列为任何建模步骤提供了一个额外的自由度，或者将估算值与未估算值分开处理的能力。

下面是一个简单的示例，展示了转换过程是如何添加列的：

```
library("wrapr")

d <- build_frame(
  "x1"      , "x2"          , "x3", "y" |
  1         , "a"           , 6   , 10  |
  NA_real_  , "b"           , 7   , 20  |
  3         , NA_character_ , 8   , 30  )
knitr::kable(d)

plan1 <- vtreat::design_missingness_treatment(d)
vtreat::prepare(plan1, d) %.>%
    knitr::kable(.)
```

给 build_frame 引入 wrapr 程序包，并引入 wrapr 的"点管道"

使用 wrapr 的点管道，而不是 magrittr 的前向管道。点管道需要第 5 章中介绍的显式的点参数

注意，在图 8.12 中，x1 列具有缺失值，而在图 8.13 中将该值替换为备用值，即已知值的平均值。处理或准备好的数据(见图 8.13)还有一个新列 x1_isBAD，指示在什么位置替换了 x1 的值。最后注意，对于字符串值的列 x2，NA 值被替换为特殊的水平代码。

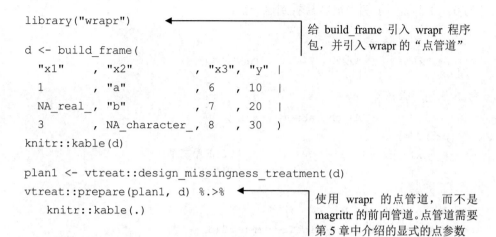

x1	x2	x3	y
1	a	6	10
NA	b	7	20
3	NA	8	30

图 8.12　简单示例数据：原始数据

x1	x1_isBAD	x2	x3	y
1	0	a	6	10
2	1	b	7	20
3	0	*invalid*	8	30

图 8.13　简单示例数据：处理后的数据

8.6.3　指示变量

许多统计和机器学习过程都希望所有变量均为数字型。一些 R 用户可能不知道这一点，因为许多用 R 实现的模型都会通过在后台调用 model.matrix() 来将任意数据转换为数字型数据。而对于真实的项目，我们建议使用更可控的显式转换，如 vtreat。[1]

此转换涉及许多名称，如：指示变量、虚拟变量和独热编码。其背后的想法是：对于字符串变量的每个可能的值，我们都为之创建一个新的数据列。当字符

---

[1]　在本书中，为了教学目的，当准备步骤不是讨论的重点时，我们会尽力减少这些步骤。

串变量的值与列标签匹配时，我们将这些新列中的对应位置设置为 1，否则设置为 0。在下面的示例中很容易看到这一点：

```
d <- build_frame(
   "x1"     , "x2"         , "x3", "y" |
   1        , "a"          , 6  , 10  |
   NA_real_ , "b"          , 7  , 20  |
   3        , NA_character_, 8  , 30  )
print(d)
#   x1 x2 x3  y
# 1  1  a  6 10
# 2 NA  b  7 20
# 3  3 <NA> 8 30
plan2 <- vtreat::designTreatmentsZ(d,
                         varlist = c("x1", "x2", "x3"),
                         verbose = FALSE)
vtreat::prepare(plan2, d)
#   x1 x1_isBAD x3 x2_lev_NA x2_lev_x_a x2_lev_x_b
# 1  1        0  6         0          1          0
# 2  2        1  7         0          0          1
# 3  3        0  8         1          0          0
```

x2 的第二个
值是 b

在经过处理的数
据的第二行，
x2_lev_x_b = 1

注意，在准备好的数据的第二行中，x2_lev_x_b 的值为 1。这样，转换后的数据就以这种方式保留 x2 变量在这一行中的最初值为 b 这条信息。

正如第 7 章讨论 lm() 和 glm() 时所说的，实际上，传统的统计实践不会为字符串变量的一个可能的水平保留新的列。该水平称为参考水平。我们可以识别出字符串变量等于参考水平的行，因为此类行中的所有其他水平的列均为 0(其他行在水平列中恰好有一个 1)。对于一般的有监督学习，尤其是对于正则化回归之类的高级技术，我们建议对所有水平进行编码，如本例所示的那样。

8.6.4 影响编码

影响编码是一种好方法，它通常以不同的名称出现(效果编码、影响编码以及最近出现的目标编码)。[1]

---

1 我们能发现的最早的关于影响编码的讨论是 Robert E. Sweeney 和 Edwin F. Ulveling 的论文 *A Trans formation for Simplifying the Interpretation of Coefficients o f Binary Variables in Regression Analysis*，该文发表于 *The American Statistician*, 26(5), 30–32, 1972。他们进行了研究并在 R 和 Kaggle 的用户之间推广了该方法，还添加了交叉验证的关键方法，这种方法与一种名为"stacking"的方法(详见 https://arxiv.org/abs/1611.09477)类似。

当字符串值变量具有成千上万个可能的值或水平时, 为每个可能的水平生成一个新的指示符列会导致数据的极度扩展和过度拟合(模型拟合器在这种情况下甚至都收敛的话)。因此, 我们改为使用影响代码: 具有单变量模型的效果, 用来代替水平代码。这就是在我们的 KDD2009 信用账户销户示例中生成 catB 类型的派生变量的原因, 也是在回归的情况下生成 catN 型变量的原因。

下面来看一个简单的数字型预测或回归示例的效果:

```
d <- build_frame(
    "x1"     , "x2"           , "x3", "y" |
    1        , "a"            , 6   , 10  |
    NA_real_ , "b"            , 7   , 20  |
    3        , NA_character_, 8   , 30  )

print(d)
#   x1  x2  x3  y
# 1 1   a   6 10
# 2 NA  b   7 20
# 3 3 <NA>   8 30
plan3 <- vtreat::designTreatmentsN(d,
                            varlist = c("x1", "x2", "x3"),
                            outcomename = "y",
                            codeRestriction = "catN",
                            verbose = FALSE)
vtreat::prepare(plan3, d)
#   x2_catN  y
# 1     -10 10
# 2       0 20
# 3      10 30
```

影响编码的变量位于名为 x2_catN 的新列中。注意, 在第一行中它是-10, 而 y 的值是 10, 即比 y 的平均值低 10。这种“均值条件增量”的编码正是“影响编码”或“效果编码”之类名称的由来。

类别型变量的影响编码也类似, 不同之处在于它们是以对数为单位的, 就像8.3.1 节中的逻辑回归一样。在这种情况下, 对于这么小的数据, x2_catB 的初值在行 1 和 3 中为负无穷大, 在行 2 中为正无穷大(因为 x2 的水平值完美地预测或区分开了 y == 20 是否满足的情况)。我们所看到的这些值接近正负 10 的事实是由于进行了一个称为平滑的重要调整, 平滑是指在计算条件概率时, 向“无影响”

方向添加一点偏差以进行更安全的计算[1]。接下来给出一个使用 vtreat 为可能的分类任务准备数据的示例：

```
plan4 <- vtreat::designTreatmentsC(d,
                                   varlist = c("x1", "x2", "x3"),
                                   outcomename = "y",
                                   outcometarget = 20,
                                   codeRestriction = "catB",
                                   verbose = FALSE)
vtreat::prepare(plan4, d)
#      x2_catB y
# 1 -8.517343 10
# 2 9.903538 20
# 3 -8.517343 30
```

> **平滑**
>
> 平滑是一种防止某种程度的过拟合和在小数据的情况下给出无意义答案的方法。平滑的想法是试图遵循克伦威尔(Cromwell)规则，即经验概率推理中绝不使用概率为 0 的估计。这是因为如果要通过乘法来组合概率(最常见的组合概率估计值的方法)时，一旦某个项为 0，则无论其他项的值是多少，整个估计值都将为 0。最常见的平滑形式是拉普拉斯平滑(Laplace smoothing)，它将 n 次试验中有 k 次成功的成功率计算为$(k + 1)/(n + 1)$，而不是 k / n(以防止 $k = 0$ 的情况)。频率统计学家认为平滑是正则化的一种形式，而贝叶斯统计学家则认为平滑是先验的。

8.6.5　处理计划

处理计划决定了在使用训练数据拟合模型之前如何对数据进行处理，以及在把新数据应用于模型之前如何对数据进行处理。它由 design *()方法直接返回。对于 mkExperiment *()方法，处理计划是对返回结果进行关键处理的项目。以下代码显示了处理计划的结构：

```
class(plan4)
# [1] "treatmentplan"

names(plan4)
```

---

[1] 通过网址 https://en.wikipedia.org/wiki/Additive_smoothing 可以找到有关平滑的参考文献。

```
# [1] "treatments" "scoreFrame" "outcomename" "vtreatVersion" "outcomeType"

# [6] "outcomeTarget" "meanY" "splitmethod"
```

变量的分数框

所有处理计划中都包含的一个重要项目就是分数框。可以将其从处理计划中单独提取出来，如下所示(继续我们前面的示例)：

```
plan4$scoreFrame
```

```
#  varName varMoves rsq sig needsSplit extraModelDegrees origName code
#1 x2_catB TRUE 0.0506719 TRUE 2       x2 catB
```

分数框是一个 data.frame，每个派生的解释变量都对应一行。每行都显示了派生变量是从哪个原始变量(origName)生成的，生成派生变量时使用了哪种类型的转换(code)以及有关该变量的一些质量摘要。例如，needsSplit 是一个指示符，当它为 TRUE 时，表示变量是复杂的并且需要进行交叉验证来给出评分，这实际上就是 vtreat 产生变量质量估计值的方式。

8.6.6　交叉框

vtreat 的一项关键创新就是交叉框。交叉框是 mkCrossFrame * Experiment()方法返回的对象列表中的一个项目。这是一种创新，可以使相同的数据安全地用于设计变量处理计划和训练模型。如果没有这种交叉验证方法，那么就必须保留一些训练数据以便构建变量处理计划，并保留一个不与之相交的数据集合以便拟合已处理的数据。否则，复合系统(数据准备+模型应用)可能会出现严重的嵌套模型偏差：所生成的模型在训练数据上看起来不错，但在测试或应用程序数据上却失败了。

重用数据的危险

这里有一个该问题的示例(代码清单 8.8)。假设我们有一些示例数据，这些数据的 x 和 y 之间实际上没有任何关系。在这种情况下，即便我们认为发现了它们之间的任何关系，我们知道那都只是过程的产物，而并非真实存在。

代码清单 8.8 无信息的数据集

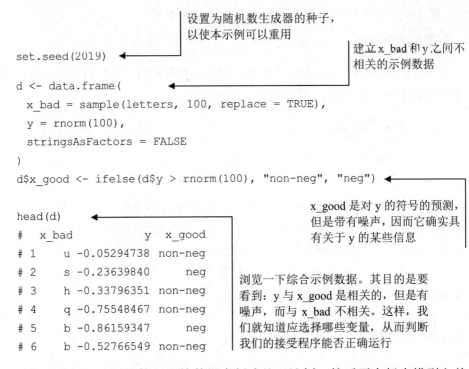

设置为随机数生成器的种子，以使本示例可以重用

```
set.seed(2019)
```

建立 x_bad 和 y 之间不相关的示例数据

```
d <- data.frame(
  x_bad = sample(letters, 100, replace = TRUE),
  y = rnorm(100),
  stringsAsFactors = FALSE
)
d$x_good <- ifelse(d$y > rnorm(100), "non-neg", "neg")
```

x_good 是对 y 的符号的预测，但是带有噪声，因而它确实具有关于 y 的某些信息

```
head(d)
#   x_bad         y   x_good
# 1     u -0.05294738 non-neg
# 2     s -0.23639840     neg
# 3     h -0.33796351 non-neg
# 4     q -0.75548467 non-neg
# 5     b -0.86159347     neg
# 6     b -0.52766549 non-neg
```

浏览一下综合示例数据。其目的是要看到：y 与 x_good 是相关的，但是有噪声，而与 x_bad 不相关。这样，我们就知道应选择哪些变量，从而判断我们的接受程序能否正确运行

我们不做任何处理就使用训练数据来创建处理计划，然后再在拟合模型之前针对相同的数据做准备，如代码清单 8.9 所示。

代码清单 8.9 重用数据的危险

设计一个变量处理计划，用 x_bad 和 x_good 预测 y

```
plan5 <- vtreat::designTreatmentsN(d,
                   varlist = c("x_bad", "x_good"),
                   outcomename = "y",
                   codeRestriction = "catN",
                   minFraction = 2,
                   verbose = FALSE)
```

注意，派生变量 x_good_catN 生成时似乎带有重要的信号，而 x_bad_catN 则没有。这是因为在 vtreat 的质量评估中恰当地使用了交叉验证

```
class(plan5)
# [1] "treatmentplan"
print(plan5)
```

```
# origName varName code rsq sig extraModelDegrees

# 1 x_bad x_bad_catN catN 4.906903e-05 9.448548e-01 24
# 2 x_good x_good_catN catN 2.602702e-01 5.895285e-08 1

training_data1 <- vtreat::prepare(plan5, d)

res1 <- vtreat::patch_columns_into_frame(d, training_data1)
 head(res1)
#   x_bad   x_good  x_bad_catN  x_good_catN           y
# 1     u  non-neg   0.4070979    0.4305195 -0.05294738
# 2     s      neg  -0.1133011   -0.5706886 -0.23639840
# 3     h  non-neg  -0.3202346    0.4305195 -0.33796351
# 4     q  non-neg  -0.5447443    0.4305195 -0.75548467
# 5     b      neg  -0.3890076   -0.5706886 -0.86159347
# 6     b  non-neg  -0.3890076    0.4305195 -0.52766549

sigr::wrapFTest(res1, "x_good_catN", "y")
# [1] "F Test summary: (R2=0.2717, F(1,98)=36.56, p<1e-05)."

sigr::wrapFTest(res1, "x_bad_catN", "y")
# [1] "F Test summary: (R2=0.2342, F(1,98)=29.97, p<1e-05)."
```

将数据框 d 和 training_data1 组合起来，当存在有重复名称的列时，就使用 training_data1

使用统计学上的 F 检验来检查 x_good_catN 的预测能力

在与用于设计处理计划相同的数据上调用 prepare() —— 这并不总是安全的，如我们将看到的那样

x_good_catN 的 F 检验值是夸大的，并且只是看起来重要。这是因为没有使用交叉验证方法

注意，在本例中，sigr 的 F 检验表明：x_bad_catN 与结果变量 y 之间的 R 平方值为 0.23。这是一个技术术语，用于检查被解释了的变化相对于全部变化(全部变化包括被解释的部分和未被解释的部分)的占比(其本身称为 R 平方)是否在统计上不显著(在纯属偶然的情况下，常会发生)。因此，对于好变量，我们希望真实的 R 平方要高(接近 1)，而真实的 F 检验的显著性要低(接近 0)。我们还期望对不良变量而言，真实的 R 平方会很低(接近 0)，真正的 F 检验的显著性不会消失(不会接近 0)。

但注意，好变量和坏变量都受到了好评！这是一个错误，其原因是我们正在测试的变量(x_good_catN 和 x_bad_catN)都是高基数字符串值变量的影响编码。当我们用构建这些变量所用的数据测试它们时，会遇到过度拟合的问题，这会错误地夸大变量质量的估计值。在这种情况下，很多表面上的拟合质量实际上只是变量的复杂度(或过拟合能力)的一种度量。

还要注意,分数框中报告的 R 平方和显著性正确地表明 x_bad_catN 不是高质量变量(R 平方接近 0,而显著性不接近 0)。这是因为分数框使用交叉验证来估计变量的显著性。这很重要, x_bad_catN 会由于过拟合而产生虚高的质量得分,涉及多个变量的建模过程可能会因为这个得分而选择变量 x_bad_catN,却不选其他实际有用的变量。

如 前 几 节 所 述, 解 决 过 度 拟 合 的 方 法 是 将 训 练 数 据 的 一 部 分 用 于 designTreatments *()步骤,另一部分(与前一部分不相交)供变量使用或用于评估(如 sigr::wrapFTest()步骤)。

安全重用数据的交叉框

将所有训练数据用于设计变量处理计划和模型拟合的另一种方法是交叉框方法。这是内置于 vtreat 的 mkCrossFrame * Experiment()方法的一种特殊的交叉验证方法。在这种情况下,我们所要做的就是调用 mkCrossFrameNExperiment(),而不是 designTreatmentsN,并从返回的列表对象的 crossFrame 元素中获取准备好的训练数据(而不是调用 prepare())。对于将来的测试或应用程序数据,我们确实要从处理计划(它作为所返回的列表对象上的处理项目而返回)中调用 prepare(),但对于训练却不需要调用 prepare()。

代码如代码清单 8.10 所示。

代码清单 8.10　使用 mkCrossFrameNExperiment()

```
cfe <- vtreat::mkCrossFrameNExperiment(d,
                                       varlist = c("x_bad", "x_good"),
                                       outcomename = "y",
                                       codeRestriction = "catN",
                                       minFraction = 2,
                                       verbose = FALSE)

plan6 <- cfe$treatments

training_data2 <- cfe$crossFrame
res2 <- vtreat::patch_columns_into_frame(d, training_data2)

head(res2)
#   x_bad x_good x_bad_catN x_good_catN           y
# 1     u non-neg  0.2834739   0.4193180 -0.05294738
# 2     s    neg -0.1085887  -0.6212118 -0.23639840
# 3     h non-neg  0.0000000   0.5095586 -0.33796351
# 4     q non-neg -0.5142570   0.5095586 -0.75548467
```

```
# 5      b     neg -0.3540889   -0.6212118  -0.86159347
# 6      b non-neg -0.3540889    0.4193180  -0.52766549
```

```
sigr::wrapFTest(res2, "x_bad_catN", "y")
# [1] "F Test summary: (R2=-0.1389, F(1,98)=-11.95, p=n.s.)."
```

```
sigr::wrapFTest(res2, "x_good_catN", "y")
# [1] "F Test summary: (R2=0.2532, F(1,98)=33.22, p<1e-05)."
```

```
plan6$scoreFrame
#      varName varMoves       rsq         sig needsSplit
# 1  x_bad_catN    TRUE 0.01436145 2.349865e-01      TRUE
# 2 x_good_catN    TRUE 0.26478467 4.332649e-08      TRUE
#   extraModelDegrees origName code
# 1                24  x_bad catN
# 2                 1 x_good catN
```

现在，数据的 F 检验和 scoreFrame 的统计信息基本一致

现在注意，sigr::wrapFTest()已正确地识别出 x_bad_catN 是低价值变量了。此方案还正确地给好变量进行了评分，这意味着我们可以分辨出好坏变量了。我们可以将交叉框 training_data2 用于拟合模型，从而很好地防止变量处理造成的过度拟合。

嵌套模型偏差

将一个模型的结果用作另一个模型的输入而导致的过拟合称为嵌套模型偏差。对于 vtreat，这可能是一个问题，与影响代码(本身就是模型)有关。对于不看结果的数据处理，例如 design_missingness_treatment()和 designTreatmentsZ()，使用相同的数据设计处理计划并拟合模型是安全的。但是，当数据处理要使用输出结果时，建议你要么另外进行一次数据拆分，要么使用 8.4.1 节中的 mkCrossFrame*Experiment()/$crossFrame 模式。

Vtreat 会使用交叉验证过程来创建交叉框。要查看详细内容，可访问 https://winvector.github.io/vtreat/articles/vtreatCrossFrames.html。

designTreatments*()与 mkCrossFrame*Experiment() 对于较大的数据集，很容易对训练数据进行三种拆分，使用 designTreatments *()/ prepare()模式来设计处理计划、拟合模型并进行评估。但对于太小而似乎无法进行三种拆分的数据集(尤其是具有大量变量的数据集)，可以使用 mkCrossFrame*Experiment()/prepare()模式来获得更好的模型。

8.7 小结

真实的数据通常是很杂乱的。未经检查和未经处理的原始数据可能会使建模或预测步骤崩溃，或者导致不良结果。"固定"数据又无法竞争。但是能基于你所拥有的数据(而不是你想要的数据)来进行处理不失为一个优势。

除了许多特定领域问题或特定问题外，你可能还会发现，数据中还有大量常见的问题应被预测出来和得到系统的处理。vtreat 是一个程序包，专门用于为有监督的机器学习或预测性建模任务准备数据。通过它的可引用文档，可减少你对项目文档的需求[1]。但要记住，工具不是避免查看数据的借口。

在本章中，你已学习了

- 如何将 vtreat 程序包中 designTreatments*()/prepare()模式与三种拆分训练数据集方法结合使用，为模型拟合和模型应用中使用的无序数据做准备。
- 在重视统计效率的情况下，如何结合使用 vtreat 程序包中的 mkCrossFrame* Experiment()/prepare()模式与训练数据集的两种拆分方法，为模型拟合和模型应用中使用的无序数据做准备。

---

1 详见 https://arxiv.org/abs/1611.09477。

## 第9章

无监督方法

本章内容:
- 使用 R 语言的聚类函数探究数据以及寻找相似性
- 选择合适的聚类数
- 评价某个聚类
- 使用 R 语言的关联规则函数找出数据的共现(co-occurrence)模式
- 评价一组关联规则

上一章介绍了如何使用 vtreat 程序包为建模准备数据(对无序的真实数据进行处理)。本章将着眼于发现数据中未知关系的方法。这些方法称为无监督方法(unsupervised method)。在无监督方法中,没有要预测的输出结果,而是要在数据中找出你从未发现的模式。例如,你希望找到具有相似购物模式的顾客群,或者是人口流动与社会经济因素之间的相关性。我们仍将这种模式发现视为"建模",因此,仍然可以评估算法的输出结果,如本章的思维导图模型所示(图 9.1)。

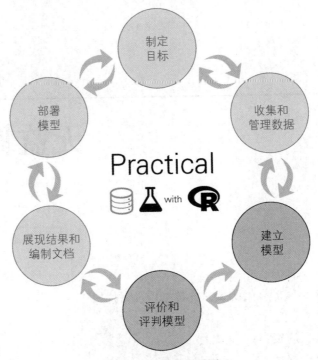

图 9.1 思维模型导图

无监督的分析本身并不一定就是目的。相反，它们是查找可用于构建预测模型的关系和模式的方法。实际上，我们鼓励你将无监督方法视为是探索性的——一种帮助你掌握数据的过程，而不是像黑盒方法那样神秘、自动地为你提供"正确答案"。

本章中，我们将研究两类无监督方法：

- 通过聚类分析(cluster analysis)，发现具有相似特征的组。
- 通过关联规则挖掘(association rule mining)，在数据中查找常常一起出现的元素或属性。

9.1 聚类分析

聚类分析的目标是将数据中的观察结果分组为若干个聚类，以使同一个聚类中的各个基准之间的相似性都比另一个聚类中的各基准的相似性更高。例如，一家提供导游服务的公司可能希望通过行为和品味来对其客户进行聚类：他们喜欢参观哪些国家；他们是否喜欢冒险旅行、豪华旅行或教育旅行；他们参加什么样的活动；他们喜欢访问什么样的景点。此类信息可以帮助公司设计出具有吸引力的旅行套餐，并能针对不同的客户群。

　　聚类分析这个主题本身就能写一本书，本章中，我们将讨论两种聚类方法。第一种，层次聚类(hierarchical clustering)，用于查找嵌套的聚类群。层次聚类的一个例子是标准植物分类学，它将植物按照科、属、种等进行分类。第二种方法是k-means(k-均值)，它是在定量数据中发现聚类的一种快速且流行的方法。

聚类和密度估计

　　从以往情况看，聚类分析与密度估计有关：如果想象数据是在一个大的维度空间里，那么你想要找的就是数据密度最大的区域。如果那些区域之间明显不同或者近似于明显不同，那么聚类就在这之间。

9.1.1　距离

　　在进行聚类时，需要用到相似度(similarity)和相异度(dissimlarity)的概念。可以把相异度视为距离，这样，一个聚类中的各个点之间的距离就要比它们与其他聚类中的点的距离更近，如图 9.2 所示。

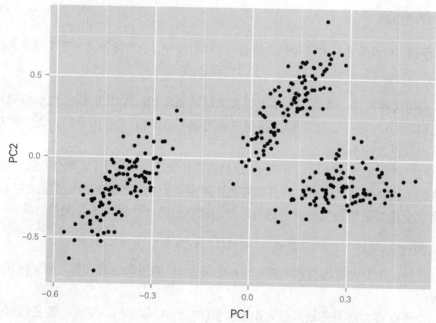

图 9.2　数据分布于 3 个聚类中的例子

　　在不同的应用领域，距离和相异度的定义也不同。本节将阐述几种最常见的距离：

- 欧几里德距离
- 汉明距离
- 曼哈顿(城市街区)距离
- 余弦相似度

欧几里德距离(后面简称欧氏距离)

示例 假设你有关于客体每天在不同活动上花费多少分钟的度量值,想按他们的活动模式来进行分组。

由于你的度量值是数值型的、连续的,因此欧氏距离是用于此聚类的理想距离。欧氏距离是人们在考虑"距离"时,最先想到的度量方式。对欧氏距离的平方是 k-均值的基础。当然,只有当所有数据都是实数值时(定量的),欧氏距离才有意义。如果数据是类别型的(特别是二进制的),则应使用其他距离。

两个向量 x 和 y 之间的欧氏距离的定义为

```
edist(x, y) <- sqrt((x[1] - y[1])^2 + (x[2] - y[2])^2 + ...)
```

汉明距离

示例 假设你要将食谱按配方的相似度进行分组。一种方法是测量其成分表的相似性。

利用这种方法,薄煎饼、华夫饼和薄饼的高度相似(它们的成分几乎相同,只是比例不同);它们与玉米面包(使用玉米面而不是面粉)又有所不同;而它们都和土豆泥有很大的不同。

对于诸如配方成分、性别(男性/女性)或定性大小(小/中/大)之类的类别型变量,如果两个点属于同一类别,则可以将其距离定义为 0,否则将其距离定义为 1。如果所有变量都是类别型变量,则可以使用汉明距离,计算出不匹配的点数:

```
hdist(x, y) <- sum((x[1] != y[1]) + (x[2] != y[2]) + ...)
```

这里,如果表达式为真,则 a != b 定义为 1;如果表达式为假,则 a != b 定义为 0。

也可以将类别型变量扩展为指示变量(如 7.1.4 节所述),这时,变量的每一个类别值对应着一个指示变量。

如果类别是有序的(如小/中/大),而一些类别之间的距离比其他类别的距离"更近",那么就可以将其转化为数值序列。比如,(小/中/大)可以映射为(1/2/3)。这样就可以对定量数据使用欧氏距离,或者其他距离了。

曼哈顿(城市街区)距离

示例　假设你在经营一个为市区的商业企业提供服务的送货公司。你想对客户进行聚类，以便将取货/放货柜放置在每个聚类的中央。

曼哈顿距离用从一个(实值)点到另一点(无对角线移动)的水平单位数和垂直单位数来衡量距离。这也称为 L1 距离(平方的欧氏距离为 L2 距离)。

在本示例中，曼哈顿距离更合适，因为你想通过人们沿着街道走多远，而不是以对角线的点对点(欧氏距离)来测量距离。例如，在图 9.3 中，客户 A 在场地以北两个街区，以西两个街区，而客户 B 在场地以南 3 个街区，以东 1 个街区。按曼哈顿距离算，它们与站点的距离是相等的(都是 4 个街区)。但是按欧氏距离算，客户 B 更远，3×1 的矩形的对角线比 2×2 的正方形的对角线要长。

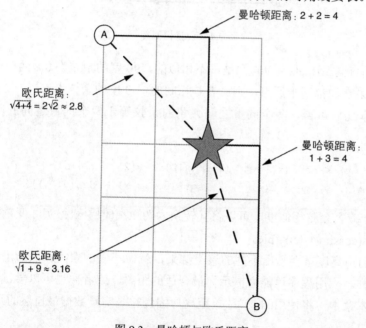

图 9.3　曼哈顿与欧氏距离

两个向量 x 和 y 之间的曼哈顿距离的定义为

```
mdist(x, y) <- sum(abs(x[1] - y[1]) + abs(x[2] - y[2]) + ...)
```

余弦相似度

示例　假设你将文档表示为一个"文档-术语"矩阵的各行，如 6.3.3 节所述，其中行向量的每个元素 i 给出单词 i 在文档中出现的次数。则两个行向量之间的余弦相似度是对相应文档的相似度的度量。

余弦相似度是文本分析中常见的相似度度量。它测量两个向量之间的最小夹角。在我们的文本示例中，假设向量都是非负的，因此两个向量之间的角度 theta 在 0 到 90 度之间。余弦相似度如图 9.4 所示。

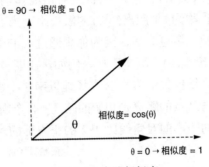

图 9.4　余弦相似度

两个垂直向量(theta = 90 度)是最不相似的，90 度的余弦为 0。两个平行向量最相似(如果它们都基于原点，则二者是相同的)，0 度的余弦为 1。

由基本几何可得，两个向量之间夹角的余弦等于两个向量之间的归一化的点积：

```
dot(x, y) <- sum(x[1] * y[1] + x[2] * y[2] + ...)
cossim(x, y) <- dot(x, y) / (sqrt(dot(x,x) * dot(y, y)))
```

用 1.0 减去余弦相似度，可以将其转换为伪距离(但要获得实际变量，应使用 1 - 2 * acos(cossim(x, y)) / pi)。

不同的距离度量会给出不同的聚类结果，就像不同的聚类算法给出不同的聚类结果一样。应用程序可能会提示你最合适的距离，或者你也可以尝试多个距离度量。在本章中，将使用(平方)欧氏距离，因为它是定量数据最自然的距离。

9.1.2　数据准备

为了说明聚类方法，我们将采用 1973 年欧洲 25 个国家关于蛋白质消费量的小型数据集(源自 9 个不同的食品组织)[1]，目标是根据蛋白质消费的模式将这些国家分组。把数据集作为一个名为 protein 的数据框加载到 R 系统中，如代码清单

1　原始数据集来自 Data and Story Library，以前托管在 CMU。它不再在线了。包含数据的文本文件(以制表符分隔)可以在 https://github.com/WinVector/PDSwR2/tree/master/Protein/处得到。数据文件的名称为 protein.txt；其他信息可在文件 protein_README.txt 中找到。

9.1 所示。

```
protein <- read.table("protein.txt", sep = "\t", header=TRUE)
summary(protein)
##          Country      RedMeat        WhiteMeat        Eggs
## Albania      : 1 Min.   : 4.400 Min.   : 1.400 Min.   :0.500
## Austria      : 1 1st Qu.: 7.800 1st Qu.: 4.900 1st Qu.:2.700
## Belgium      : 1 Median : 9.500 Median : 7.800 Median :2.900
## Bulgaria     : 1 Mean   : 9.828 Mean   : 7.896 Mean   :2.936
## Czechoslovakia: 1 3rd Qu.:10.600 3rd Qu.:10.800 3rd Qu.:3.700
## Denmark      : 1 Max.   :18.000 Max.   :14.000 Max.   :4.700
## (Other)      :19
##      Milk           Fish          Cereals          Starch
## Min.   : 4.90 Min.   : 0.200 Min.   :18.60 Min.   :0.600
## 1st Qu.:11.10 1st Qu.: 2.100 1st Qu.:24.30 1st Qu.:3.100
## Median :17.60 Median : 3.400 Median :28.00 Median :4.700
## Mean   :17.11 Mean   : 4.284 Mean   :32.25 Mean   :4.276
## 3rd Qu.:23.30 3rd Qu.: 5.800 3rd Qu.:40.10 3rd Qu.:5.700
## Max.   :33.70 Max.   :14.200 Max.   :56.70 Max.   :6.500
##
##      Nuts          Fr.Veg
## Min.   :0.700 Min.   :1.400
## 1st Qu.:1.500 1st Qu.:2.900
## Median :2.400 Median :3.800
## Mean   :3.072 Mean   :4.136
## 3rd Qu.:4.700 3rd Qu.:4.900
## Max.   :7.800 Max.   :7.900
```

单位和缩放

这个数据集的文档没有说明度量单位是什么，我们会假定所有列的单位都相同。这很重要：单位(更准确地说，单位的差异性)将会影响到算法能得到什么样的聚类结果。当对对象的重要统计信息进行测量时，如果以年来度量年龄、以英尺来度量身高、以磅来度量体重，则会得到与以年度量年龄、以米度量身高、以千克度量体重不同的距离——进而可能得到不同的聚类。

理想状态下，我们希望每个坐标轴上一个单位的变化都代表相同的差异程度。在蛋白质数据集中，我们假定度量单位都相同，因此这看起来是可行的。这可能是个正确的假设，但不同的食品组会提供不同数量的蛋白质。每份动物类食材总体上比植物类食材要包含更多克的蛋白质，所以蛋白质的消费量每变化 5 克所对应的蔬菜消费量的变化会比红肉的消费量的变化更大。

种尝试使每个变量的单位更兼容的方法是对所有列都进行转换，使之均值为 0，标准差为 1。这就使标准差成为每个坐标的度量单位。假设你的训练数据的分布能准确地代表人口的总体情况，则标准差大约代表了每个坐标中相同的差异程度。

在 R 语言中，可以使用 scale()函数来缩放数字数据。scale()的输出是一个矩阵。就本章的目的而言，你可以将矩阵视为包含所有数字列的数据框(严格来说，这不正确，但接近真相)。

scale()函数使用两个属性注释其输出——scaled:center 返回所有列的平均值，而 scaled:scale 返回标准差。可以将它们存放在别处，以便以后用于"取消缩放"数据，如代码清单 9.2 所示。

代码清单 9.2　重缩放数据集

```
vars_to_use <- colnames(protein)[-1]          使用除第一列(国家/
 pmatrix <- scale(protein[, vars_to_use])      地区)以外的所有列
pcenter <- attr(pmatrix, "scaled:center")
 pscale <- attr(pmatrix, "scaled:scale")       存储缩放属性

rm_scales <- function(scaled_matrix) {
 attr(scaled_matrix, "scaled:center") <- NULL  从已缩放的矩阵中删除
 attr(scaled_matrix, "scaled:scale") <- NULL   缩放属性的方便函数
 scaled_matrix
}

pmatrix <- rm_scales(pmatrix)                  为了安全而舍弃缩放属性
```

图 9.5 显示了缩放对两个变量 Fr.Veg 和 RedMeat 的影响。原始(未缩放的)变量具有不同的范围，反映了以下事实：红肉所提供的蛋白质的量往往高于水果和蔬菜所提供的蛋白质的量。现在，缩放后的变量具有相似的范围，使得比较每个变量的相对变化更加容易。

现在，已经为对蛋白质数据进行聚类做好了准备。我们将从分层聚类开始介绍。

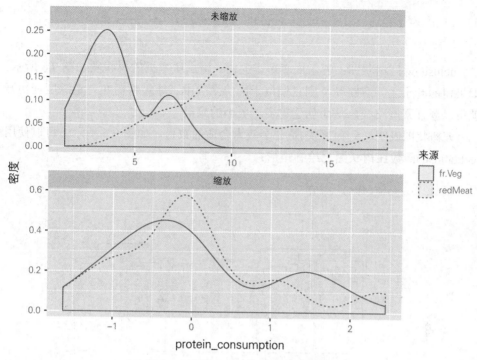

图 9.5　比较 Fr.Veg 和 RedMeat 变量

9.1.3　使用 hclust()进行层次聚类

hclust()函数把距离矩阵(作为 dist 类的一个对象)当作输入，距离矩阵记录了数据中所有点对之间的距离(用各种度量方法中的任意一种)。可以用函数 dist()来计算距离矩阵。

当类别变量扩展为指示变量(method="binary")时，dist()将用(平方的)欧氏距离(method= "euclidean")、曼哈顿距离(method="manhattan")以及某种类似汉明距离的方式来计算距离函数。如果想采用其他距离度量方式，就必须计算一个合适的距离矩阵，并调用 as.dist()函数将其转化成 dist 对象(详见 help(dist)的内容)。

hclust()还使用多种聚类方法来生成记录嵌套聚类结构的树。我们将使用 Ward 的方法，该方法开始时以每个数据点作为一个单独的聚类，然后迭代合并聚类，以使聚类总的组内平方和(within sum of squares，WSS)最小(将在本章后面介绍)。

下面，我们来对蛋白质数据进行聚类，如代码清单 9.3 所示。

代码清单 9.3　层次聚类

```
distmat <- dist(pmatrix, method = "euclidean")  ◀── 创建距离矩阵
```

```
pfit <- hclust(distmat, method = "ward.D")   ◀──── 聚类
plot(pfit, labels = protein$Country) ◀── 绘制树状图
```

hclust()返回树状图：表示嵌套聚类的树。蛋白质数据的树状图如图9.6所示。如果树的叶子之间有路径，则它们位于同一聚类中。通过将树在一定深度处切开就可以断开某些路径，从而创建更多、更小的聚类。

该树状图表明，5个(聚类)是一个较为合适的数目，如图9.6所示。可以使用rect.hclust()函数在树状图上绘制矩形：

```
rect.hclust(pfit, k=5)
```

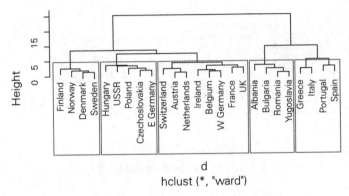

图9.6   根据蛋白质消费量对国家进行聚类的树状图

为了从 hclust 对象中提取每个聚类中的成员，需要调用 cutree()函数，如代码清单9.4所示。

代码清单 9.4   提取由 hclust()函数得到的聚类

```
groups <- cutree(pfit, k = 5)

print_clusters <- function(data, groups, columns) {   ◀──
  groupedD <- split(data, groups)
  lapply(groupedD,
      function(df) df[, columns])
}

cols_to_print <- wrapr::qc(Country, RedMeat, Fish, Fr.Veg)
print_clusters(protein, groups, cols_to_print)

## $`1`
##        Country RedMeat Fish Fr.Veg
```

一个方便函数，用于打印每个聚类中的国家，以及红肉、鱼和水果/蔬菜的消费值。我们将在本节中使用此函数。注意，该函数假设数据位于 data.frame(而不是矩阵)中

```
## 1     Albania   10.1  0.2    1.7
## 4     Bulgaria   7.8  1.2    4.2
## 18    Romania    6.2  1.0    2.8
## 25 Yugoslavia    4.4  0.6    3.2
##
## $`2`
##         Country RedMeat Fish Fr.Veg
## 2       Austria    8.9  2.1    4.3
## 3       Belgium   13.5  4.5    4.0
## 9        France   18.0  5.7    6.5
## 12      Ireland   13.9  2.2    2.9
## 14  Netherlands    9.5  2.5    3.7
## 21  Switzerland   13.1  2.3    4.9
## 22           UK   17.4  4.3    3.3
## 24    W Germany   11.4  3.4    3.8
##
## $`3`
##           Country RedMeat Fish Fr.Veg
## 5  Czechoslovakia     9.7  2.0    4.0
## 7       E Germany     8.4  5.4    3.6
## 11        Hungary     5.3  0.3    4.2
## 16         Poland     6.9  3.0    6.6
## 23           USSR     9.3  3.0    2.9
##
## $`4`
##     Country RedMeat Fish Fr.Veg
## 6   Denmark    10.6  9.9    2.4
## 8   Finland     9.5  5.8    1.4
## 15   Norway     9.4  9.7    2.7
## 20   Sweden     9.9  7.5    2.0
##
## $`5`
##      Country RedMeat Fish Fr.Veg
## 10    Greece    10.2  5.9    6.5
## 13     Italy     9.0  3.4    6.7
## 17  Portugal     6.2 14.2    7.9
## 19     Spain     7.1  7.0    7.2
```

这些聚类有一定的逻辑关系：每个聚类中的国家往往位于相同的地理区域。
处于相同区域的国家会有相似的饮食习惯，这是合情合理的。你还可看到：

- 聚类 2 由红肉消费量高于平均水平的国家组成
- 聚类 4 包含鱼类消费量高于平均水平，但农产品消费低的国家
- 聚类 5 包含鱼类和农产品消费都高的国家

注意，这个数据集只有 25 个点。当数据点非常多时，对这些聚类以及聚类中成员直接用"肉眼"观察是很难的。在接下来的几个小节中，我们会研究一些能够更加整体地考察聚类的方法。

使用主成分分析法来可视化聚类

正如我们在第 3 章中提到的，可视化是一种获得数据(本例中是聚类)整体视图的有效方法。蛋白质数据是九维的，因此很难通过散点图可视化。

我们可以尝试通过将数据投影到数据的前两个主要成分上来可视化聚类[1]。如果 N 是变量(用于描述数据)的数量，那么主成分就是描述能大致确定数据边界的超椭球体(位于 N 维空间)。每个主成分都是一个描述了该超椭球体的一个轴的 N 维向量。图 9.7 显示了 N = 3。

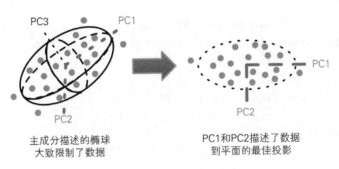

主成分描述的椭球　　　　　　　PC1和PC2描述了数据
大致限制了数据　　　　　　　　到平面的最佳投影

图 9.7　主成分分析的思想

如果按超椭球体相应轴的长度(最长的排第一)对主成分进行排序的话，则前两个主成分就描述了 N 维空间中的一个平面，该平面捕获的数据的变化量可以与在两维空间中捕获的一样多。换句话说，它描述了数据的最佳二维投影。我们将使用 prcomp()调用来进行主成分分解，如代码清单 9.5 所示。

代码清单 9.5　将聚类投影到头两个主成分上

```
library(ggplot2)                          计算数据的主成分
princ <- prcomp(pmatrix)
nComp <- 2
```

---

1 我们可以将数据投影到任意两个主成分上，但前两个最有可能显示有用的信息。

```
project <- predict(princ, pmatrix)[, 1:nComp]
project_plus <- cbind(as.data.frame(project),
                cluster = as.factor(groups),
                country = protein$Country)
ggplot(project_plus, aes(x = PC1, y = PC2)) +
  geom_point(data = as.data.frame(project), color = "darkgrey") +
  geom_point() +
  geom_text(aes(label = country),
            hjust = 0, vjust = 1) +
  facet_wrap(~ cluster, ncol = 3, labeller = label_both)
```

使用转换后的数据
以及每个点的聚类
标签和国家标签创
建数据框

进行绘制。将每个聚
类放在一个单独的
方面,以便于阅读

predict()函数将数据旋转到主成分描述的坐标中。旋转
后的前两列数据是该数据在前两个主成分上的投影

在图 9.8 中可以看到,聚类 1(罗马尼亚/南斯拉夫/保加利亚/阿尔巴尼亚)和地中海聚类(聚类 5)的点与其他点是分开的。其他三个聚类在此投影中混合在一起,尽管它们在其他投影中有可能是分开的。

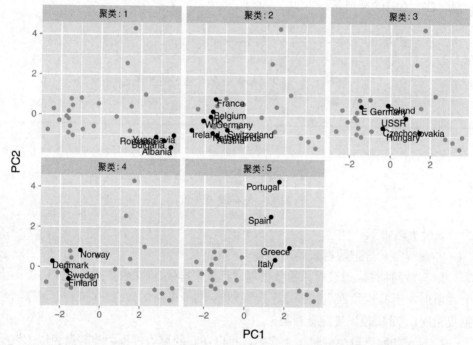

图 9.8 根据蛋白质消费量对国家进行聚类,将数据投影到前两个主成分上

聚类的 bootstrap 评价

评价聚类的一个重要问题是，给定的聚类是否为"真"——聚类代表的是数据的实际结构，还是只是聚类算法虚构的产物？正如你将看到的，这个问题对于像 k-means 这样的聚类算法尤其重要。在这类的算法中，用户必须提前指定聚类的数量。根据我们的经验，聚类算法常常会产生几个代表数据的实际结构或者关系的聚类，然后产生一两个聚类代表"其他"或者"杂类"的桶。"其他"聚类常常是由相互间没有任何关系的数据点组成的，它们不属于任何聚类。

评价一个聚类是否代表数据的真实结构，一种方法是看这个聚类是否经得住数据集上貌似合理的变化。fpc 程序包中有一个叫作 clusterboot()的函数，它用 bootstrap 重抽样来评价一个给定的聚类的稳定性[1]。clusterboot()是一个综合的函数，既可用于执行聚类算法，又可用于评价最终产生的聚类。它可为很多 R 语言的聚类算法(包括 hclust 和 kmeans)提供接口。

clusterboot 中的算法使用了 Jaccard 系数，它是两个集合之间的相似性的度量。集合 A 和 B 之间的 Jaccard 相似度是 A、B 交集的元素数量与 A、B 并集的元素数量之比，如图 9.9 所示。

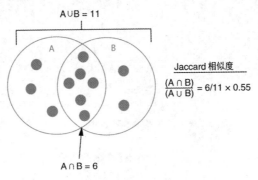

图 9.9　Jaccard 相似度

一般策略如下：

1. 像平常一样把数据聚类。

2. 有放回抽样，通过对原始数据集进行重采样(这意味着某些数据点可能不止一次出现，而其他数据点则根本不出现)来绘制一个新的数据集(其大小与原始数据集相同)。对新数据集进行聚类。

3. 对于初始聚类中的每一个聚类，找出在新的聚类过程中与其最相似的聚类(具有最大的 Jaccard 系数的那一个聚类)，并记录其 Jaccard 系数的值。如果最大

1　有关该算法的完整描述，请参见 Christian Henning 所写的"聚类稳定性的聚类评估"，研究报告第 271 页，伦敦大学学院统计科学系，2006 年 12 月。

的 Jaccard 系数比 0.5 还小，就认为该初始聚类是可以被消除(dissolved)的——它在新的聚类过程中没有出现。如果聚类被频繁消除，那么它很可能不是一个"真"的聚类。

4. 多次重复步骤 2、3。

初始聚类的过程中每个聚类的稳定度(cluster stability)就是其在所有 bootstrap 迭代中产生的 Jaccard 系数的均值。通常，稳定度小于 0.6 的聚类就可认为是不稳定的。稳定度在 0.6~0.75 之间的聚类意味着，该聚类还在度量某个数据模式的过程中，还不能完全确定哪些点应该被聚类在一起。稳定值在 0.85 以上的聚类可认为是高度稳定的(它们可能是真正的聚类)。

即便不同的算法给出了高度相似的聚类，这些算法仍可能给出不同的稳定值，因此 clusterboot()也是度量聚类算法稳定性的函数。

我们在蛋白质数据上运行 clusterboot()，采用 5 个聚类的层次聚类法，如代码清单 9.6 所示。注意，clusterboot()是随机的，因此可能会获得不同的结果。

代码清单 9.6　在蛋白质数据上运行 clusterboot()函数

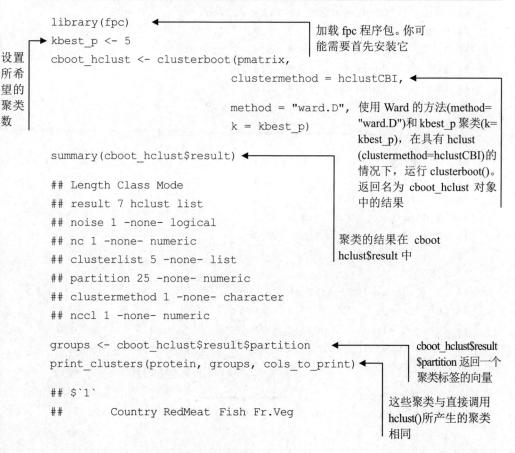

```
library(fpc)
kbest_p <- 5
cboot_hclust <- clusterboot(pmatrix,

                  clustermethod = hclustCBI,

                  method = "ward.D",
                  k = kbest_p)

summary(cboot_hclust$result)

## Length Class Mode
## result 7 hclust list
## noise 1 -none- logical
## nc 1 -none- numeric
## clusterlist 5 -none- list
## partition 25 -none- numeric
## clustermethod 1 -none- character
## nccl 1 -none- numeric

groups <- cboot_hclust$result$partition
print_clusters(protein, groups, cols_to_print)

## $`1`
##         Country RedMeat Fish Fr.Veg
```

设置所希望的聚类数

加载 fpc 程序包。你可能需要首先安装它

使用 Ward 的方法(method="ward.D")和 kbest_p 聚类(k=kbest_p)，在具有 hclust (clustermethod=hclustCBI)的情况下，运行 clusterboot()。返回名为 cboot_hclust 对象中的结果

聚类的结果在 cboot hclust$result 中

cboot_hclust$result $partition 返回一个聚类标签的向量

这些聚类与直接调用 hclust()所产生的聚类相同

```
## 1       Albania    10.1  0.2     1.7
## 4      Bulgaria     7.8  1.2     4.2
## 18      Romania     6.2  1.0     2.8
## 25 Yugoslavia       4.4  0.6     3.2
##
## $`2`
##          Country RedMeat  Fish  Fr.Veg
## 2        Austria     8.9  2.1     4.3
## 3        Belgium    13.5  4.5     4.0
## 9         France    18.0  5.7     6.5
## 12       Ireland    13.9  2.2     2.9
## 14   Netherlands     9.5  2.5     3.7
## 21   Switzerland    13.1  2.3     4.9
## 22            UK    17.4  4.3     3.3
## 24     W Germany    11.4  3.4     3.8
##
## $`3`
##           Country RedMeat  Fish  Fr.Veg
## 5  Czechoslovakia     9.7  2.0     4.0
## 7       E Germany     8.4  5.4     3.6
## 11        Hungary     5.3  0.3     4.2
## 16         Poland     6.9  3.0     6.6
## 23           USSR     9.3  3.0     2.9
##
## $`4`
##     Country RedMeat  Fish  Fr.Veg
## 6   Denmark    10.6  9.9     2.4
## 8   Finland     9.5  5.8     1.4
## 15   Norway     9.4  9.7     2.7
## 20   Sweden     9.9  7.5     2.0
##
## $`5`
##      Country RedMeat  Fish  Fr.Veg
## 10    Greece    10.2  5.9     6.5
## 13     Italy     9.0  3.4     6.7
## 17  Portugal     6.2 14.2     7.9
## 19     Spain     7.1  7.0     7.2
```

cboot_hclust$bootmean ◀—————— 聚类稳定性
的向量
```
## [1] 0.8090000 0.7939643 0.6247976 0.9366667 0.7815000
```

```
cboot_hclust$bootbrd
## [1] 19 14 45 9 30
```

每个聚类被清除次数的计数。默认情况下，clusterboot()会运行 100 次 bootstrap 迭代

clusterboot ()函数的执行结果表明：鱼类消费量高的国家所在的聚类(聚类 4)高度稳定：该聚类的稳定度高，且几乎没被取消过。聚类 1 和聚类 2 也相当稳定，聚类 5 则不然(可以看到，在图 9.8 中，聚类 5 中的成员与其他国家的分离，但彼此之间也是相当分离的)，而聚类 3 则具有我们称之为"其他"聚类的特点。

clusterboot()假定你知道聚类的个数 k。对于本例，我们可以用肉眼从树状图中看出合适的 k 值，但是当数据集很大时，通常就不可行了。可以用更加自动化的方式挑选出合理的 k 吗？下面将探讨这个问题。

聚类数量的确定

有很多启发式算法和经验法则可以用来确定聚类。对于某些数据集，可能某个给定的启发式算法会比其他算法的效果要好。如果可能的话，利用领域知识来帮助设定聚类的数量是最好的。否则，就尝试各种各样的启发式算法，也许会得到一些不同的 k 值。

内平方和的总和

一种简单的启发式方法是为 k 的不同值计算其内平方和(within sum of squares，WSS)的总和，然后在曲线中寻找"肘弯"处。在本节中，我们将介绍 WSS 的定义。

图 9.10 显示了具有四个聚类的数据。将每个聚类的质心定义为：其值是聚类中所有点的值的平均值的那个点。如图所示，质心位于聚类的中心。单个聚类的内平方和(或 WSS_i)是聚类中每个点到该聚类质心的距离的平方和。如图中聚类 4 所示。

内平方和的总和是所有聚类的 WSS_i 的总和。我们在代码清单 9.7 中给出其计算方法。

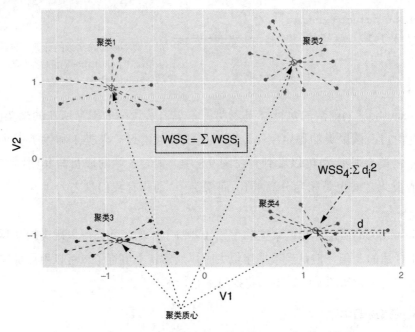

图 9.10 针对一组 4 个聚类给出的聚类 WSS 及 WSS 总和

代码清单 9.7 计算总的聚类内平方和

计算两个向量间距
离平方的函数

该函数计算单独一个聚类
的 WSS, 该聚类表示为一个
矩阵(每个点占一行)

计算聚类的质心
(所有点的平均)

计算聚类中每
个点到质心的
平方差, 并对所
有距离求和

```
sqr_edist <- function(x, y) {
sum((x - y)^2)
}
wss_cluster <- function(clustermat) {
c0 <- colMeans(clustermat)
sum(apply(clustermat, 1, FUN = function(row) { sqr_edist(row, c0) }))
}
wss_total <- function(dmatrix, labels) {
wsstot <- 0
k <- length(unique(labels))
for(i in 1:k)
wsstot <- wsstot + wss_cluster(subset(dmatrix, labels == i))
wsstot
}
wss_total(pmatrix, groups)
## [1] 71.94342
```

该函数计算一个点集和
聚类标签的 WSS 总和

提取每个聚类, 计算其
WSS 并对所有值求和

为当前的蛋白质聚
类计算 WSS 总和

WSS 总和将随着聚类数目的增加而减少，因为随着聚类数的增加，每个聚类将越来越小，越来越紧密。我们希望的是，在 k 超过最佳聚类数后，WSS 降低的速度能减慢。换句话说，WSS 与 k 的关系图在超过最佳 k 后应该变得平缓，因此最佳 k 将在图的“肘部”。我们来尝试计算最多 10 个聚类的 WSS，如代码清单 9.8 所示。

代码清单 9.8　绘制 k 在一定范围内取值时对应的 WSS

```
get_wss <- function(dmatrix, max_clusters) {          ← 该函数获取从 1 到
    wss = numeric(max_clusters)                          max 这个范围内的聚
                                                         类的 WSS 总和

  wss[1] <- wss_cluster(dmatrix)          ←            wss[1]只是所有
                                                      数据的 WSS
  d <- dist(dmatrix, method = "euclidean")
→ pfit <- hclust(d, method = "ward.D")

  for(k in 2:max_clusters) {          ←               对于每个 k，计算聚
                                                      类标签和聚类 WSS
    labels <- cutree(pfit, k = k)
    wss[k] <- wss_total(dmatrix, labels)
  }

  wss
}


kmax <- 10
cluster_meas <- data.frame(nclusters = 1:kmax,
                           wss = get_wss(pmatrix, kmax))

breaks <- 1:kmax
ggplot(cluster_meas, aes(x=nclusters, y = wss)) +  ← 将 WSS 绘制为 k 的函数
   geom_point() + geom_line() +
  scale_x_continuous(breaks = breaks)
```

聚类数据 （标注指向 pfit <- hclust 行）

将 WSS 作为 k 的函数绘制的图形如图 9.11 所示。遗憾的是，在这张图中，图线的肘部很难看清，尽管你眯起眼睛看，也许可以勉强认为 k = 2 处有一个肘部，k = 5 或 6 处有另一个肘部。这意味着最佳聚类数可能是 2、5 或 6 个(聚类)。

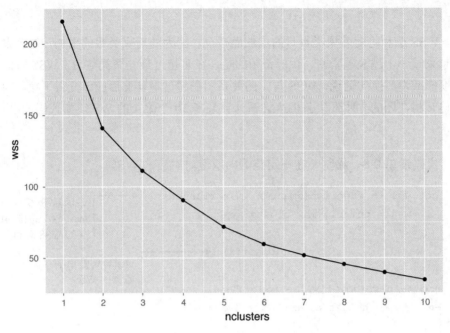

图 9.11　蛋白质数据的 WSS(k 的函数)

Calinski-Harabasz 指数

Calinski-Harabasz 指数是另一个常用的度量聚类优异程度的指标。它试图找到所有聚类都是紧密的且彼此远离的点。为了激发(并计算)Calinski-Harabasz 指数(简称 CH 指数)，首先需要定义一些术语。

如图 9.12 所示，一个点集的平方总和(total sum of squares，TSS)是所有点到数据质心(这里是指全部数据集的质心，而不是某个聚类的质心)的距离的平方和。在代码清单 9.8 的函数 get_wss()中，值 wss[1]就是 TSS，它与聚类无关。对于具有内平方和总的给定聚类，还可以定义中间平方和(between sum of squares，BSS):

```
BSS = TSS - WSS
```

BSS 度量聚类之间有多远。好的聚类具有较小的 WSS(所有聚类在其中心附近都很紧密)和较大的 BSS。我们可以比较在改变聚类数量时，BSS 和 WSS 如何随之变化，如代码清单 9.9 所示。

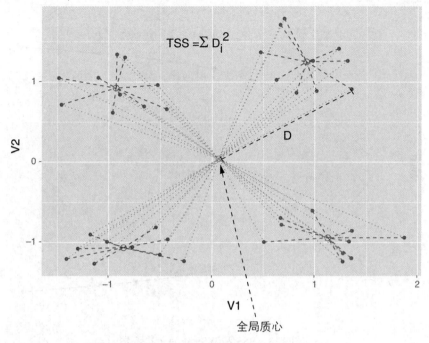

图 9.12　四个聚类的总平方和

代码清单 9.9　将 BSS 和 WSS 作为 k 的函数绘制图形

```
total_ss <- function(dmatrix) {
    grandmean <- colMeans(dmatrix)
  sum(apply(dmatrix, 1, FUN = function(row) { sqr_edist(row, grandmean) }))
}
tss <- total_ss(pmatrix)                          计算总平方和 TSS
cluster_meas$bss <- with(cluster_meas, tss - wss)
library(cdata)
cmlong <- unpivot_to_blocks(cluster_meas,
nameForNewKeyColumn = "measure",               重塑 cluster_meas 以
nameForNewValueColumn = "value",               使 WSS 和 BSS 在同
columnsToTakeFrom = c("wss", "bss"))           一列中
ggplot(cmlong, aes(x = nclusters, y = value)) +
geom_point() + geom_line() +
facet_wrap(~measure, ncol = 1, scale = "free_y") +
scale_x_continuous(breaks = 1:10)              加载 cdata 包
                                               以重塑数据
```

图 9.13 显示，随着 k 的增加，BSS 增加，而 WSS 减少。我们希望聚类具有平衡的 BSS 和 WSS。为了找到这样的聚类，必须查看一些与 BSS 和 WSS 相关的

度量。

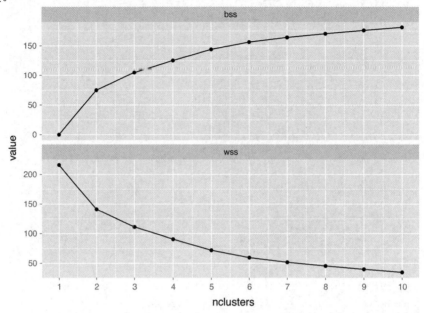

图 9.13　BSS 和 WSS 作为 k 的函数

聚类内方差(within cluster variance)W 由下式给出：

$$W = WSS / (n - k)$$

此处，n 是数据点的数量，k 是聚类的数量。可以将 W 视为"平均"的 WSS。聚类间的方差 B 为：

$$B = BSS / (k - 1)$$

同样，可以将 B 视为每个聚类对 BSS 的平均贡献。

　　一个好的聚类应该具有较小的平均 WSS 和较大的平均 BSS，因此我们可以尝试最大化 B 与 W 的比率。这就是 Calinski-Harabasz(CH)指数。我们来计算 CH 指数并绘制聚类为 10 个时它的图形，如代码清单 9.10 所示。

代码清单 9.10　Calinski-Harabasz 指数

```
cluster_meas$B <- with(cluster_meas, bss / (nclusters - 1))      ◄┐ 计算聚类之
                                                                  │ 间的方差 B
n = nrow(pmatrix)
cluster_meas$W <- with(cluster_meas, wss / (n - nclusters))     ◄┘

        ┌► cluster_meas$ch_crit <- with(cluster_meas, B / W)      计算聚类内
计算 CH │                                                         方差 W
指数
```

```
ggplot(cluster_meas, aes(x = nclusters, y = ch_crit)) +
  geom_point() + geom_line() +
  scale_x_continuous(breaks = 1:kmax)
```

查看图 9.14，你会看到 CH 指数在 k = 2 时达到最大，在 k = 5 时达到另一个局部最大值。k= 2 聚类对应于蛋白质数据树状图的第一次拆分，如图 9.15 所示。如果使用 clusterboot()进行聚类，就会发现这些聚类非常稳定，尽管信息量可能不大。

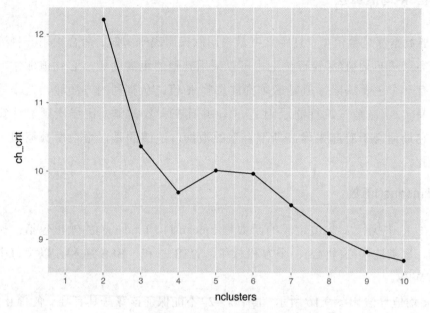

图 9.14　Calinski-Harabasz 指数作为 k 的函数

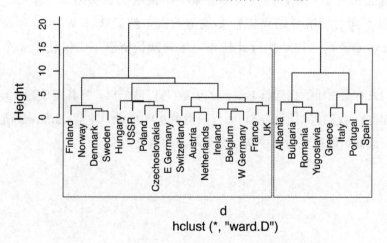

图 9.15　具有两个聚类的蛋白质数据树状图

聚类质量的其他度量

选择 k 时，你还可以尝试其他几种方法。差异统计是对 WSS 曲线上"肘部发现"的自动化的尝试。当数据来自一个混合种群，且所有种群都具有近似高斯分布(称为高斯混合)时，其效果最佳。当我们讨论 kmeans()时，我们将看到为一种度量值，即平均轮廓宽度(average silhouette width)。

9.1.4　k-均值算法

当数据都是数值型、且距离度量采用欧氏距离平方时，适合采用一种流行的聚类算法 k-均值(尽管理论上也可以采用其他的距离度量)。k-均值非常特别并且有一个主要缺陷，就是必须提前选择 k 值。从有利的方面看，这个算法很容易实现(这是它流行的原因之一)，并且在大数据集上比层次聚类计算更快。它最适合于看起来像高斯混合型的数据，遗憾的是，蛋白质数据似乎并非如此。

kmeans()函数

在 R 中执行 k-均值运算的函数是 kmeans()。kmeans()的输出包括：聚类标签、聚类的中心(质心)、平方和总和、WSS 总和、BSS 总和，以及每个聚类的 WSS。

k-均值算法如图 9.16 所示，其中 k =2。不能保证该算法具有唯一的停止点。k-均值可能相当不稳定，因为最终的聚类结果取决于初始聚类中心。好的做法是，以不同的随机开始点运行 k-均值数次，然后选择 WSS 总和最低的聚类。kmeans()函数可自动执行此操作，尽管默认情况下它仅使用一个随机点开始。

我们来对蛋白质数据运行 kmeans()函数(与以前一样，将其缩放为 0 均值和单位标准偏差)。我们将使用 k = 5，如代码清单 9.11 所示。注意，kmeans()是随机化的代码，因此可能得到与书中所示完全不同的结果。

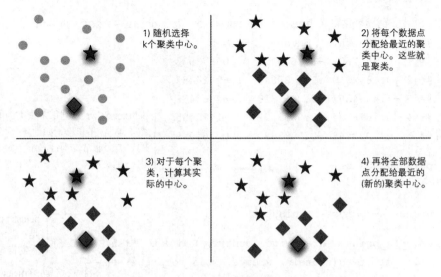

5) 重复步骤3)和4)，直到点不再移动或
已经达到了一个最大的迭代次数为止。

图 9.16　k-均值过程。2 个聚类中心点分别用带轮廓的星形和菱形表示

代码清单 9.11　运行 k-均值算法(k=5)

```
kbest_p <- 5

pclusters <- kmeans(pmatrix, kbest_p, nstart = 100, iter.max = 100)
summary(pclusters)
##              Length Class  Mode
## cluster      25     -none- numeric
## centers      45     -none- numeric
## totss        1      -none- numeric
## withinss     5      -none- numeric
## tot.withinss 1      -none- numeric
## betweenss    1      -none- numeric
## size         5      -none- numeric
## iter         1      -none- numeric
## ifault       1      -none- numeric

pclusters$centers
```

用 5 个聚类(kbest_p=5)、100 个
随机开始点运行 kmeans()，每
回最多 100 次迭代

kmeans() 返回所
有平方和度量

pclusters$centers 是一个矩阵，其行
是聚类的质心。要注意，
pclusters$centers 是在缩放的坐标
中，而不是在原始的蛋白质坐标中

```
##     RedMeat   WhiteMeat       Eggs        Milk       Fish    Cereals
## 1 -0.570049402  0.5803879 -0.08589708 -0.4604938 -0.4537795  0.3181839
## 2 -0.508801956 -1.1088009 -0.41248496 -0.8320414  0.9819154  0.1300253
## 3 -0.807569986 -0.8719354 -1.55330561 -1.0783324 -1.0386379  1.7200335
## 4  0.006572897 -0.2290150  0.19147892  1.3458748  1.1582546 -0.8722721
```

```
## 5  1.011180399  0.7421332   0.94084150   0.5700581  -0.2671539  -0.6877583
##          Starch      Nuts      Fr.Veg
## 1   0.7857609  -0.2679180   0.06873983
## 2  -0.1842010   1.3108846   1.62924487
## 3  -1.4234267   0.9961313  -0.64360439
## 4   0.1676780  -0.9553392  -1.11480485
## 5   0.2288743  -0.5083895   0.02161979

pclusters$size
 ## [1] 5 4 4 4 8
```

pclusters$size 返回每个聚类中的点数。通常(并非总是如此)，一个好的聚类会非常均衡：既不会太小，也不会太大

```
groups <- pclusters$cluster
```

pclusters$cluster 是一个聚类标签的向量

```
cols_to_print = wrapr::qc(Country, RedMeat, Fish, Fr.Veg)
print_clusters(protein, groups, cols_to_print)
```

在这里，kmeans() 和 hclust() 返回相同的聚类。但情况并非总是如此

```
## $`1`
##              Country RedMeat Fish Fr.Veg
## 5  Czechoslovakia      9.7  2.0    4.0
## 7       E Germany      8.4  5.4    3.6
## 11        Hungary      5.3  0.3    4.2
## 16         Poland      6.9  3.0    6.6
## 23           USSR      9.3  3.0    2.9
##
## $`2`
##      Country RedMeat Fish Fr.Veg
## 10    Greece   10.2  5.9    6.5
## 13     Italy    9.0  3.4    6.7
## 17  Portugal    6.2 14.2    7.9
## 19     Spain    7.1  7.0    7.2
##
## $`3`
##         Country RedMeat Fish Fr.Veg
## 1       Albania   10.1  0.2    1.7
## 4      Bulgaria    7.8  1.2    4.2
## 18      Romania    6.2  1.0    2.8
## 25  Yugoslavia    4.4  0.6    3.2
##
## $`4`
##    Country RedMeat Fish Fr.Veg
## 6  Denmark   10.6  9.9    2.4
```

```
## 8   Finland       9.5   5.8     1.4
## 15  Norway        9.4   9.7     2.7
## 20  Sweden        9.9   7.5     2.0
##
## $`5`
##          Country  RedMeat  Fish  Fr.Veg
## 2        Austria      8.9   2.1     4.3
## 3        Belgium     13.5   4.5     4.0
## 9         France     18.0   5.7     6.5
## 12       Ireland     13.9   2.2     2.9
## 14   Netherlands      9.5   2.5     3.7
## 21   Switzerland     13.1   2.3     4.9
## 22            UK     17.4   4.3     3.3
## 24     W Germany     11.4   3.4     3.8
```

挑选 k 值的 kmeansruns()函数

要运行 kmeans()，必须先知道 k。fpc 程序包(拥有 clusterboot()的那个程序包)
具有一个名为 kmeansruns()的函数，该函数用某个范围内的 k 值多次调用 kmeans()
函数，并估计最佳 k。然后，它返回所选定的最佳 k 值、该 k 值下的 kmeans()输
出，以及作为 k 的函数的标准值向量。当前，kmeansruns()具有两个标准：
Calinski-Harabasz 指数"ch"和平均轮廓宽度"asw"。对于这两个标准，最大值
表示的都是最佳聚类数(有关轮廓聚类的更多信息，请参见 http://mng.bz/Qe15)。
在整个 k 的取值范围内检查标准值是一个好主意，因为你可能会看到算法不能自
动挑选 k 值的证据。代码清单 9.12 说明了这一点。

代码清单 9.12　绘制聚类的标准

ch 标准选出两个聚类

用从 1 到 10 个聚类以及 ch 标准运行 kmeansruns()。
默认情况下，每次运行，kmeansruns()都会使用 100
个随机开始点和 100 次最大的迭代次数

用平均轮廓宽度标准，从 1 到
10 个聚类运行 kmeansruns()。平
均轮廓宽度选择了 3 个聚类

```
clustering_ch <- kmeansruns(pmatrix, krange = 1:10, criterion = "ch")

clustering_ch$bestk
## [1] 2

clustering_asw <- kmeansruns(pmatrix, krange = 1:10, criterion = "asw")
```

```
clustering_asw$bestk
## [1] 3
```

将 asw 标准的值
视为 k 的函数

```
clustering_asw$crit
## [1] 0.0000000 0.3271084 0.3351694 0.2617868 0.2639450 0.2734815
0.2471165
## [8] 0.2429985 0.2412922 0.2388293
```

将 ch 标准的值视
为 k 的函数

```
clustering_ch$crit
## [1] 0.000000 14.094814 11.417985 10.418801 10.011797 9.964967
9.861682
## [8] 9.412089 9.166676 9.075569


cluster_meas$ch_crit
## [1] NaN 12.215107 10.359587 9.690891 10.011797 9.964967 9.506978
## [8] 9.092065 8.822406 8.695065
```

将这些值与 hclust()聚类的 ch 值
相比较。它们不太相同，因为这
两个算法没有选择相同的聚类

```
summary(clustering_ch)
```

kmeansruns()也
返回 k=bestk 时的
kmeans 的输出

```
##            Length Class  Mode
## cluster      25   -none- numeric
## centers      18   -none- numeric
## totss         1   -none- numeric
## withinss      2   -none- numeric
## tot.withinss  1   -none- numeric
## betweenss     1   -none- numeric
## size          2   -none- numeric
## iter          1   -none- numeric
## ifault        1   -none- numeric
## crit         10   -none- numeric
## bestk         1   -none- numeric
```

　　图 9.17 上边的图形比较了 kmeansruns 提供的两个聚类标准的结果。两种标准
均已缩放为兼容的单位。它们建议两到三个聚类是最佳选择。但是，如果比较
kmeans 和 hclust 聚类的(未缩放的)CH 标准的值，如图 9.17 下边的图所示，你将
看到 CH 标准为 kmeans()和 hclust()聚类产生了不同的曲线，但是对于 k = 5 和 k =
6，它确实选择了相同的值(这可能意味着它选择了相同的聚类)，这可作为 5 或 6
是 k 的最佳值的证据。

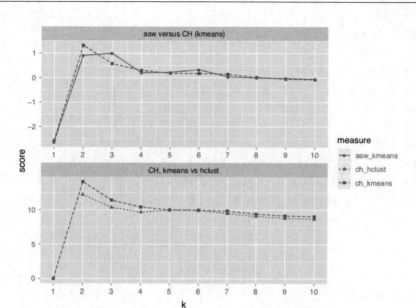

图 9.17 上图：kmeans 聚类的(缩放的)CH 和平均轮廓宽度指数的比较

下图：kmeans 和 hclust 聚类的 CH 指数的比较

重温 clusterboot()

我们也可以使用 k-均值算法运行 clusterboot()，如代码清单 9.13 所示。

代码清单 9.13 用 k-均值运行 clusterboot()

```
kbest_p <- 5
cboot <- clusterboot(pmatrix, clustermethod = kmeansCBI,
         runs = 100,iter.max = 100,
            krange = kbest_p, seed = 15555)        我们为随机数发
                                                   器设置了种子,因此
                                                   结果是可重复的
groups <- cboot$result$partition
print_clusters(protein, groups, cols_to_print)
## $`1`
##        Country RedMeat Fish Fr.Veg
## 1      Albania    10.1  0.2    1.7
## 4     Bulgaria     7.8  1.2    4.2
## 18     Romania     6.2  1.0    2.8
## 25 Yugoslavia     4.4  0.6    3.2
##
## $`2`
```

```
##    Country RedMeat Fish Fr.Veg
## 6 Denmark    10.6  9.9    2.4
## 8 Finland     9.5  5.8    1.4
## 15 Norway     9.4  9.7    2.7
## 20 Sweden     9.9  7.5    2.0
##
## $`3`
##              Country RedMeat Fish Fr.Veg
## 5 Czechoslovakia        9.7  2.0    4.0
## 7        E Germany      8.4  5.4    3.6
## 11         Hungary      5.3  0.3    4.2
## 16          Poland      6.9  3.0    6.6
## 23            USSR      9.3  3.0    2.9
##
## $`4`
##          Country RedMeat Fish Fr.Veg
## 2        Austria     8.9  2.1    4.3
## 3        Belgium    13.5  4.5    4.0
## 9         France    18.0  5.7    6.5
## 12       Ireland    13.9  2.2    2.9
## 14   Netherlands     9.5  2.5    3.7
## 21   Switzerland    13.1  2.3    4.9
## 22            UK    17.4  4.3    3.3
## 24     W Germany    11.4  3.4    3.8
##
## $`5`
##        Country RedMeat Fish Fr.Veg
## 10      Greece    10.2  5.9    6.5
## 13       Italy     9.0  3.4    6.7
## 17    Portugal     6.2 14.2    7.9
## 19       Spain     7.1  7.0    7.2
```

```
cboot$bootmean
## [1] 0.8670000 0.8420714 0.6147024 0.7647341 0.7508333
```

```
cboot$bootbrd
## [1] 15 20 49 17 32
```

注意，对于层次聚类和 k-均值聚类，cboot$bootmean 所给出的稳定性数量(以及由 cboot$bootbrd 所给出的聚类被消除的次数)是不同的，尽管所发现的聚类是一样的。这表明聚类的稳定性部分地依赖于聚类算法，而不只是数据。重申一遍，两种聚类算法发现的聚类相同或许意味着 5 就是最优的聚类的个数。

9.1.5　给聚类分派新的点

聚类算法经常被视为数据探索的一部分，或者是其他有监督学习方法的前提。但当你想用你所发现的聚类对新数据进行分类时，一种通常的做法是把每一个聚类的质心当成这个聚类整体的代表，然后将新的点分派给离它最近的质心所属的聚类。注意，如果在聚类之前缩放了原始数据，那么在分派点到聚类之前，也应该对新数据进行同样的缩放。

代码清单 9.14 显示了一个函数示例，该函数将新数据点 newpt(表示为向量)分派给聚类中心，该聚类中心表示为一个矩阵，其中每一行都是一个聚类质心。这是 kmeans()返回的聚类质心的表示形式。如果在聚类之前使用 scale()缩放了数据，则 xcenter 和 xscale 分别是 scaled:center 和 scaled:scale 属性。

代码清单 9.14　给聚类分派点的函数

```
assign_cluster <- function(newpt, centers, xcenter = 0, xscale = 1) {
    xpt <- (newpt - xcenter) / xscale
    dists <- apply(centers, 1, FUN = function(c0) { sqr_edist(c0, xpt) })
    which.min(dists)
    }
```

返回最近的质
心的编号

计算新的点到
每个聚类的质
心的距离

中心化并缩放
新数据点

注意函数 sqr_edist()(平方欧氏距离)已在 9.1.1 节定义。

我们来看一个用合成数据将新点分派到聚类的例子。首先，我们将生成数据，如代码清单 9.15 所示。

代码清单 9.15　生成并聚类合成数据

```
mean1 <- c(1, 1, 1)
sd1 <- c(1, 2, 1)
```

给 3 个 3D 高斯
聚类设置参数

```
mean2 <- c(10, -3, 5)
sd2 <- c(2, 1, 2)

mean3 <- c(-5, -5, -5)
```

```
sd3 <- c(1.5, 2, 1)
library(MASS)
clust1 <- mvrnorm(100, mu = mean1, Sigma = diag(sd1))
clust2 <- mvrnorm(100, mu = mean2, Sigma = diag(sd2))
clust3 <- mvrnorm(100, mu = mean3, Sigma = diag(sd3))
toydata <- rbind(clust3, rbind(clust1, clust2))

tmatrix <- scale(toydata)

tcenter <- attr(tmatrix, "scaled:center")
tscale <-attr(tmatrix, "scaled:scale")
tmatrix <- rm_scales(tmatrix)
kbest_t <- 3
tclusters <- kmeans(tmatrix, kbest_t, nstart = 100, iter.max = 100)

tclusters$size

## [1] 101 100 99
```

使用 MASS 包中的 mvrnorm()函数生成三维轴对齐的高斯聚类

缩放合成数据

获取缩放属性, 然后从矩阵中将它们删除

将合成数据聚类为 3 个聚类

所生成的聚类在尺寸上和真实的聚类是一致的

我们将所找到的 k-均值聚类的中心与真实聚类的中心进行比较。为此，需要取消对 tclusters$centers 的缩放。scale()函数的作用是减去中心向量，然后除以比例向量。因此，要逆转该过程，需先对缩放后的矩阵进行“取消缩放”，如代码清单 9.16 所示，然后对其进行“去中心化”。

代码清单 9.16　对中心点取消缩放

```
unscaled = scale(tclusters$centers, center = FALSE, scale = 1 / tscale)
rm_scales(scale(unscaled, center = -tcenter, scale = FALSE))

##           [,1]       [,2]        [,3]
## 1   9.8234797 -3.005977   4.7662651
## 2  -4.9749654 -4.862436  -5.0577002
## 3   0.8926698  1.185734   0.8336977
```

将代码清单 9.15 中取消缩放的中心与 mean1、mean2 和 mean3 进行比较，可以看到：

- 发现的第一个中心对应于 mean2：(10，-3，5)。
- 发现的第二个中心对应于 mean3：(-5，-5，-5)。
- 发现的第三个中心对应于 mean1：(1，1，1)。

由此看来，所发现的聚类与真实聚类是一致的。

现在，可以演示如何向聚类分派新点了。首先从每个真实的聚类中都生成一个点，然后查看将其分派给了哪个 k-均值聚类，如代码清单 9.17 所示。

代码清单 9.17　分派点到聚类的示例

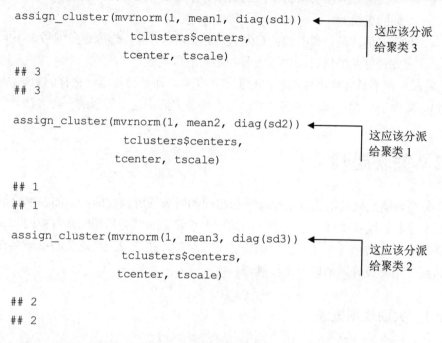

```
assign_cluster(mvrnorm(1, mean1, diag(sd1))
               tclusters$centers,
               tcenter, tscale)
```
这应该分派给聚类 3
```
## 3
## 3

assign_cluster(mvrnorm(1, mean2, diag(sd2))
               tclusters$centers,
               tcenter, tscale)
```
这应该分派给聚类 1
```
## 1
## 1

assign_cluster(mvrnorm(1, mean3, diag(sd3))
               tclusters$centers,
               tcenter, tscale)
```
这应该分派给聚类 2
```
## 2
## 2
```

assign_cluster()函数已将每个点正确地分派给适当的聚类。

9.1.6　聚类的要点

在这一阶段，你已经学习了如何为数据集估计适当的聚类数，如何使用层次聚类和 k-均值对数据集进行聚类以及如何评估所产生的聚类。下面是应记住的有关聚类的要点：

- 聚类的目的是发现或找出数据子集之间的相似性。
- 在一个好的聚类中，同一个聚类中的点彼此间应该比它们与其他聚类中的点更相似(更接近)。
- 聚类时，度量每一个变量的单位是非常重要的。不同的单位会导致所计算出的距离不同，进而潜在地导致了不同的聚类结果。
- 理想情况下，一个单位的变化量在每个坐标轴上的呈现都应统一。一种近似的方法是把所有的列都转化成均值为 0、标准差为 1.0 的数据分布，比如用 scale()函数。

- 聚类常常被当作数据探索的一部分，或者是有监督学习方法的前提。
- 像可视化一样，聚类和监督方法相比，具有更多的迭代和交互过程并且自动化程度更低。
- 不同的聚类算法会给出不同的结果。你应该考虑不同的聚类方法，并采用不同的聚类数。
- 有很多估计最佳聚类数的启发式算法。再次重申，你应该仔细考虑不同的启发式算法的结果，并探索各种不同的聚类数。

有时，你不是要找高度相似的数据点的子集，而是想知道什么样的数据(或者属性)会倾向于一起出现。在下一节，我们将研究解决这个问题的一种方法。

9.2 关联规则

关联规则挖掘是用来发现经常一起出现的对象或者属性的，比如在购物活动中经常一起被购买的商品，或者在网站搜索引擎上的某会话期间常常被同时查询的关键字。这类信息可被用于向购物者推荐商品，在货架上把这类物品陈列在一起，或者重新设计网站以方便导航。

9.2.1 关联规则概述

示例 假设你在图书馆工作。你想知道哪些书有一起被借出的趋势，以帮助你对书的可用性进行预测。

进行关联规则挖掘时，"聚合(togetherness)"的单位称为事务(transaction)。一个事务可以是一个单一的购物篮，网站上一个单一的用户会话，甚至是一个单一的顾客，这取决于问题本身。构成一个事务的对象称为项集(itemset)中的一个项(item)：如购物篮里的商品、在一个网站会话持续期间浏览的网页，以及顾客的行为。有时事务被称为篮子(basket)，这来自购物篮的比喻。

当图书馆的顾客借出一套书籍时，那就是一个事务；顾客借出的书构成了事务的项集。表9.1代表了一个事务数据库(你经营着一个图书馆，假定魔幻书最近非常流行)。

表 9.1　一个图书馆事务数据库

事务 id	借出书目
1	《霍比特人》《公主新娘》
2	《公主新娘》《最后的独角兽》
3	《霍比特人》
4	《大魔城》
5	《最后的独角兽》
6	《霍比特人》《公主新娘》《护戒使用》
7	《霍比特人》《护戒使用》《双塔奇兵》《王者再临》
8	《护戒使用》《双塔奇兵》《王者再临》
9	《霍比特人》《公主新娘》《最后的独角兽》
10	《最后的独角兽》《大魔城》

关联规则的挖掘分两步进行：

1. 找到所有满足条件的项集(事务的子集)，这些项集在所有事务中出现的频率大于某个最小的事务比例。

2. 把那些项集转换成规则。

我们来看一下涉及《霍比特人》(简称 H)和《公主新娘》(简称 PB)项的事务。表 9.2 的列代表事务，行标记了出现给定项集的事务。

表 9.2　寻找《霍比特人》和《公主新娘》

	1	2	3	4	5	6	7	8	9	10	总计
H	×		×			×	×		×		5
PB	×	×				×			×		4
{H, PB}	×					×			×		3

查看表 9.2 中的所有事务，你会发现

- 《霍比特人》占 5/10，或者说，占所有事务的 50%。
- 《公主新娘》占 4/10，或者说占所有事务的 40%。
- 两本书一起借出占 3/10，或者说占全部事务的 30%。

我们可以说项集{The Hobbit,The Princess Bride}的支持率(support)为 30%。

- 在包括《霍比特人》在内的五笔事务中，也有三笔(3/5 = 60%)包括《公主新娘》。

　　因此，可以制定一条规则："借阅《霍比特人》的人也借阅《公主新娘》"。该规则应该 60%的情况下是正确的(根据你的数据)。我们说此规则的可信度是 60%。

- 相反，在借出《公主新娘》的四次借阅中，霍比特人出现了 3 次，即占 3/4 – 75%。

　　因此，"借阅《公主新娘》的人也借阅《霍比特人》"这条规则具有 75%的置信度。

　　我们来正式定义规则、支持率和置信度。

规则

　　规则"如果 X，则 Y"意味着事务中的项集 X 出现时，都期望 Y 出现(具有给定的置信度)。对于先验算法(将在本节中介绍)，Y 始终是一个只包含一个项的项集。

支持率

　　假设事务数据库称为 T，而 X 是项集，则 support(X)就是用包含 X 的事务数除以 T 中总事务数的商。

置信度

　　规则"如果 X，则 Y"的置信度是指该规则为真的占比或百分比(取决于 X 出现的频率)。换句话说，如果 support(X)是项集 X 在事务中发生的频率，support({X, Y})是项集 X 和 Y 在一次事务中出现的频率，则规则"如果 X，则 Y"的置信度就是 support({X, Y})/support(X)。

　　关联规则的挖掘目标是找出数据库中所有有用的规则，并且至少满足给定的最小支持率(如 10%)和给定的最小置信度(例如 60%)。

9.2.2　示例问题

　　示例　假设你在一家书店工作，希望根据客户以前的购买历史和关注领域来推荐客户可能感兴趣的书籍。你想使用客户以往的历史信息来制定一些推荐规则。

　　有两种方式可获得有关客户感兴趣的书籍信息：一种是通过他们从你那里购买的书，一种是通过他们在你的网站上对某一本书进行的评级(即使他们在其他地方购买了这本书)。在这种情况下，事务就是客户，项集就是他们表现出兴趣的所有书籍，无论是最终购买还是仅对书籍评级。

下面，将使用基于 2004 年的图书社区 Book-Crossing for research[1]得到的数据，该社区由弗莱堡大学弗雷尔信息学院管理[2]。该信息被压缩到一个以制表符分隔的单个文本文件中，名为 bookdata.tsv。文件的每一行都包含一个用户 ID、一个书名(每本书对应唯一 ID)和评级(此示例中并不会使用)：

```
|token                    | userid| rating|title                    |
|:------------------------|------:|------:|:------------------------|
|always have popsicles    | 172742|      0|Always Have Popsicles    |
```

token 列包含小写的列字符串，我们用 token 来区分具有不同 ISBN (书的原始 ID)的书籍，这些书籍除了大小写不同外，书名是相同的。title 列保存具有正确的大写标题的字符串，能唯一地标识每本书，所以我们用它作为书的 ID。

在这种格式中，事务(顾客)信息分散在数据中，而不是全都在一行里。这反映出数据在数据库里的自然存储方式，因为客户的活动分布在不同的时间段。书籍一般有不同的版本或来自不同的出版商。本例中，我们把所有不同的版本都压缩到一个单一的项中，因此在我们的数据中，《小妇人》(Little Women)的所有不同副本或者印刷版都将映射到相同的 ID 项上(即 title 为"小妇人")。

原始数据包括来自 278 858 名读者的关于 271 379 本书的大约一百万次评级。但由于前面讨论的映射关系，我们的数据涉及的图书会较少。

现在，我们已经准备好进行挖掘了。

9.2.3　使用 arules 程序包挖掘关联规则

下面使用 arules 程序包来挖掘关联规则。arules 中包括一个流行的关联规则挖掘算法 apriori 的实现，也包括读入数据和检查事务数据的实现[3]。这个程序包采用特殊的数据类型来存放和操纵数据，在处理示例时，你将接触到这些数据类型。

读入数据

可以使用 read.transactions()函数直接将 bookdata.tsv.gz 文件中的数据读到

1　原始数据存储库位于 http://mng.bz/2052。由于原始文件中的某些部分在读入 R 时会导致错误，因此我们将数据的副本作为准备好的 RData 对象来提供：https://github.com/WinVector/PDSwR2/blob/master/Bookdata/bxBooks.RData。本节中使用的准备好的数据位于 https://github.com/WinVector/PDSwR2/blob/master/Bookdata/bookdata.tsv.gz 网站。有关准备数据的更多信息和脚本，请访问 https://github.com/WinVector/PDSwR2/tree/master/Bookdata。

2　研究人员的原始论文是 *Improving Recommendation Lists Through Topic Diversification*，由 CaiNicolas Ziegler、Sean M. McNee、Joseph A. Konstan 和 Georg Lausen 撰写；Proceedings of the 14th International World Wide Web Conference(WWW '05), May 10-14, 2005, Chiba, Japan。可以在网上找到：http://mng.bz/7trR。

3　关于 arules 的更全面的介绍，请参见 Hahsler、Grin、Hornik 和 Buchta 的 "arules 的介绍——挖掘关联规则和频繁项集的计算环境"，详见 cran.r-project.org/web/packages/arules/vignettes/arules.pdf。

bookbaskets 对象中，如代码清单 9.18 所示。

代码清单 9.18 读取书籍数据

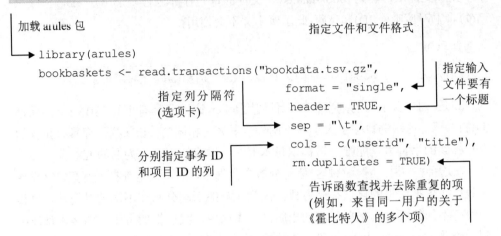

read.transactions()函数以两种格式读取数据：一种是每行对应一个单一的项(如 bookdata.tsv.gz 那样)；另一种是每行对应一个单一的事务，可能带有事务 ID，像表 9.1 那样。如果用第一种格式读取数据，需要设置参数 format="single"；如果用第二种格式读取数据，则设置 format="basket"。

有时会出现这样的情况：读者购买了一本书的某一个版本，但后来却在该书的另一个版本下进行了评级。由于我们的例子中表示图书的方式有限，因此这两个动作会导致重复项。使用参数 rm. duplicates=TRUE 可以消除它们，同时也会输出一些(不是太有用的)关于该重复项的诊断报告。

一旦读入数据，就可以检查结果对象了。

检查数据

事务被表示为一个称作 transactions 的特殊对象。可以认为一个 transactions 对象就是一个 0/1 矩阵，一个事务(本例中，就是一个顾客)一行，每个可能的项(本例中，就是一本书)一列。如果第 i 个事务包含第 j 项，或者说，如果顾客 i 表达了对图书 j 的兴趣，则矩阵元素(i, j)就记为 1。有大量的函数调用可用来检查事务数据，如代码清单 9.19 所示。

代码清单 9.19 检查事务数据

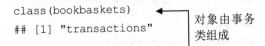

```
class(bookbaskets)
## [1] "transactions"
```
对象由事务
类组成

```
## attr(,"package")
## [1] "arules"
bookbaskets          ←————————— 输出反映维度的对象
## transactions in sparse format with
## 92108 transactions (rows) and
## 220447 items (columns)
dim(bookbaskets)     ←————————— 也可以使用 dim()查看矩阵的维度
## [1] 92108 220447
colnames(bookbaskets)[1:5]  ←———┐
## [1] " A Light in the Storm:[...]"   列由书名标记
## [2] " Always Have Popsicles"
## [3] " Apple Magic"
## [4] " Ask Lily"
## [5] " Beyond IBM: Leadership Marketing and Finance for the 1990s"
rownames(bookbaskets)[1:5]  ←———┐
## [1] "10" "1000" "100001" "100002" "100004"   行由用户标记
```

可以用 size()函数来检查事务大小(或篮子大小)的分布：

```
basketSizes <- size(bookbaskets)
summary(basketSizes)
##    Min. 1st Qu.  Median   Mean 3rd Qu.    Max.
##     1.0     1.0     1.0   11.1     4.0 10250.0
```

大多数顾客(实际上至少一半)只表现出对一本书的兴趣，但是有人却对超过
10 000 本书都表现出兴趣！对此，你可能需要更进一步看看数据大小的分布，如
代码清单 9.20 所示，来弄清这到底是怎么回事。

代码清单 9.20　查看数据大小的分布

```
quantile(basketSizes, probs = seq(0, 1, 0.1))
##   0%  10%  20%  30%  40%  50%  60%  70%  80%  90% 100%
##    1    1    1    1    1    1    2    3    5   13 10253
library(ggplot2)
ggplot(data.frame(count = basketSizes)) +       ←——┐画出分布图以便
  geom_density(aes(x = count)) +                      更好地查看
  scale_x_log10()
```

按 10%增量，查看
篮子大小的分布

图 9.18 显示了篮子大小的分布。90%的客户表示感兴趣的书少于 15 本；剩余

客户中的大多数表示感兴趣的书多达 100 本。调用 quantile(basketSizes, probs = c(0.99, 1))函数的结果显示，99%的客户表示对 179 本书或更少的书感兴趣。但仍然有少数人对几百甚至几千本书都表现出兴趣。

　　他们正在读哪些书？函数 itemFrequency()将给出事务数据中每本书出现的频率，如代码清单 9.21 所示。

代码清单 9.21　计算每本书出现的频率

```
bookCount <- itemFrequency(bookbaskets, "absolute")
summary(bookCount)

##    Min. 1st Qu.  Median    Mean 3rd Qu.     Max.
##   1.000   1.000   1.000   4.638   3.000 2502.000
```

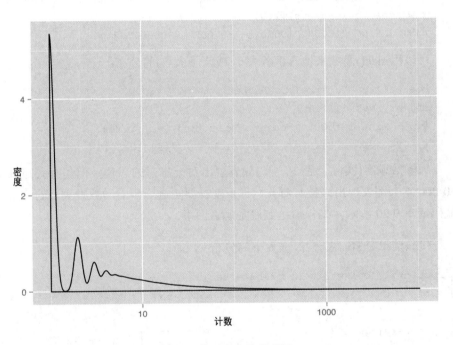

图 9.18　篮子大小的密度图

还可以找到 10 本最常出现的书，如代码清单 9.22 所示。

代码清单 9.22　发现 10 本最频繁出现的书

```
orderedBooks <- sort(bookCount, decreasing = TRUE)    ◀── 按递减顺序
knitr::kable(orderedBooks[1:10])    ◀── 以精美的格式显示排名            排列计数
                                        前 10 的书籍
```

```
# |                                                     |    x|
# |:----------------------------------------------------|----:|
# |Wild Animus                                          | 2502|
# |The Lovely Bones: A Novel                            | 1295|
# |She's Come Undone                                    |  934|
# |The Da Vinci Code                                    |  905|
# |Harry Potter and the Sorcerer's Stone                |  832|
# |The Nanny Diaries: A Novel                           |  821|
# |A Painted House                                      |  819|
# |Bridget Jones's Diary                                |  772|
# |The Secret Life of Bees                              |  762|
# |Divine Secrets of the Ya-Ya Sisterhood: A Novel      |  737|
```

```
orderedBooks[1] / nrow(bookbaskets)       ◀─────
## Wild Animus
## 0.02716376
```
数据集中最受欢迎的图书出
现在少于 3%的购物篮中

上述代码清单里的最后一个观察项凸显了挖掘高维数据的问题之一：当你有上千个变量，或者上千个项时，几乎每一个事件都是罕见的。为了挖掘规则，在你设置支持度阈值时，请记住这一点，你的阈值常常需要设得很低。

在开始进行规则挖掘之前，先提炼一下数据。如之前所见：数据中有一半的顾客只对一本书表现出兴趣。既然你想在人们的兴趣列表中发现大家都感兴趣的书，那么就不能直接利用那些没有对多本书表现出兴趣的人。可以把数据集限制为至少已经对两本书表现出兴趣的顾客：

```
bookbaskets_use <- bookbaskets[basketSizes > 1]
dim(bookbaskets_use)
## [1] 40822 220447
```

现在已经准备好寻找关联规则了。

apriori()函数

为了挖掘规则，你需要确定最低支持率级别和最低阈值级别。对于本例，我们将尝试把要考虑的项集限制为最小支持率为 0.2%的项集，或 0.002 的项集。这对应于出现至少 0.002 * nrow(bookbaskets_use)次的项集，大约是 82 个事务。我们将使用的置信度阈值为 75%，如代码清单 9.23 所示。

代码清单 9.23　发现关联规则

```
rules <- apriori(bookbaskets_use,       ◀─────
                parameter = list(support = 0.002, confidence = 0.75))

summary(rules)
```
以 0.002 的最小支持率和 0.75
的最小置信度调用 apriori()

```
## set of 191 rules        ◄──── 找到的规则数
##
## rule length distribution (lhs + rhs):sizes ◄
##    2   3   4   5
##   11 100  66  14
##
##  Min. 1st Qu. Median    Mean 3rd Qu.    Max.
## 2.000   3.000   3.000   3.435   4.000   5.000
##
## summary of quality measures:
##     support          confidence          lift            count
## Min.   :0.002009 Min.   :0.7500 Min.   : 40.89 Min.   : 82.0
## 1st Qu.:0.002131 1st Qu.:0.8113 1st Qu.: 86.44 1st Qu.: 87.0
## Median :0.002278 Median :0.8468 Median :131.36 Median : 93.0
## Mean   :0.002593 Mean   :0.8569 Mean   :129.68 Mean   :105.8
## 3rd Qu.:0.002695 3rd Qu.:0.9065 3rd Qu.:158.77 3rd Qu.:110.0
## Max.   :0.005830 Max.   :0.9882 Max.   :321.89 Max.   :238.0
##
## mining info:
##              data ntransactions support confidence
## bookbaskets_use      40822      0.002       0.75
```

规则长度的分布(在此示例中，大多数规则包含 3 个项——左侧 2 个，即 X(lhs)；右侧 1 个，即 Y(rhs))

有关如何调用 apriori()的一些信息

规则质量度量的摘要，包括支持率和置信度

对规则质量的度量包括规则的支持率和置信度、支持计数(规则用于多少个事务)以及名为 lift(提升)的量。lift 将观察到的模式的频率与你希望偶然看到该模式的频率进行比较。规则"如果 X，则 Y"的 lift 由 support({X, Y}) / (support(X) * support(Y))得出。如果 lift 接近 1，则很有可能你观察到的模式是偶然发生的。lift 越大，模式"真实"的可能性就越大。在本例中，所有发现的规则的 lift 都至少为 40，因此它们很可能是客户的真实行为模式。

检查及评估规则

还有许多其他的指标和有趣的方法可用来评估规则，调用函数 interestMeasure()(如代码清单 9.24 所示)即可。我们来看其中的两种方法：coverage 和 fishersExactTest。coverage(覆盖度)是规则 rule (X)的左边的支持度，它表明规则被应用到数据集中的频率。Fisher 精确检验(Fisher's exact test)是观测模式是否为真的显著性检验(与 lift 度相同，但 Fisher 检验更加正规)。Fisher 精确检验会返回

p-值，或者说是返回你会偶然看到某个观测模式的概率，这时你希望 p-值很小。

代码清单 9.24 评分规则

interestMeasure()的第一个
参数是所发现的规则

第二个参数是一个列表，包
含将要使用的感兴趣的方法

```
measures <- interestMeasure(rules,
measure=c("coverage", "fishersExactTest"),
transactions = bookbaskets_use)
summary(measures)
## coverage fishersExactTest
## Min. :0.002082 Min. : 0.000e+00
## 1st Qu.:0.002511 1st Qu.: 0.000e+00
## Median :0.002719 Median : 0.000e+00
## Mean :0.003039 Mean :5.080e-138
## 3rd Qu.:0.003160 3rd Qu.: 0.000e+00
## Max. :0.006982 Max. :9.702e-136
```

最后一个参数是一个数据集，用于
评估感兴趣的方法。通常这个数据
集就是用于挖掘规则的，但这不是
必需的。例如，你可以用完整的数
据集，bookbaskets，来评估规则，
以获得反应所有顾客情况的覆盖
度估计值，而不仅是那些对超过一
本书表现出兴趣的人

所发现的规则的覆盖度范围是 0.002～0.007，相当于 82～286 人。Fisher 检验
得到的所有 p 值都很小，因此规则很可能反映了实际的客户行为模式。

你还可以使用支持率、置信度和 lift 等方法调用 interestMeasure()。在本例中，
如果你想获得完整数据集 bookbaskets 的支持率、置信度和 lift 的估算值，而不是
过滤后的数据集 bookbaskets_use——或该数据集的一个子集，例如仅来自美国的
客户的支持率、置信度和 lift 估算值的话，这种方法是很有用的。

函数 inspect()完美地输出了这些规则。函数 sort()允许你按某种质量或兴趣的
度量(如置信度)对规则进行排序。要显示数据集中的 5 个最可靠的规则，可以使
用以下语句，我们将使用管道符号对其进行扩展，如代码清单 9.25 所示。

代码清单 9.25 获得 5 个最可信的规则

```
library(magrittr)          附加 magrittr 以获取管道符号

rules %>%
  sort(., by = "confidence") %>%      按置信度对规则进行排序

  head(., n = 5) %>%       获取前 5 个规则

  inspect(.)       调用 inspect()来完美地输出规则
```

为了清晰起见，我们在表 9.3 中显示了此命令的输出。

表9.3 数据中发现的 5 个最可靠的规则

左 侧	右 侧	支持率	置信度	lift	数 量
Four to Score High Five Seven Up Two for the Dough	Three to Get Deadly	0.002	0.988	165	84
Harry Potter and the Order of the Phoenix Harry Potter and the Prisoner of Azkaban Harry Potter and the Sorcerer's Stone	Harry Potter and the Chamber of Secrets	0.003	0.966	73	117
Four to Score High Five One for the Money Two for the Dough	Three to Get Deadly	0.002	0.966	162	85
Four to Score Seven Up Three to Get Deadly Two for the Dough	High Five	0.002	0.966	181	84
High Five Seven Up Three to Get Deadly Two for the Dough	Four to Score	0.002	0.966	168	84

表 9.3 中有两点需要注意。首先，规则涉及了系列书籍:《赏金猎人》(Stephanie Plum)系列(以数字命名)，以及《哈利波特》(Harry Potter)系列。因此，这些规则实际上表明，如果读者阅读了四本 Stephanie Plum 系列小说或三本 Harry Potter 系列的小说，那么他们几乎肯定会再买一本。

要注意的第二件事是，规则 1、规则 4 和规则 5 是同一项集的置换。当规则变长时，很可能会出现这种情况。

限定要挖掘的项

可以限制哪些项可以显示在规则的左侧或右侧。假设你想知道与小说《可爱的骨头》同时出现的书籍有哪些。可以通过使用 appearance 参数来限制哪些书可以出现在规则的右侧，如代码清单 9.26 所示。

代码清单 9.26　发现带有限定条件的规则

```
brules <- apriori(bookbaskets_use,
            parameter = list(support = 0.001,        ◀──  将最小支持率放宽到
                                                          0.001，将最小置信度
                          confidence = 0.6),              放宽到 0.6
            appearance = list(rhs = c("The Lovely Bones: A Novel"),  ◀──
                          default = "lhs"))  ◀──
summary(brules)                                          规则的右侧只
## set of 46 rules                                       能 显 示 "The
##                                                       Lovely Bones"
## rule length distribution (lhs + rhs):sizes
##   3   4                                               默认情况下，所
## 44   2                                                有书籍都可以放
##                                                       在规则的左侧
##   Min. 1st Qu. Median   Mean 3rd Qu.   Max.
## 3.000   3.000  3.000  3.043   3.000  4.000
##
## summary of quality measures:
##     support          confidence        lift         count
## Min.   :0.001004 Min.   :0.6000 Min.   :21.81 Min.   :41.00
## 1st Qu.:0.001029 1st Qu.:0.6118 1st Qu.:22.24 1st Qu.:42.00
## Median :0.001102 Median :0.6258 Median :22.75 Median :45.00
## Mean   :0.001132 Mean   :0.6365 Mean   :23.14 Mean   :46.22
## 3rd Qu.:0.001219 3rd Qu.:0.6457 3rd Qu.:23.47 3rd Qu.:49.75
## Max.   :0.001396 Max.   :0.7455 Max.   :27.10 Max.   :57.00
##
## mining info:
##            data ntransactions support confidence
## bookbaskets_use        40822   0.001        0.6
```

支持率、置信度、数量和 lift 比我们先前的示例要低，但是 lift 的值仍然远远大于 1，因此规则很可能反映了真实的客户行为模式。

我们来检查一下规则，按置信度排序。由于它们的右侧都相同，因此可以使用 lhs() 函数仅查看左侧，如代码清单 9.27 所示。

代码清单 9.27 检查规则

```
brules %>%
  sort(., by = "confidence") %>%
  lhs(.) %>%                      ← 获取排序规则
                                    的左侧
  head(., n = 5) %>%
  inspect(.)
##     items
## 1 {Divine Secrets of the Ya-Ya Sisterhood: A Novel,
##    Lucky : A Memoir}
## 2 {Lucky : A Memoir,
##    The Notebook}
## 3 {Lucky : A Memoir,
##    Wild Animus}
## 4 {Midwives: A Novel,
##    Wicked: The Life and Times of the Wicked Witch of the West}
## 5 {Lucky : A Memoir,
##    Summer Sisters}
```

注意，5 个最可信的规则中有 4 个的左侧都包括 Lucky: A Memoir，这并不奇怪，因为 Lucky 是由《可爱的骨头》的作者撰写的。假设你想了解那些对 The Lovely Bones 感兴趣且对其他作者的作品也很感兴趣的人，可以使用 subset() 筛选出不包含 Lucky 的规则，如代码清单 9.28 所示。

代码清单 9.28 检查带有限定条件的规则

```
brulesSub <- subset(brules, subset = !(lhs %in% "Lucky : A Memoir"))  ←
  brulesSub %>%                        限制规则的子集，让 Lucky
  sort(., by = "confidence") %>%        不出现在规则的左侧
  lhs(.) %>%
  head(., n = 5) %>%
  inspect(.)

brulesConf <- sort(brulesSub, by="confidence")

inspect(head(lhs(brulesConf), n = 5))
```

```
##    items
## 1 {Midwives: A Novel,
##    Wicked: The Life and Times of the Wicked Witch of the West}
## 2 {She's Come Undone,
##    The Secret Life of Bees,
##    Wild Animus}
## 3 {A Walk to Remember,
##    The Nanny Diaries: A Novel}
## 4 {Beloved,
##    The Red Tent}
## 5 {The Da Vinci Code,
##    The Reader}
```

这些示例表明，关联规则挖掘通常是高度交互的。为了获得感兴趣的规则，通常要将支持率和置信度设置得很低。最终，你将获得许多规则。而有些规则对你而言比其他规则更有趣或更令人惊讶；要找到它们，需要按照不同的兴趣度量对规则进行排序，或者将范围限制为特定的规则子集。

9.2.4　关联规则要点

你现在已学习了使用关联规则探索购买数据中常见模式的示例。关于关联规则，你应该记住以下几点：

- 关联规则挖掘的目标是找到数据之间存在的关系：即趋向于一起出现的项或属性。
- 若"如果 X，则 Y"是一条好规则，那么它出现的频率应该比你认为是偶然观测到的频率要高。可以用 lift 或者 Fisher 精确检验来检查是否如此。
- 当大量不同的项有可能都出现在篮子里时(示例中是成千上万本不同的书)，大多数事件都将是罕见的(有很低的支持率)。
- 关联规则的挖掘常常是交互式的，因为可能有很多规则需要排序和筛选。

9.3　小结

本章中，你已学习了如何用 R 语言中两种不同的聚类方法发现数据里的相似性，如何用关联规则找出那些趋向于一起出现的项。还学习了如何评价你发现的聚类和规则。

如本章所述，无监督方法在本质上更具探索性。与有监督方法不同的是，无监督方法没有"基本事实"来评价评估你的发现。但基于无监督方法的发现,你可以实施更集中的实验和建模。

在前面几章里,我们介绍了最基本的建模和数据分析技术;当开始一个新项目时,它们都是你最先要考虑的方法。下一章将介绍几种更高级的方法。

在本章中,你已学习了

- 如何使用分层方法和k-均值方法对未标记数据进行聚类。
- 如何估算出适当的聚类数量。
- 如何评估已有聚类的聚类稳定性。
- 如何使用先验算法查找事务数据中的模式(关联规则)。
- 如何评估和分类所发现的关联规则。

第*10*章

高级方法探索

本章内容：
- 基于决策树的模型
- 广义相加模型
- 支持向量机

在第 7 章中，我们学习了用于拟合预测模型的线性方法。这些模型是机器学习的基本方法。它们很容易安装；小巧、易携带且效率高；有时这些模型会提供很有用的建议；能够在各种场景下给出不错的运行结果。但同时，它们也对环境做了很多的假设：即输出的结果与所有的输入都是线性相关的，并且所有输入对结果都有附加影响。本章中，我们将学习如何减少这些假设。

图 10.1 显示了本章主要工作的思维模型导图：使用 R 掌握构建监督式机器学习模型的方法。

示例 假设你想研究死亡率和一个人的健康或健身指标(包括 BMI，体重指数)之间的关系。

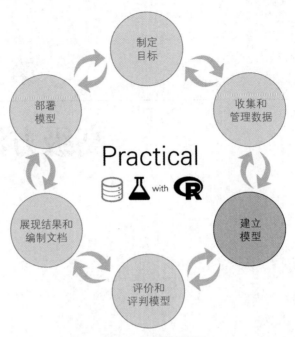

图 10.1　思维模型导图

　　图 10.2 显示了一项为期四年的[1]泰国老年人口的 BMI 与死亡危险率之间的关系。图中显示，高 BMI 和低 BMI 均与较高的死亡率相关：BMI 与死亡率之间的关系不是线性的。因此，一个直接的(或部分的)基于 BMI 预测死亡率的线性模型可能效果不佳。

　　此外，BMI 与其他因素(例如，一个人是否喜欢运动等)之间可能存在关联。例如，对于那些非常喜欢运动的人，BMI 对死亡率的影响远远低于那些喜欢久坐而不愿运动的人。有些变量之间的相互影响，例如变量之间的"if-then(如果-那么)"关系、或变量之间的乘法效应，可能并不总能用线性模型表达出来[2]。

　　本章中所介绍的机器学习技术给出了不同的方法来解决建模过程中的非线性问题、变量之间的相互影响以及其他问题。

　　1　数据来自 Vapattanawong et.al.。"泰国老年人的肥胖症与死亡率：一项为期四年的跟踪研究"，*BMC Public Health*，2010。https://doi.org/10.1186/1471-2458-10-604。
　　2　人们可以在线性模型中为变量之间的相互影响进行建模，但这个建模必须由数据科学家来主导完成。而我们将专注于机器学习技术，比如基于决策树的方法，这些方法至少能够让我们了解一些关联的种类。

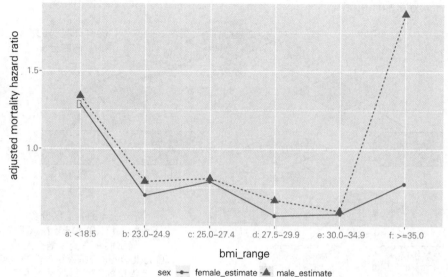

图 10.2　男女死亡率与体重指数的函数关系

10.1　基于决策树的方法

第 1 章中给出了一个基本决策树的模型示例(如图 10.3 所示，从第 1 章复制过来)。决策树可应用于分类和回归模型预测中，由于以下种种原因，它也是一种极受欢迎的方法：

- 它可以使用任何类型的数据，无论是数值型的还是类别型的，不需要任何分布的假设，也不需要进行预处理。
- 大多数模型实现(尤其是 R)主要是处理丢失的数据；决策树方法对于冗余的数据和非线性数据的处理也很稳健。
- 该算法易于使用，而且其输出(即决策树)更容易理解。
- 它很自然地表达了输入变量之间的某种相互关联：其格式为 "IF x is true AND y is true, THEN "。
- 一旦模型拟合后，很快就能获得得分。

另一方面，决策树确实也存在一些缺陷：

- 它有过度拟合的趋势，尤其是在没有对决策树进行修剪的情况下。
- 它会产生很大的训练方差：从同一组人口数据中抽取的样本可以生成具有不同结构和不同预测精度的决策树。

- 这些简单的决策树算法不像我们在本章中将要讨论的那些基于决策树的集成方法那样可靠[1]。

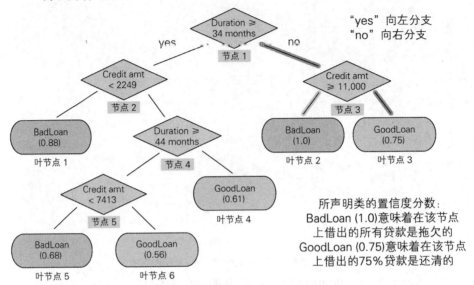

图 10.3 决策树示例(来自第 1 章)

基于前面所述的这些原因，本书不重点讨论基本决策树的使用。但是，目前已有一些技术克服了这些弱点，能够生成最新、实用且高效的建模算法。下面讨论其中涉及的一些技术。

10.1.1 基本决策树

在开始讨论基于决策树的方法之前，我们先回顾第 6 章中使用的一个示例，构建一个基本的决策树模型。

示例 假设你想要将电子邮件分类为垃圾邮件(不需要的电子邮件)和非垃圾邮件(需要的电子邮件)。

在此示例中，我们将再次使用 Spambase 数据集。该数据集包含约 4600 个文档，以及有关描述某些关键字和字符出现频率的 57 个特征。其处理过程如下：

- 首先，我们将对决策树进行训练，估计一个指定文档是垃圾邮件的概率。

---

1 参见 Lim, Loh 和 Shih, *A Comparison of Prediction Accuracy, Complexity, and Training Time of Thirty- three Old and New Classification Algorithms*, Machine Learning, 2000. 40, 203–229;网站 http://mng.bz/qX06。

- 接下来，我们将根据几项性能指标，包括精度、F1 和偏差(这些内容在第 7 章中已讨论过)来评估决策树的性能。

回顾第 6 章和第 7 章中的讨论，我们希望精度和 F1 有较高的值，而偏差(类似于方差)有较低的值。

首先，让我们加载数据。加载过程同 6.2 节所述，从 https://github.com/WinVector/PDSwR2/raw/master/Spambase/spamD.tsv 下载 spamD.tsv 的副本。然后，编写一些实用的功能并对一个决策树进行训练，如代码清单 10.1 所示。

代码清单 10.1　准备 Spambase 数据并评估决策树模型

加载数据，并且把数据分成训练集(90%的数据)和测试集(10%的数据)

一个计算对数似然估计值的函数(用来计算偏差)

使用所有的特征并且做二元分类处理，其中 TRUE 表示垃圾邮件文档

```
spamD <- read.table('spamD.tsv', header = TRUE, sep = '\t')
spamD$isSpam <- spamD$spam == 'spam'
spamTrain <- subset(spamD, spamD$rgroup >= 10)
spamTest <- subset(spamD, spamD$rgroup < 10)

spamVars <- setdiff(colnames(spamD), list('rgroup', 'spam', 'isSpam'))
library(wrapr)
spamFormula <- mk_formula("isSpam", spamVars)

loglikelihood <- function(y, py) {
    pysmooth <- ifelse(py == 0, 1e-12,
                    ifelse(py == 1, 1 - 1e-12, py))

    sum(y * log(pysmooth) + (1 - y) * log(1 - pysmooth))
}
```

该函数用于计算并返回模型的各种指标：标准偏差、预测精度和 f1

通过将得分大于 0.5 的文档标记为垃圾邮件，将类概率估计器转换为分类器

```
accuracyMeasures <- function(pred, truth, name = "model") {
    dev.norm <- -2 * loglikelihood(as.numeric(truth), pred) / length(pred)
    ctable <- table(truth = truth,
            pred = (pred > 0.5))
    accuracy <- sum(diag(ctable)) / sum(ctable)
    precision <- ctable[2, 2] / sum(ctable[, 2])
    recall <- ctable[2, 2] / sum(ctable[2, ])
```

利用数据点的数量对偏差进行规范化处理，以便我们可以对训练集和测试集间的偏差进行比较

```
f1 <- 2 * precision * recall / (precision + recall)
data.frame(model = name, accuracy = accuracy, f1 = f1, dev.norm)
}
```

加载 rpart 库并与一个
决策树模型拟合

```
library(rpart)
treemodel <- rpart(spamFormula, spamTrain, method = "class")
```

```
library(rpart.plot)        ◄── 用于绘制决策树
rpart.plot(treemodel, type = 5, extra = 6)
```

```
predTrain <- predict(treemodel, newdata = spamTrain)[, 2]
```

```
trainperf_tree <- accuracyMeasures(predTrain,
```

利用训练集和
测试集来评估
决策树模型

```
                spamTrain$spam == "spam",
                name = "tree, training")
```

```
predTest <- predict(treemodel, newdata = spamTest)[, 2]
testperf_tree <- accuracyMeasures(predTest,
                spamTest$spam == "spam",
```

得到分类"垃圾邮
件"的预测概率

生成的决策树模型如图 10.4 所示。两次调用 accuracyMeasures()的输出结果如下
所示:

一个用来制作精美的
ASCII 表格式的程序包

```
library(pander)
```

```
panderOptions("plain.ascii", TRUE)
panderOptions("keep.trailing.zeros", TRUE)
panderOptions("table.style", "simple")
perf_justify <- "lrrr"
```

用来设置全局的一些选
项,以便我们不必在每
次调用中都设置它们

```
perftable <- rbind(trainperf_tree, testperf_tree)
pandoc.table(perftable, justify = perf_justify)
```

```
##
##
## model              accuracy      f1   dev.norm
## ----------------- ---------- -------- ----------
```

```
## tree, training        0.8996    0.8691      0.6304
## tree, test            0.8712    0.8280      0.7531
```

正如预期的那样，精度和 F1 得分在测试集上均有所下降，而偏差值上升了。

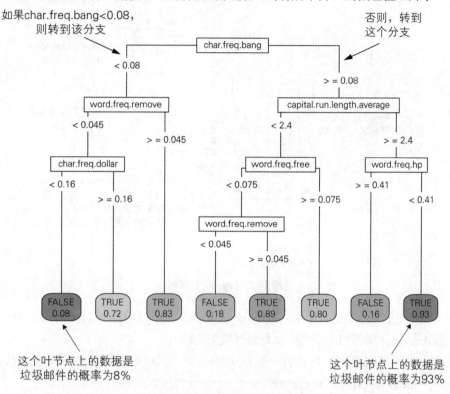

图 10.4　过滤垃圾邮件的决策树模型

10.1.2　使用 bagging 方法改进预测

一种减少决策树模型缺陷的方法是通过自举聚集(bootstrap aggregation)算法或者装袋(bagging)算法。在 bagging 方法里，你可以从数据中抽取自举样本(bootstrap sample，有放回抽样的随机样本)。根据每一个样本，你都可以构建一个决策树模型。最终模型是所有单个决策树模型的平均，如图 10.5 所示[1]。

1　bagging 方法、随机森林和梯度增强树是一种称为集成学习的通用技术的变体。集成模型是由几个较小的简单模型组合构成的(通常是小的决策树)。Giovanni Seni 和 John Elder 撰写的 *Ensemble Methods in Data Mining* (Morgan & Claypool, 2010)是对集成学习通用理论的很好的介绍。

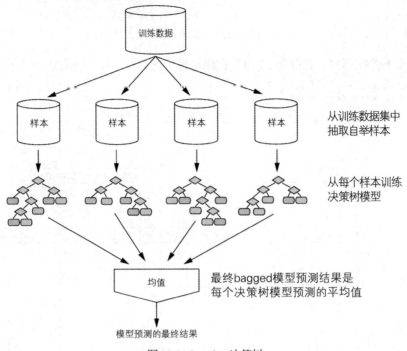

图 10.5 bagging 决策树

具体来说，假设 x 是一个输入数据，y_i(x)是第 i 个决策树的输出，c(y_1(x), y_2(x), ... y_n(x))是所有单个输出的向量，y 是最终模型的输出：

- 对于回归或估计类概率，y(x)是所有单个决策树返回的得分平均值：y(x) = mean(c(y_1(x), ... y_n(x)))。
- 对于分类，最终模型是由所有单个决策树中获得最多投票的类来指定。

bagging 决策树通过减小方差来获得最终模型，这大大提高了精度。一个 bagged 决策树集合也很少产生过拟合数据。

针对垃圾邮件示例可以尝试使用一些 bagging 决策树模型，如代码清单 10.2 所示。

代码清单 10.2　bagging 决策树

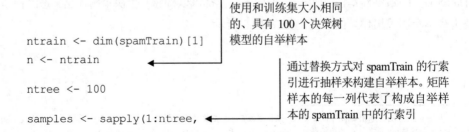

```
                        FUN = function(iter)
                          { sample(1:ntrain, size = n, replace = TRUE) })
```

treelist <-lapply(1:ntree,

训练每个决策树模型并将
其返回的结果放到一个列
表中。注意：这一步可能
需要几分钟

```
                        FUN = function(iter) {
                          samp <- samples[, iter];
                          rpart(spamFormula, spamTrain[samp,], method = "class") }
                          )
```

predict.bag 假设下面的
分类器返回的是决策
概率，而不是决策。

predict.bag 取所有决策
树模型的预测平均值

```
predict.bag <- function(treelist, newdata) {

  preds <- sapply(1:length(treelist),
                FUN = function(iter) {
                        predict(treelist[[iter]], newdata = newdata)[, 2] })
  predsums <- rowSums(preds)
  predsums / length(treelist)
}

pred <- predict.bag(treelist, newdata = spamTrain)
trainperf_bag <- accuracyMeasures(pred,
```

根据训练集和测
试集评估 bagged
决策树模型

```
                spamTrain$spam == "spam",
                name = "bagging, training")

pred <- predict.bag(treelist, newdata = spamTest)
testperf_bag <- accuracyMeasures(pred,
                spamTest$spam == "spam",
                name = "bagging, test")

perftable <- rbind(trainperf_bag, testperf_bag)
pandoc.table(perftable, justify = perf_justify)
##
##
## model                  accuracy       f1    dev.norm
## -------------------- ---------- -------- ----------
## bagging, training       0.9167   0.8917     0.5080
## bagging, test           0.9127   0.8824     0.5793
```

　　如你所见，bagging 方法提高了精度和 F1 值，并且与单个决策树相比，训练集和
测试集上的偏差都减少了(稍后你将会看到一个直观的得分比较)。与决策树模型相比，
bagged 模型从训练到测试的过程中在性能上降低得更少。你可以通过将 bagging 模型
改进成随机森林模型来进一步提高预测性能。

bagging 分类器

有证据表明 bagging 方法在降低方差方面只对回归和估计类概率有效,对分类器(一个只返回类成员而不返回类概率的模型)则不起作用。在一个差的分类器上使用 bagging 会使它变得更糟,所以如果分类器都是可用的,你一定要估计类的概率。但是可以看出,对于在弱假设条件下的 CART 树(在 R 中实现的决策树),bagging 方法可以提高分类器的精度。更多的细节请参见 Clifton D. Sutton,*Handbook of Statistics*,Vol. *24*(Elsevier, 2005)中的 *Classification and Regression Trees, Bagging, and Boosting* 部分。

10.1.3　使用随机森林方法进一步改进预测

在 bagging 方法中,决策树是使用随机的数据集来构建的,但是每一个决策树都要基于完全相同的特征集来构建。这意味着每一个决策树模型很可能使用的都是非常相似的特征集(也许以一种不同的顺序或使用不同的分割值)。因此,各个决策树之间会趋向于过度关联。如果在特征空间的某些区域,一个决策树出现了错误,那么所有的决策树也都可能在那里出错,这就降低了我们改正错误的机会。而随机森林方法通过给每一个决策树使用随机的变量集来消除决策树之间的关联。

该方法的过程如图 10.6 所示。对于集合中的每一个独立的决策树,随机森林方法执行以下操作:

1. 从训练集中抽取一个自举样本。

2. 对于每一个样本,生成一个决策树,并且在决策树的每一个节点中:

a. 从可用的 p 个全部特征值中随机地抽取 mtry 变量的一个子集;

b. 从这个 mtry 变量集中挑选最好的变量和最佳的分割值;

c. 持续操作直到该决策树构建完成。

最后将所有的这些决策树汇集在一起来做随机森林预测。这个过程虽然很复杂,但幸运的是,所有的操作都可以通过一个随机森林调用来完成。

R 中的 randomForest()函数在默认情况下,在回归树的每个节点上抽取 mtry = p/3 个变量,在分类树上抽取 m = sqrt(p)个变量。从理论上看,随机森林对于 mtry 的取值并不十分敏感。取值越小则决策树构建越快;但是如果你有很多变量可供选择,而实际上这些变量中只有一小部分变量是可用的,那么选取较大的 mtry 值会更好,因为选取较大的 mtry 值便有可能在决策树构建的每一步中抽取出一些有用的变量。

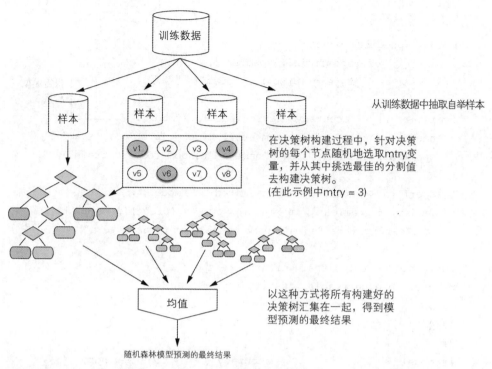

图 10.6　构建随机森林模型

继续使用 10.1 节中的数据，让我们用随机森林构建一个垃圾邮件的模型，如代码清单 10.3 所示。

代码清单 10.3　使用随机森林算法

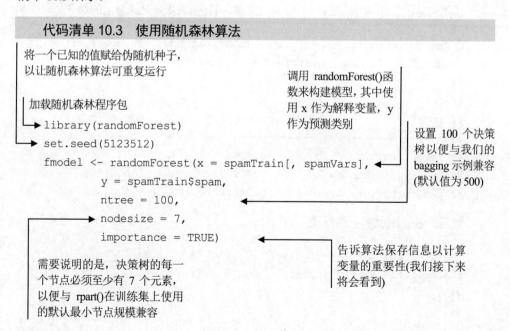

```
pred <- predict(fmodel,
                spamTrain[, spamVars],
                type = 'prob')[, 'spam']
```

报告模型质量

```
trainperf_rf <- accuracyMeasures(predict(fmodel,
    newdata = spamTrain[, spamVars], type = 'prob')[, 'spam'],
    spamTrain$spam == "spam", name = "random forest, train")

testperf_rf <- accuracyMeasures(predict(fmodel,
    newdata = spamTest[, spamVars], type = 'prob')[, 'spam'],
    spamTest$spam == "spam", name = "random forest, test")

perftable <- rbind(trainperf_rf, testperf_rf)
pandoc.table(perftable, justify = perf_justify)


##
##
## model                   accuracy      f1     dev.norm
## --------------------- ---------- -------- ----------
## random forest, train    0.9884    0.9852    0.1440
## random forest, test     0.9498    0.9341    0.3011
```

让我们总结一下考察过的三个模型的结果。首先，来看训练集上的结果：

```
trainf <- rbind(trainperf_tree, trainperf_bag, trainperf_rf)
pandoc.table(trainf, justify = perf_justify)
##
##
## model                   accuracy      f1     dev.norm
## --------------------- ---------- -------- ----------
## tree, training          0.8996    0.8691    0.6304
## bagging, training       0.9160    0.8906    0.5106
## random forest, train    0.9884    0.9852    0.1440
```

然后，看看测试集上的结果：

```
testf <- rbind(testperf_tree, testperf_bag, testperf_rf)
pandoc.table(testf, justify = perf_justify)
##
##
```

```
## model                accuracy      f1    dev.norm
## ------------------- ---------- -------- ----------
## tree, test              0.8712   0.8280     0.7531
## bagging, test           0.9105   0.8791     0.5834
## random forest, test     0.9498   0.9341     0.3011
```

无论是训练集还是测试集，随机森林模型的执行效果均明显优于其他两个模型。
你也可以查看执行性能的变化：当从训练集转到测试集时，精度和 F1 都下降了，
而偏差相应地增大了。

```
difff <- data.frame(model = c("tree", "bagging", "random forest"),
                accuracy = trainf$accuracy - testf$accuracy,
                f1 = trainf$f1 - testf$f1,
                dev.norm = trainf$dev.norm - testf$dev.norm)

pandoc.table(difff, justify=perf_justify)
##
##
## model            accuracy       f1    dev.norm
## --------------- ---------- --------- ----------
## tree              0.028411   0.04111   -0.12275
## bagging           0.005523   0.01158   -0.07284
## random forest     0.038633   0.05110   -0.15711
```

当从训练集转到测试数据集时，随机森林模型的预测效果下降，几乎与单个决策
树差不多，但是它远好于 bagged 模型的预测效果。这也是随机森林模型的缺点之一：
训练数据趋于过度拟合。然而即便如此，随机森林模型仍然是执行效果最好的。

随机森林模型会过拟合！

在随机森林的支持者中，有人认为"随机森林方法不会过拟合"。事实上，它们会。
Hastie 等所著的 *The Elements of Statistical Learning*(Springer，2011)中有关随机森林的
章节中也支持此观点。随机森林模型的特征是，对训练数据集的预测几乎是完美的，
而对保留数据集的预测却不尽人意。因此，在使用随机森林时，在保留数据集上验证
模型的性能是非常重要的。

检查变量的重要性

变量的重要性计算是 randomForest()函数的一个有用的功能。由于算法使用了大量
自举样本，每个数据点 x 都有一组对应的 out-of-bag 样本：那些不包含数据点 x 的样

本。数据点 x1 如图 10.7 所示。out-of-bag 样本的使用类似于 N 次交叉验证法，用来在集合中估算每个决策树的精度。

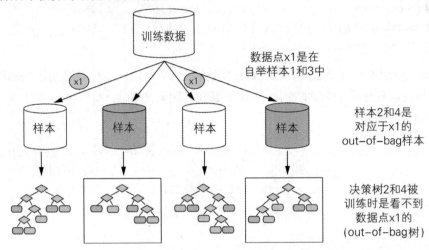

图 10.7　数据点 x1 的 out-of-bag 样本

为了估算变量 v1 的"重要性"，对该变量的值随机排列。然后，根据其 out-of-bag 样本对每个决策树进行评估，同时评估每个决策树对应的精度下降的幅度，如图 10.8 所示。

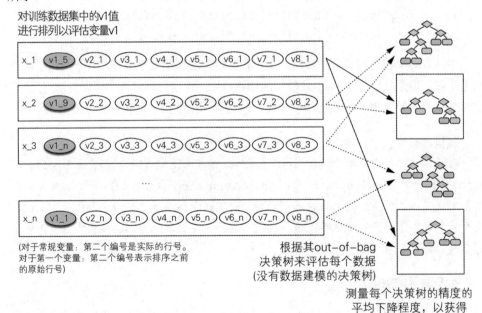

图 10.8　计算变量 v1 的变量重要性

如果所有决策树的精度平均下降的幅度很大，那么该变量被认为是重要的——它的值会导致预测结果出现很大的差异。如果精度平均下降的幅度很小，那么该变量对结果影响不大。该算法还能对由于一个置换变量的分割所引起的节点纯度的下降幅度进行评估(即这个变量如何影响决策树的质量)。

你可以通过在 randomForest() 调用中设置 importance = TRUE 来计算变量的重要性(如你在代码清单 10.3 所做的)，然后调用函数 importance() 和 varImpPlot()，如代码清单 10.4 所示。

代码清单 10.4　随机森林变量的重要性

```
varImp <- importance(fmodel)   ◄———— 在垃圾邮件模型中调用 importance()

varImp[1:10, ]   ◄———— importance()函数返回一个重要性度量的矩阵(值越大越重要)
##                        non-spam       spam MeanDecreaseAccuracy
## word.freq.make         1.656795   3.432962           3.067899
## word.freq.address      2.631231   3.800668           3.632077
## word.freq.all          3.279517   6.235651           6.137927
## word.freq.3d           3.900232   1.286917           3.753238
## word.freq.our          9.966034  10.160010          12.039651
## word.freq.over         4.657285   4.183888           4.894526
## word.freq.remove      19.172764  14.020182          20.229958
## word.freq.internet     7.595305   5.246213           8.036892
## word.freq.order        3.167008   2.505777           3.065529
## word.freq.mail         3.820764   2.786041           4.869502


varImpPlot(fmodel, type = 1)   ◄———— 绘制变量重要性的图，根据
                                      精度变化来度量
```

varImpPlot()调用产生的结果如图 10.9 所示。从该图可以看到，确定电子邮件是否为垃圾邮件的最重要变量是 char.freq.bang，或者是电子邮件中出现感叹号的次数，这也能直观感觉到。其次重要的变量是 word.freq.remove，或者是电子邮件中出现单词"remove"的次数。

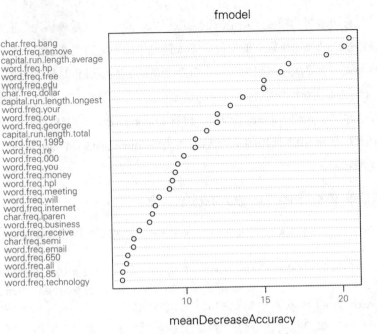

图 10.9 绘制垃圾邮件模型中最重要的变量，用精度来度量

了解哪些变量是至关重要的(或者至少了解哪些变量对组成决策树的结构有重要作用)可以帮助你削减变量个数。这不仅对构建更小、更快的决策树有作用，而且对另一种建模算法选择变量也是有用的(如果需要的话)。我们可以在不影响最终模型质量的基础上，将垃圾邮件示例中的变量数从 57 个减少到 30 个，如代码清单 10.5 所示。

把变量筛查作为初始的筛选

数据科学家 Jeremy Howard(以 Kaggle 和 fast.ai 闻名)非常支持在数据科学项目的早期对变量重要性进行初始筛查，以消除那些没有意义的变量，并识别出有用的变量以与业务合作伙伴展开讨论。

代码清单 10.5 使用更少的变量进行拟合操作

```
sorted <- sort(varImp[, "MeanDecreaseAccuracy"],    ◄ 根据精度变化进
                decreasing = TRUE)                     行度量,将变量按
                                                       重要性排序

selVars <- names(sorted)[1:30]
fsel <- randomForest(x = spamTrain[, selVars],     ◄ 仅使用30个最重要的变
                y = spamTrain$spam,                    量构建随机森林模型
                ntree = 100,
```

```
                              nodesize = 7,
                              importance = TRUE)

trainperf_rf2 <- accuracyMeasures(predict(fsel,
    newdata = spamTrain[, selVars], type = 'prob')[, 'spam'],
    spamTrain$spam == "spam", name = "RF small, train")

testperf_rf2 <- accuracyMeasures(predict(fsel,
    newdata=spamTest[, selVars], type = 'prob')[, 'spam'],
    spamTest$spam == "spam", name = "RF small, test")

perftable <- rbind(testperf_rf, testperf_rf2)
pandoc.table(perftable, justify = perf_justify)
##
##
## model                accuracy       f1   dev.norm
## --------------------- ---------- -------- ----------
## random forest, test    0.9498    0.9341    0.3011
## RF small, test         0.9520    0.9368    0.4000
```

比较测试集上的两个随机森林模型

随机森林变量重要性与 LIME

随机森林模型的变量重要性给出了各个变量对模型的整体预测性能的影响程度。变量重要性告诉你哪些变量通常对模型的预测影响最大，或者模型对哪些变量的依赖性最大。

LIME 变量重要性(6.3 节讨论过)给出了不同变量在具体示例上对模型预测的影响程度。LIME 通过给出详细的决策说明来帮助你确定模型是否正确地使用了其变量。

这个较小的模型与使用全部 57 个变量构建的随机森林模型相比，两者执行的性能一样好。

10.1.4　梯度增强树

梯度增强(gradient boosting)是提高决策树性能的另一种集成方法。梯度增强并没有像 bagging 和随机森林那样对多个决策树的预测结果取平均，而是向现有集合中逐步添加决策树来提高预测性能。其操作步骤如下：

(1) 使用当前的集合 TE 对训练数据进行预测。

(2) 测量真实结果与训练数据预测之间的残差。比较真实结果与训练数据集上的预测结果之间的残差。

(3) 将新的决策树 T_i 与残差进行拟合。将 T_i 添加到集合 TE 中。

(4) 继续拟合直到残差消失或者达到另一个停止标准。

该过程如图 10.10 所示。

梯度增强树也可能会过拟合，因为在某些点上残差只是随机噪声。为了减少过拟合，梯度增强的大多数实现方式都提供了交叉验证的方法，从而帮助确定何时停止向集合添加决策树。

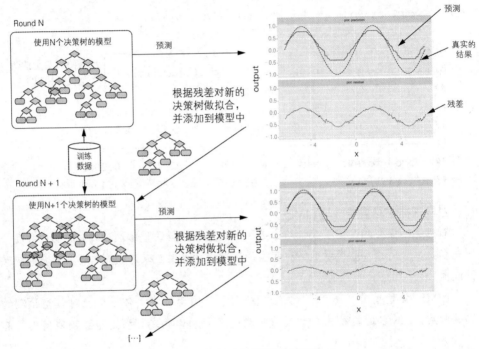

图 10.10　构建梯度增强树模型

6.3 节在介绍 LIME 时，给出了梯度增强的示例，那时使用了 xgboost 包来拟合梯度增强树模型。在本节，我们将详细介绍 6.3 节所用的建模代码。

鸢尾花(iris)示例

让我们从一个小例子开始。

示例　假设你有三种不同类型的鸢尾花的花瓣和萼片的测量数据集。我们的目标是基于鸢尾花的花瓣和萼片两个维度来预测一个给定的鸢尾花是否属于山鸢尾(setosa)。

代码清单 10.6　加载鸢尾花数据

```
iris <- iris
iris$class <- as.numeric(iris$Species == "setosa")      山鸢尾属于
                                                          正例类
set.seed(2345)
intrain <- runif(nrow(iris)) < 0.75                将数据分为训练集和
train <- iris[intrain, ]                           测试集(75%/25%)
test <- iris[!intrain, ]
head(train)

##   Sepal.Length Sepal.Width Petal.Length Petal.Width Species class
## 1          5.1         3.5          1.4         0.2  setosa     1
## 2          4.9         3.0          1.4         0.2  setosa     1
## 3          4.7         3.2          1.3         0.2  setosa     1
## 4          4.6         3.1          1.5         0.2  setosa     1
## 5          5.0         3.6          1.4         0.2  setosa     1
## 6          5.4         3.9          1.7         0.4  setosa     1

input <- as.matrix(train[, 1:4])        创建输入矩阵
```

请注意，xgboost 要求其输入为数值型(非类别型变量)矩阵，因此在代码清单 10.6 中，是从训练数据框中获得输入数据并创建一个输入矩阵。

在 6.3 节中，使用的是预先提供的快捷函数 fit_iris_example()来对模型做拟合。这里我们将详细地解释该函数中的代码。第一步是运行交叉验证函数 xgb.cv()以确定使用多少数量的决策树才合适，如代码清单 10.7 所示。

代码清单 10.7　交叉验证以确定模型的大小

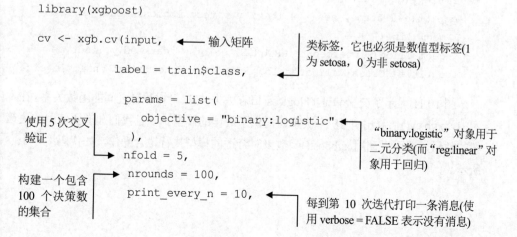

```
library(xgboost)

cv <- xgb.cv(input,              输入矩阵          类标签，它也必须是数值型标签(1
                                                   为 setosa，0 为非 setosa)
             label = train$class,

             params = list(
使用5次交叉       objective = "binary:logistic"      "binary:logistic" 对象用于
验证             ),                                  二元分类(而 "reg:linear" 对
             nfold = 5,                             象用于回归)
构建一个包含     nrounds = 100,
100 个决策数     print_every_n = 10,                每到第 10 次迭代打印一条消息(使
的集合                                              用 verbose = FALSE 表示没有消息)
```

使用最小交叉验证的 logloss(与偏差相关)来选择决
策树的最佳数量。对于回归，使用 metrics = "rmse"

```
                    ▶ mctrics = "logloss")
```

```
evalframe <- as.data.frame(cv$evaluation_log)    ◀── 获得性能日志
```

```
head(evalframe)  ◀───  evalframe 将训练集和交叉验证的 logloss 保存为决策
                       树个数的函数
```

```
##   iter train_logloss_mean train_logloss_std test_logloss_mean
## 1    1          0.4547800      7.758350e-05          0.4550578
## 2    2          0.3175798      9.268527e-05          0.3179284
## 3    3          0.2294212      9.542411e-05          0.2297848
## 4    4          0.1696242      9.452492e-05          0.1699816
## 5    5          0.1277388      9.207258e-05          0.1280816
## 6    6          0.0977648      8.913899e-05          0.0980894
##   test_logloss_std
## 1       0.001638487
## 2       0.002056267
## 3       0.002142687
## 4       0.002107535
## 5       0.002020668
## 6       0.001911152
```

给出最小的交叉验证 logloss
时，决策树的数量是多少

```
(NROUNDS <- which.min(evalframe$test_logloss_mean))
## [1] 18
```

```
library(ggplot2)
ggplot(evalframe, aes(x = iter, y = test_logloss_mean)) +
  geom_line() +
  geom_vline(xintercept = NROUNDS, color = "darkred", linetype = 2) +
  ggtitle("Cross-validated log loss as a function of ensemble size")
```

图 10.11 显示了交叉验证的 logloss(日志丢失)与决策树数量之间的函数关系。在本例中，xgb.cv()估算出有 18 个决策树提供了最佳的模型。一旦我们知道要使用的决策树的数量，就可以调用 xgboost()函数来对合适的模型执行拟合操作，如代码清单 10.8 所示。

代码清单 10.8　对 xgboost 模型执行拟合

```
model <- xgboost(data = input,
                 label = train$class,
                 params = list(
                     objective = "binary:logistic"
                   ),
                 nrounds = NROUNDS,
                 verbose = FALSE)

test_input <- as.matrix(test[, 1:4])
pred <- predict(model, test_input)

accuracyMeasures(pred, test$class)
```

为测试数据创
建输入矩阵

进行预测

```
## model accuracy f1 dev.norm
## 1 model 1 1 0.03458392
```

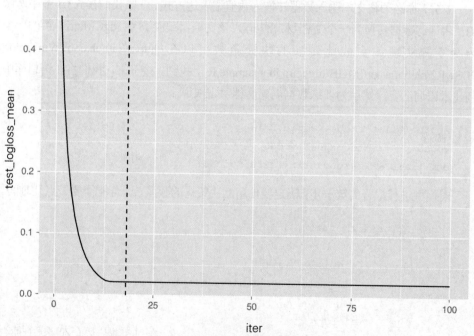

Cross-validated log loss as a function of ensemble size

图 10.11　交叉验证的 logloss(日志丢失)与集合大小的函数关系

该模型在保留数据集上给出了完美的预测,因为这是一个简单的问题。下面,利用这些熟悉的步骤，用 xgboost 包来尝试解决一个较难的问题：6.3.3 节提出的有关电影评论分类的问题。

针对文本分类的梯度增强方法

示例　在本例中，你将对互联网电影数据库(Internet Movie Database，IMDB)中的电影评论进行分类。你的任务是找出正面的评论。

正如 6.3.3 节中的做法，我们将使用 IMDBtrain.RDS 作为训练数据，使用 IMDBtest.RDS 作为测试数据，这两个数据文件你可以在 https://github.com/WinVector/ PDSwR2/tree/master/IMDB 上找到。每个 RDS 对象都是一个包含两个元素的列表：一个是有 25 000 条评论的字符向量、另一个是数值型标签的向量(其中 1 表示正面评论，0 表示负面评论)。

第一步，加载训练数据：

```
library(zeallot)
c(texts, labels) %<-% readRDS("IMDBtrain.RDS")
```

首先，你必须将文本输入数据转换为数值型表达方式。就像我们在 6.3.3 节中所做的，将训练数据转换为一个文档-术语矩阵，该文档-术语矩阵由 dgCMatrix 类的一个稀疏矩阵实现。完成此转换的快捷函数可以在 https://github.com/WinVector/ PDSwR2/blob/master/IMDB/lime_imdb_example.R 上找到。接下来，我们将在语料库中创建术语词汇表，然后为训练数据创建文档-术语矩阵：

```
source("lime_imdb_example.R")
vocab <- create_pruned_vocabulary(texts)
dtm_train <- make_matrix(texts, vocab)
```

对模型进行拟合的第一步：确定要使用的决策树的数量。这可能需要一点儿时间。

```
cv <- xgb.cv(dtm_train,
             label = labels,
             params = list(
               objective = "binary:logistic"
               ),
             nfold = 5,
             nrounds = 500,
             early_stopping_rounds = 20,   ◀── 如果执行了 20 次后性能
             print_every_n = 10,               没有改善，就提前结束
             metrics = "logloss")
```

```
evalframe <- as.data.frame(cv$evaluation_log)
(NROUNDS <- which.min(evalframe$test_logloss_mean))
## [1] 319
```

然后，对模型进行拟合和评估：

```
model <- xgboost(data = dtm_train, label = labels,
                 params = list(
                   objective = "binary:logistic"
                 ),
                 nrounds = NROUNDS,
                 verbose = FALSE)

pred = predict(model, dtm_train)
trainperf_xgb = accuracyMeasures(pred, labels, "training")

c(test_texts, test_labels) %<-% readRDS("IMDBtest.RDS")
dtm_test = make_matrix(test_texts, vocab)

pred = predict(model, dtm_test)
testperf_xgb = accuracyMeasures(pred, test_labels, "test")

perftable <- rbind(trainperf_xgb, testperf_xgb)
pandoc.table(perftable, justify = perf_justify)
##
##
## model        accuracy       f1    dev.norm
## ----------  ----------  --------  ----------
## training      0.9891     0.9891    0.1723
## test          0.8725     0.8735    0.5955
```

加载测试数据
并将其转换为
文档-术语矩阵

与随机森林模型一样，此梯度增强模型在训练数据上的性能接近完美，而在保留数据上的性能虽然不尽人意，但仍然表现不错。尽管交叉验证步骤建议你使用 319 个决策树，但你可能还想验证一下 evalframe(就像在鸢尾花示例中所做的那样)，并尝试使用不同数量的决策树，以查看能否减少过拟合。

梯度增强模型与随机森林模型
在我们自己的研究中，我们发现梯度增强模型在大多数问题上都优于随机森林模型。然而，在某些情况下，梯度增强模型的性能较差，而随机森林模型的性能可以接受。你的经历也可能与我们的不同。但无论如何,把这两种方法都放在你的工具库里是个好主意。

使用带类别型变量的 xgboost 包

在鸢尾花示例中,我们的所有输入变量都是数值型的。在前述的电影评论示例中,我们将非结构化的文本输入转换为结构化的、数值型矩阵表达形式。在许多情况下,你所拥有的结构化输入数据会是类别型变量,如下面例子所示。

示例 假设你想使用 xgboost 包来预测新生儿的出生体重,而该体重是一个函数(它的几个变量是数值型和类别型的)。

此示例的数据来自 2010 CDC 出生率数据集,与我们在第 7 章中用于预测高危分娩的数据集类似[1],如代码清单 10.9 所示。

代码清单 10.9 加载出生率数据

将数据分成训练数据和测试数据

使用模型中的所有变量。DBWT(婴儿的出生体重)是要预测的值,ORIGRANDGROUP 是分组变量

```
load("NatalBirthData.rData")
train <- sdata[sdata$ORIGRANDGROUP <= 5, ]

test <- sdata[sdata$ORIGRANDGROUP >5 , ]

input_vars <- setdiff(colnames(train), c("DBWT", "ORIGRANDGROUP"))

str(train[, input_vars])

## 'data.frame':  14386 obs. of 11 variables:
## $ PWGT     : int 155 140 151 160 135 180 200 135 112 98 ...
## $ WTGAIN   : int 42 40 1 47 25 20 24 51 36 22 ...
## $ MAGER    : int 30 32 34 32 24 25 26 26 20 22 ...
## $ UPREVIS  : int 14 13 15 1 4 10 14 15 14 10 ...
## $ CIG_REC  : logi FALSE FALSE FALSE TRUE FALSE FALSE ...
## $ GESTREC3 : Factor w/ 2 levels ">= 37 weeks",..: 1 1 2 1 1 1 1 1 1 ...
## $ DPLURAL  : Factor w/ 3 levels "single","triplet or higher",..:
##    1 1 1 1 1 1 1 1 1 1 ...
## $ URF_DIAB : logi FALSE FALSE FALSE FALSE FALSE FALSE ...
## $ URF_CHYPER: logi FALSE FALSE FALSE FALSE FALSE FALSE ...
## $ URF_PHYPER: logi FALSE FALSE FALSE FALSE FALSE FALSE ...
```

---

1 数据集可以在网站 https://github.com/WinVector/PDSwR2/blob/master/CDC/NatalBirthData.rData 上找到。

```
##   $ URF_ECLAM : logi FALSE FALSE FALSE FALSE FALSE FALSE ...
```

正如你所看到的，输入数据包括数值型变量、逻辑变量和类别型(因子)变量。如果你想使用 xgboost()包和所有这些变量为预测婴儿出生体重的梯度增强模型做拟合，则必须将输入数据全部转换为数值型变量。这里有几种方法可以让你实现该功能，包括使用基础 R 函数 model.matrix()。我们建议你按照第 8 章中的方法来使用 vtreat。

在目前的场景下，你可以通过三种方法来使用 vtreat：

- 将数据划分为三组：校正数据集、训练数据集和测试数据集。使用 designTreatmentsN()和校正数据集来创建处理计划；prepare()使用训练数据集对 xgboost 模型做拟合；之后 prepare()使用测试数据集对模型做验证。

  当你有一个很大的训练数据集并且它又包含了一些复杂的变量(如许多不同级别的类别型变量)、或是包含了大量的类别型变量时，这是一个不错的选择。如果你想在模型拟合之前修剪掉一些变量(参见 8.4.2 节)，这也是一个不错的选择。

- 将数据划分为训练数据集和测试数据集(如我们这里的操作)。使用 mkCrossFrameNExperiment()来创建处理计划和交叉帧，以便训练 xgboost 模型；prepare()使用测试数据集来验证该模型。

  当你没有足够的训练数据用来分成三组时，如果你有一些复杂的变量或者很多的类别型变量，并且你想在模型拟合之前修剪掉一些变量，那么这是一个不错的选择。

- 将数据划分为训练数据集和测试数据集。使用 designTreatmentsZ()创建一个处理计划，该计划管理缺失值并将类别型变量转换为指示变量。prepare()使用训练数据集和测试数据集创建纯数值型输入。

  该解决方案与调用 model.matrix()非常相似，它的另一个优点是可以管理缺失的值，并且也能很好地处理某些类别级别(在训练集或者测试集中出现，但不是同时出现)。当你只有几个类别型变量，而且这些变量都不是太复杂时，这是一个很好的解决方案。

由于考虑到目前只有两个类别型变量，而且它们本身都不是太复杂(GESTREC3 有两个值，DPLURAL 有三个值)，我们采用上述第三个选项，如代码清单 10.10 所示。

代码清单 10.10　使用 vtreat 为 xgboost 包准备数据

```
library(vtreat)

treatplan <- designTreatmentsZ(train,   ◀── 创建处理计划
```

创建纯的数值型变量("clean"),缺失值指示符("isBad"),指示变量("lev"),但不创建catP(患病率)变量

```
                                   input_vars,
                                   codeRestriction = c("clean", "isBAD", "lev"),
                                   verbose = FALSE
```

```
train_treated <- prepare(treatplan, train)
str(train_treated)
```
准备训练数据

```
## 'data.frame': 14386 obs. of 14 variables:
## $ PWGT                          : num 155 140 151 160 135 180 200
      135 1 12 98 ...
## $ WTGAIN                        : num 42 40 1 47 25 20 24 51 36 22 ...
## $ MAGER                         : num 30 32 34 32 24 25 26 26 20 22 ...
## $ UPREVIS                       : num 14 13 15 1 4 10 14 15 14 10 ...
## $ CIG_REC                       : num 0 0 0 1 0 0 0 0 0 0 ...
## $ URF_DIAB                      : num 0 0 0 0 0 0 0 0 0 0 ...
## $ URF_CHYPER                    : num 0 0 0 0 0 0 0 0 0 0 ...
## $ URF_PHYPER                    : num 0 0 0 0 0 0 0 0 0 0 ...
## $ URF_ECLAM                     : num 0 0 0 0 0 0 0 0 0 0 ...
## $ GESTREC3_lev_x_37_weeks       : num 0 0 0 1 0 0 0 0 0 0 ...
## $ GESTREC3_lev_x_37_weeks_1     : num 1 1 1 0 1 1 1 1 1 1 ...
## $ DPLURAL_lev_x_single          : num 1 1 1 1 1 1 1 1 1 1 ...
## $ DPLURAL_lev_x_triplet_or_higher: num 0 0 0 0 0 0 0 0 0 0 ...
## $ DPLURAL_lev_x_twin            : num 0 0 0 0 0 0 0 0 0 0 ...
```

请注意,train_treated 是纯数值型的,没有缺失值,而且不包含结果列,因此可以安全地与 xgboost 一起使用(尽管你必须先将其转换为一个矩阵)。为了演示这一点,代码清单 10.11 直接将具有 50 个决策树的梯度增强模型与准备好的训练数据集进行拟合(这里没有执行交叉验证去选择最佳决策树的数量),然后将模型应用于准备好的测试数据集。这里只是为了演示,通常你需要先调用 xgb.cv() 来选择最佳的决策树数量。

代码清单 10.11　对 xgboost 模型进行拟合操作来预测新生儿体重

```
birthwt_model <- xgboost(as.matrix(train_treated),
                         train$DBWT,
                         params = list(
                           objective = "reg:linear",
                           base_score = mean(train$DBWT)
                         ),
                         nrounds = 50,
                         verbose = FALSE)
```

```
test_treated <- prepare(treatplan, test)
pred <- predict(birthwt_model, as.matrix(test_treated))
```

练习：尝试使用 xgboost 来预测出生体重。

尝试使用 xgboost 来预测 DBWT，即设置数据并运行前面的代码。

bagging、随机森林和梯度增强模型都属于事后改进型的，你可以尝试用它们来改进决策树模型。下一节，我们将讨论广义相加模型，该模型使用另一种方法来表示输入和输出之间的非线性关系。

10.1.5　基于决策树的模型的要点

关于基于决策树模型的内容，你应该记住以下几点：

- 决策树是非常有用的，可以用输入和输出之间的非线性关系以及变量之间的潜在相互作用来构建模型数据。
- 基于决策树的集成模型通常比基本决策树模型具有更好的性能。
- bagging 模型通过减少方差来稳定决策树并提高精度。
- 随机森林和梯度增强决策树模型都有可能在训练数据集上过拟合。因此，一定要确保在保留数据集上对模型进行评估，以获得更好的对模型性能的评估。

10.2　使用广义相加模型学习非单调关系

在第 7 章中，我们使用了线性回归来建模并预测其定量的输出，同时使用了逻辑回归来预测类概率。线性模型和逻辑回归模型都是功能强大的工具，特别是当你想了解输入变量和输出之间的关系时。它们在变量具有相关性时(已正则化)健壮性很好，逻辑回归保留了数据的边际概率。这两种模型的主要缺点是它们假定输入和输出之间的关系是单调的。也就是说，数量越多越好，多多益善。

但是如果实际关系是非单调的该怎么办呢？我们回顾一下本章开始部分你看到的 BMI 示例。对于体重不足的成年人，增加 BMI 可以降低死亡率。但是也有一个限度：在某些时候，较高的 BMI 并不意味着好事，因为死亡率会随着 BMI 的增加而提高。而线性回归和逻辑回归模型忽略了这一差别。如图 10.12 所示，根据我们正在处理的数据，线性模型预测出的死亡率总是随着 BMI 的增加而降低。

广义相加模型(generalized additive model，GAM)是在线性模型或者逻辑模型(或任何其他广义线性模型)的框架内构建非单调响应模型的一种方法。在预测死亡率这个示

例中，GAM 试着找到一个更好的 BMI "u 形" 函数，称为 s(BMI)，该函数描述了 BMI
与死亡率之间的关系，如图 10.12 所示。GAM 将拟合一个函数，然后根据 s(BMI)来
预测死亡率。

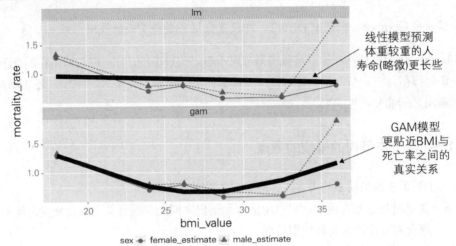

图 10.12　BMI 对死亡率的影响：线性模型与 GAM 模型的对比

10.2.1　理解 GAM

我们回顾一下，如果 y[i]是你想要预测的数值型变量，而 x[i,]是对应于输出 y[i]
的一行输入，那么线性回归模型会找到这样一个函数 f(x)：

```
f(x[i, ]) = b0 + b[1] * x[i, 1] + b[2] * x[i, 2] + ... b[n] * x[i, n]
```

并且 f(x[i,])尽可能地接近 y[i]。

在其最简单的形式中，GAM 模型放宽了线性约束并获得一组函数 s_i()(和一个常
数项 a0)，使得：

```
f(x[i,]) = a0 + s_1(x[i, 1]) + s_2(x[i, 2]) + ... s_n(x[i, n])
```

我们也希望 f(x[i,])尽可能地接近 y[i]。函数 s_i()是由多项式构建的平滑的拟合
曲线。这些曲线被称为样条曲线(spline)，被设计用来以尽可能接近数据的方式穿过
数据而不呈现太大的 "扭动(没有过拟合)"。一个样条曲线拟合的示例如图 10.13
所示。

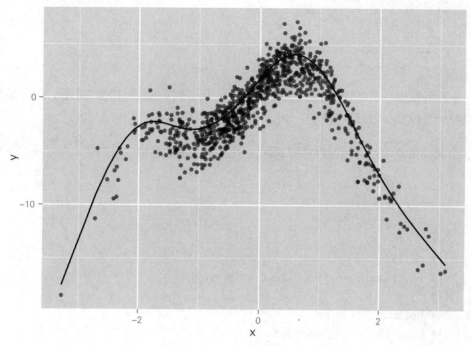

图10.13　通过一系列的点拟合好的一条样条曲线

下面看一个具体的例子。

10.2.2　一维回归示例

我们先来看一个玩具的示例。

示例　假设你想给数据做一个拟合模型，其中响应变量 y 是输入变量 x 的一个带噪声的非线性函数(实际上是图 10.13 所示的函数)。

像往常一样，我们将数据分为训练集和测试集，如代码清单 10.12 所示。

代码清单 10.12　准备一个人工生成的数据的问题

```
set.seed(602957)

x <- rnorm(1000)
noise <- rnorm(1000, sd = 1.5)

y <- 3 * sin(2 * x) + cos(0.75 * x) - 1.5 * (x^2) + noise

select <- runif(1000)
```

```
frame <- data.frame(y = y, x = x)

train <- frame[select > 0.1, ]
test <-frame[select <= 0.1, ]
```

假设数据是来自非线性函数 sin()和 cos()，从 x 到 y 的线性拟合并不好。我们首先建立一个(差的)线性回归模型，如代码清单 10.13 所示。

代码清单 10.13　将线性回归模型应用到人工生成数据的示例

```
lin_model <- lm(y ~ x, data = train)
summary(lin_model)

##
## Call:
## lm(formula = y ~ x, data = train)
##
## Residuals:
##     Min      1Q Median      3Q     Max
## -17.698  -1.774   0.193   2.499   7.529
##
## Coefficients:
##               Estimate Std. Error t value Pr(>|t|)
## (Intercept)    -0.8330     0.1161  -7.175 1.51e-12 ***
## x               0.7395     0.1197   6.180 9.74e-10 ***
## ---
## Signif. codes: 0 '***' 0.001 '**' 0.01 '*' 0.05 '.' 0.1 ' ' 1
##
## Residual standard error: 3.485 on 899 degrees of freedom
## Multiple R-squared: 0.04075, Adjusted R-squared: 0.03968
## F-statistic: 38.19 on 1 and 899 DF, p-value: 9.737e-10

rmse <- function(residuals) {        ◀──── 一个用来计算残差向量的均方
    sqrt(mean(residuals^2))               根误差(RMSE)的快捷函数
}
train$pred_lin <- predict(lin_model, train)  ◀── 在训练数据集上计算
resid_lin <- with(train, y - pred_lin)          出该模型的 RMSE
rmse(resid_lin)
## [1] 3.481091

library(ggplot2)        ◀────────── 绘制 y 图与预测图
```

```
ggplot(train, aes(x = pred_lin, y = y)) +
  geom_point(alpha = 0.3) +
  geom_abline()
```

由此产生的模型的预测值与真实响应的关系如图 10.14 所示。正如所料，这是一个非常差的拟合，R-平方约为 0.04。尤其是这些误差不是同方差的(homoscedastic)：即在有些区域模型会系统性地做出过低的预测，而在有些区域模型会系统性地做出过高的预测。如果 x 和 y 的关系真的是线性的(具有独立的噪声)，那么误差应该是同方差的：误差会在预测值的附近各处均匀地分布(即均值为 0)。

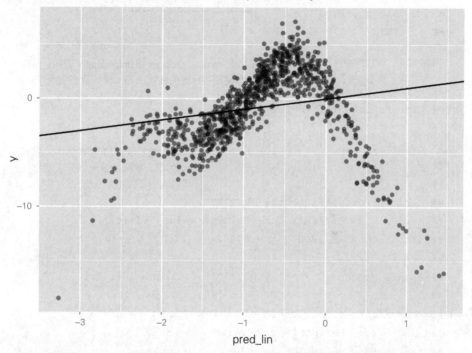

图 10.14   线性模型的预测与实际响应对比，实线是完美的预测线(预测=实际)

现在试着找到一个从 x 映射到 y 的非线性模型。我们将使用 mgcv[1] 程序包中的函数 gam()。当使用 gam()函数时，你可以为变量构建线性或非线性的模型。通过将变量 x 封装在 s()符号中作为非线性变量，你可以为变量 x 构建模型。在本示例中，你应该使用公式 y~s(x)、而不是 y ~x 来描述模型。由此，gam()将搜索出能够描述 x 和 y 之间最佳关系的样条曲线 s()，如代码清单 10.14 所示。只有 s()中包含的那些项才能得

---

1   这里有一个旧版本的程序包 gam，它是由 GAM 的发明者 Hastie 和 Tibshirani 编写的。gam 的执行效果很好，但是它与 ggplot 已加载的 mgcv 程序包不兼容。因为我们要使用 ggplot 来绘制图表，所以在示例中我们将使用 mgcv 程序包。

到 GAM/样条曲线的处理。

平滑项是非线性项。摘要的这一部分表明哪些非线性项明显并不是 0 值。
还表明来构建每一个平滑项的有效自由度(edf)是多少。接近于 1 的 edf
表明：变量与输出具有近似的线性关系

加载 mgcv 程序包　　　　　　　　构建模型，指定 x 作　　　收敛参数表明算法是否收
　　　　　　　　　　　　　　　为一个非线性变量　　　　敛。如果值为 TRUE，则
　　　　　　　　　　　　　　　　　　　　　　　　　　你可以相信输出结果

```
library(mgcv)
gam_model <- gam(y ~ s(x), data = train)
gam_model$converged
## [1] TRUE

summary(gam_model)
```

设置 family=gaussian 和 link=identity 表明：该模
型使用与标准的线性回归一样的分布假设

```
## Family: gaussian
## Link function: identity
##
## Formula:
## y ~ s(x)
##
```

参数系数是线性项(在本例中，只有
常数项)。摘要的这一部分表明哪些
线性项明显并不是 0 值

```
## Parametric coefficients:
##             Estimate Std. Error t value Pr(>|t|)
## (Intercept) -0.83467    0.04852   -17.2   <2e-16 ***
## ---
## Signif. codes: 0 '***' 0.001 '**' 0.01 '*' 0.05 '.' 0.1 ' ' 1
##
## Approximate significance of smooth terms:
##        edf Ref.df      F p-value
## s(x) 8.685  8.972 497.8   <2e-16 ***
## ---
## Signif. codes: 0 '***' 0.001 '**' 0.01 '*' 0.05 '.' 0.1 ' ' 1
##
## R-sq.(adj) = 0.832 Deviance explained = 83.4%
## GCV score = 2.144 Scale est. = 2.121 n = 901

train$pred <- predict(gam_model, train)
resid_gam <- with(train, y - pred)
rmse(resid_gam)
```

"R-sq.(adj)" 是调整过的 R-
平方。"Deviance explained"
是原始的 R-平方(0.834)

在训练数据集上计算出
该模型的 RMSE

```
## [1] 1.448514
```

```
ggplot(train, aes(x = pred, y = y)) +
  geom_point(alpha = 0.3) +
  geom_abline()
```

绘制 y 图与预测图

图 10.15 中展示了由此生成的模型的预测结果与真实响应之间的关系比较图。图中显示该拟合度效果是更好的：模型解释了大于 80%的方差值(R-平方为 0.83)，而在训练数据集上的均方根误差(RMSE)低于线性模型给出的均方根误差(RMSE)的一半。注意，图 10.15 中的点或多或少地均匀分布在这条完美预测线的附近。此时的 GAM 是基于同方差做拟合的，任何给定的预测都有可能是一个过高的预测或偏低的预测。

> **使用 gam() 构建线性关系模型**
>
> 　默认情况下，gam()将运行标准线性回归模型。如果你用公式 y~x 调用了 gam()程序包，则会与使用 lm()一样，得到同样的模型。一般地，如果调用 gam(y~x1+s(x2),data=...)，将会为变量 x1 和 y 构建一个线性关系模型，并尽可能用最好的平滑曲线来拟合 x2 和 y 之间的关系。当然，最好的平滑曲线可能是一条直线，因此，如果你不确定 x 和 y 之间的关系是线性的，那么你可以使用 s(x)。如果你看到系数 edf(有效的自由度，请参见列表 10.14 中的模型摘要)约为 1，那么你可以尝试将其作为一个线性项重新拟合该变量。

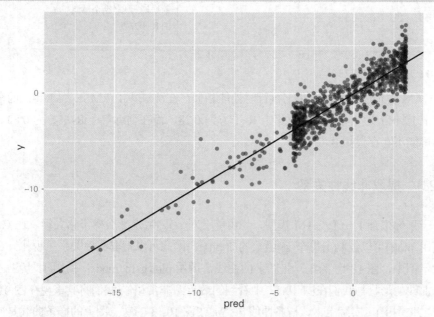

图 10.15　GAM 的预测与实际响应。实线是理论上的完美预测线(预测=实际)

样条曲线的使用为 GAM 提供了一个更丰富的可选择的模型空间。但增加的灵活性也带来了过拟合的高风险。所以，你应该在测试数据集上检查模型的性能，如代码清单 10.15 所示。

代码清单 10.15　比较线性回归和 GAM 的性能

```
test <- transform(test,
                 pred_lin = predict(lin_model, test),
                 pred_gam = predict(gam_model, test) )
```
← 在测试数据集上获得两个模型的预测结果。函数 transform() 是 dplyr::mutate() 的基础 R 版本

```
test <- transform(test,
                 resid_lin = y - pred_lin,
                 resid_gam = y - pred_gam)
```
计算残差

```
rmse(test$resid_lin)
## [1] 2.792653
```
← 在测试数据集上比较两个模型的 RMSE 值

```
rmse(test$resid_gam)
## [1] 1.401399
```

```
library(sigr)
wrapFTest(test, "pred_lin", "y")$R2
## [1] 0.115395
```
← 调用 sigr 程序包在测试数据集上比较两个模型的 R-平方值

```
wrapFTest(test, "pred_gam", "y")$R2
## [1] 0.777239
```

GAM 在训练集和测试集上执行时性能相似：在测试集上 RMSE 为 1.40，而在训练集上 RMSE 为 1.45；在测试集上 R-平方为 0.78，而在训练集上 R-平方为 0.83，因此，可能不存在过拟合。

10.2.3　提取非线性关系

一旦你拟合了一个 GAM 模型，你可能会对 s() 函数是什么样子感兴趣。在 GAM 上调用 plot() 可以绘制出每个 s() 函数的曲线图，因此可以把非线性关系可视化。在我们的示例中，图 10.16 的第一张图上的曲线是调用 plot(gam_model) 生成的。

曲线的形状与我们在图 10.13 中看到的散点图非常相似(我们将其重现在图 10.16 的第二张图上)。实际上，该样条曲线与叠加在图 10.13 的散点图上的样条曲线是同一条曲线。

你可以使用参数 type = "terms"来调用 predict()函数,从而提取用来绘制这个图的数据点。这样会生成一个矩阵,其中第 i 列表示 s(x[,i])。代码清单 10.16 中的代码展示了如何在图 10.16 所示的第二张图上重现此过程。

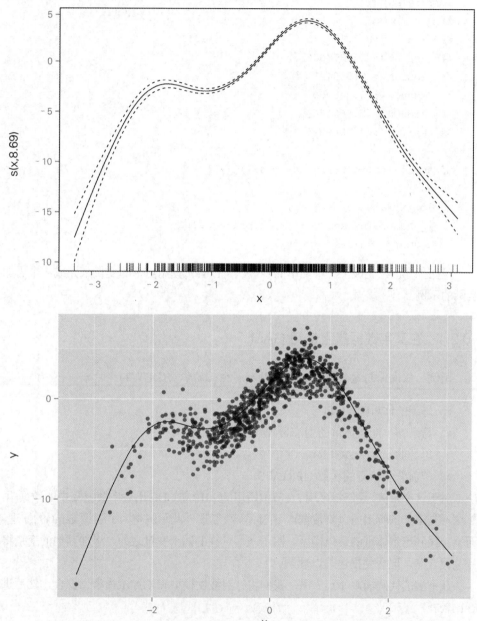

图 10.16 第一张图:由 gam()函数发现的非线性函数 s(PWGT),作为 plot(gam_model) 的输出。第二张图:在训练数据集上叠加相同的样条曲线

代码清单 10.16   从 GAM 中提取已知的样条

```
sx <- predict(gam_model, type = "terms")
summary(sx)
##          ε(x)
##   Min.    :-17.527035
##   1st Qu.: -2.378636
##   Median : 0.009427
##   Mean   : 0.000000
##   3rd Qu.: 2.869166
##   Max.    : 4.084999

xframe <- cbind(train, sx = sx[,1])

ggplot(xframe, aes(x = x)) +
    geom_point(aes(y = y), alpha = 0.4) +
    geom_line(aes(y = sx))
```

现在，你已经完成了一个简单的示例，可以尝试使用更多的变量来完成一个更加实际的示例。

10.2.4   在真实数据集上使用 GAM

示例   假设你想通过以下变量来预测新生儿的体重(DBWT):

- 母亲的体重(PWGT)
- 母亲怀孕期间体重的增加量(WTGAIN)
- 母亲的年龄(MAGER)
- 产前医学检查的次数(UPREVIS)

对于这个示例,我们将采用7.2节中所用的2010年CDC出生率数据集中的数据(虽然这不是第 7 章所用的风险数据)[1]。请注意,我们选择此示例是为了强调 gam()的原理,而不是找到出生体重的最佳模型。除了我们选择的四个变量之外,增加其他的变量将提高拟合度,但会使描述难以理解。

在下面的代码清单 10.17 中,我们将针对线性模型和 GAM 模型做拟合,然后进行比较。

---

1   该数据集位于 https://github.com/WinVector/PDSwR2/blob/master/CDC/NatalBirthData.rData。从原始 CDC 的数据集来准备抽取数据的脚本位于 https://github.com/WinVector/PDSwR2/blob/ master/CDC/prepBirthWeightData.R。

代码清单 10.17 在健康数据上应用线性回归模型(使用和不使用 GAM)

```
library(mgcv)
library(ggplot2)
load("NatalBirthData.rData")
train <- sdata[sdata$ORIGRANDGROUP <= 5, ]
test <- sdata[sdata$ORIGRANDGROUP > 5, ]


form_lin <- as.formula("DBWT ~ PWGT + WTGAIN + MAGER + UPREVIS")
linmodel <- lm(form_lin, data = train)      ◄────  用 4 个变量构建
                                                   一个线性模型

summary(linmodel)


## Call:
## lm(formula = form_lin, data = train)
##
## Residuals:
##      Min      1Q Median      3Q      Max
## -3155.43 -272.09   45.04  349.81  2870.55
##
## Coefficients:
##              Estimate Std. Error t value Pr(>|t|)
## (Intercept) 2419.7090    31.9291  75.784  < 2e-16 ***
## PWGT           2.1713     0.1241  17.494  < 2e-16 ***
## WTGAIN         7.5773     0.3178  23.840  < 2e-16 ***
## MAGER          5.3213     0.7787   6.834  8.6e-12 ***
## UPREVIS       12.8753     1.1786  10.924  < 2e-16 ***
## ---
## Signif. codes: 0 '***' 0.001 '**' 0.01 '*' 0.05 '.' 0.1 ' ' 1
##
## Residual standard error: 562.7 on 14381 degrees of freedom
## Multiple R-squared: 0.06596, Adjusted Rsquared:
     0.0657
## F-statistic: 253.9 on 4 and 14381 DF, p-value: < 2.2e-16      ◄──  模型解释了
                                                                     6.6%左右的
                                                                     方差值；所
                                                                     有系数明显
                                                                     都不是 0
form_gam <- as.formula("DBWT ~ s(PWGT) + s(WTGAIN) +
                        s(MAGER) + s(UPREVIS)")
gammodel <- gam(form_gam, data = train)      ◄──  使用相同的变量
                                                  构建 GAM 模型
gammodel$converged      ◄──  验证该模型已
## [1] TRUE                  收敛
```

```
summary(gammodel)

##
## Family: gaussian
## Link function: identity
##
## Formula:
## DBWT ~ s(PWGT) + s(WTGAIN) + s(MAGER) + s(UPREVIS)
##
## Parametric coefficients:
##             Estimate Std. Error t value Pr(>|t|)
## (Intercept) 3276.948      4.623   708.8   <2e-16 ***
## ---
## Signif. codes: 0 '***' 0.001 '**' 0.01 '*' 0.05 '.' 0.1 ' ' 1
##
## Approximate significance of smooth terms:
##              edf Ref.df       F  p-value
## s(PWGT)    5.374  6.443  69.010  < 2e-16 ***
## s(WTGAIN)  4.719  5.743 102.313  < 2e-16 ***
## s(MAGER)   7.742  8.428   7.145 1.37e-09 ***
## s(UPREVIS) 5.491  6.425  48.423  < 2e-16 ***
## ---
## Signif. codes: 0 '***' 0.001 '**' 0.01 '*' 0.05 '.' 0.1 ' ' 1
##
## R-sq.(adj) = 0.0927 Deviance explained = 9.42%
## GCV = 3.0804e+05 Scale est. = 3.0752e+05 n = 14386
```

← 模型解释了略高于9%的方差值；所有变量都具有非线性效果、明显都不是0

GAM 模型提高了拟合度，似乎这四个变量都与出生体重之间有着某种非线性关系，而 edf 都大于 1 即是证据。你可以使用 plot(gammodel) 来检查 s() 函数的形状；但在此将直接用每个变量的平滑曲线来做比较，如代码清单 10.18 所示。

代码清单 10.18 绘制 GAM 模型的结果

获得 s() 函数的矩阵

绑定出生体重(DBWT)

```
terms <- predict(gammodel, type = "terms")
terms <- cbind(DBWT = train$DBWT, terms)
```

将所有列转换为零均值(更容易进行
比较);转换为数据框

```
tframe <- as.data.frame(scale(terms, scale = FALSE))
colnames(tframe) <- gsub('[()]', '', colnames(tframe))


vars = c("PWGT", "WTGAIN", "MAGER", "UPREVIS")
pframe <- cbind(tframe, train[, vars])

ggplot(pframe, aes(PWGT)) +
  geom_point(aes(y = sPWGT)) +
  geom_smooth(aes(y = DBWT), se = FALSE)

# [...]
```

使列名的命名更友好
(将 s(PWGT)转换为
sPWGT 等)

绑定
输入
变量

将 样 条 曲 线 s(PWGT) 与
DBWT(婴儿体重)的平滑曲线
进行比较,其中 DBWT 作为母
亲体重(PWGT)的函数

对剩余的变量重复此过程
(为简洁起见,此处省略)

图 10.17 显示了由 gam()模型学习后得到的 s()样条曲线(如图虚线部分)。这些样条
曲线是 gam()对每个变量和 DBWT 输出结果之间(联合)关系的预估。样条曲线之和(加
上偏移量)是模型对 DBWT(作为输入变量的函数)的最佳预估。

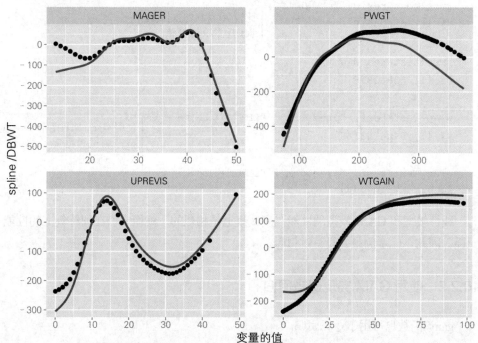

图 10.17 根据 4 个输入变量中每个变量所对应的出生体重绘制的平滑曲线,并与 gam()函数所
发现的样条曲线进行对比。为了方便比较它们的形状,所有曲线都被转换为零均值

该图也显示出了关联每个变量与 DBWT 直接的平滑曲线。在每种情况下，平滑曲线在形状上都类似于相应的 s()函数的样条曲线，并且对所有变量而言都是非线性的。而它们在形状上的差异是因为样条曲线是一起拟合的(这对于建模更实用)，而平滑曲线一次只计算一条。

与往常一样，你应该使用保留数据来检查一下模型是否过拟合，如代码清单 10.19 所示。

代码清单 10.19　在保留数据上检查 GAM 模型的性能

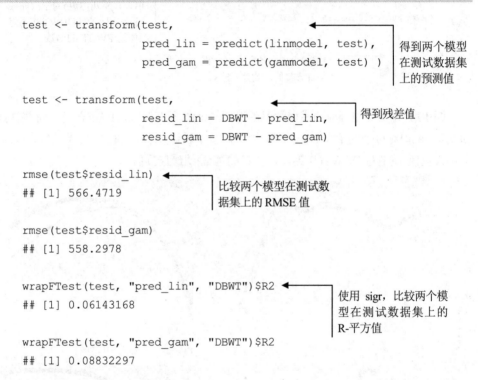

```
test <- transform(test,
                pred_lin = predict(linmodel, test),      得到两个模型
                pred_gam = predict(gammodel, test) )     在测试数据集
                                                         上的预测值

test <- transform(test,
                resid_lin = DBWT - pred_lin,      得到残差值
                resid_gam = DBWT - pred_gam)

rmse(test$resid_lin)
## [1] 566.4719                比较两个模型在测试数
                               据集上的 RMSE 值

rmse(test$resid_gam)
## [1] 558.2978

wrapFTest(test, "pred_lin", "DBWT")$R2
## [1] 0.06143168               使用 sigr，比较两个模
                                型在测试数据集上的
                                R-平方值
wrapFTest(test, "pred_gam", "DBWT")$R2
## [1] 0.08832297
```

线性模型和 GAM 模型的性能在测试集上是相似的，就像它们在训练集上的性能一样。因此，此示例中并没有过拟合。

10.2.5　使用 GAM 实现逻辑回归

gam()函数也可用于逻辑回归。

示例　假设采用我们前面示例中的相同输入变量来预测婴儿何时出生会出现体重过轻(定义为 DBWT <2000)。

逻辑回归调用所执行的操作如代码清单 10.20 所示。

代码清单 10.20　GLM 逻辑回归

```
form <- as.formula("DBWT < 2000 ~ PWGT + WTGAIN + MAGER + UPREVIS")
logmod <- glm(form, data = train, family = binomial(link = "logit"))
```

对 gam()的相应调用也指定了带有"logit"链接的二项式族(binomial family)，如代码清单 10.21 所示。

代码清单 10.21　GAM 逻辑回归

```
form2 <- as.formula("DBWT < 2000 ~ s(PWGT) + s(WTGAIN) +
                                      s(MAGER) + s(UPREVIS)")
glogmod <- gam(form2, data = train, family = binomial(link = "logit"))

glogmod$converged
## [1] TRUE

summary(glogmod)
## Family: binomial
## Link function: logit
##
## Formula:
## DBWT < 2000 ~ s(PWGT) + s(WTGAIN) + s(MAGER) + s(UPREVIS)
##
## Parametric coefficients:
##             Estimate Std. Error z value Pr(>|z|)
## (Intercept) -3.94085    0.06794     -58   <2e-16 ***
## ---
## Signif. codes: 0 '***' 0.001 '**' 0.01 '*' 0.05 '.' 0.1 ' ' 1
##
## Approximate significance of smooth terms:
##               edf Ref.df  Chi.sq  p-value
## s(PWGT)     1.905  2.420   2.463  0.36412
## s(WTGAIN)   3.674  4.543  64.426 1.72e-12 ***
## s(MAGER)    1.003  1.005   8.335  0.00394 **
## s(UPREVIS)  6.802  7.216 217.631  < 2e-16 ***
## ---
## Signif. codes: 0 '***' 0.001 '**' 0.01 '*' 0.05 '.' 0.1 ' ' 1
##
```

注意，与母亲的体重(PGWT)有关系的 p-value 值较大。这意味着没有统计证据表明母亲的体重(PWGT)对结果有显著影响

```
## R-sq.(adj) =   0.0331  Deviance explained = 9.14%
## UBRE score = -0.76987 Scale est. = 1        n = 14386
```

"偏差被解释成"是伪 R-平方：
1−(deviance/ null.deviance)

同标准逻辑回归调用一样，我们调用 predict (glogmodel, newdata=train, type="response")
来恢复类概率。同样地，这些模型也导致低质量的结果，在实践中我们会发现更多的
解释型变量来构建更好的筛选模型。

10.2.6　GAM 要点

关于 GAM，你应该记住以下几点：
- GAM 让你将变量与结果之间的非线性、非单调关系在线性框架或逻辑回归框
  架中表示出来。
- 在 mgcv 程序包中，你可以把在 GAM 模型中使用 type="terms"参数调用 predict
  ()函数时发现的关系提取出来。
- 你可以使用评估标准线性模型或逻辑回归模型时使用的度量(如残差、偏差、
  R-平方和伪 R-平方)来评估 GAM。gam()摘要也同时能告诉你，哪些变量会对
  模型产生显著的影响。
- 因为相对于标准线性或逻辑回归模型而言，GAM 的复杂性增加了，所以 GAM
  过拟合的风险更高。

通过允许变量对结果产生非线性的(甚至是非单调的)影响，GAM 扩展了线性方法
(和广义线性方法)。另一种方法是将现有变量进行非线性组合来构成新的变量。数据
科学家可以通过手动操作、添加交互项或新的合成(synthetic)变量来实现这一点，也可
以通过支持向量机(support vector machine，SVM)来实现这一点，如下一节所示。希望
通过访问足够多的这些新变量，建模问题会变得更容易一些。

下面使用两种最流行的方法来添加和管理新变量：核方法(kernel method)和支持向
量机。

10.3　使用支持向量机解决"不可分"的问题

有些分类问题被称为不可分(inseparable)的问题：类 A 的一些实例位于类 B(不同
的类)所界定的区域内，因此类 A 不能由一个平面边界从类 B 中分离出来。例如，在
图 10.18 中，我们看到一个由 x 定义的三角形内包含多个 o(而且，我们也看到通过所

谓的核函数 phi()，数据被转换为一个良好的可分隔排列)。左侧的原始排列是线性不可分的：不存在超平面(hyperplane)可以将 x 与 o 分开。因此，线性方法不可能将两个类完全分开。我们可以采用 10.1 节中所示的基于决策树的方法来拟合一个分类器，或者也可以使用一种称为核方法的技术。在本节中，我们将使用 SVM 和核方法在线性不可分的数据上构建良好的分类器。

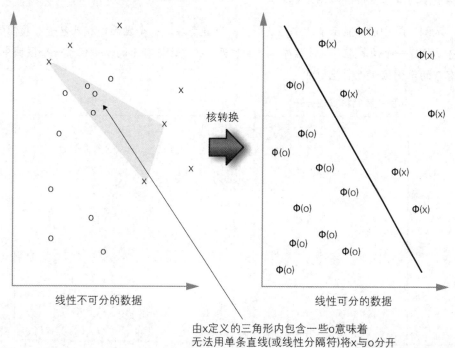

图 10.18　核转换的概念示意图(基于 Cristianini 和 Shawe-Taylor 的文章，2000 年)

有多种方法能够处理这些问题

至此，我们已经了解了一些高级方法，它们给我们提供了处理复杂问题的各种办法。例如：随机森林、boosting 和 SVM 都可以通过引入变量的交互项来解决问题。如果总是能找到一个明显的、最佳的解决方案，那自然最好不过了。然而，实际中这些方法中的每一种都是针对不同问题给出的解决方案。因此，没有一种单一的最佳解决方法。

我们的建议是先尝试使用诸如线性回归和逻辑回归等简单方法，然后引入并尝试高级方法，例如 GAM(处理单变量重塑)、基于决策树的方法(处理多变量的交互项)和 SVM(处理多变量重塑)来解决建模问题。

10.3.1　使用 SVM 解决问题

让我们从 R 语言的 kernlab 库文档改写示例开始。我们知道将两个螺旋形分开是个著名的"无解"问题，线性方法无法解决(尽管它可以通过谱聚类、核方法、SVM 和深度学习或深度神经网络来解决)。

示例　图 10.19 显示了两个螺旋形，一个嵌套在另一个里面，相互包含。我们的任务是构建一个决策程序，该程序从平面切开，以便让标有 1 的示例位于一个区域中，标有 2 的示例位于互补区域中[1]。

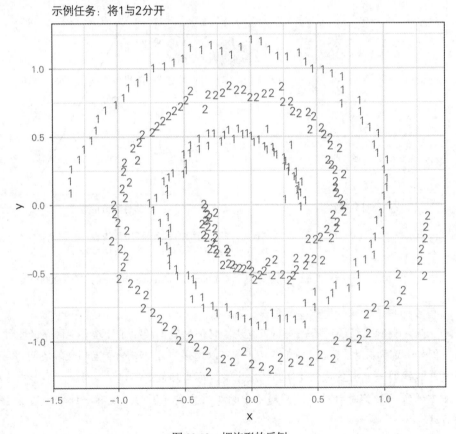

图 10.19　螺旋形的反例

1　参见 K. J. Lang 和 M. J. Witbrock, *Learning to tell two spirals apart* in Proceedings of the 1988 Connectionist Models Summer School, D. Touretzky, G. Hinton 和 T. Sejnowski (eds), Morgan Kaufmann, 1988 (pp. 52–59)。

支持向量机擅长学习这种"距离相近的点应该被分到相同的类中"形式的概念。如果要使用 SVM 技术，用户必须选择一个核(以控制"远"或"近")，然后给被命名为 C 或 nu 的超参数选择一个值(以尝试控制模型的复杂度)。

螺旋形示例

代码清单 10.22 显示了如何对图 10.19 所示的两个螺旋形进行复原和打标签。我们将使用带标签的数据执行示例任务：给定带标签的数据，通过监督式机器学习将区域 1 和区域 2 进行复原。

代码清单 10.22　将螺旋形的数据作为分类问题

```
library('kernlab')                              加载 kernlab 核和 SVM 程序包，并要
data(spirals)                                   求其内置的示例螺旋形是可用的
sc <- specc(spirals, centers = 2)
s <- data.frame(x = spirals[, 1], y = spirals[, 2],      使用 kernlab 的谱聚
    class = as.factor(sc))                               类程序来识别出示
                                                         例数据集中的两个
library('ggplot2')                                       不同的螺旋形
ggplot(data = s) +
                geom_text(aes(x = x, y = y,      将螺旋形坐标和螺
                label = class, color = class)) +  旋形标签合并到一
scale_color_manual(values = c("#d95f02", "#1b9e77")) +  个数据框中
coord_fixed() +
theme_bw() +
theme(legend.position = 'none') +
ggtitle("example task: separate the 1s from the 2s")
```

使用类标签绘制螺旋形

图 10.19 展示了带标签的螺旋形数据集。两类(用数字表示的)数据排列成两个相互交织的螺旋形。这个数据集对于没有足够丰富的概念空间(感知机，浅层神经网络)的学习机来说是困难的，而对于能够引入恰当的新特征的富有经验的学习机来说是简单的。所以，拥有恰当核的支持向量机，不失为一种引入新的复合特征来解决问题的方法。

具有超简单核的支持向量机

支持向量机功能强大，但是如果没有正确的核，它们对于一些概念的处理就变得困难(例如螺旋形的例子)。代码清单 10.23 显示了一个学习螺旋形概念而失败的示例，

它尝试利用恒等核(identity kernel)或者点积(dot-product,线性)核的 SVM 来学习。线性核不会对数据进行转换,它可以用在某些应用程序中,但在这种情况下,它不能为我们提供所需要的数据分离属性。

代码清单 10.23　使用较差核的支持向量机

在点网格上调用模型以生成背景阴影,从而显示出已学习的概念

准备尝试使用 SVM 从坐标中学习螺旋类标签

```
set.seed(2335246L)
s$group <- sample.int(100, size = dim(s)[[1]], replace = TRUE)
sTrain <- subset(s, group > 10)
sTest <- subset(s,group <= 10)
```

使用 vanilladot 核(它不是一个很好的核)构造支持向量模型

```
library('e1071')
mSVMV <- svm(class ~ x + y, data = sTrain, kernel = 'linear', type =
       'nu-classification')
 sTest$predSVMV <- predict(mSVMV, newdata = sTest, type = 'response')
```

在保留数据集上使用该模型来预测类

```
shading <- expand.grid(
  x = seq(-1.5, 1.5, by = 0.01),
  y = seq(-1.5, 1.5, by = 0.01))
shading$predSVMV <- predict(mSVMV, newdata = shading, type = 'response')

ggplot(mapping = aes(x = x, y = y)) +
  geom_tile(data = shading, aes(fill = predSVMV),
          show.legend = FALSE, alpha = 0.5) +
  scale_color_manual(values = c("#d95f02", "#1b9e77")) +
  scale_fill_manual(values = c("white", "#1b9e77")) +
  geom_text(data = sTest, aes(label = predSVMV),
          size = 12) +
  geom_text(data = s, aes(label = class, color = class),
          alpha = 0.7) +
  coord_fixed() +
  theme_bw() +
  theme(legend.position = 'none') +
  ggtitle("linear kernel")
```

在所有数据的灰色副本的最上端绘制预测图,以便我们观察预测结果是否与原来的初始标签一致

这种尝试结果如图 10.20 所示。图中的小字体表示数据总集，大字体表示在测试数据集上的 SVM 分类结果。图中的阴影显示了已学习的概念。SVM 使用恒等核并没有生成一个好的模型，因为它不得不选择一个线性分隔符。在下一节中，我们将利用高斯径向核(Gaussian radial kernel)重复该过程，以得到一个较好的结果。

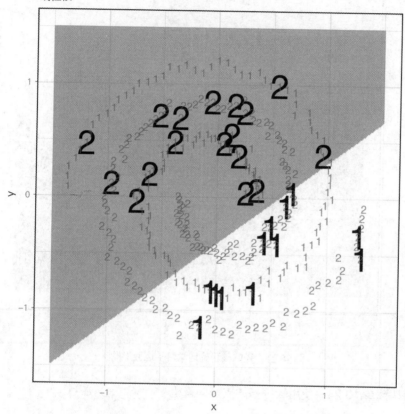

图 10.20　恒等核未能学习出螺旋形概念

使用较好核的支持向量机

在代码清单 10.24 中，我们重复执行 SVM 的拟合过程，但是这次使用高斯或径向核。图 10.21 再次用黑色绘制出 SVM 的测试分类结果(数据总集用较小的字体表示)。请注意，这次算法正确地学习了实际的螺旋形概念，如阴影部分所示。

径向核/高斯核

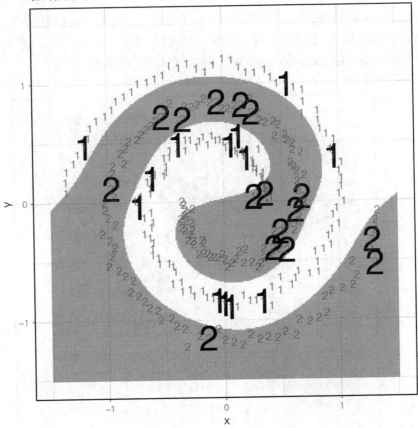

图 10.21 径向核正确地学习了螺旋形概念

代码清单 10.24 使用较好核的支持向量机

```
mSVMG <- svm(class ~ x + y, data = sTrain, kernel = 'radial', type =
        'nu-classification')
sTest$predSVMG <- predict(mSVMG, newdata = sTest, type = 'response')

shading <- expand.grid(
    x = seq(-1.5, 1.5, by = 0.01),
    y = seq(-1.5, 1.5, by = 0.01))
shading$predSVMG <- predict(mSVMG, newdata = shading, type = 'response')

ggplot(mapping = aes(x = x, y = y)) +
    geom_tile(data = shading, aes(fill = predSVMG),
              show.legend = FALSE, alpha = 0.5) +
```

这次使用了"径向"核
或高斯核,它是一个很
好的几何距离度量

```
scale_color_manual(values = c("#d95f02", "#1b9e77")) +
scale_fill_manual(values = c("white", "#1b9e77")) +
geom_text(data = sTest, aes(label = predSVMG),
          size = 12) +
geom_text(data = s,aes(label = class, color = class),
          alpha = 0.7) +
coord_fixed() +
theme_bw() +
theme(legend.position = 'none') +
ggtitle("radial/Gaussian kernel")
```

练习：尝试使用 xgboost 解决螺旋形问题。

如前所述，在某类问题上，有些方法要比你使用的其他方法更有效。你可以尝试使用 xgboost 程序包来解决螺旋形问题，这样你就会发现 xgboost 生成的结果到底是比 SVM 生成的结果更好还是更差(此示例的可运行版本位于 https://github.com/WinVector/PDSwR2/tree/master/Spirals)。

10.3.2　理解 SVM

SVM(支持向量机)通常被描绘为一个使分类变得更容易的神奇机器[1]。为了消除大家的敬畏心理并能自信地使用支持向量方法，我们需要花一些时间来学习其原理和工作机制。直觉告诉我们：具有径向核的 SVM 是很好的近邻型分类器。

如图 10.22 所示，在"实际的空间"(左侧部分)，数据是由一个非线性边界分隔的。当数据被移动到高维的核空间(右侧部分)时，那些被移动的点被一个超平面分开。我们通常称其为超平面 w 和原点 b 的偏移量(图中未显示出来)。

SVM 支持向量机首先要找到一个线性决策函数(由参数 w 和 b 决定)，例如对于一个给定的示例 x，向量机根据下列条件判定 x 是否属于这个类：

```
w %*% phi(x) + b >= 0
```

对于某些 w 和 b，向量机则判定 x 不属于此类。该模型完全由函数 phi()、向量 w 和标量偏移量 b 决定。该模型的核心思想是函数 phi()将数据移动到或重新构建到一个更好的空间(在这个空间中，事物是线性可分隔的)，然后支持向量机在这个新空间中找到一个线性边界，将两个数据类分开(用 w 和 b 表示)。移动空间中这条线性边界能够被拉回用作原始空间中的常规曲线边界。其原理示意如图 10.22 所示。

---

[1]　支持向量机(SVM)也可以用于回归，但这里暂不介绍。

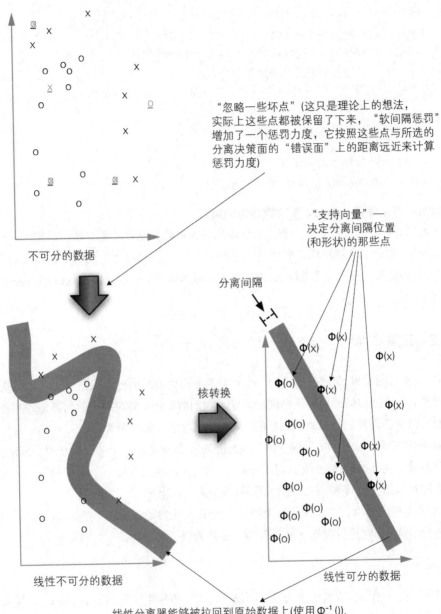

"忽略一些坏点"(这只是理论上的想法，
实际上这些点都被保留了下来，"软间隔惩罚"
增加了一个惩罚力度，它按照这些点与所选的
分离决策面的"错误面"上的距离远近来计算
惩罚力度)

"支持向量" ——
决定分离间隔位置
(和形状)的那些点

不可分的数据

分离间隔

核转换

线性不可分的数据

线性可分的数据

线性分离器能够被拉回到原始数据上(使用 $\Phi^{-1}()$)，
来在原始数据上给出一个决策曲面

图 10.22   支持向量机的概念示意图

支持向量机通过训练来找到 w 和 b。其实，支持向量机包含很多变量，能够对两个以上的类做出决策，同时执行评分/回归，并检测其异常。下面我们只讨论简单分类的支持向量机。

作为支持向量机(SVM)的一个用户，你不需要了解它的训练过程的工作原理；软件会自动地为你做这些工作。但是你需要对支持向量机将要为你做什么有一定了解。它为模型选择理想的 w 和 b，使得满足：

```
w %*% phi(x) + b >= u
```

的所有训练数据 x 在一个类中。并使得满足：

```
w %*% phi(x) + b <= v
```

的所有的训练示例不在一个类中。

如果 u>v，则数据称为可分离的。其分离的大小为(u-v)/ sqrt(w%*%w)，被称为间隔。支持向量机优化的目标就是使间隔最大化。一个较大的间隔实际上能够确保在未来的数据上有较好的表现(良好的普适性能)。实际上，即使是有核存在，真实的数据也并不总是可分的。为了解决这一问题，大多数的支持向量机都实现了所谓的软间隔的优化目标。

软间隔优化器增加了额外的误差项，这些误差项允许一定量的训练示例分类错误[1]。这种模型实际上并不能在变换了的训练示例上有很好的效果，但是这些示例上的误差却换来了剩余的训练示例上的间隔的增加。对于大多数的模型实现，模型超参数 C 或 nu 决定了剩余数据的间隔宽度和为了获得该间隔要损失多少数据，这之间有一个取舍。我们将使用 nu 超参数。nu 的设置范围是在 0 和 1 之间；nu 值越小，允许的训练错误分类越少，同时支持的模型越复杂(即更多的支持向量机)[2]。在我们的示例中，将使用函数的默认值：0.5。

10.3.3　理解核函数

支持向量机将挑选出哪些数据是不重要的(可以忽略)，哪些数据是非常重要的(用作支持向量)。但是，为了使数据能够分离，实际上要用到所谓的核方法或核函数。

图 10.22 说明了[3]一个好的核要能移动数据以使数据更容易排序或分类。通过执行核转换，转换后的数据能线性分离，而我们想要找出的差异即可呈现出来。

为了更好地理解支持向量机，我们带领 SVM 和核方法的用户快速浏览一下应熟知的数学知识和常见术语。

1　在任何核下都不可分的常见数据集类型是这样的一种数据集，其中，至少有两个属于不同结果类的示例，对于所有输入变量或 x 变量具有完全相同的值。原始的"硬间隔"支持向量机无法处理这类数据，并且由于这个原因，这种支持向量机被认为是不切实际的。

2　有关支持向量机的更多详细信息，我们推荐 Cristianini 和 Shawe-Taylor 的 *An Introduction to Support Vector Machines and Other Kernel-based Learning Methods* 一书，Cambridge University Press, 2000。

3　Cristianini 和 Shawe-Taylor 的 *An Introduction to Support Vector Machines and Other Kernel-based Learning Methods*。

首先是核函数的概念，该函数执行 phi() 来实现空间的重构。

核函数的正式定义

在我们的应用程序中，核是一个具有特殊定义的函数。假设 u 和 v 代表任意一对变量。通常 u 和 v 是输入变量向量或独立变量向量(可能是来源于数据集的两行)。把变量对(u,v)映射为数值的这个函数 k(,)即为核函数(kernel function)，当且仅当对于所有的 u、v，存在函数 phi ()，能够将变量对(u, v)映射为一个向量空间，使得 k(u,v) = phi(u) %*% phi(v)[1]。我们通俗地把表达式 k(u,v) = phi(u) %*% phi(v) 称为核的 Mercer 扩展(参见 Mercer 定理，http://mng.bz/xFD2)，而函数 phi()可被认为是一种凭证，它告诉我们 k(,)是一个好的核函数。在具体的示例中你能更容易理解核函数。在代码清单 10.25 中，我们显示了具有相同功能的 phi()/k(,)函数对。

代码清单 10.25　一个人工的核函数示例

```
u <- c(1, 2)
v <- c(3, 4)
k <- function(u, v) {          ◄──  定义一个带有两个向量
    u[1] * v[1] +                    变量(都是二维的)的函
      u[2] * v[2] +                  数为项的各种乘积的和
      u[1] * u[1] * v[1] * v[1] +
      u[2] * u[2] * v[2] * v[2] +
      u[1] * u[2] * v[1] * v[2]
  }
phi <- function(x) {            ◄──  定义一个只有一个向量变量的函数，
    x <- as.numeric(x)               这个函数返回一个包含原始项，再加
    c(x, x*x, combn(x, 2, FUN = prod))   上所有的项的乘积构成的向量
  }
print(k(u, v))    ◄────── 计算 k(,)函数的例子
 ## [1] 108
print(phi(u))
## [1] 1 2 1 4 2
print(phi(v))                        确认 phi()和 k(,)保持一致,phi()
## [1] 3 4 9 16 12                   是表明 k(,)是核函数的凭证
print(as.numeric(phi(u) %*% phi(v)))  ◄
 ## [1] 108
```

---

1 %*%是点积或内积的 R 表示法；有关详细信息，请参阅 help('%*%')。注意，phi()支持映射到非常大的(甚至无限的)向量空间。

大多数的核方法都直接使用函数 k(,)，并且只使用 k(,) 的特性以保证核方法的正确性，k(,) 的特性是由与之匹配的 phi() 来保证的。函数 k(,) 的计算通常比抽象函数 phi() 的计算要快。一个简单的例子就是文档的点积相似性(dot-product similarity)。文档的点积相似性被定义为两个向量的点积，其中每个向量都来自一个构建了大量指标向量(vector of indicators) 的文档，每个指标对应于文档中一个可能的特征。例如，如果你正在考虑的特征是单词对，那么对于给定词典中的每一单词对，如果这个单词对以连续的方式出现在文档里，那么文档就会获得一个值为 1 的特征，否则该特征的值为 0。这种方法就是 phi ()，但是在实践中我们从来不会使用 phi() 函数。作为替代方法，当比较两个文档时，如果一个单词对既出现在词典中，又连续地出现在其他文档中，那么对于一个文档来说，这个连续的单词对就生成了，并且会增加一些分数。对于中等大小的文档和大型词典来说，直接调用 k(,) 比调用 phi() 高效得多。

支持向量

支持向量机的名称源自向量 w 通常的表示方式：作为训练示例(支持向量)的一个线性组合。回顾一下 10.3.3 节所说，原则上允许函数 phi() 映射到非常大甚至无限的向量空间。这意味着支持向量机可能无法直接写出 w。

支持向量机通过限制 w 的数量来解决"无法写出 w"的问题，在理论上就是将 w 限制在 phi() 各项求和之内，如下所示：

```
w = sum(a1 * phi(s1), ... , am * phi(sm))
```

向量 s1，…，sm 实际上是 m 个训练示例，我们称之为支持向量。借助于上面的公式，这样的求和(利用一些数学推导)等于下列公式显示的 k(,x) 核各项的总和：

```
w %*% phi(x) + b = sum(a1 * k(s1, x),... , am * k(sm, x)) + b
```

等式右边是我们可以计算的量。

SVM 训练算法的工作是挑选向量 s1，…，sm，标量 a1，…，am 和偏移量 b。我们将其称为"核技巧"。

关于支持向量模型要记住的内容

支持向量模型包括以下内容：

- 一个重构空间的核函数 phi()(由用户选择)
- 一个训练数据示例的子集，我们称为支持向量(由 SVM 算法选择)
- 一组标量 a1,…,am,用来说明支持向量的线性组合所定义的分割平面(由 SVM 算法选择)

- 我们用于比较的一个标量阈值 b(由 SVM 算法选择)

数据科学家必须了解支持向量，原因在于支持向量是存储在支持向量模型中。例如，当一个模型过于复杂，就可能会有非常多的支持向量，从而导致模型庞大且评估成本很高。在最坏的情况下，模型中支持向量的数量几乎可以和训练示例的数量一样多，使得支持向量模型的评估可能与最近邻评估一样昂贵，并且增加了过拟合的风险。用户可以通过交叉验证来挑选一个正确的 C 值或 nu 值，从而挑选出合理的支持向量数量。

练习：在螺旋形问题上尝试使用不同的 nu 值。

nu 是支持向量机(SVM)的重要超参数。理想情况下，我们应该对 nu 的正确取值进行交叉验证。但有时我们并不需要对 nu 的所有取值进行交叉验证，仅尝试部分 nu 值也可以得到想要的结果(我们在这里有一个可行的解决方案供参考：https://github.com/WinVector/PDSwR2/tree/master/Spirals)。

10.3.4 支持向量机和核方法要点

以下是本节中应该记住的两个要点：
- 支持向量机是一种基于核的分类方法，它根据训练示例的子集(可能非常大)对复杂的分割平面进行参数化(称为支持向量)。
- "核技巧"的目标是将数据移动到一个数据可分离的空间，或者是可以直接使用线性方法的空间。支持向量机和核方法最有效的使用场景是：当需要解决的问题具有适中的变量数量，并且数据科学家猜测用来构建模型的变量之间是一种非线性的组合关系。

10.4 小结

本章中，我们演示了一些使用基本建模方法来解决特定问题的高级方法：建模方差、建模误差、非线性问题和变量交互问题。还有一种重要方法是深度学习，即先进的现代神经网络处理方法。建议有时间的读者阅读这本有关深度学习的好书：*Deep Learning with R*，由 François Chollet 和 J. J. Allaire 编著(Manning, 2018)。

要知道，引入高级方法和技术来解决特定的建模问题，并不是因为它们拥有独特的名字或者令人兴奋的历史。此外，建议你在构建自己的自定义技术之前，至少应努力尝试用现有的技术来解决你所猜想的隐藏在数据中的问题；因为现有的技术常常已经结合了很多的调优和智慧。使用哪种方法最好是取决于数据，并且你可以尝试多种高级方法。高级方法可以帮助解决过拟合、变量交互、非加性关系和不平衡分布等问题，但不解决特征缺少或数据缺失的问题。

总之，学习高级技术理论的目的不是能够复述通用的实施步骤，而是要知道应用这些技术的时机以及它们所代表的取舍。数据科学家需要提供想法和判断，并认识到该平台可以提供实现。

在本章中，你已学习了

- 如何打包决策树以稳定其模型并提高预测性能。
- 如何通过使用随机森林模型或梯度增强模型来进一步改善基于决策树的模型。
- 如何使用随机森林的变量重要性来帮助选择变量。
- 如何在线性模型和逻辑回归模型的场景下，使用广义相加模型更好地在输入和输出之间构建非线性关系模型。
- 如何利用具有高斯核的支持向量机，对具有复杂的决策平面的分类任务、特别是最近邻型的分类任务进行建模。

一个建模项目的实际目的是交付结果以便在生产中加以部署，同时给你的合作伙伴提供有用的文档和评估。本书的下一部分将对交付结果的最佳实践进行讨论。

第 III 部分

结 果 交 付

在第 II 部分，我们讨论了如何建立一个模型来处理我们想要解决的问题。下面的步骤是实现你的解决方案，并将你的结果与其他的利益相关方进行交流。在第 III 部分，我们将介绍实际生产中的部署执行、文档编制工作和构建高效的演示文稿这些重要的步骤。

第 11 章主要讨论文档编制对于向他人分享和移交工作的必要性，尤其是对那些在实际操作环境中要部署你的模型的用户。其内容包括高效的代码注释、合适的版本管理以及与版本控制软件 Git 的协作。我们也将讨论使用 knitr 工具包进行可重用研究 (reproducible research) 的实践。第 11 章还讨论如何从 R 系统导出你所建立的模型，或者如何以 HTTP 服务的方式部署它们。

第 12 章讨论如何向不同的受众展现你的项目结果。一般来说，项目出资方、项目使用方 (组织中将使用模型或解释模型结果的人) 以及数据科学家同行们都会有不同的视角和兴趣点。我们将给出一些示例，说明如何面向特定受众的需要和兴趣来制作你的演示文稿。

学习完第 III 部分后，你将理解如何编制项目文档和移交项目结果，以及如何有效地跟其他利益相关方交流你的发现。

第*11*章

文档编制和部署

本章内容:
- 编制有效的里程碑文档
- 使用资源控制技术管理项目历史
- 部署结果和进行演示

　　本章中,我们将讨论文档编制和部署结果的相关技术。我们将通过特定的场景来讨论问题,如果你想掌握所讨论的技术,我们会指引你找到深入研究的资源。当你构建了机器学习模型后,应该去探索一些工具和过程,以便熟练地完成保存、分享和重复你的成功经验。本章的思维模型导图如图 11.1 所示,重点介绍关于共享建模的内容。表 11.1 列举了一些更具体的目标。

　　除了说明如何去实现工作的共享,包括共享你未来的工作,我们还将讨论如何使用 R markdown 来创建实际项目的里程碑文档,以及如何自动地复制图表和相关的其他结果。你将了解如何在代码中使用有效的注释,以及如何使用 Git 进行版本管理和协作。我们还将讨论如何将模型部署为 HTTP 服务和应用程序。

　　对于一些示例,我们将使用 Rstudio 开发工具,它是 RStudio, Inc.(并不属于 R/CRAN 的一部分)的集成开发环境(integrated development environment,IDE)。当然,本章所展示的这些内容也可以不用 Rstudio 来完成,但是 RStudio 提供了一个基本的编辑器以及一键式按钮来替代一些脚本任务。

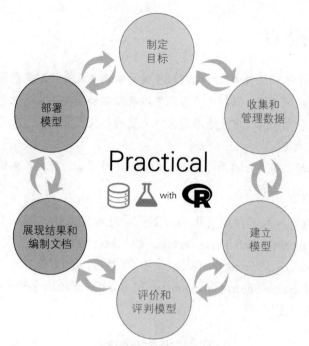

图 11.1　思维模型导图

表 11.1　本章目标

目　标	描　述
产生有效的里程碑文档	里程碑文档是关于项目目标、数据来源、阶段设置和技术成果(数字和图形)的一份可读性概要。里程碑文档编制通常是提供给合作者和同行阅读的，因此它应该简明，并且通常会包含使用的代码。我们将演示一个非常好的、用来产生完美的里程碑文档编制的工具：R knitr 包和 rmarkdown 包，我们通常称其为 R markdown。R markdown 是"可重复研究"运动的产物(参见 Christopher Gandrud 的 *Reproducible Research with Rand Rstudio,Second Edition*, Chapman and Hall, 2015)，也是一个产生可靠快照的极好方法，不仅可以显示项目状态，还可以让其他人来确认项目工作
管理一个完整的项目历史	如果你不能获得去年二月份的代码及数据的副本，而只是拥有那段时间内项目工作的详尽的里程碑或检查点文档，那么它就没有什么太大的意义了。这就是为什么我们需要良好的版本控制方法来保护代码，以及良好的数据规范来保存数据
部署演示系统	真正的生产部署最好由经验丰富的工程师来完成。这些工程师熟悉他们将要部署的工具和环境。启动生产部署的一个很好的方法就是先有一个应用程序的参考部署，利用这个参考部署，工程师可以对你的工作进行实验、测试边缘案例和建立验收测试

11.1　预测热点

示例　在这个示例场景中，我们将根据该文章在头几天的浏览量等指标来预测一篇文章的长期受欢迎程度。这对于广告销售以及预测和管理收入是很重要的。具体来说就是：我们将收集一篇文章发表后的前八天里的相应度量数据，来预测该文章是否会在长期内仍受欢迎。

本章中我们的任务是保存和分享 Buzz 模型、对模型进行文档编辑、测试模型以及将模型部署到生产环境中。

对于示例场景，为了预测文章的长期受欢迎程度或热点(buzz)，我们将使用来自网站 http://ama.liglab.fr/datasets/buzz/ 的 Buzz 数据集。我们将对文件 TomsHardware-Relative-Sigma-500.data.txt.[1] 中的数据进行处理。其原始文档 (TomsHardware-Relative-Sigma-500.names.txt 和 BuzzDataSetDoc.pdf)表明 Buzz 是结构化的数据，如表 11.2 所示。

表 11.2　Buzz 数据描述

属　性	描　述
行(Rows)	每一行表示针对话题流行度的不同度量
话题(Topics)	话题包括有关个人计算机的各种专业问题，如品牌名称、内存、超频等
度量类型 (Measurement types)	对于每一个话题，度量的类型是数量，例如发起讨论的人数、帖子的数量、作者的数量、读者的数量，等等。每一次度量都在 8 个不同时间段进行
时间(Times)	将 8 个相关的时间段命名为从 0 到7的数字，度量单位可能是天数(原始的变量文档中没有非常清楚地说明，而且也没有相关的论文发表)。对于每一个度量类型，所有 8 个相关时间段上的值都存储在相同数据行的不同列上
热点(Buzz)	被预测的量称为热点，如果在观察天数之后的数天内，额外讨论活动的持续率为平均每天至少 500 个事件，那么预测值被定义为 true 或者 1。很有可能 Buzz 是 7 个变量的未来平均值，标记为 NAC(在原始的文档编制中，它的定义并不清楚)

在最初的 Buzz 文档中，列出了我们已知的情况(以及我们不确定的情况)。对于这个已有的 Buzz 文档，无须指出其中存在的问题。它同你在其他项目开始时所看到的一样，存在即合理。而在一个实际项目中，通过讨论和循序渐进的工作，即可澄清和

1　本章中提及的所有文件都可以从网站 https://github.com/WinVector/PDSwR2/tree/master/ Buzz 获得。

改进文档中不清楚的问题。这就是为什么在实际项目中，保持与项目出资方和合作伙伴沟通如此重要的原因。

在本章中，我们将原封不动地使用已有的 Buzz 数据集，重点演示在进行文档编制、部署和演示文稿时所使用的工具和技术。在实际项目中，建议你在开始进行文档编制时，首先生成表 11.2 中所示的注解，而且要将会议纪要合并到记录实际项目目标的文档中。因为仅是为了演示，所以我们侧重于介绍文档编制的技术方面：演示数据来源和给出一个初步的简单分析，以证明我们已经掌控了这些数据。有关示例的初始 Buzz 分析可访问 https://github.com/WinVector/PDSwR2/blob/master/Buzz/buzzm.md。下一节中，我们将使用生成这些文档的工具和步骤进行工作，在此之前，建议你先浏览一下 Buzz 分析示例。

11.2　使用 R markdown 生成里程碑文档

首先要知道，你需要为之准备文档的第一批读者是你自己和同事。在发生诸如重要错误修正、文稿演示或属性改进等紧急情况下，有可能需要你在几个月之后重新返工。对于提供给自己/同事的文档，需要关注的事实有：既定的目标是什么？数据的来源在哪儿？使用的技术是什么？只要你使用标准术语或参考文献，那么就可以假定读者能够据此找出其他任何相关内容。你需要强调那些意外情况或异常问题，它们正是需要你付出昂贵的代价去再学习的内容。虽然你不能指望和客户分享这类文档，但你可以把它作为基础，然后创建内容更加丰富的文档和演示文稿。

我们推荐的第一类文档是项目里程碑或检查点文档。在项目的重要阶段，你应该抽出一些时间在一个干净的环境中去重复你的工作(假定你知道中间文件的内容，并且你能够在实际中重建它们)。一个重要且常常被忽略的里程碑文档正是项目的开始。在这一节，我们将从 Buzz 数据开始，使用 R 的 knitr 和 rmarkdown 程序包去编写文档。

文档编制场景：共享 Buzz 模型的 ROC 曲线

我们的首要任务是构建一个包含示例模型的 ROC 曲线的文档。如果我们要更改模型或评估数据，我们希望能够自动重建该文档，因此我们将使用 R markdown 来生成该文档。

11.2.1　R markdown 是什么

R markdown 是 Markdown 文档规范[1]的变体，它允许在文档中包含 R 代码及其生

1　Markdown 本身是一种流行的文档格式系统，它仿照人们对电子邮件进行批注的做法，详见 https://en.wikipedia.org/wiki/Markdown。

成的结果。将代码和文本一同处理，这在概念上类似于 R Sweave 程序包[1]和 Knuth 的文字编程[2]。在实践中，你需要去维护一个主文件，它既包含用户可读的文档又包含程序源代码块。R markdown 支持的文档类型包括 Markdown、HTML、LaTeX 和 Word。LaTeX 格式适合用来编写详细的、排版类的技术文档。Markdown 格式适合用来编写在线文档和维基百科(wiki)。

　　执行文档创建任务的引擎被称为 knitr。knitr 的主要操作被称为 knit：knitr 抽取并执行所有的 R 代码，然后创建一个新的结果文档，该结果文档将原始文档的内容与打印精美的代码和结果组合在一起。图 11.2 显示了 knitr 如何将文档拆分为许多片段(称为块)，并将这些块转换为可共享的结果。

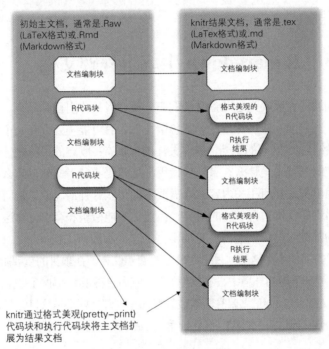

图 11.2　R markdown 过程示意图

这个过程可以用几个例子来很好地演示。

一个简单的 R Markdown 示例

　　Markdown (http://daringfireball.net/projects/markdown/)是一个简单的 Web 格式，用在很多维基百科上。下面的代码清单 11.1 显示了一个简单的带有 R markdown 标注块的 Markdown 文档，其中标注块用```进行标识。

1　参见 http://leisch.userweb.mwn.de/Sweave/。
2　参见 http://www.literateprogramming.com/knuthweb.pdf。

代码清单 11.1　R 标注的 Markdown

指定一些元数据的 YAML（另一种标记语言）头：
标题和默认输出格式

一个 R Markdown 的"开始代码块"注释。"include=FALSE"指令表示该块不显示出来

```
---
title: "Buzz scoring example"
output: github_document
---
```{r, include = FALSE}
# process document with knitr or rmarkdown.
# knitr::knit("Buzz_score_example.Rmd") # creates
Buzz_score_example.md
# rmarkdown::render("Buzz_score_example.Rmd",
#         rmarkdown::html_document()) # creates Buzz_score_example.html
```
```

R markdown 块的结尾；起始标记和结束标记之间的所有内容都被视为 R 代码并被执行

```
Example scoring (making predictions with) the Buzz data set.
```

自由 markdown 文本

```
First attach the `randomForest` package and load the model and test data.

```{r}
suppressPackageStartupMessages(library("randomForest"))

lst <- readRDS("thRS500.RDS")
varslist <- lst$varslist
fmodel <- lst$fmodel
buzztest <- lst$buzztest
rm(list = "lst")
```
```

另一个 R 代码块。在这种情况下，我们正在加载一个已经生成的随机森林模型和测试数据

```
Now show the quality of our model on held-out test data.
```

更多的免费测试

```
```{r}
```

另一个 R 代码块

```
buzztest$prediction <-
    predict(fmodel, newdata = buzztest, type = "prob")[, 2, drop = TRUE]

WVPlots::ROCPlot(buzztest, "prediction",
                "buzz", 1,
                "ROC curve estimating quality of model predictions on
    heldout data")
```
```

　　代码清单 11.1 中的内容可从 https://github.com/WinVector/PDSwR2/blob/master/Buzz/
Buzz_score_example.Rmd 获得。在 R 中，我们用下面的命令进行处理：

```
rmarkdown :: render("Buzz_score_example.Rmd", rmarkdown::html_document())
```

　　于是它产生了新的文件 Buzz_score_example.html，该文件是 HTML 格式的一个结果报告。将该功能添加到你的工作流中(使用 Sweave 或者 knitr/rmarkdown)将改变游戏规则。

R Markdown 的用途

　　R Markdown 的用途是产生可复现的工作。因为使用相同的数据和技术时，该过程应是可重复运行的，并能够获得相同的结果，而不需要容易出错的人工操作(如选择电子表格范围或复制和粘贴)。当使用 R Markdown 格式发布你的工作时(就像 11.2.3 节中所做的那样)，应确保任何人都能够下载该工作，并且不费吹灰之力就可以重新运行它，而且得到和你相同的结果。这是科学研究的理想标准，然而现实中却很少能够达到，因为科学家往往不会分享他们全部的代码、数据和实际处理过程。由于 knitr 收集并自动执行所有的步骤，所以如果有所缺失，或者实际运行情况与声明的不一样，显然就不能达到理想的标准。虽然 knitr 的自动化功能看似只是提供某种便利，但是它可以使表 11.3 中所列的基础工作变得更加容易(因此更可能被实际使用)。

表 11.3　使用 R Markdown 让维护任务更加容易

任　务	讨　论
保持代码和文档编制同步	使用代码的唯一副本(已经存在于文档编制中)，可以很容易保持同步
保持结果和数据同步	减除所有的手动步骤(如剪切和复制结果、选择文件名以及插入图表等)，让你更有可能正确地重新运行和重新检查工作
正确工作的移交	如果为操作步骤建立了次序，就可以让机器自动地运行它们，那么就可以更容易地重新运行和确认这些步骤。而且，用一个容器(主文档)去容纳所有的工作任务可以更容易管理它们之间的相互依赖关系

11.2.2　knitr 技术详解

　　为了在一个实际项目中使用 knitr，你需要了解更多有关 knitr 代码块如何工作的知识。尤其是要清楚如何标记代码块，以及需要操作哪些常用的块选项。图 11.3 给出了准备一个 R markdown 文档的步骤。

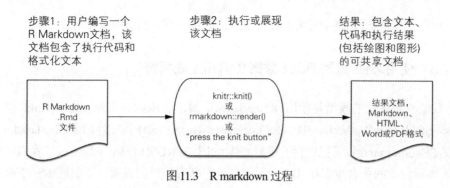

步骤1：用户编写一个 R Markdown文档，该文档包含了执行代码和格式化文本

步骤2：执行或展现该文档

结果：包含文本、代码和执行结果(包括绘图和图形)的可共享文档

R Markdown .Rmd 文件

knitr::knit()
或
rmarkdown::render()
或
"press the knit button"

结果文档，Markdown、HTML、Word或PDF格式

图 11.3　R markdown 过程

knitr 块声明格式

通常，knitr 代码块以块声明开头(Markdown 中用```标识声明，LaTeX 中用<<)。第一个字符串是块名称(在整个项目中必须是唯一的)。在它之后，允许用多个 option=value 块选项(以逗号分隔)进行设置。

knitr 块选项

表 11.4 中列出了一些有用的选项设置。

表 11.4　一些有用的 knitr 选项

选项名	用　途
cache	该选项控制结果是否被缓存。若 Cache= FALSE(默认值)，总是执行该代码块。若 Cache=TRUE，如果可以从前面的运行中获得有效的缓存结果，那么就不执行该代码块。当你校正 knitr 文档时，缓存块是必不可少的，但应始终将缓存目录(它位于你的 knitr 所在目录的子目录下)删除。然后重新运行，以确保计算所使用的正是你在文档中指定的数据和设置的当前版本
echo	该选项控制是否将源代码复制到文档中：若 echo= TRUE(默认值)，则将格式美观的代码添加到文档中。若 echo=FALSE，则不显示代码(当只需要显示结果时，该选项才是有用的)
eval	该选项控制是否评估代码。若 eval= TRUE(默认值)，则执行代码。若 eval=FALSE, 则不执行代码(它用于显示指令)
message	若 message=FALSE,则直接将 R 的 message()命令发送到控制台去运行 R，而不是发送到文档中。该选项可用于向用户发布进度消息，一般不出现在最终的文档中
results	该选项控制如何去处理 R 输出。通常不设置该选项，这样 R 输出(用 "##" 进行注解)会和代码混在一起。一个有用的选项是 results='hide',它用来阻止 R 输出
tidy	该选项控制在打印源代码之前是否重新格式化。当我们要重新格式化时，knitr 当前版本对 R 注释的误操作往往会破坏代码，因此总是将该选项设置为 tidy=FALSE

我们会在 Buzz 示例中对大多数选项进行演示，下一部分中将介绍。

11.2.3　使用 knitr 编写 Buzz 数据文档和生成模型

我们刚刚评估的模型是使用 R markdown 脚本生成的：文件 buzzm.Rmd 位于 https://github.com/WinVector/PDSwR2/tree/master/Buzz。编译该文件后生成 Markdown 结果文档 buzzm.md 以及已保存的模型文件 thRS500.RDS(该模型文件生成了我们的示例)。本章讨论的所有步骤在 Buzz 示例目录中都有完整的说明。下面展示一些来自 buzzm.Rmd 文件的摘要。

Buzz 数据注解

对于 Buzz 数据，可以在文件 buzz.md 和 buzz.html 中找到它预先准备的注解。建议你浏览一下这些文件以及代码清单 11.2。来自 Buzz 项目的原始描述文件 (Toms-Hardware-Relative-Sigma-500.names.txt 和 BuzzDataSetDoc.pdf) 也可以在 https://github.com/WinVector/PDSwR2/tree/master/Buzz 网站上找到。

确认数据来源

由于 knitr 是自动地执行步骤，因此你可以采用一些额外的步骤来确认你正在分析的数据是否就是你原来所需的数据。例如，在我们开始 Buzz 数据分析之前，先要确认下我们工作所用的数据的 SHA 加密哈希函数与我们已经下载的是否匹配。完成这个工作(假设你的系统已经安装了 sha 加密哈希函数)的代码如代码清单 11.2 所示(注意，像 cache = TRUE 这类的块选项总是出现在代码块的第一行)。

代码清单 11.2　用 system()命令获得一个文件的哈希运算

```{r dataprep}
infile <- "TomsHardware-Relative-Sigma-500.data.txt"
paste('checked at', date())
system(paste('shasum', infile), intern = TRUE)  ◀──── 运行系统已安装
buzzdata <- read.table(infile, header = FALSE, sep = ",")
...
```

运行系统已安装的加密哈希程序(该程序不在 R 的安装镜像中)

这段代码序列的执行依赖于执行路径中名为"shasum"的程序。因此你必须首先安装一个加密哈希程序，如必要的话，你还要为这个程序提供一个直接路径。加密哈希的常用位置包括/usr/bin/shasum、/sbin/md5 和 fciv.exe，具体是哪一个取决于你实际的系统配置。

以上代码产生的输出如图 11.4 所示。其具体含义为，加载的数据所用的加密哈希

与第一次下载数据时所记录的加密哈希相同，对此我们已经编写了文档进行记录。如果你确信正在处理的数据完全等同于工作开始时的数据，那么将加快我们出错时的调试速度。注意，使用加密哈希仅仅是为了预防突发情况(例如，使用了一个文件的错误版本或发现了一个被损坏的文件)，而不是用来防御对手或外部攻击。如果是对外部控制下可能产生变更的数据进行归档，必须使用最新的加密技术。

```
infile <- "TomsHardware-Relative-Sigma-500.data.txt"
paste('checked at' ,date())

##[1]"checkedatFriNov815:01:392013"

system(paste('shasum' ,infile), intern=T) #write down file hash

##[1]"c239182c786baf678b55f559b3d0223da91e869cTomsHardware-Relative-Sigma-500.data.txt"
```

图 11.4　针对 Buzz 数据加载的 knitr 文档编制

图 11.5 是于 2019 年重新运行的同一段代码，我们确信实际上正在处理相同的数据。

```
infile <- "TomsHardware-Relative-Sigma-500.data.txt"
paste('checked at' ,date())

##[1]"checked at Thu Apr 18 09:30:23 2019"

system(paste('shasum' ,infile), intern=T) #write down file hash

##[1]"c239182c786baf678b55f559b3d0223da91e869c  TomsHardware-
Relative-Sigma-500.data.txt"
```

图 11.5　针对 2019 年 Buzz 数据加载的 knitr 文档编制：buzzm.md

记录初始分析的性能

初始里程碑可以很好地记录初始分析(无论出现任何变量都仅使用一个标准模型的分析)的结果。对于 Buzz 数据分析，我们将使用随机森林建模技术(没有显示在这里，而是显示在我们的 knitr 文档编制中)，并将该模型应用于测试数据，如代码清单 11.3 所示。

> **保存你的数据!**
> 记住：始终保存你的训练数据的一个副本。因为远程数据(来自 URL 或数据库)经常会变更或找不到。如果要重复执行你的工作，你必须要保存输入。

代码清单 11.3　计算模型性能

```{r}
rtest <- data.frame(truth = buzztest$buzz,
```

```
pred = predict(fmodel, newdata = buzztest, type = "prob")[, 2, drop = TRUE])
print(accuracyMeasures(rtest$pred, rtest$truth))
```

```
## [1] "precision= 0.832402234636871 ; recall= 0.84180790960452"
##         pred
## truth FALSE TRUE
##    0   584    30
##    1    28   149
##   model  accuracy        f1 dev.norm       AUC
## 1 model 0.9266751 0.8370787  0.42056 0.9702102
```

使用里程碑来节约时间

现在我们已经完成了部署、记录和运行 Buzz 数据的各项准备步骤，下面通过保存 R 工作空间来结束 knitr 分析。然后，我们可以从保存的工作空间开始其他的分析(例如为时变数据引入更好的变量)。在代码清单 11.4 中，我们将演示如何保存文件，以及如何再次生成文件的加密哈希(这样我们就可以确保从同名文件开始的工作实际上是基于相同的数据)。

代码清单 11.4　保存数据

Save variable names, model, and test data.

```{r}
fname <- 'thRS500.RDS'
items <- c("varslist", "fmodel", "buzztest")
saveRDS(object = list(varslist = varslist,
                      fmodel = fmodel,
                      buzztest = buzztest),
        file = fname)
message(paste('saved', fname)) # message to running R console
print(paste('saved', fname))   # print to document
```

```
## [1] "saved thRS500.RDS"
```

```{r}
paste('finished at', date())
```

```
## [1] "finished at Thu Apr 18 09:33:05 2019"
```

```
``` {r}
system(paste('shasum', fname), intern = TRUE) # write down file hash
```
```

```
## [1] "f2b3b80bc6c5a72079b39308a5758a282bcdd5bf  thRS500.RDS"
```

knitr 要点

在 knitr 示例中，我们完成了对本书中的任一数据集所做的步骤：加载数据、管理列/变量、执行初始分析、显示结果和保存工作空间。更关键的是，由于我们花费了额外的努力用 knitr 完成这项工作，因此具有以下优势：

- 格式良好的文档编制(buzzm.md)
- 可共享的执行代码(buzzm.Rmd)

这使得程序调试(通常涉及重复执行和检查早期的工作)、共享和文档编制变得更加容易和可靠。

> **关于项目组织的拓展阅读**
>
> 要了解有关 R markdown 的更多信息，我们建议参考谢逸辉(Yihui Xie)的著作 *Dynamic Documents with R and knitr*(CRC Press, 2013)。关于如何用可重复的方式组织数据项目的一些好建议，可以在 *Reproducible Research with R and RStudio, Second Edition* 一书中找到。

11.3 在运行时文档编制中使用注释和版本控制

工作中常涉及的另一个重要记录称为运行时文档编制(running documentation)。运行时文档编制没有里程碑/检查点文档编制那么正式，并且很容易以代码注释和版本控制记录的形式进行维护。无文档和无跟踪的代码会迅速积累大量的技术欠账(technical debt，详见 http://mng.bz/IaTd)，而这些技术欠账可能会在将来引起问题。

示例：假设你要对 Buzz 建模结果进行格式化，那么你需要保存此工作以供日后使用，记录已采取的步骤，并与他人共享你的工作。

这一节，我们将讨论如何生成有效的代码注释和使用 Git 来保存版本控制记录。

11.3.1 编写有效的注释

R 的注释风格简单：它以标识符 "#" (它本身没有被引用)开头到该行结束为一条

注释, R 解释器会忽略注释行。下面的代码清单 11.5 就是一个带有良好注释的 R 代码块示例。

代码清单 11.5 代码注释的一个示例

```
#' Return the pseudo logarithm, base 10.
#'
#' Return the pseudo logarithm (base 10) of x, which is close to
#' sign(x)*log10(abs(x)) for x such that abs(x) is large
#' and doesn't "blow up" near zero. Useful
#' for transforming wide-range variables that may be negative
#' (like profit/loss).
#'
#' See: \url{http://www.win-vector.com/blog/2012/03/modeling-trick-
#'       thesigned-pseudo-logarithm/}
#'
#' NB: This transform has the undesirable property of making most
#' signed distributions appear bi-modal around the origin, no matter
#' what the underlying distribution really looks like.
#' The argument x is assumed be numeric and can be a vector.
#'
#' @param x numeric vector
#' @return pseudo logarithm, base 10 of x
#'
#' @examples
#'
#' pseudoLog10(c(-5, 0, 5))
#' # should be: [1] -0.7153834 0.0000000 0.7153834
#'
#' @export
#'
pseudoLog10 <- function(x) {
  asinh(x / 2) / log(10)
}
```

当 R 包中包含此类注释(带有#'标记和@标记)时，文档管理引擎可以读取结构化信息，并用它来生成其他文档，甚至包括在线帮助。例如，当我们将前面的代码保存在一个 R 包中时：https://github.com/WinVector/PDSwR2/blob/master/PseudoLog10/R/pseudoLog10.R，我们可以使用 R 包 roxygen2 来生成在线帮助，如图 11.6 所示。

---

pseudoLog10 Return the pseudo logarithm, base 10.

Description

Return the pseudo logarithm (base 10) of x, which is close to sign(x)*log10(abs(x)) for x such that abs(x) is large and doesn't "blow up" near zero. Useful for transforming wide-range variables that may be negative (like profit/loss).

Usage

pseudoLog10(x)

Arguments

x numeric vector

Details

See: http://www.win-vector.com/blog/2012/03/modeling-trick-the-signed-pseudo-logarithm/

NB: This transform has the undesirable property of making most signed distributions appear bi- modal around the origin, no matter what the underlying distribution really looks like. The argument x is assumed be numeric and can be a vector.

Value

pseudo logarithm, base 10 of x

Examples

```
pseudoLog10(c(-5, 0, 5))
# should be: [1] -0.7153834  0.0000000  0.7153834
```

图 11.6　roxygen@生成的在线帮助

好的注释包括：函数的功能是什么、变量是哪种类型、定义域的界限、为什么你应该关心这个函数以及它的出处是什么？任何的 NB(nota bene 或 note well)或 TODO 注释都是至关重要的。在代码中，对任何不寻常的特性或者限制条件进行文档注释，远比一些常规注释要重要得多。由于 R 变量没有类型(只有它们指向的对象有类型)，所以你可以通过文档注释来表明期望的变量类型。而且，注释对于了解函数能否在列表、 数据框行、向量等类型中正常工作也至关重要。

更多程序包和文档信息，请参阅 Hadley Wickham 的 *R Packages: Organize, Test, Document, and Share Your Code* (O'Reilly, 2015)。

11.3.2　使用版本控制记录历史

版本控制既可以维护早期较为重要的工作快照，又可以产生运行时文档(例如，记录项目中由谁在什么时间做了什么工作等)。图 11.7 用卡通画方式描绘了一个现实中常见的"版本控制挽回局面"场景。

本节中，我们将解释有关 Git(http://git-scm.com)用法(用作版本控制系统)的基础知识。为了真正熟悉 Git，我们推荐一本好书：Jon Loeliger 和 Matthew McCullough 编写的 *Version Control with Git, 2nd Edition*(O'Reilly, 2012)。或者，一个更好的做法是和熟悉 Git 的人一起工作。本章中，我们假定你已知道如何在你的计算机上使用交互式 shell (在 Linux 和 OS X 上常常将 bash 用作 Shell，而在 Windows 上可以安装 Cygwin——http://www.cygwin.com)。

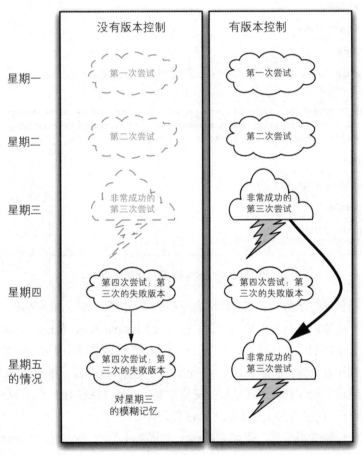

图 11.7 保存每天的版本控制

开诚布公 分享 Git 资料库就意味着分享大量有关你工作习惯的信息，同时也将展示你的错误。这远比仅仅分享最终工作或状态报告要更加暴露自己。而这也是一种美德：让一切开诚布公。一个好的数据科学家最关键的品质之一(甚至可能要排在分析技能之前)就是忠实于科学。

为了从 Git 中获得最大的收益，你需要熟悉一些命令，我们将在接下来的具体任务中进一步演示。

选择项目目录结构

在启动资源控制之前，选定和编写一个好的目录结构是非常重要的。*Reproducible Research with R and Rstudio*(*Second Edition*)一书中，对如何去实现它给出了很好的建议和指导。而对我们来说，一个很好的工作模式是用表 11.5 中描述的目录结构去启动一个新的项目。

表 11.5 一个可能的项目目录结构

目 录	描 述
数据目录	该目录用来存储初始下载的数据。由于下载文件的大小不同，这个目录通常不会包含在版本控制中(使用.gitignore 特性)，所以你一定要确保备份它。我们倾向于将每一次数据更新存储在一个以日期命名的独立子目录下
脚本目录	该目录用来存储与数据分析相关的所有代码
派生目录	该目录用来存储由数据和脚本导出的中间结果。它肯定不会包含在资源控制中。因此你需要有一个用单一命令重构该目录内容的主脚本(并且需要不断地测试该脚本)
结果目录	该目录类似于派生目录，它用来存储内容较小且较新的结果(常常由导出的中间结果产生)，以及手写的内容。它们包括了已被保存的重要模型、图表和报告。这个目录位于版本控制中，所以合作者可以看到你在什么时间发布了什么内容。任何与合作伙伴分享的报告也都将来自该目录

使用命令行启动一个 Git 项目

当你已经确定了目录结构，并准备启动一个版本控制的项目时，要完成以下工作：

(1) 在一个新目录下启动项目，并将所有的工作都保存在该目录或其子目录下。

(2) 将交互式 Shell 路径设置到该目录下，然后输入命令 git init。现在如果你已经开始工作并且保存了文件，那么一切就准备就绪了。

(3) 使用.gitignore 控制文件将资源控制文件夹下不需要的子目录删除。

可以通过输入 git status 命令来检查是否已经执行了初始化步骤。如果初始化步骤还没有执行，那么会得到 fatal: Not a git repository(or any of the parent directories): .git 的消息。如果初始化步骤已经完成，那么会得到一个状态消息，告诉你诸如 on branch master 之类的信息，并列出有关文件的内容。

初始化步骤将在你的目录下建立一个名为.git的隐藏文件树,并保存目录中每个文件(包括子目录)的额外副本。保存所有这些额外的副本被称为版本化(versioning),也称为版本控制(version control)。现在就可以在项目中开始这一工作:将与你工作相关的所有文件都保存在这个git目录或这个目录的某子目录中。

此外,你只需要初始化项目一次。但无意中再次运行git init也没关系,因为它不会有任何危害。

对未提交状态保持警惕　Git 的一个最佳实践原则:应该对未提交的修改保持警惕,就像你没有单击"保存"一样小心。你不需要经常执行推/拉(push/ pull)操作,但你必须要经常执行本地提交(即使你随后会用 rebasing 的 Git 技术压缩前面提交的内容)。

实际应用中,我们经常在项目目录中输入下面的两条交互式 shell 命令:

```
git add -A
git commit
```
要提交的阶段性结果(指定应提交的文件)

实际进行提交

文件的签入分两个阶段:添加和提交。尽管这样做会带来一些好处(例如,允许你在提交之前进行检查),但现在我们只考虑这两个命令始终一起使用。commit命令应该会弹出一个编辑器,你可以在其中输入关于你要做什么的注释。在你成为 Git 专家之前,可编写一些简单的注释,例如"更新"、"去吃午饭"、"刚刚添加了一个段落"或"更正了拼写"等。在你的项目每完成一个小任务后,运行 add/commit 这对命令。每次离开项目时(去吃午饭、回家或处理其他项目)也记得运行这对命令。如果你忘了做这件事,也不要着急,记得下一次运行它们即可。

> **一个"无用的提交"也要好过没有提交**
>
> 我们对于提交频度的要求并不严格,并且也不必在意一个冗长的提交消息。但要记住两点:通常,提交操作要对编码工作有意义(这样你就不会在命令仍有语法错误的情况下去提交),并且完整的提交注释只是首选(不要因为你不想去编写一个完整的提交注释就放弃提交)。

使用 git log 和 git status 查看工作进度

任何时候,如果你想了解工作进度,既可输入 git status 命令查看在添加/提交操作中是否进行了编辑工作,又可输入 git log 查看你的工作历史(从添加/提交操作的角度进行查看)。

下面的代码清单11.6显示了本书示例库副本(https://github.com/WinVector/PDSwR2)

中的 git status 的执行情况。

代码清单 11.6　检查项目状态

```
$ git status
On branch master
Your branch is up to date with 'origin/master'.

nothing to commit, working tree clean
```

接下来的代码清单 11.7 显示了来自同一个项目的 git log 的执行情况。

代码清单 11.7　检查项目历史

```
$ git log
commit d22572281d40522bc6ab524bbdee497964ff4af0 (HEAD -
     > master, origin/master)
Author: John Mount <jmount@win-vector.com>
Date:   Tue Apr 16 16:24:23 2019 -0700

    technical edits ch7
```

其中，缩进的行是我们在 git commit 步骤中输入的文本，日期被自动跟踪。

通过 RStudio 使用 GIT

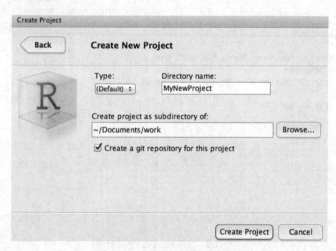

图 11.8　RStudio 新建项目窗格

　　RStudio IDE 为 Git 提供了一个图形用户界面，我们可以很方便地使用。在 RStudio 中，可以通过以下方法执行"添加/提交"循环操作：

- 启动新项目。从 RStudio 命令菜单中，选择 Project | Create Project，然后选择 New Project。之后选择项目名称、创建新项目的目录；项目类型设置为"默认值"(Default)，并且确保选中了 Create a Git Repository for this project。当新建项目窗格如图 11.8 所示时，单击 Create Project，这样你就有了一个新项目。

- 在你的项目中执行工作任务。通过选择 File | New | R Script 创建新文件。在编辑器窗格中输入 R 脚本(如 1/5)，然后单击 Save 图标保存文件。在保存文件时，请确保选择的是你的项目目录或者项目的子目录。

- 向版本控制提交变更。图 11.9 显示了操作的步骤。在 RStudio 的右上角选择 Git 控制窗格。这个窗格以行形式列出有变化的所有文件。对于想进行临时提交的任何文件选中 Staged 复选框，然后单击 Commit 按钮，即可完成操作。

图 11.9 RStudio Git 控制窗格

现在，你可能还没有深入理解或喜欢上 Git，但是每当你执行一个暂存(stage)和提交(commit)操作时，它都能够安全地记录下你的所有这些修改。这就意味着你所有的工作历史都可以保存在这里，而你不能简单地通过删除工作文件来清除你所提交的工作。因此，你应该把所有的工作目录都看成"临时工作(scratch work)"——而只有执行了签入(check in)操作的工作才不会丢失。

我们可以将 Git 历史文件拖曳到"Other Commands(其他命令)"的齿轮状图标处(如图 11.9 中的 Git 窗格所示)，然后选择"History(历史)"选项(不要将它和旁边的 History 窗格混淆，历史窗格是运行命令的，而不是查看 Git 历史的)。紧急情况下，你可以查找 Git 帮助，也可以查找到以前的文件。如果你一直都在做签入操作，那么你以前的老版本都会被保存在这里。剩下的事情就是访问它们以获得帮助。另外，如果你正与他人共同工作，你也可以使用"推/拉(push/pull)"菜单项去发布和接收更新。在这一点上，我们想说版本控制的核心就是：经常提交，如果你经常提交，那么所有的问题都能够通过进一步的研究来解决。另外请注意，由于主版本控制在你自己的机器里，你需要确保对你的机器有一个独立的备份。否则，如果你的机器发生故障而你的工作没有备份或共享，那么损失的不仅是你的工作，还有你的版本资料库。

11.3.3　使用版本控制探索项目

到目前为止，我们版本控制的模型是这样的：每次我们成功地输入"添加/提交"命令，Git 就会保存所有文件的一个完整副本。下面就来使用这些提交的内容。如果你能频繁地执行 add/commit 命令，Git 就能随时帮助你完成以下任一任务：

- 随时跟踪你的工作。
- 恢复被删除的文件。
- 对比一个文件过去的两个版本。
- 查找你什么时候添加了一些特定文本。
- 从过去文件中恢复一个完整的文件或部分文档(恢复编辑)。
- 与合作者共享文件。
- 共享你的项目(https://github.com/网站上的 à la GitHub、https://gitlab.com/网站上的 Gitlab 或 https://bitbucket.org 网站上的 Bitbucket)。
- 维护工作的各种版本(或工作的不同分支)。

以上就是为什么要常去执行添加和提交操作的理由。

获取 Git 命令的帮助信息　可以通过输入 git help [command]得到有用的帮助信息，例如，要想去了解 git log 命令，就输入 git help log。

找出谁在什么时候写了什么

在 11.3.1 节，我们曾经提到一个好的版本控制系统可以自己生成很多文档。一个强有力的示例就是 git blame 命令，如代码清单 11.8 所示。如果我们下载 Git 资料库

https://github.com/WinVector/PDSwR2(使用命令 git clone git@github.com:WinVector/
PDSwR2.git)并运行命令 git blame Buzz/buzzapp/server.R(查看文件中每一行是谁 "编写
的"), 就会看到发生了什么。

代码清单 11.8 发现谁提交了什么

```
git blame Buzz/buzzapp/server.R
4efb2b78 (John Mount 2019-04-24 16:22:43 -0700 1) #
4efb2b78 (John Mount 2019-04-24 16:22:43 -0700 2)
    # This is the server logic of a Shiny web application. You can run the
4efb2b78 (John Mount 2019-04-24 16:22:43 -0700 3)
    # application by clicking 'Run App' above.
4efb2b78 (John Mount 2019-04-24 16:22:43 -0700 4) #
```

git blame 信息会提取文件的每一行并输出以下内容:

- 该行 Git commit 的哈希(hash)前缀。它用于识别我们正在查看的行来自哪一次
  提交。
- 谁提交了该行。
- 他们什么时候提交了该行。
- 该行的行号。
- 最后是该行的内容。

git blame 不能解释所有事项 需要重点关注的是 git blame 给出的报告中有许多
更新可能是机械重复的(有人只是使用工具重新格式化了文件), 或者有人代替他人执
行了操作。你必须查看提交后发生了什么。在我们给出的这个具体实例中, 提交操作
显示的消息是 "add Nina's Shiny example," , 因此, 这项工作是由 Nina Zumel 完成的,
她只是将签入任务移交给了 John Mount。

类似的一个著名示例是试图诋毁 Katie Bouman 在创建第一个黑洞图像方面的领
导能力。诋毁者提出的(错误的)观点之一是, 合作者 Andrew Chael 向公共资料库贡献
了更多的代码行。幸运的是, Chael 本人给出了回应, 为 Bouman 的角色辩护, 并指出
归功于他的代码行数是机器生成的模型文件,他的贡献只是将代码文件签入了资料库,
而不是编写代码行。

使用 git diff 比较不同提交版本的文件

git diff 命令允许你对项目的任意两次提交版本进行比较, 甚至可以对当前未提交
的工作和任一较早提交的版本进行比较。在 Git 中, 提交操作使用大量的哈希键值来
命名, 但是你只能使用哈希值前缀作为提交的名称[1]。例如, 下面的代码清单 11.9 展

---

1   也可以用 git tag 命令为提交操作创建有意义的名称。

示了如何用diff格式或补丁格式(patch format)查找 https://github.com/WinVector/PDSwR2 中两个版本之间的差异。

代码清单 11.9　查找两个提交版本中基于行的差异

```
diff --git a/CDC/NatalBirthData.rData b/CDC/NatalBirthData.rData
...
+++ b/CDC/prepBirthWeightData.R
@@ -0,0 +1,83 @@
+data <- read.table("natal2010Sample.tsv.gz",
+                        sep="\t", header = TRUE, stringsAsFactors = FALSE)
+
+# make a boolean from Y/N data
+makevarYN = function(col) {
+ ifelse(col %in% c("", "U"), NA, col=="Y")
+}
...
```

尽量不要混淆 Git 提交(Git Commit)和 Git 分支(Git Branch)　Git 提交代表了在给定时刻一个目录树的完整状态，而 Git 分支代表了随时间变化的一个提交和变更的序列。提交完成后是不能更改的，而分支操作则记录了项目的进度。

用 Git log 查找文件上次出现的时间

示例：假设在我们的资料库中有一个名为 Buzz/buzz.pdf 的文件。当有人询问我们有关此文件的问题时，我们如何使用 Git 查找该文件上次出现的时间，以及文件的具体内容？

在项目进行了一段时间之后，我们常常想知道什么时候删除了某个文件，以及在删除时该文件中包含什么内容。Git 很容易回答这个问题。我们将使用资料库 https://github.com/WinVector/PDSwR2 演示这一场景。我们知道 Buzz 目录中有一个名为 buzz.pdf 的文件，但是现在找不到这个文件了，我们想知道它发生了什么。为了找出答案，我们将运行以下命令：

```
git log --name-status -- Buzz/buzz.pdf
commit 96503d8ca35a61ed9765edff9800fc9302554a3b
Author: John Mount <jmount@win-vector.com>
Date:   Wed Apr 17 16:41:48 2019 -0700

    fix links and re-build Buzz example
```

```
D        Buzz/buzz.pdf
```

我们看到该文件已被 John Mount 删除。我们可以使用命令 git checkout 96503d8^1 -- Buzz/buzz.pdf 查看这个文件旧版本的内容。96503d8 是提交编号的前缀(该信息足以帮助我们找到这个删除该文件的提交操作),而^1 表示"在这个命名提交之前该文件的提交状态"(该文件被删除之前的最后一个版本)。

11.3.4　使用版本控制分享工作

示例: 我们希望与多人合作并分享结果。使用 Git 来实现这项任务的一种方法是,单独设置自己的资料库同时保持与中央资料库的共享。

除了专心工作,你还必须经常与同行们分享工作。常见的(糟糕的)方法是通过电子邮件发送 zip 文件。大多数无效的共享实践都是事倍功半,不但容易出错,而且很快会造成混乱。我们建议使用版本控制与同行共享工作。为了有效地利用 Git 来实现这项任务,需要使用一些附加的命令,如 git pull、git rebase 和 git push。在这一点上,也许你会感到有点困惑(尽管你不需要担心在它的整体通用性上出现分歧),然而实际情况却是,相比你给出的临时解决方案,它不仅不会带来更多的混乱,而且不容易出错。我们总是建议以星型工作流(star workflow)模式共享工作,在星型工作流模式中,每个工作人员都有自己的资料库,并且使用一个公共的"裸"资料库(即只有 Git 数据结构而没有现成文件的一个资料库)来协调各方的工作(可将它看作一个服务器或黄金标准,通常被称为 origin(源点))。图 11.10 显示了多个人一起协同工作的一种资料库编排模式。

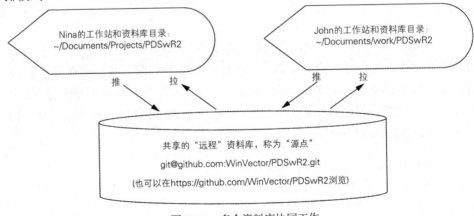

图 11.10　多个资料库协同工作

通常，共享工作流有以下特点。

- 持续地：工作，工作，再工作。
- 频繁地：使用 git add/git commit 命令对向本地资料库提交结果。
- 每隔一段时间一次：使用 git pull 的变更版本将远程资料库的副本放到我们的视图中，然后使用 git push 将工作推送到上游端。

Git 的最佳实践是：不试图尝试任何自以为聪明的操作(如 push/pull 等)，除非是在一个"干净"的状态下(使用 git status 命令确认所有工作都已被提交)。

建立远程资料库关系

在两个或多个 Git 资料库之间共享工作，需要通过一个被称作 remote(远程)的关系去了解资料库之间的情况。Git 资料库可以通过 push 命令向一个远程的资料库共享其工作，并且可以通过 pull 命令从一个远程资料库获取其工作。代码清单 11.10 显示了如何为作者的本地资料库副本 https://github.com/WinVector/PDSwR2 声明一个 remote 关系。

代码清单 11.10　git remote

```
$ git remote --verbose
origin git@github.com:WinVector/PDSwR2.git (fetch)
origin git@github.com:WinVector/PDSwR2.git (push)
```

当使用 git clone 命令创建一个资料库的副本时，远程关系就建立了，或者可以通过使用 git remote add 命令来建立远程关系。在代码清单 11.10 中，远程资料库被命名为 origin——这是一个传统的名称，用来给你正在使用的主服务器或黄金标准的远程资料库命名(Git 通常不会用 master 作为资料库的名称，因为 master 通常是分支的名称)。

使用 push 和 pull 同步远程资料库上的工作

一旦你的本地资料库声明了其他的一些资料库作为远程关系，就可以在资料库之间执行 push 和 pull 操作。当执行 push 和 pull 操作时，往往要确保你的工作是"干净"的(没有任何未提交的变更)，而且在执行 push 操作之前通常要执行 pull 操作(因为这样做是发现和修正任何潜在冲突的最快方法)。有关什么是版本控制的冲突，以及如何去处理它们的介绍，请参见 http://mng.bz/5pTv。

通常，对于简单的任务，我们并不使用分支(一个版本控制的技术术语)模式，而是在 pull 操作中使用 rebase 选项，从而让每项工作看起来是以一个单一的线性排序来保存记录的，即使你的合作者实际上是以并行方式工作的。这就是我们常说的与他人协同工作的一个难点：时间和次序都是各自独立的、并且难以相互追踪(这个不必要的复杂性并不是由于使用了 Git 才增加的——虽然使用 Git 会增加类似的不必要的复杂性，但这个不是)。

你需要去熟悉的 Git 新命令有：

- git push (通常用于 git push -u origin master 的变体中)
- git pull (通常用于 git fetch; git merge -m pull master origin/master 或 git pull --rebase origin master 的变体中)

一个典型的场景是：两个作者可能在同一时间对同一项目的不同文件进行操作。如图 11.11 所示，第二个作者想将他们的结果推送到共享资料库，他必须决定如何去说明已执行的并行工作。要么他们可以说这项工作是真正并行的(是由两个分支组成，然后将工作连接起来合并成一条记录)，要么他们可以重新定位自己的工作，声明自己的工作是在他人工作完成"之后"执行的(可以保留一个线性编辑历史，而不需要任何的合并记录)。注意："之前"和"之后"的顺序是依据箭头的方向进行追踪的，而不是按时间顺序追踪的。

从图中可以看到，合并是真实发生的操作，而重定位更便于阅读。一般的规则是，只针对未被共享的工作进行重定位(在我们的例子里，作者 B 可以随意地重定位他的编辑工作，使之出现在作者 A 的编辑工作之后，因为作者 B 尚未成功地将其工作推送到资料库的任何地方)。由于重定位在本质上要求隐藏其编辑细节，所以应避免重定位那些人们已经看到的记录(在未来对它们进行合并或重定位，以便与那些已发生变更的记录保持一致)。

做好笔记　Git 命令很容易让人混淆，建议你做笔记。一种方法是将你经常使用的每条命令写在一张 3×5 的卡片上。这样坚持下去，你很可能用 7 张卡片在 Git 技能上获得领先。

对于大多数项目，我们只尝试使用重定位(rebase-only)策略。例如，这本书就在 Git 资料库中被维护。我们仅有两个密切合作的作者(这样能够很容易地协同工作)，并且我们只尝试创建这本书的最后一个副本(而不去尝试维护那些其他用途的分支)。如果我们一直使用重定位操作，编辑历史将会显得整体有序(对于每一对编辑，其中的一个总是被记录为出现在另一个之前)，而这也让讨论本书的各种版本变得更容易(再次说明，"之前"是由编辑历史中的箭头方向决定，而不是由时间戳决定)。

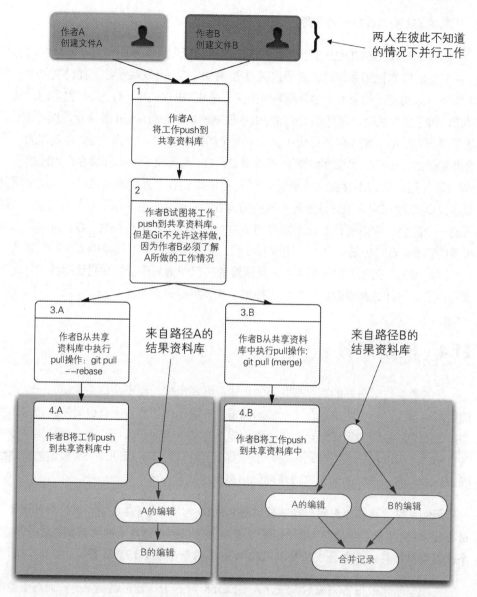

图 11.11　git pull:重定位与合并

不要混淆版本控制和备份　Git 将保留你所有工作的多个副本和记录，而这些副本都被保存在你机器的.git 目录下，直到你将它们推送到(push)一个远程终端。所以不要混淆基本的版本控制和远程备份，它们之间是互补的关系。

有关 Git 资料库的一点说明

Git 令人感兴趣的地方在于它可以自动检测和管理足够多的信息，而这些信息在你用其他的版本控制系统时，必须详细说明(例如，Git 会发现哪些文件已被更改，而不需要你来指定，而且 Git 也会判断哪些文件是相关的)。由于 Git 具有更多的自动化功能，初学者往往会严重低估 Git 追踪版本控制的粒度。通常 Git 的执行速度非常快，除了需要你帮助决定如何在历史中记录一个全局的不一致性(是重定位，还是作为一个合并记录的分支)时。而要给出判断的关键是：Git 基于全局状态怀疑存在可能的不一致性(即使用户认为不存在这种情况)，然后迫使提交者在提交时对如何标注这个问题做出决定(以便在将来很好地服务于其他的读者)。Git 自动地保存了很多的记录，当你遇到一个冲突、或需要你对还不知晓的细微差别表达自己的看法时，Git 总是带给你很多的惊喜。Git 也是一个"一切皆有可能，但使用起来却不简单或方便的"系统。这对用户来说，在刚开始使用 Git 时是困难的，但在最后你会发现它比那种"什么都顺利做了，但什么都没做好"的版本控制系统要好很多。

11.4 模型部署

好的数据科学与好的写作有共同的规律：展现出来，而不是口头描述。一个成功的数据科学项目至少应该包含一个演示部署，该演示部署涵盖所有已研发的技术和模型。好的文档编制和展现是至关重要的，但是在某些方面，人们必须看到效果并能够亲自测试。所以我们强烈鼓励你与一个开发小组进行合作，以创建一个模型的产品级固定版本，而一个好的演示可以帮助你招募到这些合作者。

示例：假设要求你把模型预测提供给其他软件，以便将其反映在报告中并用于做出决策。这意味着你要进行"模型部署"。可能要对已知数据库中的所有数据进行评分、导出模型以供其他人部署或设置不同的 Web 应用程序或 HTTP 服务。

在模型创建或报告完成后，统计人员或分析师的工作通常就结束了。而对于数据科学家来说，这仅仅是项目的接收阶段。项目的真正目标是将模型投入生产：对那些模型构建时不可用的数据进行评分，并驱动其他软件做出的决策。这意味着帮助部署是他们工作的一部分。在本节，我们将阐述不同类型的 R 模型部署的方法。

我们在表 11.6 中概述了一些部署方法。

表 11.6　部署模型的方法

方　法	描　述
批处理	将数据加载到 R 中，然后对数据进行打分，再把它写回去。这实际上是对你正在处理的测试数据的扩展
跨语言链接	R 为其他语言(如 C、C++、Python、Java 等)的查询提供回复。R 的设计考虑到了高效的跨语言调用(特别是 Rcpp 程序包)，但这是一个专门的主题，这里不做讨论
服务	可以将 R 设置为一个 HTTP 服务，从而把新数据看作一个 HTTP 查询并返回结果
导出	相比于模型构建，模型评价往往是简单的。在这种情况下，数据科学家可以通过导出模型和代码规范来评价模型，而产品工程师可以用他们选择的语言(如 SQL、Java、C++，等)来实现模型评价
PMML	PMML(Predictive Model Markup Language，预测模型标记语言)是一个可共享的 XML格式，许多建模工具包可以用其导入和导出模型。如果你生成的模型被涵盖在 R 工具包 pmml 中，那么你不需要再编写额外的代码就可以导出它。任何具有该模型导入工具的软件堆栈都可以使用你的模型

使用模型

在将模型投入生产时，应该建立一些基本的预防机制。我们之所以提到这些，是因为我们很少看到采取这些有价值的预防措施：

- 所有的模型和模型的所有预测都应该使用模型版本名和指向模型文档的链接来加以标注。这种简单的预防措施可以避免误解某位作者，并能够证明错误分类不是来自作者们刚刚部署的模型，而是来自某个人的错误标记。
- 机器学习模型的结果永远不应直接用作决策。相反，它们应该成为可配置的、用于决策的业务逻辑的输入。这样你既可以修正模型使其更合理(例如将概率预测限制在合理范围内，例如，0.01 ~ 0.99)，也可以关掉模型(在某些情况下将业务逻辑更改为不使用模型预测)。

你总是希望可以直接控制自动化系统的最后阶段。因此，即使是直接按照给定模型的决策而启动的一个简单的业务逻辑层，也是很有价值的，因为它为你提供了一个可以纠正错误的地方。

前面我们已经演示了将模型应用到一个测试集上时，模型的批处理操作。接下来我们不去谈论 R 的跨语言链接示例，因为这个主题非常专业，并且要求具有链接系统的知识背景。下面演示服务和导出策略。

11.4.1 使用 Shiny 部署演示

示例：假设我们要为老板构建一个交互式仪表盘或演示。老板想根据我们的 Buzz 得分来尝试使用不同的分类阈值，从而查看每个阈值可提供的精度和召回率。我们可以将其作为一个图来完成，但是我们被要求将其作为一个交互式服务(可能是复杂的钻取(drilldown)/探索(exploration)服务的一部分)来完成。

我们将通过使用 Shiny(一种用于在 R 中构建交互式 Web 应用程序的工具)解决这个问题。这里，我们将使用 Shiny 让老板选择一个阈值，将我们的 Buzz 得分转换为"will Buzz"/"won't Buzz"的决定。该演示的完整代码可访问或从 https://github.com/WinVector/PDSwR2 的 Buzz/buzzapp 目录下载。

运行 Shiny 应用程序的最简单方法是从 RStudio 的那个目录下打开文件 server.R。如图 11.12 所示，RStudio 编辑器窗口的右上角将有一个名为 Run App 的按钮。单击此按钮将运行该应用程序。

图 11.12　从 RStudio 启动 Shiny 服务器

正在运行的应用程序看起来如图 11.13 所示。用户可以移动阈值控制滑块，然后根据每个滑块的位置，获得一个新的混合矩阵和模型指标(如精度和召回率)。

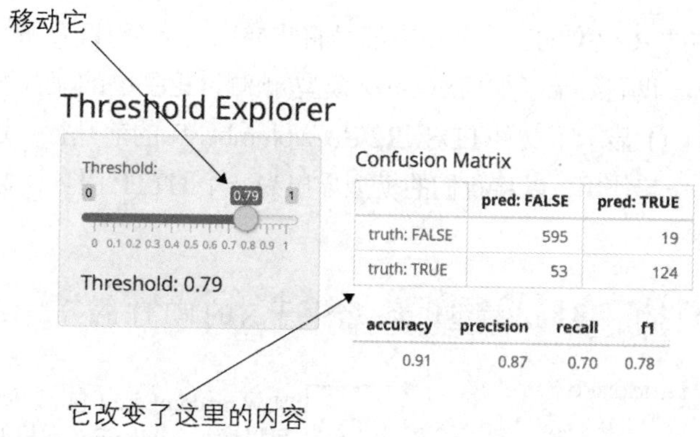

移动它

图 11.13　与 Shiny 应用程序进行交互

它改变了这里的内容

Shiny 程序的设计原则是基于一种称为响应式编程的设计思想，它是由用户来干预并指定哪些值可能会改变。Shiny 软件会在用户使用这个应用程序时重新运行并更新显示。Shiny 是一个很大的主题，但是你可以从复制示例应用程序、并根据自己的需要对其进行编辑这类功能去了解它。

Shiny 的扩展阅读

目前还没有 Shiny 书籍可以推荐。网站 https://shiny.rstudio.com 是一个学习 Shiny 文档、示例和教程的好地方。

11.4.2　将模型部署为 HTTP 服务

示例：我们的模型在测试中看起来不错，老板也喜欢使用我们的交互式 Web 应用程序。于是，我们现在想把模型投入生产中使用。此时，如果其他服务器可以给它发送数据并获得评分结果，那么该模型可以考虑投入生产。也就是说，我们的模型将作为面向服务架构(SOA)的一部分部署到生产中使用。

模型要被其他软件调用，要么通过链接实现，要么将模型导出为一个服务。在这里，我们把 Buzz 模型部署为一个 HTTP 服务。完成此操作后，公司内的其他服务可以将数据发送到我们的模型中进行评分。例如，收入管理仪表盘可以将它正在管理的一组文章发送到我们的"buzz scoring"模型，这意味着 buzz score(buzz 分数)可以是构成此仪表盘的一个组成部分。这比让我们的 Buzz 模型对数据库中的所有已知文章进行评分更为灵活，因为仪表盘可以查询到任何有详细信息的文章。

演示运行中的 R 模型的一个简单方法是将它导出为一个 HTTP 服务。在下面的代码清单 11.11 中，我们演示了如何对 Buzz 模型(预测讨论主题的流行度)执行这样的操作。代码清单 11.11 显示了文件 PDSwR2/Buzz/plumber.R 的前几行。这个.R 文件可以与 plumber R 包一起使用，以将我们的模型导出为一个 HTTP 服务，既可以用于生产，也可以用于测试。

代码清单 11.11 将 buzz 模型作为一个基于 R 的 HTTP 服务

```
library("randomForest")            ◄──────   加载 randomForest 包，以便我们
                                             可以运行 randomForest 模型
lst <- readRDS("thRS500.RDS")
varslist <- lst$varslist
fmodel <- lst$fmodel
buzztest <- lst$buzztest
rm(list = "lst")

#* Score a data frame.
#* @param d data frame to score
#* @post /score_data
function(d) {
  predict(fmodel, newdata = d, type = "prob")
}
```

然后，我们使用以下代码启动服务器:

```
library("plumber")
r <- plumb("plumber.R")
r$run(port=8000)
```

下面的代码清单 11.2 是文件 PDSwR2/Buzz/RCurl_client_example.Rmd 的内容，它显示了如何从 R 调用 HTTP 服务。这里仅是为了演示功能才这样举例，而配置一个 HTTP 服务的核心目的，除 R 想使用该服务外，还会有其他考虑。

代码清单 11.12 调用 Buzz HTTP 服务

```
library("RCurl")
library("jsonlite")                           将服务封装成函数

post_query <- function(method, args) {   ◄──────
    hdr <- c("Content-Type" = "application/x-www-form-urlencoded")
    resp <- postForm(
```

```
    paste0("http://localhost:8000/", method),
    .opts=list(httpheader = hdr,
               postfields = toJSON(args)))
  fromJSON(resp)
}

data <- read.csv("buzz_sample.csv",
                 stringsAsFactors = FALSE,
                 strip.white = TRUE)

scores <- post_query("score_data",
                     list(d = data))
knitr::kable(head(scores))

tab <- table(pred = scores[, 2]>0.5, truth = data$buzz)
knitr::kable(tab)
```

如图 11.14 所示，最后生成了结果文档 PDSwR2/Buzz/RCurl_client_example.md(它也被保存在我们的 GitHub 示例资料库中)。

```
knitr::kable(head(scores))
```

0.998	0.002
0.350	0.650
1.000	0.000
1.000	0.000
0.748	0.252
0.008	0.992

```
tab <- table(pred = scores[, 2]>0.5, truth = data$buzz)
knitr::kable(tab)
```

	0	1
FALSE	77	3
TRUE	4	16

图 11.14 在提交时向服务器请求 Buzz 分类的 HTML 格式头部

有关 plumber 的更多信息，建议浏览 plumber 包文档：https://CRAN.R-project.org/package=plumber。

11.1.3　以导出模式部署模型

从 R 中导出一个已经构建完成的模型副本是非常有意义的，它让你不必在另一个系统中重现模型构建的所有细节，也不用在生产中直接使用 R 模型本身。当导出模型时，你需要依靠开发合作伙伴来完成一些有难度的工作——将模型应用到生产中(如版本管理、异常情况处理等)。软件工程师往往擅长项目管理和风险控制，因此与他们分享项目是一个很好的学习机会。

导出模型所需的步骤更多地依赖于模型本身和数据处理。对于许多模型来说，你仅需要存储一些参数。对于随机森林模型，你需要导出决策树。不管何种情况，你都需要在目标系统中编写代码(可能是 SQL、Java、C、C++、Python、Ruby 或其他)来评估模型。

模型导出的一个关键是你必须可以重现所有的数据处理。因此，生成数据处理说明书是模型导出的重要一环(这样它就可以脱离开 R 环境重新实现)。

使用 tidypredict 包将随机森林模型导出成 SQL 代码

练习：在 SQL 中运行随机森林模型

我们的目标是将随机森林模型导出为 SQL 代码，然后可以在数据库中运行该代码，而无须再使用 R。

R 语言的 tidypredict 包[1]提供了把模型(如我们的随机森林 Buzz 模型)导出为 SQL 代码的方法，以后即可在数据库中运行该模型。下面简单地演示一下这个过程。随机森林模型由对答案进行投票的 500 棵树组成。如图 11.15 所示，它显示了第一棵树的顶部(随机森林树往往不是那么清晰可读的)。请记住，决策树的分类是通过自上而下的顺序决策来实现的。

1　请访问 https://CRAN.R-project.org/package=tidypredict。

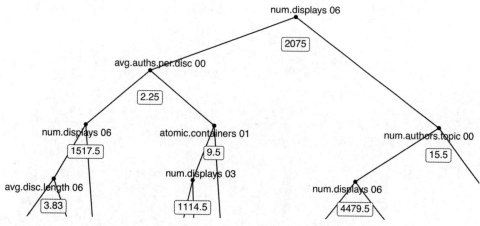

图 11.15　随机森林模型中的第一棵树(位于 500 棵树)的顶部

现在，我们来看一下使用 tidypredict 包把模型转换为 SQL 的过程。转换是在 R markdown 文件 PDSwR2/Buzz/model_export.Rmd 中执行的，该文件生成 PDSwR2/Buzz/model_export.md 演示结果。这里我们不显示全部代码，只把第一棵随机森林树的转换结果的前几行代码显示出来：

```
CASE
 WHEN (`num.displays_06` >= 1517.5 AND
       `avg.auths.per.disc_00` < 2.25 AND
       `num.displays_06` < 2075.0) THEN ('0')
 WHEN (`num.displays_03` >= 1114.5 AND
       `atomic.containers_01` < 9.5 AND
       `avg.auths.per.disc_00` >= 2.25 AND
       `num.displays_06` < 2075.0) THEN ('0')
 WHEN ...
```

上述代码列举了从决策树根部向下的每条路径。请记住，决策树只是巨大的嵌套 if/else 块，而 SQL 语言将 if/else 转换为 CASE/WHEN。每个 SQL WHEN 子句都是原始决策树中的一条路径。图 11.16 中很清楚地显示了这些描述。

在 SQL 导出模型中，每棵决策树在其所有路径上都被转换为一系列的 WHEN 子句，从而允许在 SQL 中对决策树执行判断。用户可以从根节点向下追踪并移动，然后根据该节点上的条件来判断这棵决策树是向左移动还是向右移动。SQL 代码对从根到叶子的所有路径进行评估，并将满足条件的唯一一条路径的结果保存起来。尽管这是一种独特的决策树评估的方法，但是它能将模型的所有内容转换为一个可导出为 SQL 的公式。

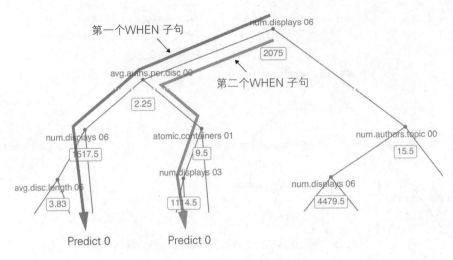

图 11.16　CASE / WHEN 路径注释

　　其整体的思路如下：我们已经将随机森林模型导出为能被其他软件读取的 SQL 格式。这样其他人在此基础上可以继续对此模型编辑。

　　还有一个重要的导出系统：预测模型标记语言(PMML)，它是一个标准的 XML 格式，用于在不同系统之间共享模型[1]。

11.4.4　本节要点

现在你应该可以轻松地向其他人演示 R 模型。涉及部署和演示的技术如下：

- 将模型设置为 HTTP 服务以便为他人所用
- 使用 Shiny 将模型设置成一个个小的应用程序
- 将模型导出以便在生产环境中能够重现该模型应用

11.5　小结

　　本章我们讨论了有关如何管理工作，以及如何与他人共享工作的方法。同时，我们也介绍了一些技术来演示如何配置 HTTP 服务，以及如何输出模型以方便其他软件调用(这样我们在生产中就不会依赖 R)。到目前为止，你已经熟悉了机器学习模型的建立，也掌握了越来越多的高效工作技巧，以及与合作者协同使用模型的技术。

1　有关 PMML 包的资料，请访问 https://CRAN.R-project.org/package=pmml。

在本章中，你已学习了

- 使用 knitr 生成重要的可重现的里程碑/检查点文档。
- 编写有效的注释。
- 使用版本控制保存工作历史。
- 使用版本控制与他人协作。
- 保证模型的可用性，使你的合作伙伴可以在你的模型上进行实验、测试和生产部署。

在下一章中，我们将探讨如何更好地展示并解释你所做的工作。

第12章

有效的结果展现

本章内容：
- 向项目出资方展现工作成果
- 与模型的最终用户沟通交流
- 向其他数据科学家展现工作成果

在前一章中，你已经学习了如何有效地编制每日项目工作文档，以及如何将模型部署到实际生产中。这其中包括支持运营团队的一些附加文档。本章我们将学习如何将你的项目成果展示给对此感兴趣的其他合作团队。正如我们在思维模型导图中(图12.1)所见，本章内容全部是关于文档编制和结果展现的。

我们仍然沿用上一章的示例。

示例： 假设你的公司(暂且称它为 WVCorp 公司)是制造并且销售家用电子设备、以及相关的软件和应用程序的。WVCorp 想要监控公司产品论坛和讨论板上的话题从而识别出哪些是 "将要被热议的话题(称为 buzz，即热门话题)"：类似话题一经提出，就会招来广泛的兴趣和热烈的讨论。生产和市场营销团队可以利用这些信息来主动预测新版本产品中用户希望添加的新功能，还可以及时地发现现有产品功能上的问题。你的团队已经成功地建立了一个模型来识别出论坛上"那些将要被热议的话题"。现在，你需要将项目成果介绍给项目出资方、产品经理、市场营销经理，以及后续要使用该模型的售后工程经理们。

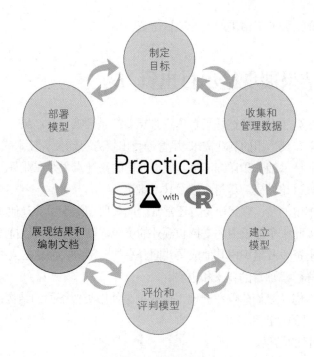

图 12.1　思维模型导图

表 12.1 总结了与示例有关的实体，包括由本公司和竞争对手公司销售的产品。

表 12.1　buzz 模型示例中的实体

实　体	描　述
WVCorp	你就职的公司
eRead	WVCorp 公司的电子书阅读器
TimeWrangler	WVCorp 公司的时间管理应用程序
BookBits	竞争对手公司的电子书阅读器
GCal	一个第三方提供的基于云的日历服务，可以与 TimeWrangler 集成

关于数据和示例项目的免责声明

我们用于 buzz 模型的数据集来自 Tom's Hardware 网站(tomshardware.com)，这是一个讨论电子器件和电子产品的真实论坛。Tom's Hardware 与任何一家产品供应商都没有关联，数据集也不会描述所记录的某个特定话题。本章所选的示例是为了生成和 Tom's Hardware 数据集类似的数据。示例中的所有产品名称和论坛话题都是虚构的。

我们首先介绍如何将结果展现给项目出资方[1]。

12.1 将结果展现给项目出资方

正如我们在第 1 章中所述，项目出资方想要的是数据科学结果——通常，这些数据科学结果一定有其适用的商业需求。尽管项目出资方可能拥有技术或者数学的背景，而且还愿意听取技术细节和详细汇报，但是他们的兴趣点主要在业务上，所以还是应围绕业务问题来讨论结果，尽量少涉及技术细节。

同样需要牢记的是，项目出资方还常常会向其所在组织中的其他成员"推销"你的工作成果，以此来争取更多的支持和额外的资源，使得项目得以持续。你的成果展现也将是项目出资方和组织内其他成员共同分享的一部分，而这些人往往不像你或者项目出资方那样熟悉项目的背景和进展。

基于这些考虑，我们建议在展现工作成果时使用类似下面的结构：

1. 概述项目的动机和目标。

2. 陈述项目的结果。

3. 如有必要，备份带有更多细节内容的成果演示文稿。

4. 讨论建议、突出的问题和未来可能的工作。

有人建议加入一页"执行概要"幻灯片：主要是对上述要点 1 和要点 2 的概括。

如何展开其中的每一点——需要多长时间、包含哪些细节——取决于你的听众和具体情况。通常，我们建议展现的内容要保持短小精炼。本节我们就以 buzz 模型示例为背景提供一些幻灯片样例。

下面来详细地讲述每一个要点。

> **我们将专注于内容而不是可视化效果**
>
> 在接下来的讨论中，我们将专注于展现的内容，而不是幻灯片的可视化效果。在实际展现时，对比我们此处提供的幻灯片，你可能更喜欢用较多的可视化效果和文字内容相对较少的幻灯片。如果你正在寻找有关可视化展现的指导材料和吸引人眼球的数据可视化资料，那么可参考以下两本好书：
>
> - Michael Alley 的 *The Craft of Scientific Presentations*(Springer, 2007)
> - Cole Nussbaumer Knaflic 的 *Storytelling with Data*(Wiley, 2015)

---

1 我们在 https://github.com/WinVector/PDSwR2/tree/master/Buzz 网站上提供了示例演示文稿的 PDF 版本，分别有 ProjectSponsorPresentation.pdf、UserPresentation.pdf 和 PeerPresentation.pdf。还包括带有简短注释的这些演示文稿的讲义，如 xxxPresentation_withNotes.pdf。

如果你仔细阅读那些书，那么你会发现我们示例中的展现形式(使用普通的项目符号)完全违背了他们的各项建议。你可以考虑把我们的展现框架作为提纲，在此基础上加以美化来达到引人入胜的可视化效果。

值得指出的是，Alley 和 Knaflic 所建议的那种面向可视化效果、减少文字内容的幻灯片形式主要是为了向他人演示，而不是供他人阅读。通常情况下，人们常常通过传阅演示文稿来取代报告和备忘录。在这种情况下，如果你的演示文稿被分发给了那些没有听过你演讲的人，那么一定要确保其中包含了演讲者全部的陈述要点。否则，还不如使用带项目符号的偏重文字内容的展现方式。

12.1.1　概述项目目标

本节展示的内容是为后续讨论的内容提供一个背景介绍，尤其针对公司中需要知晓该项目内容的其他人(而这些人又不像项目出资方那样深知该项目的方方面面)。在此，我们为 WVCorp 公司的 buzz 模型示例整理了项目目标幻灯片。

在图 12.2 中，我们通过展现业务需求，以及该项目如何满足业务需求来阐述该项目背后的动机。在我们的示例中，eRead 是 WVCorp 公司发布的电子书阅读器，在竞争对手发布新版本的电子书阅读器 BookBits 之前，eRead 一直独领市场。新版本的BookBits 增加了一项"共享书架"的新功能，而 eRead 没有此功能——尽管 eRead 的许多使用者在论坛上表示出了对此项功能的兴趣和期待，然而遗憾的是，由于论坛的流量非常大，以至于产品经理很难有时间追踪用户的各种表达，无意中遗漏掉了用户表达的这项需求。因此，WVCorp 公司由于没有预测到用户关于"共享书架"功能的需求而失去了市场份额。

在图 12.3 中，我们陈述了项目目标，该目标是根据图 12.2 中我们设置的项目动机产生的。我们想要检测论坛上的那些将要被热议的话题，以便产品经理可以尽早地发现新情况、新动向。

一旦完成了项目的动机说明，你就应该直接描述项目的成果。你要展现的不是惊悚电影，不要让你的听众一直处于悬疑之中。

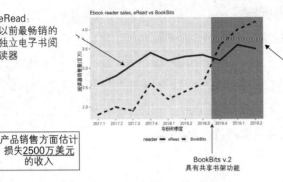

一个已经丢失的机会

eRead:
以前最畅销的
独立电子书阅
读器

产品销售方面估计
损失2500万美元
的收入

展现市场需求决定商机
的事实
WVCorp失去相应的利润
和市场份额

蓝色实曲线:
WVCorp公司的产品 (eRead)
绿色虚曲线:
竞争对手的产品(BookBits)

BookBits v.2
具有共享书架功能

这些信息我们以前
是否能够获得?

- eRead论坛上的讨论
  - 与好友共享书单,分享好友喜欢的书籍
  - 将一本书分享给一些朋友(先到者先得)
- 无论何时,只要这些问题出现,就伴随着活跃的讨论
  - 建议、解决方案、拼凑实现的方法、类似于"me too"
    这样的共鸣之声
  - 共享书架(例如 bookbits所提供的)应该能满足这些被反
    复提及的需求
- 这显然是一个buzz问题! 但是我们忽略了或者说根本没有
  发现它
  - 投入大量人力来紧密地追踪论坛活动

在实际展现时,
使用与论坛有关的
所讨论内容的截图

WVCorp公司拥有足够的
信息来识别该需求,但是
没有足够的资源(人力)
来有效利用这些信息

图 12.2　项目的动机

目标: 尽早捕获热门

- 预测在产品论坛上哪些话题会成为持续
  热门(buzz)
  - 客户期望的新功能
  - 用户在使用中发现问题的现有功能
- 持续的热门(buzz): 现实的、持续的客户
  需求
  - 不是短暂的或流行的问题

从业务动机的角度
陈述项目目标

在实际展现时,
使用论坛上有关
讨论内容的截屏

图 12.3　陈述项目目标

12.1.2　陈述项目结果

本节的演示简要地描述在业务需求的背景下，你所做的工作以及获得的结果。图 12.4 描述了 buzz 模型的试验研究，以及在研究过程中的一些发现。

针对结果的讨论要保持具体性和非技术性。你的听众对于模型本身的细节并不感兴趣，他们感兴趣的是为什么模型能够帮助解决在报告的动机部分所提到的问题。不要用准确率和召回率以及其他技术指标来评价模型的性能，而应该用如何减少最终用户的工作量、最终用户会发现结果是多么有用，以及模型会遗漏哪些内容等来介绍模型的性能。如果项目中的模型和财务产出紧密相关(例如对于贷款违约的预测)，那么就设法估计一下该模型会产生多少潜在的收益，无论是直接为公司创造的收益，还是为公司节约的资金，都应该计算在内。

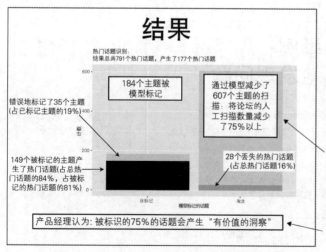

图 12.4　描述项目及其结果

12.1.3   补充细节

一旦你的听众了解了你的工作，并且从业务的角度出发，了解了这些工作为什么能够取得成功、效果有多么好，那么你就可以补充一些细节来帮助他们了解更多的内容。与前面一样，尽量讨论相对非技术性的内容，并始终以业务流程为基础。在本节中，我们将描述模型在业务流程或工作流程中应处的位置，并给出一些有趣的发现，如图 12.5 所示。

图 12.5 中的这张幻灯片"它是如何工作的"展现了 buzz 模型应在何处被应用到产品经理的工作流程中。我们需要强调的是，到目前为止，我们采用了系统部署中的度量指标来建立模型(这样就最小化了工作流程中引入新流程的数量)。我们还介绍了模型输出的潜在用途：为开发产品潜在的新功能提供指导，并提醒产品支持小组注意可能出现的问题。

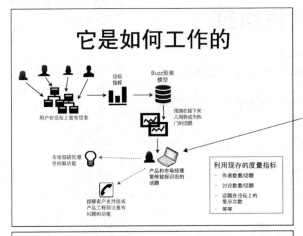

将模型放置于最终用户的整个工作流程中，同时放置于整个项目的流程中

这里是最终用户

展现工作中使用模型的一个有趣且令人信服的例子

在实际展现时，你可以使用相关论坛讨论的屏幕截图

模型先于当前所使用的工作流程之前发现了一个重要问题

图 12.5   详细地讨论你的工作

图 12.5 中第二个幻灯片展现了项目中一个有趣的发现(实际展现中你可能有不止一个发现)。在示例中，TimeWrangler 是 WVCorp 公司的一个时间管理产品，而 GCal 是一个第三方提供的基于云的日历服务，它可以与 TimeWrangler 进行交互。在这张幻灯片中，我们展现的是该模型如何先于 TimeWrangler 团队从其他渠道(如客户支持日志)识别出 TimeWrangler 和 GCal 之间的集成问题。类似这样的例子恰恰体现了模型的实用价值。

在这部分展现中，我们也包含了一张用来讨论建模算法的幻灯片(如图 12.6 所示)。是否使用这张幻灯片取决于你的听众——一些听众可能有技术背景，并且有兴趣听听你是如何选择建模方法的。其他的听众可能对此毫不关心。无论属于哪种情况，都要保证展现内容简明扼要，而且从较高的层面描述所采用的技术，并说明你为什么认为这是一个好的选择。如果听众中有人想要了解更多的细节，他们可以提问——如果你预见到听众中有这样的人，可以增加额外的幻灯片来涵盖可能被关注的问题。否则，快速地概述这些内容，也可以完全将其略过。

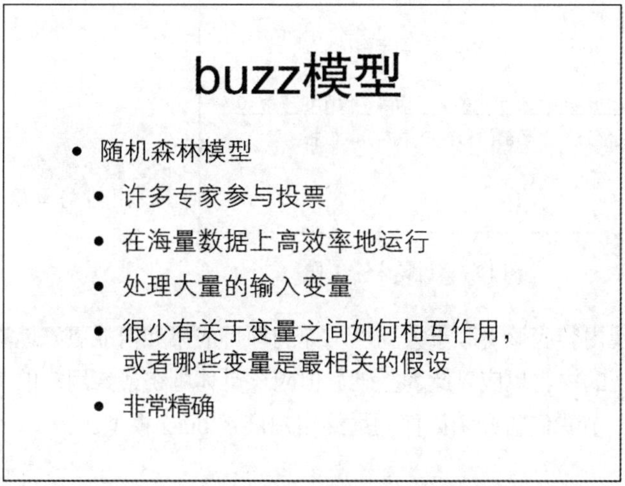

可选择的一张幻灯片，简要地讨论建模方法的细节

图 12.6 有关建模方法的一张可选的幻灯片

在这部分中，你可能还想要讨论其他细节。例如，参与试验性研究的产品经理给你一些有意义的例证或反馈：当他们使用这个模型时，工作变得多么容易，或者是他们认为特别有价值的发现，以及关于如何改进模型的想法——你可以在此提及这些反馈。这是一个机会，可以让公司里的其他成员对你在这个项目中的工作产生兴趣，并且争取他们对后续工作的更多支持。

12.1.4 提出建议并讨论未来工作

任何项目成果都不会是完美的。你应该坦诚(但积极乐观)地面对项目成果的局限性。在 Buzz 模型示例中，展现的结尾要列举出将来我们要进行的改进和后续工作，如图 12.7 所示。作为数据科学家，你当然对提高模型性能更感兴趣，但是对于听众来说，改进模型却不如改进流程(和使其更好地满足业务需要)重要。后续应该从这个角度来组织讨论。

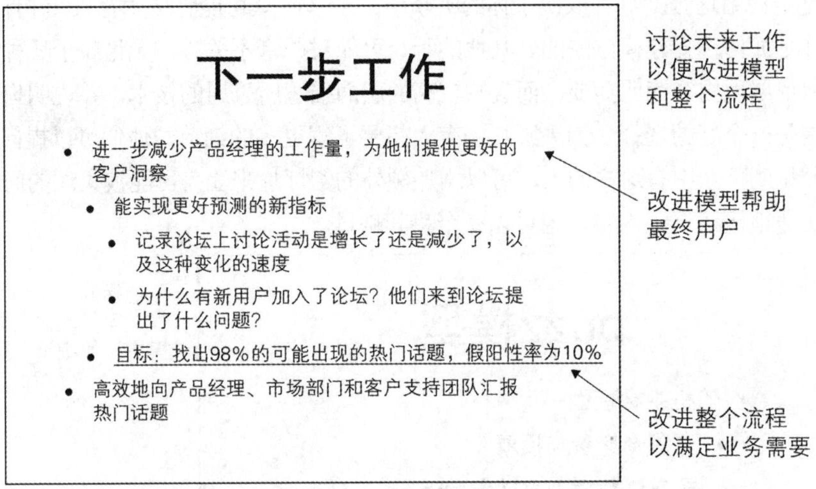

图 12.7 讨论未来工作

给项目出资方的展现内容应该着眼于大局以及你的项目成果如何能更好地满足业务需要。给最终用户展现的内容也应以此为基础，但应该具体围绕最终用户的工作流程和他们的关注点。下一节我们将介绍如何向最终用户展现 buzz 模型。

12.1.5 针对项目出资方的演示文稿中的关键点

给项目出资方演示时，你应该牢记如下几点：
- 保持简洁。
- 始终专注于业务问题，而不是技术问题。
- 项目出资方可能会使用你的演示文稿向组织中的其他人员推荐这个项目或者项目成果，在展现项目背景和动机时要始终牢记这一点。
- 在演示文稿中，尽早介绍你的成果，而不是介绍如何构建它们。

12.2　向最终用户展现模型

无论你的模型表现得多么出色，重要的是能让真正使用它的人对它的输出结果有信心，并且愿意接受它。否则，模型将会被束之高阁，你的努力也会白费。比较理想的做法是，让最终用户参与到项目之中——在我们的 buzz 模型示例中，有五位产品经理参与了这个试验性研究。而最终用户能够帮你向他们的同行宣传模型的优势。

在这一节中，我们会通过示例来说明如何向最终用户展现模型的结果。当然，这也得视情况而定，你并不需要总是提供一个清晰的演示文稿：你或许可以提供一个用户手册或者其他文档。然而，无论关于模型的信息是如何传递给用户的，我们认为重要的是让用户了解到模型的宗旨是使他们的工作流程变得更加简单，而不是更加复杂。为了实现本章的目的，我们将使用演示文稿的格式。

对于向最终用户展现的内容，我们推荐下面的结构：

1 概述项目背后的动机和项目目标。

2 显示模型如何适应用户的工作流程(以及它是如何改进工作流程的)。

3 显示如何使用该模型。

接下来，我们依次探讨这些关键点，先从项目目标开始。

12.2.1　概述项目目标

对于模型的最终用户而言，讨论项目的业务动机并不太重要，而更为重要的是讨论模型会如何影响他们的工作。在我们的示例中，产品经理正在通过监测论坛来了解客户的需求和问题。我们项目的目标是帮助他们将注意力聚焦在那些“好内容”上——即热门话题上。图 12.8 的示例幻灯片直接指明了这一点。用户很清楚他们想要找到热门话题，我们的模型就是要帮助他们更有效地完成这一工作。

我们的目标：
尽早地捕获到用户的需求

- 预测在产品论坛上哪些话题会成为持续热门话题
  - 客户期待的新功能
  - 存在使用问题的现有功能
- 持续的热门话题：真实、当前的客户需求
  - 不是短暂的、也不是当下时髦的热门话题

从最终用户的角度介绍工作动机：帮助他们更快地找到有用的热门话题

在实际展现时，你可以使用相关论坛讨论的一个截屏

图 12.8　项目的动机

12.2.2 展现如何将模型应用于用户的工作流程

在本节的文稿演示中，你需要解释模型是如何帮助用户完成工作的。一个好的方法是把模型使用前后的两种典型的用户工作流程进行对比，示例幻灯片如图12.9所示。

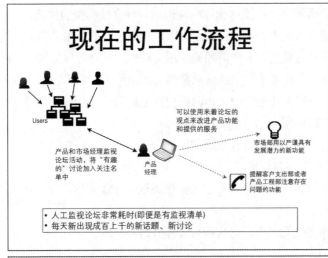

对最终用户使用模型前后的每日工作流程进行对比

使用预测模型之前：耗时多

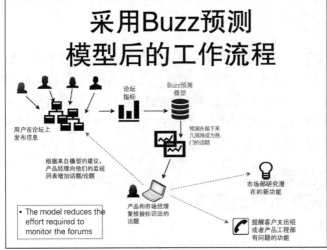

使用预测模型之后：关注点更集中，耗时少

图 12.9 使用了预测模型之前和之后的用户工作流程

想必使用模型之前的工作流程以及它的弊端对于用户来说简直再清楚不过了。使用模型之后的幻灯片则要强调模型为用户进行了论坛话题的初步过滤。模型的输出结果可以帮助用户管理已经存在的监视清单，当然用户也可以直接去访问论坛。

下一页幻灯片(见图 12.10 所示的上半部分)使用试验性研究结果来说明模型有助于减少用于监视论坛的工作量，并且模型也确实能提供有用的信息。在图 12.10 所示的下半部分，我们使用一个令人信服的例子来详细阐述了这一点(即 TimeWrangler 示例，我们在前面"向项目出资方演示文稿"中也使用了该例)。

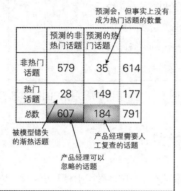

站在最终用户的角度讲述结果: 减少了人工方式下的工作量，而且模型给出的结果是正确且有价值的

展现工作中使用模型的一个有趣且令人信服的例子

在实际展现时，你可使用有关论坛讨论的屏幕截图

图 12.10 从用户的角度展现模型的优势

你可能还想针对模型是如何工作的来补充更多的细节。例如，用户也许想知道模型的输入是什么(如图 12.11 所示)，这样他们就可以把模型的输入与此前采用人工方式查找论坛上有价值信息时的输入进行比较。

一旦你介绍完了模型是如何适用于用户的工作流程之后，就可以向用户展现如何使用模型了。

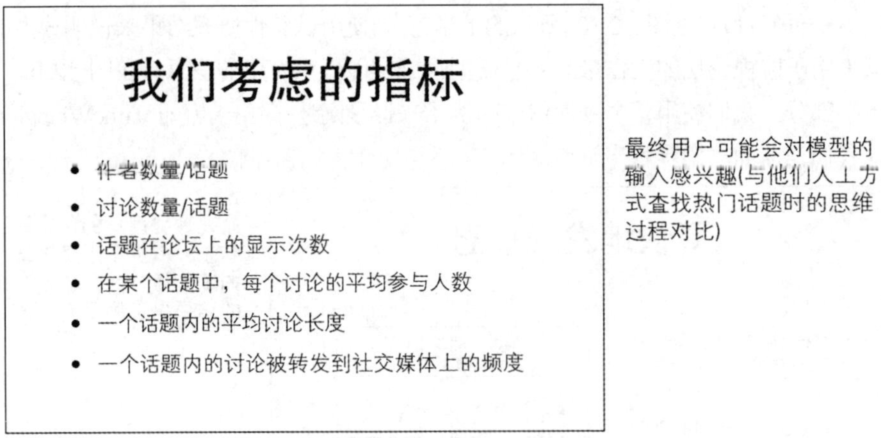

我们考虑的指标

- 作者数量/话题
- 讨论数量/话题
- 话题在论坛上的显示次数
- 在某个话题中，每个讨论的平均参与人数
- 一个话题内的平均讨论长度
- 一个话题内的讨论被转发到社交媒体上的频度

最终用户可能会对模型的输入感兴趣(与他们人工方式查找热门话题时的思维过程对比)

图 12.11　向用户展现相关的技术细节

12.2.3　展现如何使用模型

本节可能是展现的主体部分，你将教会用户如何使用模型。图 12.12 中的示例幻灯片描述了产品经理与 Buzz 模型之间是如何交互的。在这个示例场景中，我们假设有一个现成的机制，能够让产品经理把来自论坛的话题和讨论添加到一个监视清单中，同时产品经理也有渠道监控这个清单。模型会分别向多个用户发送通知，告知他们各自所感兴趣的话题中即将出现的热门话题。

在实际展现时，你应该展开每一个点，逐步地教会用户如何使用模型，包括提供与模型交互的 GUI 截图以及模型输出结果的截图。图 12.13 所示的示例幻灯片是一个通知邮件的截图，其中配有注释来向用户解释邮件各部分的内容。在本节结束之后，用户应该掌握了如何使用 Buzz 模型以及如何处理 Buzz 模型的输出结果。

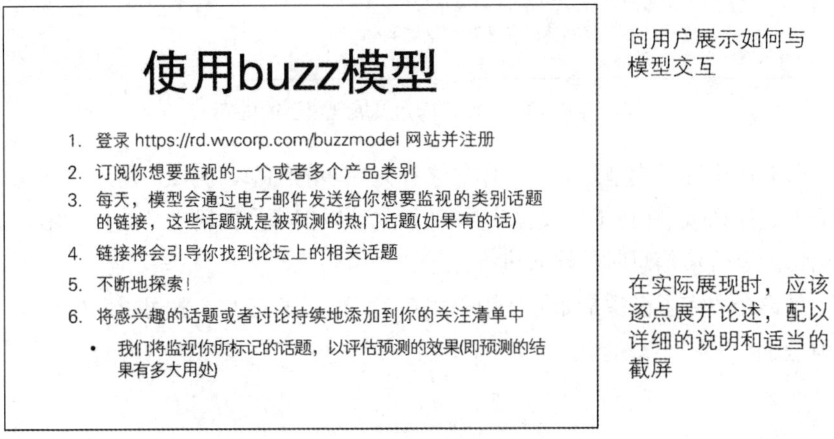

使用buzz模型

1. 登录 https://rd.wvcorp.com/buzzmodel 网站并注册
2. 订阅你想要监视的一个或者多个产品类别
3. 每天，模型会通过电子邮件发送给你想要监视的类别话题的链接，这些话题就是被预测的热门话题(如果有的话)
4. 链接将会引导你找到论坛上的相关话题
5. 不断地探索！
6. 将感兴趣的话题或者讨论持续地添加到你的关注清单中
   - 我们将监视你所标记的话题，以评估预测的效果(即预测的结果有多大用处)

向用户展示如何与模型交互

在实际展现时，应该逐点展开论述，配以详细的说明和适当的截屏

图 12.12　描述用户如何和模型交互

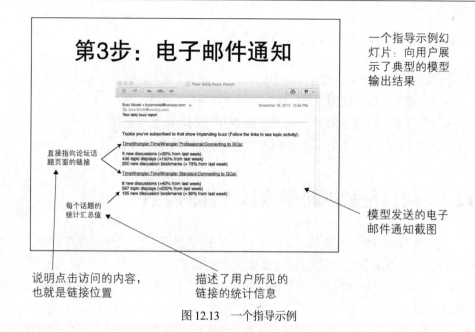

一个指导示例幻灯片：向用户展示了典型的模型输出结果

直接指向论坛话题页面的链接

每个话题的统计汇总值

模型发送的电子邮件通知截图

说明点击访问的内容，也就是链接位置

描述了用户所见的链接的统计信息

图 12.13　一个指导示例

最后，还要包含一页幻灯片向一直积极使用模型的用户征求反馈意见。图 12.14 所示的示例幻灯片展现了这一点。用户的反馈意见可以帮助你(以及支持模型运行的其他团队)改善用户体验，这会使得该模型更能被广大用户接受和广泛使用。

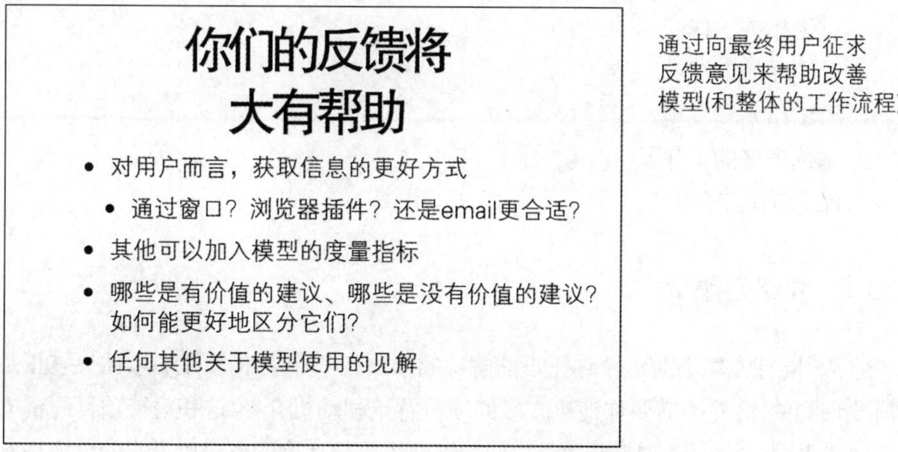

你们的反馈将大有帮助

- 对用户而言，获取信息的更好方式
  - 通过窗口？浏览器插件？还是email更合适？
- 其他可以加入模型的度量指标
- 哪些是有价值的建议、哪些是没有价值的建议？如何能更好地区分它们？
- 任何其他关于模型使用的见解

通过向最终用户征求反馈意见来帮助改善模型(和整体的工作流程)

图 12.14　征求用户的反馈意见

除了向项目出资方和最终用户展现模型，可能还需要向组织中或者组织外的其他数据科学家介绍工作成果。下一节将讲述如何向数据科学家同行展现结果。

12.2.4 最终用户演示文稿中的关键点

向最终用户展现文稿时你应该牢记:
- 首要的目标是说服用户,让他们愿意使用你的模型。
- 重点是介绍模型如何影响(改进)最终用户的日常工作流程。
- 描述怎样使用模型以及如何解释或使用模型的输出结果。

12.3 向其他数据科学家展现你的工作

向其他数据科学家展现你的工作,一方面是为他们创造一个机会来对你的工作进行评价,另一方面是让你有机会从他们的见解中获益。他们可能会发现一些你遗漏的问题,还可能针对所使用的方法提出好的修改建议,或者提出一些你从未考虑过的其他可选方法。

通常,其他数据科学家主要感兴趣的是你所使用的建模方法,以及你所尝试过的对标准技术的改进方法和建模过程中的有趣发现。向数据科学家同行展示的演示文稿一般包含以下内容:
1. 介绍问题。
2. 讨论相关工作。
3. 讨论你的方法。
4. 给出结果和发现。
5. 讨论未来的工作。
下面我们详细介绍。

12.3.1 介绍问题

通常,同行专家会对这个你正设法解决的预测任务产生浓厚的兴趣(如果它正是他们所要预测的),而不需要你铺垫太多的项目背景和动机介绍(这和对待项目出资方和最终用户不同)。如图 12.15 所示,我们首先介绍热门话题的概念以及它的重要性,然后直接介绍预测任务。

当向你所在组织内部的其他数据科学家进行展现时,上述方法是最好的。这是因为组织内部的所有成员都共享组织需求这样的背景信息。当向组织外的其他数据科学家们进行展现时,可能就需要以业务问题作为引导(例如,使用给项目出资方展现的演示文稿的前两页, 即图 12.2 和图 12.3 所示的示例幻灯片),目的是向他们介绍一些背景知识。

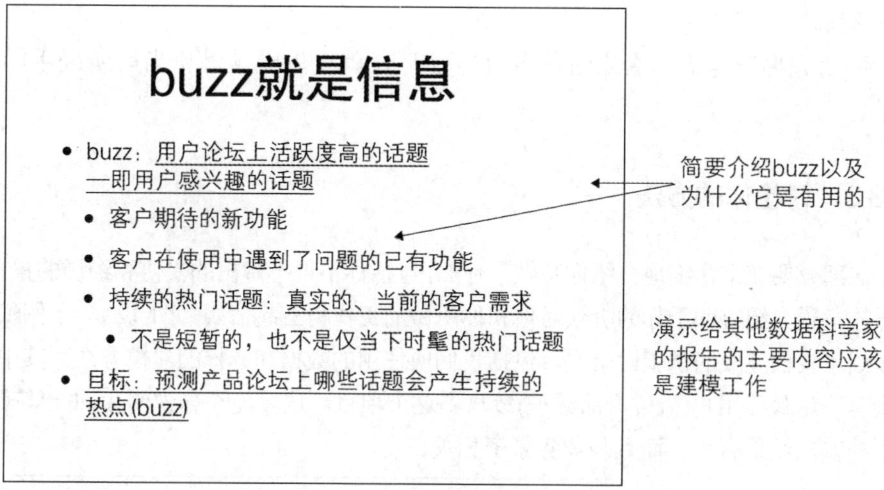

图 12.15　介绍项目

12.3.2　讨论相关工作

　　一般来说，学术性的报告都会引用相关文献或借鉴他人的工作成果，如讨论其他人已开展的研究且与你的工作相关的问题、他们所采用的方法，以及方法之间的相同点与不同点。图 12.16 展现了 buzz 模型项目中关于相关工作的示例幻灯片。

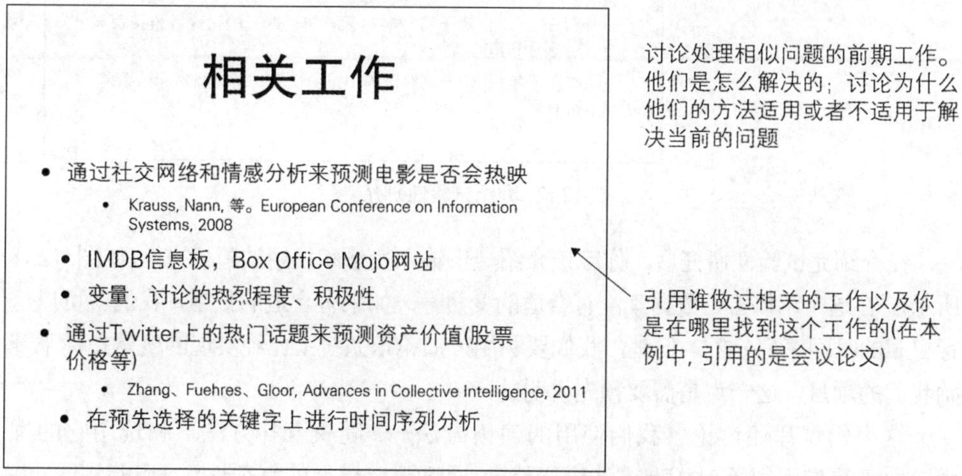

图 12.16　讨论相关工作

　　要知道，你不是在做学术报告。对你而言，所使用的方法能够成功地解决问题要比该方法极具创意更为重要。可以说，"相关工作"幻灯片提供了这样一个机会，你可以在此对你考虑过的其他方法进行讨论，并了解为什么这些方法不是很适合你要解决的具体问题。

讨论完你曾考虑和否定过的各种方法后，就可以继续讨论当前所采用的方法了。

12.3.3 讨论你的方法

这部分要非常详细地介绍你都做了什么，包括你不得不做出的妥协和经历的挫折。这样的背景介绍有助于你的听众对你和你所做的工作树立起信心。图 12.17 示例幻灯片介绍了我们完成的试验性研究，包括我们所使用的数据和选择的建模方法。其中还提到有一组最终用户(五位产品经理)参与了这个项目。这才能充分说明我们能够确保模型的输出结果有用，而且与业务紧密相关。

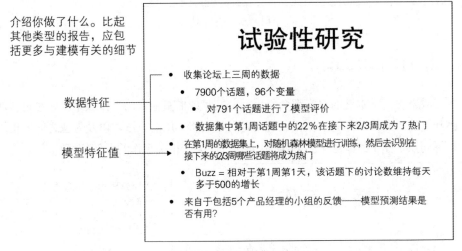

图 12.17　介绍试验性研究

在介绍完试验性研究后，你应该介绍一下输入变量和使用的建模方法(如图 12.18 所示)。在这个示例中，数据集没有合适的变量——如果有合适的数据，我们就可以进行更多的时间序列分析。但是，我们要利用产品论坛系统上已经实现的度量指标来开始我们的项目。这一点是需要预先说明的。

这个幻灯片还讨论了我们使用的建模方法——随机森林方法，和选用它的理由。由于我们不得不对标准方法进行修改(通过限定模型的复杂性)，所以这里一并提及。

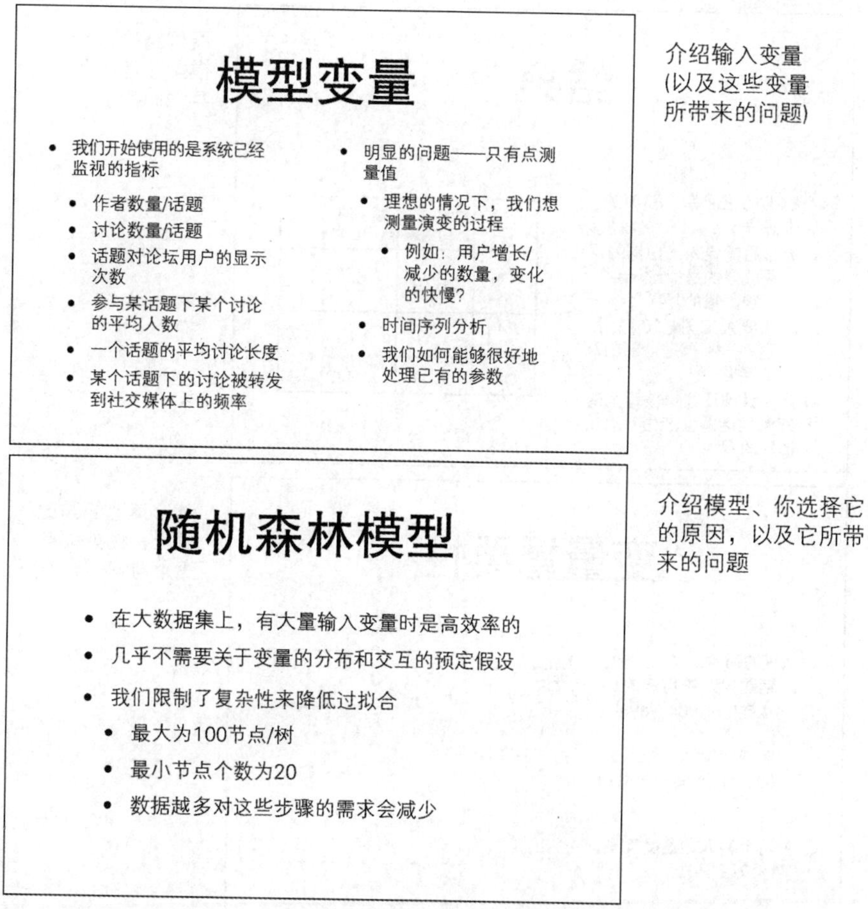

图 12.18　讨论模型输入和建模方法

12.3.4　讨论结果和未来的工作

讨论完方法之后，接下来就可以讨论模型结果了。图 12.19 所示的示例幻灯片中，我们讨论了模型的性能(准确率/召回率)，同时也证实了最终用户代表发现模型的输出结果对工作有用。

图 12.19 中的第二张幻灯片说明了在模型中哪些变量影响最大(回顾：变量的重要性计算对随机森林的构建有负面的影响)。在本例中，最重要的变量是某一话题在论坛中每天出现的次数和回复该话题的人数。这表明，这两个变量的时间序列数据尤其有可能提高模型的性能。

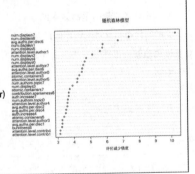

图 12.19 展现模型性能

你可能还想在讲述中加进一些包含惊人发现的例子——例如，我们在前面两个演示文稿中展示的 TimeWrangler 集成问题。

在完成了模型性能和工作中的其他成果的展现之后，你可以在文稿结束之前讨论一下模型可能的改进和后续的工作，如图 12.20 所示。

最后来看"未来工作"这张幻灯片上的要点(尤其是速度变量)，其内容自然来自前面对于工作和新发现的讨论。而其他的未来工作，如针对模型进行重训练的时间计划，不需要着重讨论，但是考虑到听众中的一部分人可能会遇到这样的问题，所以还是有必要在这里简要地叙述一下。再说一遍，要乐观地正视模型的局限性——特别是因为这批听众可能已经发现了这些局限性。

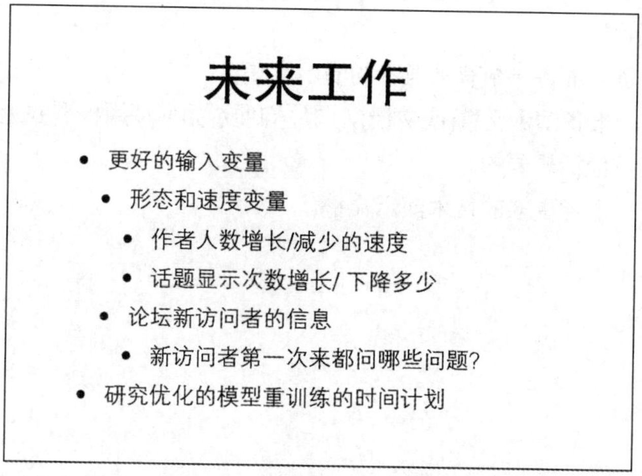

讨论未来的工作

图 12.20　讨论未来的工作

12.3.5　向其他数据科学家展现的要点

向其他数据科学家展现时，应注意以下几点：

- 给同行演示的首要动机应该是建模任务。
- 不同于以前的展现方式，给同行的演示可以(也应该)有丰富的技术细节。
- 要诚实面对模型的局限性和在建模过程中给出的假设。因为你的听众们可能已经发现了这些局限性。

12.4　小结

这一章中，你已经了解了如何将工作成果展现给三类不同的听众。每一类听众都有他们自己的视角和兴趣点，要根据这些兴趣点相应地调整你要展现的内容。要很好地组织你的幻灯片，表明大家共同的目标，并展现你是如何满足这个目标的。我们给出了多种方法来组织每一种类型的演示文稿，这些方法有助于你调整讨论的内容，使它更加妥当。

当然，我们提出的建议也不是一成不变的：你可能会遇到想要挖掘更多技术细节的项目出资方或者感兴趣其他方面的高管，或是最终用户可能对模型的内部工作方式感到好奇。还有可能是同行数据科学家想要了解更多的业务背景。如果能够提前知道这些需求(或许你曾经向这位听众展现过)，那么就应该在演示文稿中恰到好处地多提供一些细节内容。如果你不确定的话，可以准备一些备用幻灯片，在需要的时候使用。必须遵循的准则只有一条：与听众产生共鸣。

在本章中，你已学习了

- 如何为项目出资方准备一个有关业务的演示文稿。
- 如何为最终用户准备演示文稿(或文档)，向他们展示如何使用模型并让他们相信这个模型就是他们想要的。
- 如何为你的同行准备更多的技术演示文稿。

使用 R 和其他工具

在本附录中，我们将从 R 语言开发工具的安装过程开始，向读者展示如何使用 R 和其他开发工具。我们会针对一些概念和步骤进行举例和演示，但是对于一些读者来说你仍需要参考更多额外的阅读资料。

对于所有读者而言，都应阅读 A.1 节，因为该节介绍了从何处可以获得本书的所有软件支持资源。其他部分可以按需阅读，例如一些章节概述了 R 的详细工作方式(读者可能已知道)，而另一些章节概述了一些具体的应用程序(例如，如何使用数据库)，可能某些读者并不需要。在本书中，我们尽量避免教一些"以防万一"的知识，但在附录中，我们提供了一些你"可能"需要的知识。

A.1 安装

对于本书中运行的示例程序，首选工具是 R 语言和它的集成开发环境 RStudio。除此之外，也强烈推荐读者使用数据库、版本控制、编译器等其他工具。读者也需要访问在线文档或其他帮助才能使所有这些工具在你的环境中正常工作。读者可以从访问我们提供的软件的官方网站开始安装过程。

A.1.1 安装工具

R 运行环境是可以在 Unix、Linux、Apple macOS 和 Windows 上安装的一组工具和软件。

R

我们建议你从CRAN(Comprehensive R Archive Network)的网站 https://cran.r-project.org 或某个镜像来安装最新版本的 R。CRAN 是 R 和 R 程序包的权威核心资料库。CRAN 由 R 基金会和 R 开发核心团队提供支持。R 本身是自由软件基金会(Free Software Foundation)中 GNU 项目的一个正式组成部分，该项目是在 GPL 2 许可下发布的。R 被许多大型机构所使用，包括美国食品和药物管理局[1]。

在本书中，我们推荐使用 R3.5.0 版本或更高版本。

在使用 R 之前，你需要一个专门用于处理非格式化文本(或不是很复杂的文本)的文本编辑器。这类编辑器包括 Atom、Emacs、Notepad ++、Pico、Programmer's Notepad、RStudio、Sublime Text、wrangler、vim 等。这些编辑器与复杂的文本编辑器，例如 Microsoft Word 或 Apple Text Edit(不适用于编程任务)是完全不同的。

RStudio

在运行 R 时，我们建议使用 RStudio 工具。RStudio 是由 RStudio 公司 (https://www.rstudio.com)提供的一个流行的、跨平台的集成开发环境。RStudio 提供了一个内置的文本编辑器和便捷的用户界面，可用于执行各种常规任务，例如，安装软件、渲染 R markdown 文档以及使用源代码管理等任务。RStudio 不是 R 或 CRAN 的官方组成部分，不应与 R 或 CRAN 混淆。

RStudio 的一个重要功能是文件浏览器和 set-directory/go-to-directory 控件，它们隐藏在文件浏览窗口的设置图标中，如图 A.1 中的箭头所示。

RStudio 并不是使用 R 或完成本书中示例所必需的运行环境。

Git

Git 是一个源代码管理或版本控制系统，便于保存和分享工作。要安装 Git，可以按照 https://git-scm.com 上的相应说明进行安装。

数据科学总是涉及许多工具和协作，因此尝试使用新工具能够满足开发灵活性的需要。

本书的参考资料

本书所有的参考资料均可以从 GitHub 免费下载：https://github.com/WinVector/ PDSwR2，如图 A.2 所示。读者可使用 git clone 在 URL 网站 https://github.com/WinVector/ PDSwR2.git 将它们完整地下载下来，或者通过使用 GitHub 页面右上方的"Clone or

---

1　来源: https://www.r-project.org/doc/R-FDA.pdf。

Download"控件将一个完整的 zip 文件下载下来。

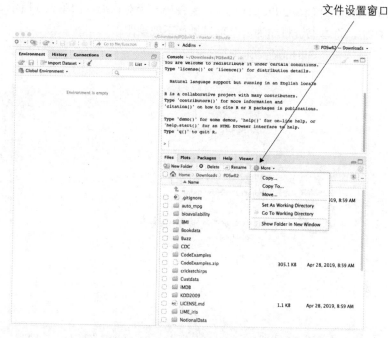

图 A.1　RStudio 文件浏览控件

https://github.com/WinVector/PDSwR2

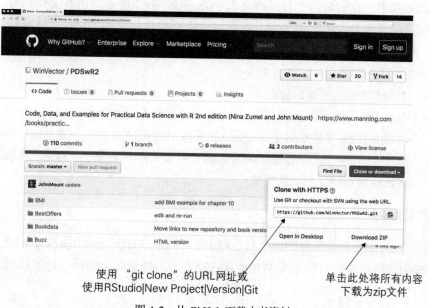

使用"git clone"的 URL 网址或
使用 RStudio|New Project|Version|Git

单击此处将所有内容
下载为 zip 文件

图 A.2　从 GitHub 下载本书资料

另一种下载资料的方法是使用 RStudio 和 Git 工具。从 Version Control | Git 中选择 File | New Project | Create Project 选项，会弹出一个对话框，如图 A.3 所示。你可以填写 Git URL，将本书资料作为一个项目执行下载操作。

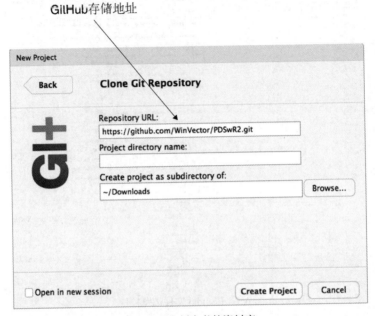

图 A.3　复制本书的资料库

在本书中，我们将这个目录命名为 PDSwR2，书中提到的所有文件和路径都在此目录或其子目录中。请确保是在此目录中查找任何 README 文件或勘误表文件。

该支持目录包括：

- 本书中使用的所有示例数据。
- 本书中使用的所有示例代码。本书的示例可在子目录 CodeExamples 中找到，也可以由 zip 文件 CodeExamples.zip 获得。除此之外，所有被重新运行和被重新渲染的示例集在 RenderedExamples 中可以获得(所有路径都对应于你解压缩后目录 PDSwR2 所处的位置)。

R 程序包

R 的一个主要优点是有 CRAN 核心程序包资料库。R 通过 install.packages()命令执行标准的程序包安装。一个安装包通常在项目中不能被马上使用，除非该包通过

library()命令被添加进来才可以[1]。一个最佳的实践方法是：任何类型的 R 脚本或任务都应该首先添加它要用到的所有程序包。此外，在大多数情况下，不要让脚本调用 install.packages()，因为这会引起 R 安装的变更，在没有用户监督的情况下不要执行此操作。

安装需要的程序包

要安装本书中使用的所有示例的程序包集合，首先按照前面的描述下载本书的资料库。然后在此资料库的第一个目录或顶层目录中查找：PDSwR2。在此目录中，你将找到文件 packages.R。可以使用文本编辑器打开此文件，它应包含以下内容(可能比此处显示的内容更多)。

```
# Please have an up to date version of R (3.5.*, or newer)
# Answer "no" to:
# Do you want to install from sources the packages which need compilation?
update.packages(ask = FALSE, checkBuilt = TRUE)

pkgs <- c(
    "arules", "bitops", "caTools", "cdata", "data.table", "DBI",
    "dbplyr", "DiagrammeR", "dplyr", "e1071", "fpc", "ggplot2",
    "glmnet", "glmnetUtils", "gridExtra", "hexbin", "kernlab",
    "igraph", "knitr", "lime", "lubridate", "magrittr", "MASS",
    "mgcv", "pander", "plotly", "pwr", "randomForest", "readr",
    "readxls", "rmarkdown", "rpart", "rpart.plot", "RPostgres",
    "rqdatatable", "rquery", "RSQLite", "scales", "sigr", "sqldf",
    "tidypredict", "text2vec", "tidyr", "vtreat", "wrapr", "WVPlots",
    "xgboost", "xts", "webshot", "zeallot", "zoo")

install.packages(
    pkgs,
    dependencies = c("Depends", "Imports", "LinkingTo"))
```

要安装所有内容，请在 R 中运行此文件的所有代码[2]。

不幸的是，安装时也有可能失败，失败的原因很多：不正确的复制/粘贴，没有

---

[1] 在 R 中，安装一个程序包与添加这个程序包是两个独立的步骤。install.packages()命令使程序包的内容可用；而后，执行 library()命令才能使用它们。一个便于记忆的方法是：install.packages 相当于在你的厨房里安装新的电器，library()则是将它们打开。你不必经常安装程序包，但是你经常需要重新打开它们。

[2] 上述代码可以在 https://github.com/WinVector/PDSwR2 网站上的 packages.R 文件中找到。我们可以调用 PDSwR2/packages.R 执行该代码，而该文件可能是来自原始的 GitHub URL 网站，或是来自 GitHub 资料库的本地副本文件。

Internet 连接，R 或 RStudio 的配置不正确，管理 R 安装的权限不足，R 或 RStudio 的版本过旧，丢失了必要的系统文件或 C / C ++ / Fortran 编译器不正确等。如果遇到这些问题，最好找一个论坛或专家来帮你完成这些步骤。一旦成功地安装了所有组件，R 便是一个自包含的环境，即可正常工作。

　　并非所有的示例都要用到全部程序包，因此，如果在完全安装上遇到麻烦，你可以尝试只使用本书中的示例。请注意：如果你遇到 library(pkgname) 命令失败，则可以尝试使用 install.packages('pkgname') 来安装缺失的程序包。前面的程序包列表只是试图在一个步骤中解决所有问题。

其他工具

可以使用 Perl[1]、gcc / clang、gfortran、git、Rcpp、Tex、pandoc、ImageMagick 和 Bash shell 等工具来增强 R 的功能。这些功能都在 R 之外进行管理，如何维护它们取决于你的计算机、操作系统和系统权限。Unix / Linux 用户最容易安装这些工具，而 R 主要是在 Unix 环境中开发的[2]。RStudio 将安装一些额外的工具。macOS 用户可能需要 Apple 的 Xcode 工具和 Homebrew(https://brew.sh) 才能安装所需要的工具。而需要编写程序包的 Windows 用户可能需要研究下 RTools(https://cran.r-project.org/bin/windows/Rtools/)。

　　Windows 用户可能需要 RTools 来编译程序包。但是，这不是绝对必要的，因为大多数来自 CRAN 的程序包都是一种预编译的格式(至少对 macOS 和 64 位 Windows 系统如此)。macOS 用户可能需要安装 Xcode 编译器(可从 Apple 获得)来编译程序包。这些步骤你均可跳过，直至需要编译功能时再安装也可以。

A.1.2　R 的程序包系统

R 是一种功能强大的语言，同时也是一个强大的分析平台。但它的真正优势在于 CRAN 提供的精深的程序包系统。若想安装 CRAN 程序包，只需要输入 install.packages('nameofpackage') 命令即可。若想使用某个已安装的程序包，只需要输入 library(nameofpackage) 即可[3]。在任何时候通过输入 library('nameofpackage') 或者

1　参见 https://www.perl.org/get.html。

2　例如，有关在 Amazon EC2 实例上快速配置 R 和 RStudio 服务器的说明见 www.win-vector.com/blog/2018/01/setting-up-rstudio-server-quickly-on-amazon-ec2/。

3　事实上，像 library('nameofpackage') 语句那样，将程序包的名称用引号括起来也是允许的。由于 R 语言具有延迟检测参数的能力(因此，如果出现一个未定义的 nameofpackage,不会导致系统报错)和探查参数名称的能力(大多数编程语言仅依靠参数的引用或者取值)，所以 R 语言也支持程序包的名称不加引号的写法。假定一个数据科学工作者整天面临使用多种工具及语言，那么我们建议不要拘泥于其中某种语言的特性，除非真正需要该特性。然而，按照 R 语言的主流编程风格，这里是不需要用引号的。

require('nameofpackage')命令，就可以加载即将被使用的某个内置程序包；否则，你需要通过运行 install.packages('nameofpackage')命令来安装这个程序包。在本书中，我们会反复提到程序包系统。如果要查看当前会话中引用了哪些程序包，可以使用 sessionInfo()命令。

CRAN 镜像的更换 可在任意时刻通过 chooseCRANmirror()命令更换 CRAN 镜像。如果发现当前所用的镜像的速度比较慢，可以很方便地通过该命令来更换镜像。

A.1.3 安装 Git

在介绍如何使用 R 语言和 RStudio 之前，我们建议先安装 Git 版本控制工具。这是因为，如果没有使用 Git 或其他类似的版本控制工具，你可能会丢失一些重要工作。这些丢失的工作不仅包含你本人所做的工作，还包括一些重要的客户端工作。很多数据科学工作(特别是分析任务)需要尝试各种变化和学习很多东西。有时，你的一些意外发现将导致之前已完成的某些实验要被重新进行。版本控制工具可以保存你之前所有工作的历史版本，因此可以恢复之前某次实验所使用的代码和相关设置。Git 的预编译安装包可以从 http://git-scm.com 下载。

A.1.4 安装 RStudio

RStudio 自带一个文本编辑器(用来编辑 R 脚本)和一个 R 语言集成开发环境。正如前文所述，在从 http://rstudio.com 获取 RStudio 之前，你应该先安装 R 编译器和 Git 版本控制工具。

对于初学者来说，要选择的 RStudio 产品是 RStudio Desktop,它在 Windows、Linux 或 macOS 系统下已预编译好，可以直接使用。

当你第一次使用 RStudio 时，我们强烈建议你关闭这两个功能："启动时将.RData 还原到工作区中"和"退出时将工作区保存到.RData 中"。启用这两个设置后(它们是默认设置)，很难可靠地进行"清理工作"(这一点我们将在 A.3 节中讨论)。如果要关闭这些功能，打开 RStudio 选项窗口(通过菜单找到 Global 选项，根据使用的操作系统，选择 RStudio | Preferences, Tools | Global Options, Tools | Options 或类似的选项)，然后如图 A.4 所示更改这两个设置。

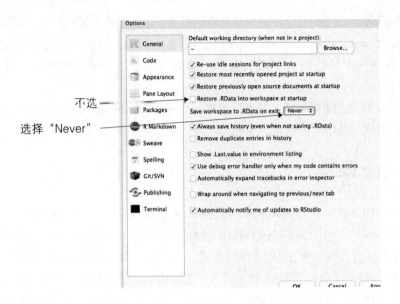

不选

选择 "Never"

图 A.4　RStudio 选项

A.1.5　R 资源

R 语言的强大功能在于它拥有一个庞大的程序包家族,并能够从 CRAN 资源库中获取。本节我们将介绍其中的一些程序包和文档。

安装 R 视图

R 语言拥有一套非常精深的可用函数库。通常,你所需要的程序包 R 中都有,找出来使用即可。利用视图(http://cran.r-project.org/web/views/)来查找这些程序包是一种有效方法。

你可以用一条命令(虽然会被告警: 此命令可能需要 1 小时完成)来从视图安装所有的程序包(带有帮助文档)。例如,我们可以通过下面的命令安装一套庞大的时间序列函数库:

```
install.packages('ctv', repos = 'https://cran.r-project.org')
library('ctv')
# install.views('TimeSeries') # can take a LONG time
```

安装完成之后,你就可以尝试执行一些示例和代码了。

R 的在线资源

R 的很多帮助资源都是在线可访问的。一些常用的在线资源如下：

- *CRAN*——R 语言主站点：http://cran.r-project.org。
- *Stack Overflow R section*——一个问答网站：http://stackoverflow.com/questions/tagged/r。
- *Quick-R*——一个很强大的 R 语言资源网站：http://www.statmethods.net。
- *LearnR*——该网站将 *Lattice: Multivariate Data Visualization with R* (*Use R!*) (D.Sarker 著，于 2008 年在 Springer 出版)一书中的所有图用 ggplot2 重画了一遍，网址为 http://learnr.wordpress.com。
- *R-bloggers*——一个 R 语言博客汇总网站：http://www.r-bloggers.com。
- *RStudio community*——RStudio/tidyverse–oriented 公司网站：https://community.rstudio.com/。

A.2 开始使用 R 语言

R 语言是统计编程语言——S 语言的一种实现。最初 S 语言的实现版本主要是商业软件 S+。因此，R 语言的设计策略与 S 语言有很多类似之处。为了避免混淆，我们在描述特性时统一将其称为 R 语言。你可能很想知道 S 语言或 R 语言的命令类型以及编程环境是什么样的。它们的功能很强大，提供了一个良好的命令解释器，我们建议你直接向命令解释器输入命令。

> **保持环境干净**
>
> 在 R 或 RStudio 中，"保持环境干净"是一个很重要的任务——即从一个空的工作区开始并显式地安装你所需的包、代码和数据。这样可以确保你能够知道如何进入准备就绪状态(因为你必须执行或写下完成该状态的步骤)，并且保证你不会处于不知道如何恢复的状态(我们称之为"无外部干扰")。
>
> 要在 R 中保持环境干净，必须关闭工作空间的所有类型的自动恢复。在 "base R" 中，这是通过设置--no-restore 命令行标志并重新启动 R 来完成的。在 RStudio 中，如果未选中 "Restore .Rdata into workspace on startup(启动时将.Rdata 还原到工作区中)" 这个选项，则 Session | Restart R 菜单选项起着类似的作用。

编写 R 语言程序并发出命令实际上是一个写脚本或者编程的过程。我们假定你对于某种脚本编写技术(利用 Visual Basic、Bash、Perl、Python、Ruby 等工具编写)或某种编程技术(利用 C、C++、C#、Java、Lisp、Scheme 等语言编写)有一定了解；如果不了解，可以从我们所提及的这些技术中选择某种技术进行学习。我们并不打算编写很长的 R 语言程序，但是会展示如何发出 R 命令。与那些常见的编程语言不同，R 语言程序虽然很强大、很复杂，但我们认为只要稍加指点，任何人都可以使用它。如果读者不知道如何使用某一个命令，可以通过输入 help()来调取相应的帮助文档，以获取帮助。

本书中，我们将指导你运行各种 R 命令。也就是在 RStudio 的控制台窗口中直接输入命令，或者在命令行提示符>之后输入命令，然后按 Enter 键来执行这些命令。例如，在控制台窗口输入 1/5，按 Enter 键，你将会看到输出结果: [1] 0.2。其中[1] 代表 R 输出结果的行编号(此部分可忽略), 0.2 是 1/5 的浮点数表示，即我们想要的结果。

帮助 可以通过 help ()查看命令的说明。例如，通过 help('if')可以查看 R 语言中关于 if 命令的说明。

接下来，让我们尝试执行一些命令，以便熟悉 R 语言和它基本的数据类型。R 语言的命令以换行符或者分号(或既有分号也有换行符)结尾，但是在你按 Enter 键之前这些交互式的命令并不会被执行。代码清单 A.1 列举了一些 R 语言命令的示例，你可以在自己的 R 环境中运行。

代码清单 A.1 R 命令示例

```
1
## [1] 1
1/2
## [1] 0.5
'Joe'
## [1] "Joe"
"Joe"
## [1] "Joe"
"Joe"=='Joe'
## [1] TRUE
c()
## NULL
is.null(c())
## [1] TRUE
is.null(5)
## [1] FALSE
c(1)
```

```
## [1] 1
c(1, 2)
## [1] 1 2
c("Apple", 'Orange')
## [1] "Apple" "Orange"
length(c(1, 2))
## [1] 2
vec <- c(1, 2)
vec
## [1] 1 2
```

#是 R 的注释字符　#号是 R 的注释字符。它指示该行的其余部分将被忽略。我们用它来进行注释，并在结果中标明输出。

A.2.1　R 语言的基本特性

R 语言看起来像是一种典型的过程化程序开发语言。但事实并非如此，因为 S 语言(R 语言是它的一种具体实现)的设计灵感来自函数式编程，并且具有很多的面向对象的特性。

赋值

R 语言有 5 个常用的赋值操作符：=、<-、->、<<-和->>、传统 R 语言中，<-是首选的赋值操作符，而=是末选。

与=相比，采用<-进行赋值的优势在于：<-是专门表示赋值的操作；而=既可以表示赋值，也可以表示列表绑定、函数参数绑定或者用于 case 语句之中，其具体含义需要根据上下文来确定。要注意不要在运算符之间加入空格，以免引起错误，例如：

```
x <- 2
x < - 3
## [1] FALSE
print(x)
## [1] 2
```

实际上我们更喜欢用=进行赋值，因为数据科学家们倾向于同时使用多种编程语言，并且可能还没等执行到=，已查获到了很多程序错误。但是这样做会引起一些麻烦 (详见 http://mng.bz/hfug)，尽管在本书中我们主张尽量使用<-进行赋值，但有些编程习惯是难以改变的。

R中的多行命令　R允许使用多行命令模式。在输入多行命令时，需要确保在换行处不会发生停止解析的语法错误。例如，要将1+2输入为两行，请在加号之后而不是之前添加换行符。要退出R的多行命令模式，可以按Escape键。许多隐含的R错误都是由于一个语句提前结束(导致语法错误)或没有按预期结束(需要额外的换行符或分号)引起的。

=操作符除了可以用来赋值，还可以用来绑定函数中的参数(而操作符<-不能用来绑定函数中参数)。示例代码如代码清单A.2所示。

代码清单A.2　将值赋给函数参数

```
divide <- function(numerator,denominator) { numerator/denominator }
divide(1, 2)
## [1] 0.5

divide(2, 1)
## [1] 2

divide(denominator = 2, numerator = 1)
## [1] 0.5

divide(denominator <- 2, numerator <- 1) # wrong symbol <-
    , yields 2, a wrong answer!
## [1] 2
```

操作符->表示从左到右的赋值操作，例如你可以编写类似x -> 5的语句。虽然这种写法看起来有些别扭，但并没有违反语法规则。

应当尽量避免使用<<-和->>操作符，除非确实要使用它们独有的特性。它们通常是在当前执行环境之外写入值，这是其特性的一个副作用的例子。当确实需要使用这些操作时(这些操作常用于错误跟踪和写日志)，这一特性很有用。但是当过度使用它们时，会使代码维护、调试和文档编写变得比较困难。代码清单A.3展示了一个没有副作用的"好"函数，和一个有副作用的"坏"函数。

代码清单A.3　操作符的副作用

```
x<-1
good <- function() { x <- 5}
good()
print(x)
```

```
## [1] 1

bad <- function() { x <<- 5}
bad()
print(x)
## [1] 5
```

向量运算

R 语言中很多运算符可用于向量运算，它们可以将操作施加到向量的每一个元素上。和显式的 for 循环相比，使用向量运算更为方便。例如，向量的逻辑操作符可以是==、&和|。代码清单 A.4 列举了一些向量的逻辑操作示例，其结果为 TRUE 或 FALSE。

代码清单 A.4　针对布尔操作符的 R 真值表

```
c(TRUE, TRUE, FALSE, FALSE) == c(TRUE, FALSE, TRUE, FALSE)
## [1]  TRUE FALSE FALSE TRUE

c(TRUE, TRUE, FALSE, FALSE) & c(TRUE, FALSE, TRUE, FALSE)
## [1]  TRUE FALSE FALSE FALSE

c(TRUE, TRUE, FALSE, FALSE) | c(TRUE, FALSE, TRUE, FALSE)
## [1]  TRUE TRUE TRUE FALSE
```

如果要检测两个向量是否匹配，我们建议使用 R 的 identical()或 all.equal()方法。

何时使用&&或||　在 R 语言中，&&和||中仅适用于标量，不适用于矢量。因此，&&和|| 要用在 if()语句中，不要把&或| 用在 if()语句中。在处理常规数据时同样是首选&和|操作符(可能需要这些矢量化的版本)。

R 语言还提供了一个可进行向量运算的语句 ifelse(, ,)(基本 R 中的 if 语句并不能进行向量运算)。

R 语言是一种面向对象的语言

R 语言中的每一个元素都是一个对象,相应的有一个类(class)定义。可以使用 class()命令来获悉某元素所属的类型。例如，通过 class(c(l,2))命令可以得知对象类型是数值型(numeric)。实际上 R 语言具有两套面向对象的系统。其中一个系统是 S3，它类似于C++或者 Java 编程系统。在 S3 的类系统中，可以存在多个重名的命令。例如，可以存在多个命令都叫 print()。对于 print(x)语句，将按哪种命令执行，取决于运行时 x 的类型。S3 是一个独特的对象系统，因为方法是全局函数，并且与对象定义、原型或接口没有紧密的关联性。R 语言还具有另一个面向对象的系统——S4。S4 系统支持更为复杂的类，并且可根据更多参数(不仅仅是第一个参数)的类型来确定调用哪个方法。除非想要成为一名专业的 R 程序员(而不是专业的 R 用户或者数据科学家)，否则建议读者不要专注于研究这些复杂的 R 语言的面向对象系统。在大多数情况下，你仅需要了解像 print()、summary()和 class()等 R 语言对象定义的一般常用方法即可。建议读者多使用 help()命令。想要获取某个类的帮助信息，可用 method.class(即"方法名.类名"的形式)来引用它。例如，想要获取与 predict()方法关联的 glm 类的对象信息，可以使用 help(predict.glm)语句。

R 语言具有按值传递的特征

在 R 中，对一个值的每个引用都是隔离的：对一个引用的更改不会被其他引用看到。这是一个有用的功能，类似于其他语言所称的"根据值语义去调用"，甚至相当于某些语言的不可变的数据类型。

这意味着，从编程者的角度看，函数的每个变量和每个参数是以单独副本的形式传递给函数的。准确地说，R 的调用语义实际上是将引用和延迟拷贝(lazy copy)相结合。但只有你亲自动手处理函数参数引用时，才会明白 R 语言按值传递的特性。

对于分析软件来说，按值传递(Share-by-value)是一个很好的选择，因为这样做能减少副作用及错误的产生。但是大多数编程语言并不是按值传递，因而按值传递的语义让人觉得有些难以置信。例如，很多专业的程序员更为认可：在函数内对变量的修改操作应该在函数外可见。代码清单 A.5 展示了一个按值传递的例子。

代码清单 A.5　按值传递的效果

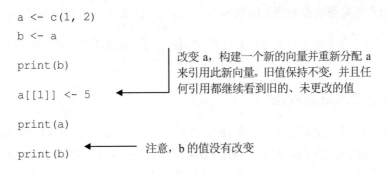

```
a <- c(1, 2)
b <- a

print(b)

a[[1]] <- 5          改变 a，构建一个新的向量并重新分配 a
                     来引用此新向量。旧值保持不变，并且任
                     何引用都继续看到旧的、未更改的值

print(a)

print(b)     ◀────── 注意，b 的值没有改变
```

A.2.2 R 语言的主要数据类型

尽管 R 语言相关特性令人青睐,但铸就 R 独特分析风格的关键之处在于 R 语言的数据类型。在这一部分,我们将讨论 R 语言的主要数据类型及其用法。

向量(vector)

向量是 R 语言中最基本的数据类型,也称数组(array)。在 R 语言中,向量是一个由若干相同数据类型的值构成的数组。向量可以由 c()语句来创建,该语句用来将一个由逗号分隔的参数列表转化为一个向量(详见 help(c))。例如,c(l,2)表示一个向量,它的第一个元素是 1,第二个元素是 2。读者可以自己尝试在 R 的命令提示符后输入 print(c(l,2))命令,来看一下向量是什么样子的。如果执行 print(class(1))命令后返回的是 numeric,则该向量属于 R 语言中的数值型向量。

R 是非常独特的、没有标量类型的语言。在 R 语言中,单个数字(如数字 5)表示一个长度为 5 的向量。

> **R 语言中的数字**
>
> 在 R 语言中,数字主要采用双精度浮点表示。这和有些编程语言不同,例如 C 和 Java 语言中的数字默认为整型。这就意味着你不需要像 C 语言或者 Java 语言那样,必须将"1/5"写成"1.0/5.0",以免"1/5"被四舍五入成 0。然而,R 语言对于小数的表示也不无瑕疵。例如,"1/5"在 R 中的实际值(使用 sprintf("%.20f",l/5)命令,保留小数点后 20 位)是 0.20000000000000001110,而不是通常认为的 0.2。当然这个问题不是 R 语言所独有的,它是由浮点数本身的特性造成的。例如,1/5!=3/5-2/5,这是因为 1/5-(3/5-2/5)等于 5.55e-17,而不是 0。

R 语言通常不会公开任何基元类型(primitive type)或标量类型给用户使用。例如,数字 1.1 实际上是被转换成一个长度为 1 的向量,它的第一个元素就是 1.1。因此,print(class(l.l))和 print(class (c(1.1,0)))的结果是相同的。同样,length(1.1)和 length(c(l.l))的结果也是相同的。在 R 中,我们所说的标量(或者单个数值,或者单个字符串)是指长度为 1 的向量。在 R 语言中,最常见的向量类型如下:

- Numeric 数值型向量——双精度浮点数的数组。
- Character 字符串型向量——字符串数组。
- Factor 因子型向量——从一个固定的可选集合中选出的字符串数组(很多编程语言中称为枚举(enums))。
- Logical 逻辑型向量——TRUE/FALSE 数组。

- NULL——空向量 c()(类型总是为 NULL)。注意：length (NULL)的结果是 0，而 is.null(c())的结果是 TRUE。

R 语言使用方括号(很多其他语言也是这样)来访问向量中的元素[1]。和大多数现代编程语言不同，R 中向量元素的下标取值是从 1 开始，而不是从 0 开始。下面是一些示例代码，一个名为 vec 的变量将被创建，用来存放一个数值型向量。R 语言中大多数的数据类型都是可变的，允许用户对其更改。

```
vec <- c(2, 3)
vec[[2]] <- 5
print(vec)
## [1] 2 5
```

数字序列　使用像 1:10 这样的命令，就可以很容易地生成数字序列。注意：运算符":"的优先级并不高，所以你要习惯于使用圆括号。例如，1:5*4+1 并不是指 1:21。对于常量序列，可以使用 rep()表示。

列表

除了向量(使用 c()操作符创建)，R 语言还包括两种类型的列表。不同于向量，列表可以存储多种不同类型的对象。当一个函数需要返回多个结果时，列表是最佳的表示方式。R 语言中基本列表是用 list()操作符创建的，如 list (6, 'fred')。基本列表不是很实用，所以我们跳过它直接介绍命名列表(named list)。在命名列表中，每一个元素都有一个名称。例如，list('a' = 6, 'b' = 'fred')表示创建了一个命名列表。每个元素的名称都是一个字符串常量(不能是变量或其他类型)，但名称上的引号通常会被省略。R 语言中，命名列表是唯一一种能够方便地表示映射关系的数据结构(其他映射结构会导致易变的列表)。要访问列表中的元素可以使用操作符\$或者[[]]操作符(可利用 R 语言帮助系统中的 help ('[[')来查看其细节]。代码清单 A.6 给出一个简单示例。

代码清单 A.6　R 中检索操作的示例

```
x <- list('a' = 6, b = 'fred')
names(x)
## [1] "a" "b"
x$a
## [1] 6
x$b
```

---

[1]　[ ]是常用的表示向量元素的检索符号。当获取单个值时，建议使用双括号即[[ ]]，因为这样写会引出越界提示，而[ ]这种写法却不会引出警告。

```
## [1] "fred"
x[['a']]
## $a
## [1] 6

x[c('a', 'a', 'b', 'b')]
## $a
## [1] 6
##
## $a
## [1] 6
##
## $b
## [1] "fred"
##
## $b
## [1] "fred"
```

标签可支持大小写敏感的部分匹配

R 列表的标签访问操作符(如$)允许部分匹配。例如，list('abe' = 'lincoln')$a 返回 lincoln 是没问题的，但当你在列表中恰好有一个标签名为 a 的元素时，就会出问题。通常，如果 list('abe'='lincoln')$a 操作在执行时报错，也未必是坏事，因为你可以第一时间发现这个错误，及时避免问题的发生。你可以使用命令 options(warnPartialMatchDollar = TRUE)禁止部分匹配，但这样做可能会使其他依赖于这一简化表达的代码报错。

正如你所看到的那样，在我们的示例中，[ ]操作符是可向量化的，使得列表特别适合用来表示转换关系。

元素选取，用[[ ]]还是用[ ]?

从列表或者向量中选取一个元素，使用操作符[[ ]]是绝对正确的。直观来看，[ ]似乎是与[[]]功能等价的一种简化形式，但是当其作用于单值(标量)参数时，就不可行了。[]操作符可以将向量作为参数(例如 list(a='b')[c('a','a')])并返回非平凡(nontrivial)向量(长度大于 1 的向量，或者非标量的向量)或者列表。而操作符[[ ]]可支持平凡向量和平凡列表的元素选取操作。而操作符[[ ]]对于列表和向量而言有不同的(和更好的)针对单个元素的语义解释(尽管遗憾的是，[[ ]]对于列表的语义解释与对于向量的语义解释是不同的)。

> 实际上，最好不要使用[ ]操作符，你应该使用[[ ]]操作符(如果你只想获取一个结果元素时)。任何人，包括作者在内，忘记这一点而使用[ ]操作符都可能带来安全隐患。对于列表，[[ ]]操作可区分返回值和列表类型(可以对比 class(list(a='b')['a'])命令和class(list(a='b')[['a']])命令)。对于向量，当发生越界访问时，[]操作符不能给出提示 (可以对比 c('a','b')[[7]]命令和 c('a','b')[7]命令，或者更差的命令 c('a','b')[NA])。

数据框

数据框是 R 语言的核心数据结构。数据框以行和列的形式组织。一个数据框就是一个由不同数据类型的列所构成的列表。每行每列有对应的值。R 语言的数据框和数据库的表有很多相似之处：各列的名称和类型相当于模式，而行相当于数据记录。在R 语言中，可以使用 data.frame()命令快速创建一个数据框。例如，利用 d = data.frame(x=c(1,2),y=c('x','y'))可创建一个数据框。

从数据框中读取列的正确方法是使用[[]]或者$操作符，例如 d[['x']]，d$x 或者d[[l]]。也可以用 d[, 'x']或者 d['x']来读取列。需要注意，并非所有这些操作符都返回相同的结果类型(有些返回数据框，而有些返回数组)。

可以用 d[rowSet,]表达式对一个数据框的行集合进行访问，其中 rowSet 是一个布尔类型的向量，向量中每一个布尔值对应一行。我们更倾向于使用 d[rowSet,, drop = FALSE]或者 subset(d,rowSet)表达式，因为这样能够确保返回值总是一个数据框，而不是向量等其他数据类型(向量不能像数据框一样支持所有的操作)[1]。访问单行可以使用d[k,],其中 k 是行号。访问数据框常用的函数包括 dim()、summary()和 colnames()。数据框中的元素可以通过其所在行和列来进行定位，如 d[1, 'x']。

从 R 语言的角度来看，数据框就是一个表，将用户所感兴趣的每个实例作为一行，同时将要使用的每个属性作为一列。当然，这是理想化的目标。数据科学家们并不奢望能够如此幸运地找到这样一种形式的数据集。事实上，数据科学家们 90%的工作都集中在如何将数据转化成这种形式。我们将这项任务称为数据管道传输(data tubing)，该任务包括多个数据源加载、新数据源发现，同时还需要和业务人员、技术人员进行合作。因此，数据框是一种很好的数据抽象。可以认为一个数据表格是数据科学家的理想化 API。由此，整个工作可被划分为数据预处理和数据分析两部分，前者将数据转化为数据框形式，后者对数据框中的数据进行分析处理。

本质上，数据框是由列组成的列表。这使得某些操作变得简单易行，例如：打印列的汇总信息或列的类型，但同时也给行的批处理操作造成一定困难。R 语言的矩阵是按行组织的，所以要实现数据框与矩阵间的相互转换(使用转换函数 t()),需要对数据

1　针对该问题，可以输入 class (data.frame (x=c(l,2)) [1,])语句，执行后返回的是数值型的类，而不是返回data.frame 类。

框的行执行批处理操作。但是需要注意：当利用 model.matrix() 等命令将数据框转化为矩阵(将类别型变量转换为多列数值型的指示变量)时，源自单一变量的多个列将无法被追踪，导致像逐步回归(stepwise regression)、随机森林等按变量处理的启发式搜索算法陷于混乱。

如果靠键盘输入是填充数据框的唯一途径，那么数据框就没有什么使用价值了。填充数据框的两种主要途径是通过 R 语言的 read.table() 命令以及使用数据库连接器(我们将在附录 A.3 中讨论)。

矩阵

除了数据框，R 语言还提供了矩阵这种数据类型。矩阵是由行和列组成的二维结构。矩阵和数据框的不同之处在于：矩阵由一系列行构成，其中每个元素都拥有相同的数据类型。当对矩阵进行检索时，我们建议使用 drop = FALSE 表达式。如果不使用这个表达式，应返回一个单行矩阵的反而返回一组向量。在 R 语言之外，这样似乎行得通，但 R 语言中向量是不能替换矩阵的，否则，运行时下游代码会因接收不到矩阵而莫名其妙地出错。而且这种错误很罕见，很难排查或者发现，因为它只会在检索操作恰好返回一行数据的情况下被发现。

NULL 值和 NANA(不可用)值

R 语言有两类特殊的值：NULL 和 NA。R 语言中，NULL 只是空向量 c() 的一个别名。它没有类型信息，所以数值型的空向量和字符串型的空向量是一样的(尽管这是一个设计缺陷，但是符合大多数编程语言对于空指针的处理方式)。NULL 只可以出现在需要向量或者列表的地方，它并不能代表缺失的标量值(如某个数值或者字符串)。

对于缺失的标量值，R 语言使用一个特殊的标记——NA,它表示缺失值或者不可访问的数据。在 R 语言中，NA 和大多数浮点类型实现方式中的 NaN(not-a-number——不是一个数值)类似(但 NA 可以表示任何标量而不仅仅是浮点数)。NA 表示某数据不存在(Nonsignaling)或缺失值。若数据不存在，运行时将不会发出警告信息，并且程序代码也不会停止运行(未必是好事)。对于 NA 的复制操作，并不能保证一致性。正如我们所预想的，2+NA 仍然是 NA,但是 paste(NA,'b') 却是一个有效的非 NA 的字符串。

虽然 class(NA) 是一个逻辑数据类型，但 NA 可以出现在任何向量、列表、slot(插槽)或数据框中。

因子

单个字符串的数据类型可以用 character 表示，除此之外，R 还有一个特殊的"字符串集合"类型，类似于 Java 中的枚举类型。这个类型叫作因子(factor)，一个因子是一个字符串值,要知道该值只能是从一组值(被称为 levels——类别值)构成的特定集合中选出的。利用因子可以很好地表示类别型变量具有的不同值或者不同类别值。

从代码清单 A.7 中的示例可以看出,可以将字符串"red"编码为一个因子(注意它是从众多可选值中选出的)。但对于"red"所属的类别值集合,是无法将字符串"apple"编码为一个因子的(返回值是 NA,即 R 语言中特定的缺失值)。

代码清单 A.7　R 中针对无法编码的因子类别值的处理

```
factor('red', levels = c('red', 'orange'))
## [1] red
## Levels: red orange

factor('apple', levels = c('red', 'orange'))
## [1] <NA>
## Levels: red orange
```

因子在数据统计中非常有用,在数据科学处理过程中,你可能需要将大量字符串值转化为因子。通常,执行此操作的时间越晚越好(因为在执行时你会更了解数据的变化),因此我们建议在读取数据或创建新的 data.frame 时使用可选参数"StringsAsFactors = FALSE"。

确保因子类别值的一致性

本书中,训练数据与测试数据的准备工作通常是分别进行的(这也正符合"新数据的准备通常发生在获取到原始训练数据之后"这一事实)。由此,产生了两个与因子相关的基本问题:一个是训练和应用过程中因子的类别值数目的一致性问题,另一个是应用过程中新的因子类别值的发现问题。对于第一个问题,可由 R 语言的代码来保证因子数目的一致性。代码清单 A.8 表明函数 lm()正确地解决了字符串因子的预测问题,即便在应用过程中发现新的因子集,仍能保证因子集的一致性(对于非核心库函数,可能需要你对此进行双重检查)。对于第二个问题,在应用过程中发现一个新因子是属于模型构建的问题。数据科学家应尽量避免这种情况的发生,一旦发生,需要给出应对策略(例如,退回到没有考虑新因子的模型进行修正)。

代码清单 A.8　lm()函数确保对新出现的字符串变量能正确预测

```
d <- data.frame(x=factor(c('a','b','c')),
          y=c(1,2,3))
m <- lm(y~0+x,data=d)
```

构建数据框和线性模型映射,将 a、b、c 映射到 1、2、3

```
print(predict(m,
    newdata=data.frame(x='b'))[[1]])
# [1] 2
print(predict(m,
    newdata=data.frame(x=factor('b',levels=c('b'))))[[1]])
# [1] 2
```

表示模型能够正确地
预测出字符串 b 的值

表示模型能够正确预测出因子 b 的值，这里因
子的数目发生了改变。由此表明，lm()函数能
够准确地将因子以字符串的形式进行处理

插槽

除了列表，R 语言还可以将值按名称存储在对象插槽(object slot)中。对象插槽可以用 "@" 操作符(详见 help('@'))来访问。要列出一个对象的所有插槽，可以使用 slotNames()函数。关于插槽和对象(专门用于 S3 和 S4 对象系统)的概念属于高级知识，本书不再介绍。读者只需要知道 R 语言提供了对象系统，而这些对象可以作为程序包返回给你使用，但作为一名 R 语言初学者，不必急于自己去创建对象。

A.3 在 R 语言中使用数据库

有时，读者需要用 R 来处理数据库中的数据。这通常是因为数据已在数据库中存放，或者读者是想用高性能数据库(如 Postgres 或 Apache Spark)快速处理数据。

当你的数据量不大，可以存储在内存中(或者你可以用一台足够大的电脑来运行数据，例如在 Amazon EC2、Microsoft Azure 或 Google Cloud 上)时，我们建议使用 DBI::dbReadTable()函数将数据加载到 R 中，然后使用 data.table 操作。除了数据传输时间少些，这是很有难度。但是请注意，并非所有 R 数据库驱动程序都支持将大量结果写回数据库(特别是，sparklyr 明确不支持此功能)。

如果要用数据库中的数据(通常要为客户做一些处理)，建议使用查询生成器，例如 rquery 或 dbplyr。另外，用 Codd 关系运算符进行思考(或使用 SQL 数据库进行思考)也非常有效，因此非常值得试用上述系统。

A.3.1 使用查询生成器运行数据库查询

示例：给客户报价排名。

　　我们提供了一个以客户名称、产品名称为关键字的数据表。对于每对数据，我们都有一个建议的价格折扣率和一个预测的折扣优惠力度(这两个值均由我们在本书中讨论过的一些机器学习模型产生)。我们的任务是获取此表，并为每个客户选择两个具有最高预测折扣优惠力度的报价。业务目标是这样的：我们只想向客户显示这两个报价，而没有其他报价。

　　为了模拟此任务，我们任意选取一些数据并把这些数据从 R 复制到 Postgres 数据库。如果要运行此示例，你需要自己的 Postgres 数据库，并复制自己的连接详细信息，包括主机、端口、用户名和密码。这项练习的目的是让你体会如何从 R 中使用数据库，以及如何按照 Codd 关系定义(许多数据处理系统(包括 dplyr)的基础)进行思考[1]。

　　首先，我们建立数据库连接并将一些数据复制到这个新数据库中：

```
library("rquery")

raw_connection <- DBI::dbConnect(RPostgres::Postgres(),
                                host = 'localhost',
                                port = 5432,
                                user = 'johnmount',
                                password = '')
```

使用 DBI 连接到数据库。在这种情况下，它将创建一个 SQLite 新内存

```
dbopts <- rq_connection_tests(raw_connection)
db <- rquery_db_info(
```

给这个连接创建一个 rquery 封装包

```
  connection = raw_connection,
  is_dbi = TRUE,
  connection_options = dbopts)
```

将一些示例数据复制到数据库中

```
data_handle <- rq_copy_to(
  db,
  'offers',
  wrapr::build_frame(
   "user_name" , "product"                  , "discount", "predicted_of
     fer_affinity" |
     "John"       , "Pandemic Board Game"      , 0.1     , 0.8596
                   |
     "Nina"       , "Pandemic Board Game"      , 0.2     , 0.1336
                   |
```

1　完整的示例和可行的解决方案见 https://github.com/WinVector/PDSwR2/blob/master/BestOffers/BestOffers.md。

```
     "John"      , "Dell XPS Laptop"                , 0.1     , 0.2402
                 |
     "Nina"      , "Dell XPS Laptop"                , 0.05    , 0.3179
                 |
     "John"      , "Capek's Tales from Two Pockets", 0.05 , 0.2439
                 |
     "Nina"      , "Capek's Tales from Two Pockets", 0.05 , 0.06909
                 |
     "John"      , "Pelikan M200 Fountain Pen"  , 0.2     , 0.6706
                 |
     "Nina"      , "Pelikan M200 Fountain Pen"  , 0.1     , 0.616
                 ),
  temporary = TRUE,
  overwrite = TRUE)
```

现在，我们将按照关系模型来思考并解决问题。我们会分步进行，并根据经验，我们会思考解决此问题的方法，我们希望为每个商品分配每个用户的排名，然后进行过滤得到我们想要的排名。

我们将使用 rquery 程序包来执行此示例。在 rquery 中，可以通过 extend()方法[1]使用窗口函数。extend()可以基于数据分区(按照 user_name 来分区)和这些分区中的列排序(按照 predicted_offer_affinity)来计算一个新列。这个过程很容易实现。

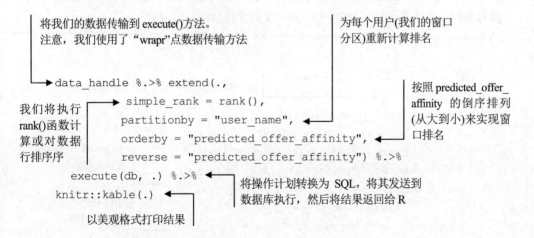

将我们的数据传输到 execute()方法。
注意，我们使用了"wrapr"点数据传输方法

为每个用户(我们的窗口
分区)重新计算排名

```
data_handle %.>% extend(.,
    simple_rank = rank(),
    partitionby = "user_name",
    orderby = "predicted_offer_affinity",
    reverse = "predicted_offer_affinity") %.>%
execute(db, .) %.>%
knitr::kable(.)
```

我们将执行
rank()函数计
算或对数据
行排序序

按照 predicted_offer_
affinity 的倒序排列
(从大到小)来实现窗
口排名

将操作计划转换为 SQL，将其发送到
数据库执行，然后将结果返回给 R

以美观格式打印结果

---

1 选择"extend"这个名称是源自对以下想法的引申：Codd 的关系代数。

```
# |user_name |product                            | discount| predicted_offer_affi
    nity| simple_rank|
# |:---------|:----------------------------------|--------:|--------------------
    ---:|-----------|
# |Nina      |Pelikan M200 Fountain Pen          |     0.10|                  0.6
    1600|           1|
# |Nina      |Dell XPS Laptop                    |     0.05|                  0.3
    1790|           2|
# |Nina      |Pandemic Board Game                |     0.20|                  0.1
    3360|           3|
# |Nina      |Capek's Tales from Two Pockets     |     0.05|                  0.0
    6909|           4|
# |John      |Pandemic Board Game                |     0.10|                  0.8
    5960|           1|
# |John      |Pelikan M200 Fountain Pen          |     0.20|                  0.6
    7060|           2|
# |John      |Capek's Tales from Two Pockets     |     0.05|                  0.2
    4390|           3|
# |John      |Dell XPS Laptop                    |     0.10|                  0.2
    4020|           4|
```

　　问题是：我们如何知道要使用 extend 方法以及要设置哪些选项？而这需要具备一些关系系统的经验。这里需要执行几个主要的操作(添加派生列、选择列、选择行和联接表)，以及执行几个可选操作(例如，添加窗口列时进行分区和排序)。因此可以学习该项技术。该理论的强大之处在于，几乎可以用这几个基本数据运算符来编写任何常见的数据转换。

　　现在，为了解决我们的全部问题，我们将此运算符与其他一些关系运算符结合在一起(再次使用 wrapr 点数据传输方法)。这次，我们将结果写入远程表中(因此，不会再有数据往返于 R 系统)，然后在计算完成后才将结果复制过来。

定义操作顺序

```
ops <- data_handle %.>%
  extend(.,                                          简单的根据每个用户的排名标记每一行
        simple_rank = rank(),
        partitionby = "user_name",
        orderby = "predicted_offer_affinity",        为每个用户选择排
        reverse = "predicted_offer_affinity") %.>%   名最高的两行
        select_rows(.,
            simple_rank <= 2) %.>%                    按用户和产品
  orderby(., c("user_name", "simple_rank"))           等级进行排序


result_table <- materialize(db, ops)                  在数据库中执行结果，并
                                                       生成一个新的结果表

DBI::dbReadTable(db$connection, result_table$table_name) %.>%
    knitr::kable(.)
将结果复制给 R 并打印出来
```

```
# |user_name |product | discount| predicted_offer_affinity|
     simple_rank|
# |:---------|:-----------------------|--------:|------------------------
     :|-----------:|
# |John      |Pandemic Board Game     |     0.10|                  0.8596|
          1|
# |John      |Pelikan M200 Fountain Pen |   0.20|                  0.6706|
          2|
# |Nina      |Pelikan M200 Fountain Pen |   0.10|                  0.6160|
          1|
# |Nina      |Dell XPS Laptop         |     0.05|                  0.3179|
          2|
```

之所以将操作计划保存在变量 ops 中，是因为不仅可以执行计划，还可以做到更多。例如，可以创建计划的操作图，如图 A.5 所示。

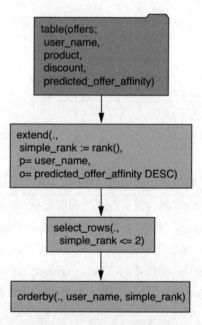

图 A.5 rquery 操作计划图

同样，这也是重点，通过这种方式可以看到实际发送到数据库的 SQL。如果没有查询执行计划(如 rquery 或 dbplyr)，我们就需要编写类似的 SQL 代码:

```
ops %.>%
  to_sql(., db) %.>%
  cat(.)
```

```
## SELECT * FROM (
##  SELECT * FROM (
##   SELECT
##    "user_name",
##    "product",
##    "discount",
##    "predicted_offer_affinity",
##    rank () OVER ( PARTITION BY "user_name" ORDER BY "predicted_offer_aff
##    inity" DESC ) AS "simple_rank"
##   FROM (
##    SELECT
##     "user_name",
##     "product",
##     "discount",
##     "predicted_offer_affinity"
##    FROM
##     "offers"
##    ) tsql_17135820721167795865_0000000000
##   ) tsql_17135820721167795865_0000000001
##  WHERE "simple_rank" <= 2
## ) tsql_17135820721167795865_0000000002 ORDER BY "user_name",
## "simple_rank"
```

问题在于关系操作是高效率的，但是 SQL 本身太冗长了。尤其是，SQL 将排序或组合表示为嵌套，这意味着我们要从内而外读取数据。当我们转到一个运算符表达式时(例如，在 dplyr 或 rquery 中所看到的)，就可以看到 Codd 思想的许多精华之处。

可以访问以下网址找到此示例的完整处理(带有更多参考文献)：

https://github.com/WinVector/PDSwR2/blob/master/BestOffers/BestOffers.md.

关系型数据操作的基础是运算符(在此已简要介绍)和数据结构(下一节讨论)。

A.3.2 如何从关系角度思考数据

从关系角度思考数据的关键在于：对于每张表，要将表中的列划分成几个重要的列主题，并处理这些主题之间的自然关系。一些主要的列主题如表 A.1 所示。

表 A.1 主要的 SQL 列主题

列主题	描 述	常见用法
自然键列 (natural key column)	在许多表中，一个或多个列在一起构成一个自然键，该键唯一地标识该行。某些数据(如运行日志)没有自然键(许多行可能对应于给定的时间戳)	自然键用于对数据进行排序，控制联接和指定聚合
代理键列 (surrogate key column)	代理键列是主键列(是唯一地标识行的多个列组合)，与问题本身不存在自然的关系。代理键的示例包括行号和哈希值。在某些情况下(如分析时间序列)，行号可以是自然键，但通常情况下是代理键	代理键列可用于简化联接。它们往往对排序和聚合没有用。代理键列不能用作建模功能，因为它们不能代表有用的度量
来源列 (provenance column)	来源列是包含有关行的事实的列，例如何时加载行。 在 2.3.1 节中添加的 ORIGINSERTTIME，ORIGFILENAME 和 ORIGFILEROWNUMBER 列是来源列的示例	除了确认你正在使用正确的数据集、查询数据集(如果在同一表中混合了不同的数据集)以及比较数据集之外，不应在分析中使用来源列
有效负载列 (payload column)	有效负载列包含实际数据。有效负载列可以是价格和计数等数据	有效负载列用于聚合、分组和条件。它们有时也可以用来指定联接
实验设计列 (experimental design column)	实验设计列包括样本分组(如 2.3.1 节提到的 ORIGRANDGROUP 列)或数据权重(如 7.1.1 节提到的 PWGTP* 和 WGTP*列)	实验设计列可用于控制分析(选择数据子集，在建模操作中用作权重)，但决不能将它们用作分析中的特征
派生列 (derived column)	派生列是作为其他列或其他列组的函数的列。一个示例是星期几(星期一至星期日)，它是日期的函数。派生列可以是主键的函数(即使 SQL 将坚持指定一个聚合生成器(如 MAX())，主键在许多 GROUP BY 查询中也会保持不变)或者是有效负载列的函数	派生列在分析中很有用。一个完全规范化的数据库没有此类型的列。按照规范化模式设计，不会存储任何的派生列，从而消除了某些列值的不一致(例如，用 "2014 年 2 月 1日" 显示的日期行和用 "星期三" 显示的日期行，而实际上这行正确的日期应该是 "星期六")。但是在分析过程中，将中间计算结果存储在表和列中始终是一个好主意：它简化了代码，并使调试更加容易

重要的是，如果针对每个提供的数据源都有一个很好的列主题分类，那么分析就会变得非常容易。接着，设计 SQL 命令序列，将数据转换为一个新表，其中的列正好用于分析。最后，生成一些表，其中的每一行都是你感兴趣的事件，并且所需要的每个事实在列中都可获得(该列长久以来一直被称为模型矩阵，或者在关系型数据库的术语中被称为非规范化表)。

更多数据库参考资料

数据库的首选参考资料：Joe Celko，*SQL for Smarties*(Fourth Edition)，(Morgan Kauffman，2011)。

A.4　小结

我们认为，对于数据科学、统计和机器学习而言，R 的生态系统是获得巨大成果的最佳途径。其他系统可能有更高级的机器学习功能(如 Python 的深度学习连接)，但 R 用户现在也可以通过名为 reticulate[1] 的适配器来使用这些功能。任何数据科学家都不可能一直仅使用一种语言或一个系统来工作，而我们认为 R 是许多人入门的最佳工具之一。

1　具体示例，请参阅 François Chollet 和 J.J. Allaire 的 *Deep Learning with R*(Manning,2018)。

重要的统计学概念

统计学涵盖非常广泛的主题，以至于在我们的数据科学叙述中只提及它的一部分内容。统计学作为一个重要的领域，在你试图使用数据做出推断时，它能够提供有关数据的大量信息。在本书中，我们假设读者已经掌握了一些统计学概念(特别是汇总统计概念，例如均值、众数(mode)、中位数、方差和标准差)。在本附录中，我们将展示一些重要的统计学概念，涉及模型拟合、特征不确定性和实验设计等。

统计学属于数学的一个分支，所以本附录的讨论有点偏数学。而本附录的内容也想教会你使用正确的统计术语，以便可以与其他数据科学家分享你的工作。本附录涵盖了一些技术术语，这些术语通常会在"数据科学研讨会"上听到。之前，你一直都在做数据科学工作；现在，让我们去讨论和评价一下这些工具。

统计是对数据的汇总或度量。一个房间里的人数可以是一个样本。统计学是通过对样本的观察，研究样本摘要与我们希望建模的整个真实的人口摘要(未观察到的)之间的关系。统计学帮助我们描述并减少估算出的方差(或变化)、减少不确定性(我们还不知道的范围或被估计的范围)和偏差(我们的程序不幸产生的系统错误)。

例如，如果我们使用包含公司过去所有营销数据的数据库，那么充其量我们所拥有的数据是所有可能的销售数据(包括未来的营销数据和我们希望用我们的模型预测的销售数据)的样本。如果我们不考虑抽样中的不确定性(以及许多其他原因)，那么就会得出错误的推论和结论[1]。

1　我们倾向于将机器学习称为对数据的乐观分析，而将统计学称为对数据的悲观分析，在我们看来，你需要了解这两种观点才能很好地处理数据。

B.1　分布

分布是对数据集合中可能取值的概率的描述。例如，它可能是美国成年、18 岁男性的合理身高的集合。对于一个简单的数值，可以这样定义分布：对于数值 b，分布即是发现 x 的概率，其中 x <= b。这被称为累积分布函数(*cumulative distribution function*，CDF)。

通过定义分布和一些摘要统计我们通常可以对一组可能的结果集进行汇总。例如，我们可以看到，如果我们掷一枚硬币 10 次，我们观察到的正面朝上的分布应该是服从二项式分布的(定义见 B.1.4 节)，同时被预测的平均数是正面朝上将出现 5 次。在实际情况中，我们关心的是这些值是如何生成的，我们往往除了关注均值和标准差，还会想得到更多详细信息，例如了解分布的名称和形状。

在本小节，我们将列举一些重要的分布：正态分布、对数正态分布和二项式分布。随着你的工作进展，你将希望学到其他更多重要分布(如泊松分布、beta 分布、负二项式分布等)，尽管如此，本节所介绍的概念也足以支持你开展工作。

B.1.1　正态分布

正态分布或高斯分布是经典的对称钟形曲线，如图 B.1 所示。许多测量的数值通常都近似地服从正态分布，例如一组学生的考试分数，或者一个特定人口的年龄或身高。进行重复测量的结果值也最终趋近正态分布。例如，如果医生使用一个正确校准的体重秤对患者进行多次称重，则测量值(如果经过次数足够多的称重)会按照患者的真实体重呈现出正态分布。这里的变化是源于测量误差(体重秤的变化)。正态分布由所有的实际测量值所定义。

此外，根据中心极限定理，当你在观察许多独立的有界方差的随机变量的总和(或均值)时，随着你收集到更多的数据，观察结果的分布将接近正态分布。举个例子，假设你想测定有多少人每天在上午 9 点至 10 点之间访问你的网站。适合于描述访问者数量的分布模型是泊松分布(Poisson)；但是如果你的网站有足够大的访问流量，并且观察访问流量的时间足够长，那么你观察到的访问流量的分布将接近正态分布。通过将访问流量作为正态分布来处理，你将能够获得合理的对访问流量的估算。

现实世界中的许多分布都接近"正态"分布——特别是那些测量值里附加了"近似的"这样的字眼。一个例子就是成年人的身高：对于身高 5'6" 的人和那些身高 6' 的人来说，6 英寸的身高差距是巨大的。

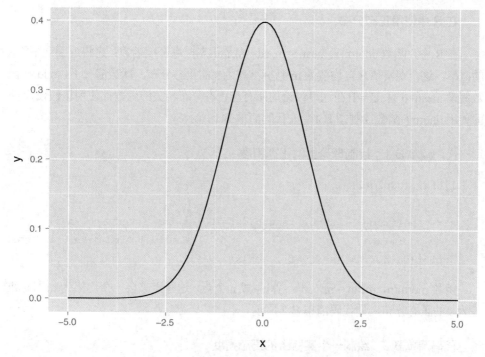

图 B.1　正态分布, 均值为 0, 标准差为 1

我们通常使用两个参数描述正态分布: 均值 m 和标准差 s(或者用 s 的平方值——方差来代替)。均值代表分布的中心(也就是分布的峰值); 标准差代表分布的"自然的长度单位"——你可以通过一个观察值到分布的均值之间有多少个标准差来估计该观察值的罕见程度。按照我们在第 4 章中提到的, 对于一个正态分布的变量:

- 大约 68%的观察值将落在(m - s, m + s)区间内。
- 大约 95%的观察值将落在(m - 2 * s, m + 2 * s)区间内。
- 大约 99.7%的观察值将落在(m - 3 * s, m + 3 * s)区间内。

因此, 在大多数应用中, 如果一个观察值到均值的距离超过标准差的三倍, 那么可以认为它是非常罕见的。

许多机器学习的算法和统计学的方法(如线性回归)会假设未建模的误差是服从正态分布的。线性回归在不满足这一假设时, 也是相当鲁棒的。但是, 对于连续变量, 你至少应该检查一下变量的分布是否是单峰的且某种程度上是对称的。

当不是这种情况时, 就需要考虑使用变量转换的方法来处理, 例如我们在第 4 章中讨论的对数转换方法。

在 R 中使用正态分布

在 R 中，函数 dnorm(x, mean = m, sd = s)是正态概率密度函数：它将返回观察值 x 的概率，这个观察值来自均值为 m 且标准差为 s 的正态分布。默认情况下，dnorm 函数假设 mean=0 且 sd = 1(在这里讨论的所有与正态分布相关的函数都使用该假设)。下面使用 dnorm()函数绘制图 B.1，如代码清单·B.1 所示。

代码清单 B.1 绘制理论上的正态密度

```
library(ggplot2)

x <- seq(from=-5, to=5, length.out=100) # the interval [-5 5]
f <- dnorm(x)                           # normal with mean 0 and sd 1
ggplot(data.frame(x=x,y=f), aes(x=x,y=y)) + geom_line()
```

函数 rnorm(n, mean = m, sd = s)将生成 n 个点，这些点来自一个均值为 m 且标准差为 s 的正态分布，如代码清单 B.2 所示。

代码清单 B.2 绘制一个实验上的正态密度

```
library(ggplot2)

# draw 1000 points from a normal with mean 0, sd 1
u <- rnorm(1000)

# plot the distribution of points,
# compared to normal curve as computed by dnorm() (dashed line)
ggplot(data.frame(x=u), aes(x=x)) + geom_density() +
  geom_line(data=data.frame(x=x,y=f), aes(x=x,y=y), linetype=2)
```

如图 B.2 所示，由函数 rnorm(1000)所生成的这些点的实验分布非常接近理论上的正态分布。从有限数据集上观察到的分布，从来无法完全匹配上像正态分布那种理论上的连续分布；而当所有事物都被统计进来时，针对给定的样本大小，根据你所期望的距离偏差能够生成一个精确定义好的分布。

函数 pnorm(x, mean = m, sd = s)在 R 语言中被称为正态概率函数，也被称为正态累积分布函数(CDF)：它返回的值是在均值为 m 且标准差为 s 的正态分布上观察到的、小于 x 的数据点的概率。换句话说，这个函数的返回值是位于 x 值左侧的分布曲线下方区域的面积大小(请注意，这是一个分布在曲线下方的单位面积)。如代码清单 B.3 所示。

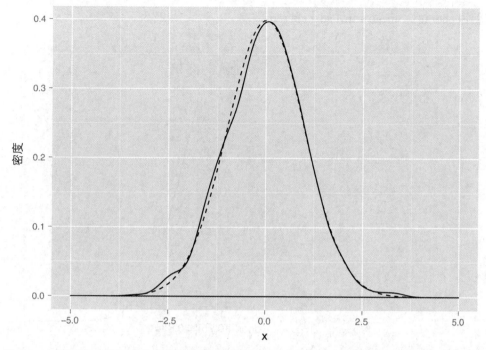

图 B.2　由均值为 0 且标准差为 1 的正态分布所绘制出的点的实验分布，虚线表示理论上的正态分布

代码清单 B.3　使用正态累积分布函数

```
# --- estimate probabilities (areas) under the curve ---

# 50% of the observations will be less than the mean
pnorm(0)
# [1] 0.5

# about 2.3% of all observations are more than 2 standard
# deviations below the mean
pnorm(-2)
# [1] 0.02275013

# about 95.4% of all observations are within 2 standard deviations
# from the mean
pnorm(2) - pnorm(-2)
# [1] 0.9544997
```

函数 qnorm(p，mean = m，sd = s)是均值为 m 且标准差为 s 的正态分布所对应的
分位数函数。作为 pnorm()的反函数，函数 qnorm(p，mean = m，sd = s)返回值为 x，

使得 pnorm(x，mean = m，sd = s)= = p。

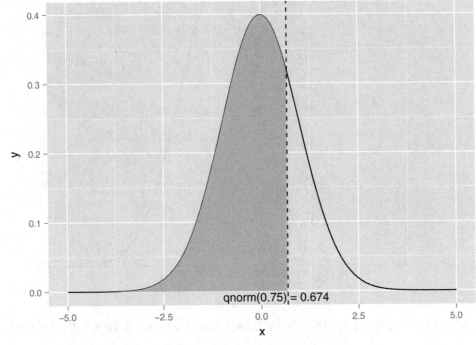

图 B.3   图解 x <qnorm(0.75)

图 B.3 说明了函数 qnorm() 的用途：x 轴在 x = qnorm(0.75)处被垂直线截为两部分；垂直线左侧的阴影区域的面积为 0.75，或者说占正态曲线下面积的 75%。

创建图 B.3 的代码(与另外几个使用 qnorm()函数的示例一起)如代码清单 B.4 所示。

代码清单 B.4   绘制图 x <qnorm(0.75)

```
# --- return the quantiles corresponding to specific probabilities ---

# the median (50th percentile) of a normal is also the mean
qnorm(0.5)
# [1] 0

# calculate the 75th percentile
qnorm(0.75)
# [1] 0.6744898
pnorm(0.6744898)
# [1] 0.75
```

```
# --- Illustrate the 75th percentile ---

# create a graph of the normal distribution with mean 0, sd 1
x <- seq(from=-5, to=5, length.out=100)
f <- dnorm(x)
nframe <- data.frame(x=x,y=f)
# calculate the 75th percentile
line <- qnorm(0.75)
xstr <- sprintf("qnorm(0.75) = %1.3f", line)

# the part of the normal distribution to the left
# of the 75th percentile
nframe75 <- subset(nframe, nframe$x < line)

# Plot it.
# The shaded area is 75% of the area under the normal curve
ggplot(nframe, aes(x=x,y=y)) + geom_line() +
  geom_area(data=nframe75, aes(x=x,y=y), fill="gray") +
  geom_vline(aes(xintercept=line), linetype=2) +
  geom_text(x=line, y=0, label=xstr, vjust=1)
```

B.1.2　R 语言中对分布的命名约定的汇总

以上展示了一些具体的示例，下面给出一个汇总：R 是如何命名各个与概率分布相关的函数的。假设概率分布称为 DIST，我们可以得到以下函数命名：

- dDIST(x, ...)是分布函数(PDF)，返回观察值为 x 的概率。
- pDIST(x, ...)是累积分布函数，返回观察值小于 x 的概率。如果设置标识 lower.tail = FALSE，则函数 pDIST(x, ...)将返回观察值大于 x 的概率(曲线右侧尾部下面的面积，而不是左侧尾部下面的面积)。
- rDIST(n, ...)是随机数生成函数，它返回从分布 DIST 中选取的 n 个值。
- qDIST(p, ...) 是分位数函数，它返回分布 DIST 中第 p 个百分位数所对应的 x 值。如果设置标识 lower.tail = FALSE，则函数 qDIST(p, ...)返回分布 DIST 中"1-第 p 个百分位数"所对应的 x 值。

R 语言中有些令人困惑的命名约定　出于某些原因，R 语言中将累积分布函数 (CDF)简称为分布函数。在你使用 R 语言时，提醒你请仔细核实一下：你是要使用概率密度函数还是累积分布函数(CDF)。

B.1.3　对数正态分布

对数正态分布是指随机变量 X 的自然对数 log(X)服从正态分布的概率分布。高度倾斜的、数据值为正数的分布，如盈利客户的价值、收入、销售额或股票价格等这类数据，通常可以使用对数正态分布进行建模。对数正态分布是定义在所有非负实数上的，如图 B.4(上图)所示，它是不对称的，其长尾趋向于正无穷大。log(X)的分布(如图 B.4(下图)所示，是一个以 mean(log(X))为中心的正态分布。对于对数正态分布的数据集合，均值通常会比中位数高很多，而且对均值的贡献主要取决于一小部分的具有最高值的数据点。

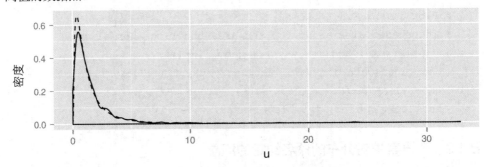

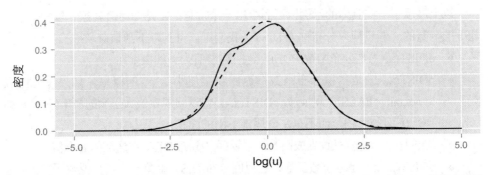

图 B.4　上图：表示均值 mean(log(X))= 0 和标准差 sd(log(X))= 1 的 X 的对数正态分布。其中虚线是理论上的分布情况，实线是一个随机对数正态样本的分布情况。下图：实线是 log(X))的分布

在对数正态分布的数据集合中，不要使用均值作为"典型值"　对于一个近似服从正态分布的数据集合，你可以使用该数据集合的均值作为它的典型成员的近似替代值。但如果你使用均值作为对数正态分布的数据集合的替代值，将会放大大部分数

据的值。

直观地讲，如果数据中的变化自然地被表示为百分比或相对偏差，而不是被表示为绝对偏差，则这些数据可以作为对数正态分布建模的候选数据。例如，食品杂货店里标准的一麻袋马铃薯大约是 5 磅重，偏差是正负半磅。一颗特种子弹从一把特种手枪里发射出来后，子弹飞行的距离大约为 2100 米，偏差是正负 100 米。在这些观察对象中的数量变化自然是使用绝对单位进行表示，相应的分布则可以使用正态分布来建模。另一方面，货币金额中的数量变化则通常适合用百分比来表示。例如，一批工人的薪水全部涨 5%(而不是每年全部加薪 5000 美元)；下个季度的收入控制在 10%以内(而不是在 1000 美元之内增减)。因此，这些数量通常适合于使用对数正态分布进行建模。

在 R 中使用对数正态分布

下面介绍在 R 中与对数正态分布配合使用的函数(详见 B.1.2 节)。首先介绍函数 dlnorm()和 rlnorm()：

- dlnorm(x, meanlog = m, sdlog = s)是概率密度函数(PDF)，它返回观察值 x 的概率，这个观察值 x 来自满足条件 mean(log(X)) = m 且 sd(log(X)) = s 的对数正态分布 X。默认情况下，本节讨论的所有函数都满足条件 meanlog = 0 和 sdlog = 1。
- rlnorm(n, meanlog = m, sdlog = s)是随机数生成函数，它返回来自满足条件 mean(log(X)) = m 且 sd(log(X)) = s 的对数正态分布的 n 个值的随机数。

我们可以利用 dlnorm()和 rlnorm()来生成前述的图 B.4。下面的代码清单 B.5 展示了对数正态分布的一些特性。

代码清单 B.5 展示对数正态分布的一些特性

```
# draw 1001 samples from a lognormal with meanlog 0, sdlog 1
u <- rlnorm(1001)

# the mean of u is higher than the median
mean(u)
# [1] 1.638628
median(u)
# [1] 1.001051

# the mean of log(u) is approx meanlog=0
mean(log(u))
```

```
# [1] -0.002942916

# the sd of log(u) is approx sdlog=1
sd(log(u))
# [1] 0.9820357

# generate the lognormal with meanlog = 0, sdlog = 1
x <- seq(from = 0, to = 25, length.out = 500)
f <- dlnorm(x)

# generate a normal with mean = 0, sd = 1
x2 <- seq(from = -5, to = 5, length.out = 500)
f2 <- dnorm(x2)

# make data frames
lnormframe <- data.frame(x = x, y = f)
normframe <- data.frame(x = x2, y = f2)
dframe <- data.frame(u=u)

# plot densityplots with theoretical curves superimposed
p1 <- ggplot(dframe, aes(x = u)) + geom_density() +
  geom_line(data = lnormframe, aes(x = x, y = y), linetype = 2)

p2 <- ggplot(dframe, aes(x = log(u))) + geom_density() +
  geom_line(data = normframe, aes(x = x,y = y), linetype = 2)

# functions to plot multiple plots on one page
library(grid)
nplot <- function(plist) {
  n <- length(plist)
  grid.newpage()
  pushViewport(viewport(layout=grid.layout(n, 1)))
  vplayout<-
      function(x,y) { viewport(layout.pos.row = x, layout.pos.col = y) }
  for(i in 1:n) {
    print(plist[[i]], vp = vplayout(i, 1))
  }
}
```

```
# this is the plot that leads this section.
nplot(list(p1, p2))
```

另外两个函数是累积分布函数 plnorm()和分位数函数 qlnorm()：

- plnorm(x, meanlog = m, sdlog = s)是累积分布函数，它从满足条件 mean(log(X)) = m 且 sd(log(X)) = s 的对数正态分布中返回观察值小于 x 的概率。
- qlnorm(p, meanlog = m, sdlog = s)是分位数函数，它从满足条件 mean(log(X)) = m 且 sd(log(X)) = s 的对数正态分布中返回第 p 个百分位数对应的 x 值。它是 plnorm()的反函数。

下面的代码清单 B.6 演示了函数 plnorm()和 qlnorm()的用法。其中使用了代码清单 B.5 中的数据框 lnormframe。

代码清单 B.6　绘制对数正态分布

```
# the 50th percentile (or median) of the lognormal with
# meanlog=0 and sdlog=10
qlnorm(0.5)
# [1] 1
# the probability of seeing a value x less than 1
plnorm(1)
# [1] 0.5


# the probability of observing a value x less than 10:
plnorm(10)
# [1] 0.9893489


# -- show the 75th percentile of the lognormal

# use lnormframe from previous example: the
# theoretical lognormal curve

line <- qlnorm(0.75)
xstr <- sprintf("qlnorm(0.75) = %1.3f", line)

lnormframe75 <- subset(lnormframe, lnormframe$x < line)

# Plot it
# The shaded area is 75% of the area under the lognormal curve
ggplot(lnormframe, aes(x = x, y = y)) + geom_line() +
```

```
geom_area(data=lnormframe75, aes(x = x, y = y), fill = "gray") +
geom_vline(aes(xintercept = line), linetype = 2) +
geom_text(x = line, y = 0, label = xstr, hjust = 0, vjust = 1)
```

从图 B.5 中可以看出，大部分的数据集中在分布的左侧，剩余的四分之一数据则分布在一个长尾中。

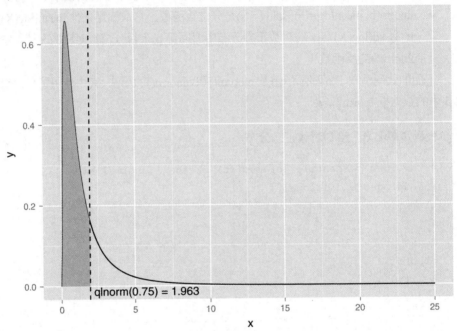

图 B.5　在 meanlog = 1，sdlog = 0 的对数正态分布中第 75 个百分位数

B.1.4　二项式分布

假设你有一枚硬币，在投掷这枚硬币时，它落在正面朝上的概率为 p(一般来说，对于一个正常的硬币，概率 p = 0.5)。在这个例子中，当你投掷这枚硬币 N 次时，你可以使用二项式分布(binomial distribution)来对观察到 k 次正面朝上的概率进行建模。它用于对二进制分类问题进行建模(正如我们在第 8 章中讨论有关逻辑回归时提到的)，其中，可以将正面朝上的"头像"看作正例。

图 B.6 展示了不同类型的硬币投掷 50 次后，其二项式分布所对应的形状。注意，二项式分布是离散的，它只能够由 k 的整数值(非负数)来定义。

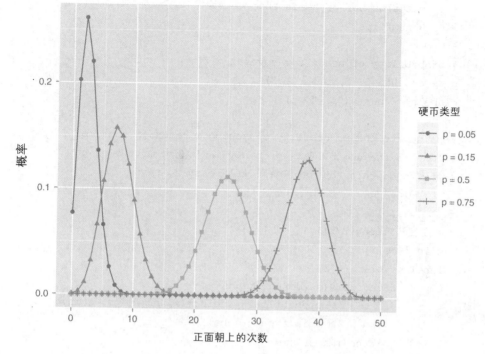

图 B.6 不同类型硬币投掷 50 次的二项式分布(正面朝上的概率)

在 R 中使用二项式分布

让我们看看 R 中用来处理二项式分布的这些函数(参阅 B.1.3 节)。我们首先从概率密度函数 dbinom()和随机数生成函数 rbinom()开始介绍：

- dbinom(k, nflips, p)是概率密度函数(PDF)，它返回投掷硬币 nflips 次且正面朝上的概率为 p 时，恰好观察到 k 次正面朝上的概率。
- rbinom(N, nflips, p)是随机数生成函数，它返回投掷硬币 nflips 次且正面朝上的概率为 p 时，从对应的二项式分布中所获得的 N 个值。

可以使用 dbinom()函数(如代码清单 B.7 所示)来生成图 B.6。

代码清单 B.7 绘制二项式分布图

```
library(ggplot2)
#
# use dbinom to produce the theoretical curves
#
```

```
numflips <- 50
# x is the number of heads that we see
x <- 0:numflips

# probability of heads for several different coins
p <- c(0.05, 0.15, 0.5, 0.75)
plabels <- paste("p =", p)

# calculate the probability of seeing x heads in numflips flips
# for all the coins. This probably isn't the most elegant
# way to do this, but at least it's easy to read

flips <- NULL
for(i in 1:length(p)) {
  coin <- p[i]
  label <- plabels[i]
  tmp <- data.frame(number_of_heads=x,
                     probability = dbinom(x, numflips, coin),
                     coin_type = label)
  flips <- rbind(flips, tmp)
}

# plot it
# this is the plot that leads this section
ggplot(flips, aes(x = number_of_heads, y = probability)) +
  geom_point(aes(color = coin_type, shape = coin_type)) +
  geom_line(aes(color = coin_type))
```

　　你可以使用函数 rbinom()来模拟一个投掷硬币的实验。例如，假设一个较大的学生群体，其中 50%是女性，如果将学生随机地分配到不同的教室中，当你访问了 100个教室(每个教室里有 20 个学生)时，那么有可能在每个教室里看到多少个女生？图B.7 展示了一个看似合理的结果，它与理论分布非常相符。

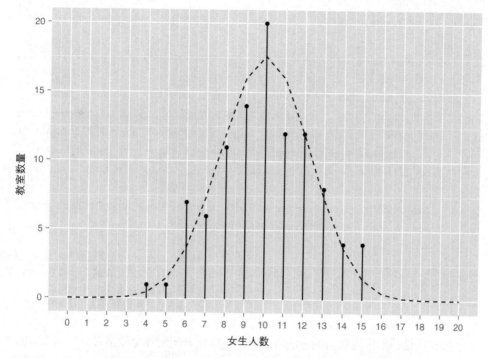

图 B.7 当有 50% 的女生时，在 100 间能容纳 20 人的教室中
观察到的女生人数分布，其中虚线表示理论分布

下面给出生成图 B.7 的代码清单 B.8。

代码清单 B.8 使用理论二项式分布

```
p = 0.5 # the percentage of females in this student population
class_size <- 20 # size of a classroom
numclasses <- 100 # how many classrooms we observe


# what might a typical outcome look like?
numFemales <- rbinom(numclasses, class_size, p)


# the theoretical counts (not necessarily integral)
probs <- dbinom(0:class_size, class_size, p)
tcount <- numclasses*probs


# the obvious way to plot this is with histogram or geom_bar
# but this might just look better
```

之所以没有调用
set.seed，是因为我
们希望每次运行这
一行时得到不同的
结果

```
zero <- function(x) {0} # a dummy function that returns only 0

ggplot(data.frame(number_of_girls = numFemales, dummy = 1),
  aes(x = number_of_girls, y = dummy)) +
  # count the number of times you see x heads
  stat_summary(fun.y = "sum", geom = "point", size=2) +
  stat_summary(fun.ymax = "sum", fun.ymin = "zero", geom = "linerange") +
  # superimpose the theoretical number of times you see x heads
  geom_line(data = data.frame(x = 0:class_size, y = tcount),
            aes(x = x, y = y), linetype = 2) +
  scale_x_continuous(breaks = 0:class_size, labels = 0:class_size) +
  scale_y_continuous("number of classrooms")
```

> **stat_summary** 是绘制图形时控制数据聚合的方法之一。在这个示例中，我们使用它来放置从经验数据中测得的点和线条，并将它与理论密度曲线绘制在一起

　　如你所见，当采用随机的方法将这个学生群体分配到各个教室时，一间教室的女生数量少于 4 名或多于 16 名的情况并非完全没有。但是，如果存在太多这样的教室，或者如果观察到了有少于 4 名或多于 16 名的女生班级，你就想要调查一下对于这些班级在选择学生时是否存在某种方式的偏差。

　　你也可以使用函数 rbinom()来模拟一个投掷硬币的情况，如代码清单 B.9 所示。

代码清单 B.9　模拟一个二项式分布

```
# use rbinom to simulate flipping a coin of probability p N times

p75 <- 0.75 # a very unfair coin (mostly heads)
N <- 1000 # flip it several times
flips_v1 <- rbinom(N, 1, p75)

# Another way to generate unfair flips is to use runif:
# the probability that a uniform random number from [0 1)
# is less than p is exactly p. So "less than p" is "heads".
flips_v2 <- as.numeric(runif(N) < p75)

prettyprint_flips <- function(flips) {
  outcome <- ifelse(flips==1, "heads", "tails")
  table(outcome)
```

```
    }
prettyprint_flips(flips_v1)
# outcome
# heads tails
# 756 244
prettyprint_flips(flips_v2)
# outcome
# heads tails
# 743 257
```

最后两个函数是累积分布函数 pbinom()和分位数函数 qbinom():

- pbinom(k, nflips, p)是累积分布函数, 在投掷一枚硬币 nflips 次、其正面朝上的概率为 p 时, 它返回观察到硬币 k 次或低于 k 次正面朝上的概率。pbinom(k, nflips, p, lower.tail = FALSE)函数返回在投掷一枚硬币 nflips 次、其正面朝上的概率为 p 时, 观察到硬币多于 k 次正面朝上的概率。请注意, 左侧尾部的概率是在闭合区间 numheads <= k 上计算的, 而右侧尾部的概率是在开放区间 numheads > k 上计算的。

- qbinom(q, nflips, p)是分位数函数, 它返回硬币正面朝上的次数 k, 该值是投掷一枚硬币 nflips 次、其正面朝上的概率为 p 时所对应的二项式分布的第 q 个百分位数。

下面的代码清单 B.10 给出了使用函数 pbinom()和 qbinom()的一些示例。

代码清单 B.10　使用二项式分布

```
# pbinom example

nflips <- 100
nheads <- c(25, 45, 50, 60) # number of heads

# what are the probabilities of observing at most that
# number of heads on a fair coin?
left.tail <- pbinom(nheads, nflips, 0.5)
sprintf("%2.2f", left.tail)
# [1] "0.00" "0.18" "0.54" "0.98"

# the probabilities of observing more than that
# number of heads on a fair coin?
right.tail <- pbinom(nheads, nflips, 0.5, lower.tail = FALSE)
sprintf("%2.2f", right.tail)
```

```
# [1] "1.00" "0.82" "0.46" "0.02"


# as expected:
left.tail+right.tail
# [1] 1 1 1 1


# so if you flip a fair coin 100 times,
# you are guaranteed to see more than 10 heads,
# almost guaranteed to see fewer than 60, and
# probably more than 45.


# qbinom example

nflips <- 100
# what's the 95% "central" interval of heads that you
# would expect to observe on 100 flips of a fair coin?

left.edge <- qbinom(0.025, nflips, 0.5)
right.edge <- qbinom(0.025, nflips, 0.5, lower.tail = FALSE)
c(left.edge, right.edge)
# [1] 40 60


# so with 95% probability you should see between 40 and 60 heads
```

有一点需要注意：由于二项式分布是离散的，因此函数 pbinom()和 qbinom()不会像在正态分布那种连续分布中一样，刚好成为彼此的反函数，如代码清单 B.11 所示。

代码清单 B.11 使用二项式的累积分布函数(CDF)

```
# because this is a discrete probability distribution,
# pbinom and qbinom are not exact inverses of each other

# this direction works
pbinom(45, nflips, 0.5)
# [1] 0.1841008
qbinom(0.1841008, nflips, 0.5)
# [1] 45

# this direction won't be exact
qbinom(0.75, nflips, 0.5)
```

```
# [1] 53
pbinom(53, nflips, 0.5)
# [1] 0.7579408
```

B.1.5　更多用于数据分布的 R 工具

除了我们已经演示的 PDF、CDF 和生成工具之外，R 中还有很多用于数据分布处理的工具。尤其是对于拟合分布，可以尝试使用 MASS 程序包中的 fitdistr 方法。

B.2　统计理论

在本书中，我们必须专注于(正确地)处理数据，而不是停下来解释很多理论。在本节中，当回顾完一些统计理论后，就可以更好地理解我们使用的那些操作步骤了。

B.2.1　统计的哲学思想

本书中，我们所演示的预测工具和机器学习方法，它们具有的预测能力并不是来自对因果关系的发现(虽然这也是一项很重要的工作)，而是通过跟踪和设法消除数据中的偏差，以及减少误差的各种来源而获得的。在本节，我们将概要介绍几个重要的概念，它们描述了所发生的事情，以及为什么这些技术是有用的。

可交换性(exchangeability)

由于基本的统计建模并不能够可靠地预测出属性间的因果关系，所以我们一直默认地依赖于一个称为可交换性的概念来确保我们能够建立有用的预测模型。

可交换性的正式定义如下：假设领域中的所有数据为 x[i,],y[i] (i=1,...m)，如果对于 "1, ...m" 的任何置换 "j_1, ... j_m"，x [i,]，y [i] 的联合概率等于 x[j_i,]，y[j_i] 的联合概率，则我们称该数据是可交换的。换言之，数组 x [i,]，y [i] 的联合概率并不取决于我们何时看到它，也不取决于它在序列中所处的位置。

这一思想实质上是，如果数据的任何一种排列的可能性都是相同的，那么当我们从数据中仅使用索引(不是探测 x [i,]，y [i])抽取多个子集时，每个子集中的数据虽然不同却可以视为独立的且分布相同的。我们以此为依据实现对训练/测试数据集的划分(甚至是训练/校准/测试数据集的划分)，同样，我们希望(并应采取措施来保证)这一点对我们的训练数据集和未来在生产中将遇到的数据来说都正确。

在创建模型时，我们希望未来使用该模型的未知数据与我们的训练数据之间是符合可交换性的。如果情况如此,我们就可期望模型在训练数据上的良好性能能够转变为生产中的良好性能。为防止出现过拟合和概念漂移等问题,确保可交换性也很重要。

一旦开始检查训练数据,我们(很不幸地)就破坏了它与未来数据的可交换性。包含大量训练数据的子集会变得与其他不包含训练数据的子集难以区分(通过把所有训练数据存储到内存中的简单处理)。我们尝试通过对保留的测试数据进行性能度量来测量其损害的程度。这也是为什么泛化误差如此重要的原因。任何数据,只要在模型构建期间未被检查,那么它就应该像以前那样被看作与未来的数据之间是可交换的,因此,对保留数据的性能测量有助于预测未来的性能。这也是为什么不使用测试数据进行校准的原因(相反,你应该进一步划分你的训练数据);因为一旦你使用了测试数据做校准,那么它与未来在生产中所使用的数据之间的可交换性减少。

另一种损失大量可交换性的情况可总结为古德哈特定律(Goodhart's law),"当一个度量本身成为目标时,它将不再是一个好的度量。"其实质是:在你对这些因子过度优化或其他人学会利用你的这些因子之前,仅与预测相关的因子才是好的预测因子。例如,垃圾电子邮件制造者为了战胜垃圾邮件检测系统,会设法使用更多与合法电子邮件高度相关的特征和语句,以及修改被垃圾邮件过滤器认为是与垃圾邮件高度相关的语句。这说明了真实原因(当其修改后确实会对结果产生影响)和单纯相关性(它可能与结果同时出现,并且仅通过示例的可交换性才能够成为好的预测因子)之间的本质区别。

偏差/方差分解

本书中的许多建模任务都被称为回归,在回归算法中,对于 y [i], x [i,]类型的数据,我们设法为其找到一个模型或函数 f(),以满足 f(x[i,])~E[y[j]|x[j,]~x[i,]](其中期望值 E []被所有示例采用, x [j,]则被认为十分接近 x [i,])。通常,它是通过选取函数 f()来使 E[(y[i]-f(x[i,]))^2]最小化实现的[1]。适合这种算法的著名方法包括回归、k 最近邻(KNN)和神经网络。

显然,最小化平方误差并不总是你的直接建模目标。但是,当你依据平方误差来工作时,会将误差显式地分解为多个有意义的部分,这个过程被称为偏差/方差分解(请参阅 T. Hastie、R. Tibshirani 和 J. Friedman 的 *The Elements of Statistical Learning* 一书,Springer,2009)。偏差/方差分解具体如下:

```
E[(y[i] - f(x[i, ]))^2] = bias^2 + variance + irreducibleError
```

模型偏差是指那些永远不能被你所选择的建模技术加以修正的那部分误差,这通

1　最小化平方误差可以得到正确的期望值,这是一个在方法设计中被反复使用的重要事实。

常是因为在实际过程中的某些方面并不像模型中所假设的那样。例如，如果结果和输入变量之间的关系是曲线的或非线性的，你就不能完全地使用线性回归对它建模，因为线性回归仅考虑线性关系。通常，你可以使用更复杂的建模思想来减少偏差：核化、GAM、增加交互项等。很多建模方法能够通过增加模型自身的复杂性(以试图减少偏差)，例如决策树、KNN、支持向量机和神经网络。但是，只有当你拥有大量数据时，增加模型复杂性才有可能减少模型的方差。

　　模型方差是指由于数据中的偶然关系导致建模技术所产生的那一部分误差。基本思想是：在新数据上对模型进行重新训练可能会产生不同的误差(这也是方差不同于偏差之处)。假设有一个示例，在 k = 1 的情况下运行 KNN 模型。在执行此操作时，每个测试示例都通过与一个最近邻训练示例相匹配来进行评分。如果用于匹配的那个示例的值刚好是正的，那么你的分类结果将是正的。这也是我们倾向于使用较大的 k 值运行 KNN 的一个原因：这样能够有机会(通过包含更多的示例)获得对近邻属性更加可靠的估计，而代价是造成选取的近邻示例中包含较少的本地示例或特殊的示例。使用更多的数据和求平均的方法(如 bagging)能大大地减小模型方差。

　　不可消除误差(Irreducible error)是该问题(给定当前变量)真正不可建模的那部分。如果我们有两组数据 x[i,], y[i] 和 x[j,], y[j]，而且 x[i,]＝x[j,]，那么(y[i] - y[j])^2 将产生不可消除误差。需要强调的是，不可消除误差是相对于一组给定的变量而测量得到的；增加更多的变量，又会出现新的情况(可能具有更低的不可消除误差)。

　　要强调的是，可以认为建模误差主要来源于三个方面：偏差、方差和不可消除误差。当你设法提高模型性能时，可以根据你想减少哪部分误差来选择相应的方法。

求平均值是一个强大的工具

　　在比较宽松的假设下，求平均值会减少方差。例如，对于具有独立的同分布值的数据，个数为 n 的分组平均值的预测方差是单个值的方差的 1/n。这也是为什么在难以预测单个事件的情况下，可以建立能准确预测总体或分组比率的模型的原因之一。因此，尽管能容易地预测每年在旧金山发生的谋杀案件数量，但却无法预测谁会被谋杀。除了缩小方差外，求平均值还可将分布整形为正态分布(这是中心极限定理，与大数定律有关)。

统计的效率

　　无偏统计过程的效率是由一个给定大小的数据集在统计过程中产生的方差大小来定义。也就是说，当在相同大小的数据集上运行并从相同的分布中提取数据时，该统计过程所生成的估计值会有多大变化。效率较高的统计过程只需要少量的数据就能够得到较小的(低于给定值)的方差。它不同于计算效率，计算效率是指生成一个估计值所需要的工作量。

当你有大量数据时,统计效率会变得不那么重要了(这是为什么我们在本书中不强调统计效率的原因)。但是,当生成更多数据的成本很高时(例如在药物试验中),统计效率则成为你必须考虑的因素。本书中,我们采用的都是拥有大量数据时用到的方法,因此我们首选通用的方法,这些方法(例如使用测试保留集等)相比那些更加专业的、统计效率高的方法(例如 Wald 测试和其他测试等专业的、现成的参数化测试),在统计效率上略低一些。

请记住:忽视统计效率是一种极大的浪费,没有权利去这样做。如果你的项目有这样的需求,建议你去咨询统计学专家,以便了解最佳实践的优势。

B.2.2　A/B 检验

难以处理的统计问题通常是由于不好的实验设计引起的。本节介绍一个简单、良好的统计设计方法——A/B 检验,其理论非常简单。理想的实验是你拥有两组数据(控制组(A)和试验组(B)),并且满足以下条件:

- 每组数据足够大,以保证你能够得到可靠的度量(这一点保证了显著性)。
- 每组数据的分布(最多由一个因子决定)刚好与你期望的未来总体样本相符(这一点保证了相关性)。特别是两组数据的样本同时并行地运行。
- 两组数据仅仅在你希望检验的单个因子上有所不同。

在 A/B 检验中,首先提出一种新的思想:试验或改进,然后检验它的效果。一个常见的例子是:有一个零售网站希望通过一个修改建议来提高将浏览者转变为购买者的转化率。通常来说,试验组称为 B,而非试验组或控制组称为 A。关于本部分内容,我们建议参考 *Practical Guide to Controlled Experiments on the Web*(R. Kohavi,R. Henne 和 D. Sommerfield;KDD,2007)。

设置 A/B 检验

在运行 A/B 检验时,有些必须要注意的事项。其中,很重要的一点是:要同时运行 A 组和 B 组数据。这有助于保护检验不受任何潜在混杂效应的影响,这些混杂效应本身可能会导致转化率发生变化(如小时效应(hourlyeffects)、流量源效应(source-of-traffic effects)、星期效应(day-of-week effects)等)。此外,你需要知道正在测量的差异实际上是由于你建议的更改而引起的,不是由于控制组和检验组的基础平台中的差异所引起的。为了对基础平台进行控制,你应该运行几个 A/A 检验(在这些检验中,对 A 组和 B 组数据运行相同的实验)。

在设计 A/B 检验时,随机化是一个关键的工具。但是,需要采用一种合理的方式将数据划分为 A 组和 B 组。例如，对于用户测试，你不会希望将来自同一用户会话的原始点击分成 A 组和 B 组，因为那样的话，A/B 组都将包含来自相同用户的点击，而这些用户本来应该只能看到其中的一个试验站点。相反，你应该维护每个用户的记录，在数据到达时，将用户永久地分配给 A 组或 B 组。避免在不同服务器中保存大量记录的一个技巧是：计算出用户信息的哈希值，根据哈希值是偶数还是奇数来分配这个用户到 A 组或 B 组(这样，所有服务器能够在不进行通信的情况下做出相同的决策)。

评估 A/B 检验

A/B 检验的关键度量包括：度量效果的大小和度量结果的显著性。当 B 组没有起作用，甚至起坏作用时，对 B 组的自然替换(或空假设)将是一种良好的试验。遗憾的是，一个典型的失败的 A/B 检验通常看起来并不像是失败的。它通常看起来像是你正在寻找的正面的度量效果，并且只需要稍微增大一些后续样本集就能获得结果的显著性了。由于此类问题，在运行测试之前，通过接受/拒绝条件进行推理变得至关重要。

下面举一个 A/B 检验的例子。假设我们运行了一个关于转化率的 A/B 检验，同时收集了代码清单 B.12 所示的数据：

代码清单 B.12　创建 A/B 检验的模拟数据

```
set.seed(123515)                                    从A组中添加10 000个样
d <- rbind(                                          本来模拟 5%的转化率
    data.frame(group = 'A', converted = rbinom(100000, size = 1, p = 0.05)),
    data.frame(group = 'B', converted = rbinom(10000, size = 1, p = 0.055))
)
                                                    从B组中添加10 000个样
创建一个数据框以                                       本来模拟 5.5%的转化率
存储模拟样本
```

有了数据之后，我们使用一个被称为列联表(*contingency table*)[1]的数据结构将其汇总成基本计数，如代码清单 B.13 所示。

代码清单 B.13　将 A/B 检验汇总到一个列联表中

```
tab <- table(d)
print(tab)
##       converted
## group    0    1
```

1　我们在 6.2.3 节中使用的混淆矩阵也是列联表的例子。

```
##      A 94979 5021
##      B  9398  602
```

列联表被统计学家们称为充分的统计(*sufficient statistic*): 它包含我们需要的有关实验结果的所有信息。如代码清单 B.14 所示，我们可以显示观察到的 A 组和 B 组的转化率。

代码清单 B.14　计算观察到的 A 组和 B 组的转化率

```
aConversionRate <- tab['A','1']/sum(tab['A',])
print(aConversionRate)
## [1] 0.05021

bConversionRate <- tab['B', '1'] / sum(tab['B', ])
print(bConversionRate)
## [1] 0.0602

commonRate <- sum(tab[, '1']) / sum(tab)
print(commonRate)
## [1] 0.05111818
```

可以看到，A 组测量后的结果接近 5%，B 组测量后的结果接近 6%。我们想知道的是：我们能否相信这个差异？对于这种样本大小，这样的差异是否仅是由于偶然性和测量噪声引起的？我们需要计算一个显著性来查看我们是否运行了一个足够大的实验(显然，足够大代表一定的检验能力(*test power*)，我们将在 B.2.3 节中讨论)。下面是一些好的检验，这些检验可以快速地执行。

针对独立性的费舍尔检验

我们可以运行的第一个检验是费舍尔(Fisher)列联表检验。在费舍尔检验中，我们希望拒绝的空假设是独立于分组的转化，或者是在 A 组和 B 组中完全相同的转化。费舍尔检验给出了一个独立数据集(A=B)偏离独立性的概率，这个值的大小和我们观察到的相同。我们运行这个检验，如代码清单 B.15 所示。

代码清单 B.15　计算出在转化率中观察到的差异显著性

```
fisher.test(tab)

##      Fisher's Exact Test for Count Data
##
```

```
## data: tab
## p-value = 2.469e-05
## alternative hypothesis: true odds ratio is not equal to 1
## 95 percent confidence interval:
##   1.108716 1.322464
## sample estimates:
## odds ratio
##    1.211706
```

这是一个不错的结果。p 值(在这个示例中，它实际上是在我们满足 A = B 的条件下，观察到一个这样大差异的概率)是 2.469e-05，这是一个非常小的值。这被认为是一个显著的结果。另一个需要寻找的是优势比(odds ratio)：声明效果的实际显著性(有时也称作临床显著性，这并不是一个统计显著性)。值为 1.2 的优势比说明我们测量到 A 组和 B 组数据之间的转化率有 20% 的相对提升。无论你认为这个值是大还是小(通常，我们认为 20% 是一个大值)都是一个重要的商业问题。

频率学派的显著性检验

另一种估计显著性的方法是：再次临时假设 A 组和 B 组具有相同的分布和常规的转化率，然后查看 B 组的打分与在偶然事件下得到同样高分值的可能性有多大。如果考虑一个以常规的转化率为中心的二项式分布，我们会希望看到没有太多的可能使转化率等于或高于 B 组的水平。这意味着如果 A = B，那么观察到的差异不太可能发生。我们将在代码清单 B.16 中进行计算。

代码清单 B.16　计算频率学派的显著性

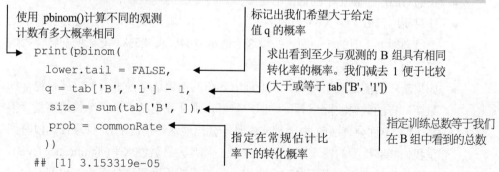

使用 pbinom()计算不同的观测
计数有多大概率相同

标记出我们希望大于给定
值 q 的概率

求出看到至少与观测的 B 组具有相同
转化率的概率。我们减去 1 便于比较
(大于或等于 tab ['B', '1'])

指定在常规估计比
率下的转化概率

指定训练总数等于我们
在 B 组中看到的总数

```
print(pbinom(
  lower.tail = FALSE,
  q = tab['B', '1'] - 1,
  size = sum(tab['B', ]),
  prob = commonRate
))
## [1] 3.153319e-05
```

这又是一个不错的结果。计算出的概率值较小，这意味着 A = B 的情况下，差异是很难观察到的。

B.2.3 检验的功效

为了获得有意义的 A/B 检验结果，必须设计并运行良好的 A/B 检验。我们需要防御两类错误：一类错误是假设有差异(称为检验的功效)，却看不到差异；另一类错误是假设没有差异(称为显著性)，却能看到差异。我们测量的 A 组和 B 组中比率的差异越接近，获取正确的测量结果的可能性就越小。我们唯一的方法是设计实验，使得 A 组和 B 组相差巨大，或者增加实验的规模。而目前具有的强大计算能力让我们选择了增加实验的规模。

示例：设计一个检验用于查看一个新广告是否有更高的转化率

假设我们正在运营一个旅游网站，这个网站每天有 6000 个独立访问者和 4%从页面浏览者转变为询价购买者的转化率[1] (我们要度量的目标)。我们希望测试一个新的网站设计，看看这个设计是否提高了转化率。这正是 A/B 检验最适合处理的问题类型！但是我们还有一些新问题：为了获得可靠的度量结果，我们需要将多少用户引导至新的网站设计上？我们需要多长时间来收集足够的数据？另外，只允许我们将不超过10%的访问者引导至新广告上。

在这个实验中，我们将 90%的流量引导至旧广告上，10%的流量引导至新广告上。当然在估算未来旧广告的转化率时存在不确定性，但为了简化实验(因为引导至旧广告的流量是 9 倍)，我们将忽略这一点。因此我们的问题是：应该引导多少流量至新的广告上？

为了解决这个问题，我们需要设计一些实验规则：

- 我们对旧广告转化率的估计值是多少？假设是 0.04 或 4%。
- 针对新广告做了很大的改进后我们认为它的下限是多少？为了进行实验，这个值必须大于旧的转换率。假设这个值是 0.046 或 4.5%，它表明在转化为购买行为上有一个略高于 10%的提升。
- 如果新广告的效果不够好，我们能够容忍的错误概率是多大？也就是说，如果新广告的效果实际上并不比旧广告好，那么我们是否愿意频繁地接受"狼来了"并声称会有所改进(而现实中是不会出现这种情况的)？假设在这段时间里我们能够接受的错误概率是 5%。我们称其为显著性水平(significance level)。
- 当新广告的效果明显不错时，我们希望获得的正确概率是多大？也就是说，如果新广告的实际转化率至少为 4.5%，那么我们希望检测它的频率是多少？这被称为检验的功效(power，与灵敏度相关，如我们在讨论分类模型时所看到

---

1 比率值 4%取自于 http://mng.bz/7pT3。

那样)。假设我们希望检验的功效为 0.8(即 80%)。如果我们做了一个改进，那么我们希望在 80%的情况下可以看到它。

显然，我们所希望的是能够在改进的规模接近 0、显著性水平为 0、功效为 1 的情况下来执行检测。但是，如果我们坚持要求这些参数中的任何一个都要满足"你所期望的条件"(即改进的规模接近于 0、显著性水平接近于 0，功效接近于 1)，那么要确保满足这些条件，检测规模将变得极其巨大(甚至会变成无限的)。因此，要在项目实施之前设置目标(最佳实践)，我们必须首先将这些"要求"转换成容易实现的目标，如我们之前描述的那样。

在试图决定样本大小或实验持续时间时，有一个重要的概念是统计检验功效(*statistical test power*)。统计检验功效是指当空假设为假(false)时，拒绝该空假设的概率[1]。假设统计检验功效是 1 减去 p-值。其思路是这样的：如果你无法确定哪些处理方式是无用的，那么你就无法挑选出有用的处理方式。所以如果想设计你的检验使其具有接近 1 的检验功效，那么这意味着 p-值要接近 0。

我们把引导到新广告的访问者数量进行估算的标准方法称为功效计算(power calculation)，它可以通过 R 语言的 pwr 包实现。以下是调用 R 执行的结果：

```
library(pwr)
pwr.p.test(h = ES.h(p1 = 0.045, p2 = 0.04),
          sig.level = 0.05,
          power = 0.8,
          alternative = "greater")

#     proportion power calculation for binomial distribution (arcsine
   transfo rmation)
#
#             h = 0.02479642
#             n = 10055.18
#   sig.level = 0.05
#       power = 0.8
#   alternative = greater
```

请注意，我们所做的只是将需求复制到 pwr.p.test 方法中，尽管我们确实通过 ES.h() 方法将两个假设的比率进行了区分，而 ES.h()方法将这两个比率之差转换为 Cohen 形式的"影响大小(effect size)"。在本例中，ES.h(p1 = 0.045, p2 = 0.04)的值是 0.025，可以视为非常小(因此很难度量)。影响大小非常粗略地给出了相对于个体的自然变化你

1　请参阅 B. S. Everitt, *The Cambridge Dictionary of Statistics* (Cambridge University Press, 2010)。

想度量的影响有多大。也就是说，我们试图度量一个购买概率的变化，而这个变化比购买概率的个体变化小 40 倍(即 1/0.025 倍)。这对于任何小的个体组来说都是无法观察到的，但是在足够大的样本组中是可以观察到的[1]。

n = 10056 是我们要发送到新广告的流量大小，而且为了获得一个检验结果，必须满足指定的质量参数(显著性水平和功效)。因此，我们需要将新广告投放给 10056 位访问者，以获得 A/B 检验的度量值。我们的网站每天有 6000 名访问者，而我们每天只允许向其中的 10%访问者(即 600 名)发送新广告。因此，我们需要 16.8 天(即 10056/600 天)的时间才能完成此测试[2]。

> **"商场购物"降低了检验的功效**
>
> 我们已经讨论了在运行一个大型检验的假设前提下，检验的功效和显著性。在实践中，你可能会尝试用多种处理方法去运行多种检验来查看是哪种处理方法产生了改进。这么做将降低你的检验的功效。如果你运行了 20 个处理方法，每个目标的 p-值为 0.05，那么即使所有 20 个处理方法都是无用的，你也会希望有一次检验能够显示出显著性得到提升的结果。尝试多个处理方法或是对同一方法进行多次重复检验是一种称为"商场购物"的行为方式(即你不停地在各个商场选购直至得到一个满意的结果)。对检验功效的损失进行计算通常称为"应用 Bonferroni 校正"，它非常简单，就是将显著性估计值乘以检验的次数(需要记住的是，大的数值对于显著性或 p-值而言是不利的)。为了补偿这种检验功效的损失，可以在一个更小的 p-值范围内运行每一个基本的检验：即 p 除以要运行的检验的次数。

B.2.4 专业的统计检验

贯穿本书，我们始终专注于构建预测模型和评估显著性，这些工作的实现要么通过建模工具的内置诊断功能，要么通过经验性的重新采样(如自举检验或置换检验)。在统计学中，任何常见计算结果的显著性都可通过一个高效、正确的检验来衡量。选择正确标准的检验，能让你很好地实施检验，并得到有关该检验的上下文和隐含信息的合理解释。下面进行一个简单的相关性计算，并找出与之匹配的正确的检验。

我们使用一个人工合成的示例，这个示例很像第 8 章中 PUMS 人口普查的一些内容。假设我们已经对 100 个个体同时度量了劳动收入(以工资形式赚取的钱)和资本收益(从投资中获得的钱)。进一步假设在我们所选取的个体中任何两个个体之间没有任

---

1 影响大小是个不错的方法，有一个经验法则，通常 0.2 是小的，0.5 是中等的，1.0 是大的。详情请参见 https://en.wikipedia.org/wiki/Effect_size。

2 这是 A/B 检验的一个令人生厌的地方：要用大量的数据来对很少发生的事件测量其小的改进，例如将广告转换为购买行为(通常称为"购买的转换行为")需要大量的数据，而获取如此大量的数据可能需要花很多时间。

何的关系(在现实世界中是存在相关性的,但是需要确保我们的工具在没有任何相关性的情况下不会报告出相关性)。我们将使用一些对数正态分布的数据,建立一个表示这种情况的简单数据集。

代码清单 B.17　建立综合非相关收入

```
set.seed(235236)
d <- data.frame(EarnedIncome = 100000 * rlnorm(100),
                CapitalGains = 100000 * rlnorm(100))
print(with(d, cor(EarnedIncome, CapitalGains)))

# [1] -0.01066116
```

生成合成数据

相关性是 - 0.01,非常接近 0,表明(像我们设计的那样)没有关系

用一个已知值设置伪随机种子,以便该演示是可重复的

我们声称观测到的相关性值-0.01 在统计意义上与 0 没有任何区别(或者说没有影响)。这是我们应该进行量化的对象。一个小小的研究告诉我们,常见的相关性被称为皮尔逊系数(Pearson coefficient),对正态分布数据上的皮尔逊系数的显著性检验是学生t-检验(自由度的个数等于项目的个数减 2)。我们知道数据并不是正态分布的(实际上,是对数正态分布的),因此我们进一步研究,发现首选的解决方案是按等级(而不是按值)比较数据,并使用像斯皮尔曼相关系数(Spearman's rho)或者肯德尔相关系数(Kendall's tau)这样的检验。我们将使用斯皮尔曼相关系数,因为它能同时跟踪正负相关性(而肯德尔相关系数只能跟踪吻合程度)。

一个值得研究的问题是:我们如何知道使用哪一个检验是绝对正确的?答案是通过学习统计学。要知道,有很多种检验在书籍中被提及,如 N.D.Lewis 所著的 *100 Statistical Tests in R*(Heather Hills Press, 2013)。如果你知道一个检验的名称但不知道具体用法,可以查阅 B. S.Everitt 和 A. Skrondal 所著的 *The Cambridge Dictionary of Statistics, Fourth Edition(Cambridge University Press, 2010)*。

另一种找到正确检验的方法是使用 R 语言的帮助系统。help(cor)命令告诉我们,cor()函数实现了三种不同的计算(皮尔森检验、斯皮尔曼检验和肯德尔检验),并且有一个名为 cor.test()的匹配函数执行正确的显著性检验。因为我们并没有偏离常规做法,所以只需要仔细研究这三个检验并且选定一个我们感兴趣的检验即可(在本示例中选择了斯皮尔曼检验)。下面,让我们使用选定的检验重新计算相关性,并且检查显著性,如代码清单 B.18 所示。

代码清单 B.18   计算所观测到的相关性的(非)显著性

```
with(d, cor(EarnedIncome, CapitalGains, method = 'spearman'))

# [1] 0.03083108

(ctest <- with(d, cor.test(EarnedIncome, CapitalGains, method = 'spearman')))

#
#       Spearman's rank correlation rho
#
#data: EarnedIncome and CapitalGains
#S = 161512, p-value = 0.7604
#alternative hypothesis: true rho is not equal to 0
#sample estimates:
#        rho
#0.03083108
```

我们看到斯皮尔曼检验相关性在 p-值为 0.7604 时是 0.03，这意味着真正不相关的数据在 76%的情况下具有这样大的系数。因此，不存在明显的影响(而这正是我们的人工合成示例所要设计成的情形)。

在我们的工作中，我们使用 sigr 包来封装这些检验结果，以便用更简洁的形式展现出来。其格式类似于 APA(American Psychological Association，美国心理协会)风格，n.s.表示 "not significant(不重要)"。

```
sigr::wrapCorTest(ctest)

# [1] "Spearman's rank correlation rho: (r=0.03083, p=n.s.)."
```

B.3   从统计学视角观察数据的示例

与统计学相比，机器学习和数据科学对数据处理工作持乐观的态度。在数据科学中，你会很快找出一些非因果关系，并希望它们能够始终成立，以有助于将来的预测。而许多的统计学会揭示某些数据如何欺骗你，以及这些关系如何误导你。这里的篇幅有限，只介绍几个示例，因此我们将专注于介绍两个最常见的问题：采样偏差和缺失变量偏差。

B.3.1　采样偏差

采样偏差(sampling bias)是指任何系统地改变观测数据分布的过程[1]。数据科学家必须意识到采样偏差的可能性，同时准备好去检测并修复采样偏差。最有效的修复方法是修改数据采集的方法。

对于我们的采样偏差示例，我们将继续使用在 B.2.4 节中所用的示例。假设通过一些偶然事件，我们只研究了原始人口中的一个高收入子集(可能是在某些独家活动中对他们做了调查)。代码清单 B.19 显示了当我们将数据限制为一个高收入集合时，劳动收入和资本收益之间似乎是极不相关的。我们得到了一个相关性的值为 -0.86(因此，该不相关性用来解释方差为 $(-0.86)^2 = 0.74 = 74\%$；请参见 http://mng.bz/ndYf)，而且 p-值非常接近 0(因此实际值为 0 是不可能的)。代码清单 B.19 演示了这个计算过程。

代码清单 B.19　受偏差观察值误导的显著性结果

```
veryHighIncome <- subset(d, EarnedIncome+CapitalGains>=500000)
print(with(veryHighIncome,cor.test(EarnedIncome,CapitalGains,
    method='spearman')))
#
#      Spearman's rank correlation rho
#
#data: EarnedIncome and CapitalGains
#S = 1046, p-value < 2.2e-16
#alternative hypothesis: true rho is not equal to 0
#sample estimates:
#      rho
#-0.8678571
```

一些图示能够有助于显示发生了什么。图 B.8 显示了贯穿全图的具有最佳线性关系线的原始数据集。请注意，这条线几乎是平的(表明在 x 上的变化并不能预测 y 上的变化)。

1　对于这个问题，我们本想使用通用术语 "删失(censored)"，但是在统计学中，短语 "删失观察值(*censored observations*)" 被保留用于描述那些只被记录到某个界限或范围内的变量。因此用这个短语描述缺失观察值会造成不必要的语义混淆。

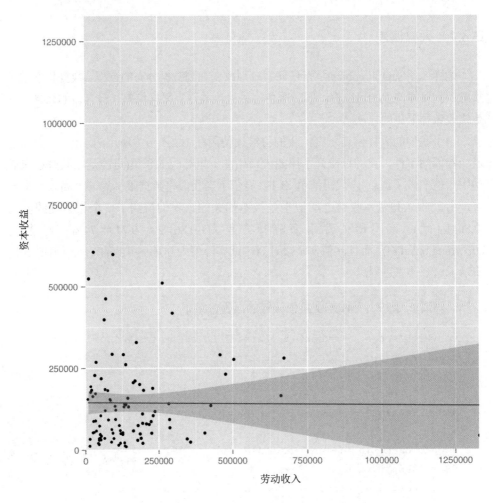

图 B.8　劳动收入与资本收益

　　图 B.9 展示了最佳趋势线贯穿高收入数据集的情形。它同样也展示了如何删去直线 x + y = 500000 下面的点以保留少数稀有的高值结果，这些结果按照一个方向排列，其排列方向粗略地逼近切割线的斜率(−0.8678571 是相对−1 的一个粗略近似值)。值得注意的是，在这些点中间，有少部分被抑制的点是不相关的。因此，这个影响不是从不相关点云中抑制一个相关分组以获得负相关性的问题。

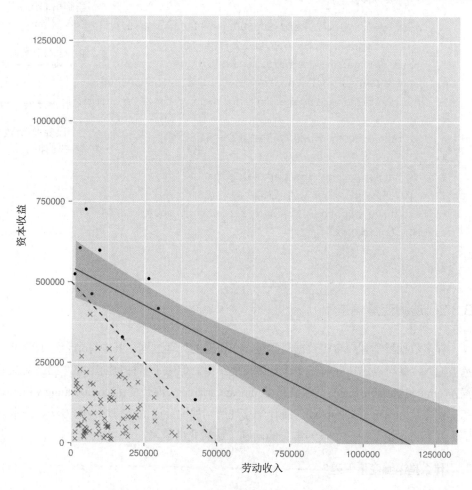

图 B.9　有偏差的劳动收入与资本收益

生成图 B.8 和图 B.9，以及计算抑制点之间相关性的代码如代码清单 B.20 所示。

代码清单 B.20　绘制有偏差的劳动收入与资本收益的图形

```
library(ggplot2)
ggplot(data=d,aes(x=EarnedIncome,y=CapitalGains)) +
    geom_point() + geom_smooth(method='lm') +
    coord_cartesian(xlim=c(0,max(d)),ylim=c(0,max(d)))
ggplot(data=veryHighIncome,aes(x=EarnedIncome,y=CapitalGains)) +
    geom_point() + geom_smooth(method='lm') +
    geom_point(data=subset(d,EarnedIncome+CapitalGains<500000),
        aes(x=EarnedIncome,y=CapitalGains),
    shape=4,alpha=0.5,color='red') +
```

绘制具有线性趋
势线(和不确定
的带状区间)的
所有收入数据

```
    geom_segment(x=0,xend=500000,y=500000,yend=0,
        linetype=2,alpha=0.5,color='red') +
    coord_cartesian(xlim=c(0,max(d)),ylim=c(0,max(d)))
print(with(subset(d,EarnedIncome+CapitalGains<500000),
    cor.test(EarnedIncome,CapitalGains,method='spearman')))
#
#      Spearman's rank correlation rho
#
#data: EarnedIncome and CapitalGains
#S = 107664, p-value = 0.6357
#alternative hypothesis: true rho is not equal to 0
#sample estimates:
#         rho
#-0.05202267
```

> 绘制出非常高的收入数据和线性趋势线(并包括截止点和抑制数据)

> 计算抑制数据的相关性

B.3.2 遗漏变量偏差

许多数据科学客户希望数据科学是一个快速的处理过程，其中每个合适的变量一旦被输入，就可以迅速获得一个最佳的可能结果。但由于多种负面影响，如遗漏变量偏差(omitted variable bias)、共线变量(collinear variables)、混杂变量(confounding variables)和干扰变量(nuisance variables)，统计学家理所当然地会谨慎对待这样的方法。在本节中，我们将讨论其中一个较为常见的问题：遗漏变量偏差。

什么是遗漏变量偏差？

在最简单的形式中，遗漏变量偏差出现在下列情况：当一个不被模型包含的变量，既与我们试图预测的目标相关，又与一个包含在模型中的变量相关时。当这个影响变强时，就会引发一些问题，因为模型拟合过程试图使用模型中的变量来直接预测所期望的结果，并取代丢失变量的影响。这样会引入偏差，创建并不十分合理的模型，并导致较差的泛化性能。

遗漏变量偏差的影响最容易在回归示例中看到，但它也能够影响任何类型的模型。

遗漏变量偏差的一个示例

我们准备了一个合成数据集，称为 synth.RData(可以从 https://github.com/WinVector/PDSwR2/tree/master/bioavailability 下载)，这个数据集有一个针对数据科学项目而言典型的遗漏变量问题。在开始之前，请下载 synth.RData 并将其加载到 R 中，如代码清单 B.21 所示。

代码清单 B.21　对合成生物学数据进行汇总

```
load('synth.RData')
print(summary(s))
##      week          Caco2A2BPapp        FractionHumanAbsorption
## Min.    :  1.00  Min.   :6.994e-08  Min.   :0.09347
## 1st Qu. : 25.75  1st Qu.:7.312e-07  1st Qu.:0.50343
## Median  : 50.50  Median :1.378e-05  Median :0.86937
## Mean    : 50.50  Mean   :2.006e-05  Mean   :0.71492
## 3rd Qu. : 75.25  3rd Qu.:4.238e-05  3rd Qu.:0.93908
## Max.    :100.00  Max.   :6.062e-05  Max.   :0.99170
head(s)
##   week Caco2A2BPapp FractionHumanAbsorption
## 1    1 6.061924e-05              0.11568186
## 2    2 6.061924e-05              0.11732401
## 3    3 6.061924e-05              0.09347046
## 4    4 6.061924e-05              0.12893540
## 5    5 5.461941e-05              0.19021858
## 6    6 5.370623e-05              0.14892154
# View(s)
```

在类似电子表格的窗口中显示一个日期。View 是一个命令，它在 RStudio 中比在基本 R 语言中具有更好的实现

以上代码加载了合成数据，假设这些数据描述了一个简化的数据种类视图。这类数据可以是收集到的制药 ADME[1]或生物利用度项目的历史记录。RStudio 的 View()电子表格如图 B.10 所示。表 B.1 对这个数据集的列进行了描述。

图 B.10　生物利用度数据集的行视图

1　ADME 代表吸收、分布、代谢、排泄，它有助于确定哪些分子通过摄取进入人体，并因此可作为口服药物的候选药物。

表 B.1　生物利用度的数据列

数据列	描述
week(周)	在这个项目中,假设一个研究小组每周提交一个新药的候选分子进行试验。为简单起见,我们使用日期的周数(按照自项目升始以来的周数)作为分子和数据行的标识。这是一个最优化的项目,其含义是每个被提出的分子都是通过学习以前所有分子经验所制造出来的。对很多项目来说,这是一种典型的方法,但是这意味着数据行之间是不可互换的(这是我们经常用来证明统计学和机器学习技术合理性的一个重要假设)
Caco2A2BPapp	这是第一次试验(也是一个"简单廉价的"试验)。Caco2 试验用于测量候选分子穿过特定大肠癌细胞膜的速度有多快(癌症经常被用于试验,因为非癌症的人类细胞不能够被无限制地培育)。这个 Caco2 试验是替代测试或类比测试。该测试被认为是模拟小肠的一层,其形态上类似于小肠(尽管它缺少一些实际小肠中发现的形态和机制)。考虑用 Caco2 作为一种简单廉价的测试,以评估与生物利用度(项目实际的目标)相关的因素
FractionHumanAbsorption (人体吸收率)	这是第二次试验,是候选的药物中被人类受试者所吸收的比例。显然,这些测试的运行成本很高,并受到许多安全协议的管制。对于此示例,优化吸收是项目的实际最终目标

　　我们构建了这个合成数据来描述一个项目,这个项目试图通过对候选药物分子的微小变异来优化人体吸收。在项目的开始阶段,针对替代标准 Caco2,有一个被高度优化的分子(它确实与人体吸收是相关的);在项目的历史阶段中,通过改变一些因素,大大地提高了人体吸收率,而这些因素在简单模型中没有被跟踪到。在药物优化过程中,随着其他输入变量开始控制结果,通常原来占主导地位的替代标准恢复为表面上不那么理想的值。因此,对于我们的示例项目,人体吸收率在上升(因为科学家成功地对其进行了优化),同时 Caco2 速率在下降(因为它具有较高的初始值,尽管它是一个有用的特征,而我们也不再对其进行优化)。

　　使用合成数据针对这些问题示例进行研究的一个好处是:我们可以将数据设计为一个给定的结构,这样我们就可以知道如果模型选择了这些数据,则说明模型是正确的;如果模型漏掉了这些数据,则说明模型是不正确的。特别是,此数据集被设计为 Caco2 在整个数据集上对于吸收率的贡献始终是正的。这个数据的生成,首先是使用看似合理的 Caco2 度量值的随机非递增序列,然后生成虚构的吸收数字,如下所示(从

synth.RData 加载的数据框 d 是基于合成数据绘制的图形)。我们生成的合成数据(代码清单 B.22 所示)将得到逐步改进。

代码清单 B.22　创建逐步改进的数据

```
set.seed(2535251)
s <- data.frame(week = 1:100)
s$Caco2A2BPapp <- sort(sample(d$Caco2A2BPapp,100,replace=T),
    decreasing=T)                                              ← 创建人工
                                                                 合成示例
sigmoid <- function(x) {1/(1 + exp(-x))}
s$FractionHumanAbsorption <-
  sigmoid(
    7.5 + 0.5 * log(s$Caco2A2BPapp) +   ←  将 Caco2 加入到从原始数据集
    s$week / 10 - mean(s$week / 10) +        学习到的吸收关系中。要注意
    rnorm(100) / 3                      ←    到这个关系是正相关的:在合
    )                                        成数据集中具有较好值的
write.table(s, 'synth.csv', sep=',',         Caco2 通常意味着更好的吸收。
    quote = FALSE, row.names = FALSE)        由于 Caco2 的取值超过 30 年,
                                             我们对它进行了对数转换
```

加上一个依赖时间的均值为 0
的项来模拟项目不断进展时改
进所带来的影响

加上一个均值为 0 的噪声项

这些数据的设计如下:Caco2 始终产生正面的影响(与我们开始使用的源数据一致),但是这一点被 week 因子隐藏了(并且 Caco2 与 week 之间是负相关的,因为在 week 增长时 Caco2 是降序排列的)。而时间并不是我们开始时希望建模的一个变量(它并不是我们可以有效控制的变量),但是遗漏了时间因子的分析会因遗漏变量偏差而产生不好的结果。对于完整的细节信息,请参阅我们的 GitHub 示例文档(https://github.com/WinVector/PDSwR2/tree/master/bioavailability)。

一个效果不好的分析

在某些情况下,Caco2 和 FractionHumanAbsorption 之间的真实关系是隐藏的,因为变量 week 与 FractionHumanAbsorption 是正相关的(因为吸收随着时间的延长逐渐提高),而变量 week 与 Caco2 是负相关的(因为 Caco2 是随着时间的增加而下降的)。对于所有其他我们没有记录或建模的分子因素而言,变量 week 是驱动人体吸收的一个替代变量。代码清单 B.23 显示了我们尝试在不使用 week 变量或任何其他因素时,为 Caco2 和 FractionHumanAbsorption 之间的关系建模时的情景。

代码清单 B.23　一个差的模型(由于遗漏变量偏差造成的)

```
print(summary(glm(data = s,
  FractionHumanAbsorption ~ log(Caco2A2BPapp),
  family = binomial(link = 'logit'))))
  ## Warning: non-integer #successes in a binomial glm!
##
## Call:
## glm(formula = FractionHumanAbsorption ~ log(Caco2A2BPapp),
##     family = binomial(link = "logit"),
##     data = s)
##
## Deviance Residuals:
##    Min     1Q Median     3Q    Max
## -0.609 -0.246 -0.118 0.202 0.557
##
## Coefficients:
##                    Estimate  Std. Error  z value  Pr(>|z|)
## (Intercept)         -10.003       2.752    -3.64   0.00028 ***
## log(Caco2A2BPapp)    -0.969       0.257    -3.77   0.00016 ***
## ---
## Signif. codes: 0 '***' 0.001 '**' 0.01 '*' 0.05 '.' 0.1 ' ' 1
##
## (Dispersion parameter for binomial family taken to be 1)
##
##     Null deviance: 43.7821 on 99 degrees of freedom
## Residual deviance:  9.4621 on 98 degrees of freedom
## AIC: 64.7
##
## Number of Fisher Scoring iterations: 6
```

有关如何读取 glm()概要的细节，请参见 7.2 小节。请注意，Caco2 系数的符号是负的，不是合理的或我们所预期的结果。这是因为 Caco2 系数不仅记录了 Caco2 与 FractionHumanAbsorption 的关系，还记录了与遗漏的相关变量有关的关系。

解决遗漏变量偏差问题

有许多方法可以处理遗漏变量偏差问题，其中最好的方法是使用更好的实验设计和更多的变量。其他方法包括使用固定效果的模型和层次模型。下面演示一种最简单的方法：添加可能重要的遗漏变量。在代码清单 B.24 中，我们重新执行了包含 week

变量的分析。

代码清单 B.24　一个更好的模型

```
print(summary(glm(data=s,
    FractionHumanAbsorption~week+log(Caco2A2BPapp),
    family=binomial(link='logit'))))
## Warning: non-integer #successes in a binomial glm!
##
## Call:
## glm(formula = FractionHumanAbsorption ~ week + log(Caco2A2BPapp),
##      family = binomial(link = "logit"), data = s)
##
## Deviance Residuals:
##     Min       1Q  Median       3Q      Max
## -0.3474  -0.0568 -0.0010  0.0709  0.3038
##
## Coefficients:
##                   Estimate Std. Error z value Pr(>|z|)
## (Intercept)         3.1413     4.6837    0.67   0.5024
## week                0.1033     0.0386    2.68   0.0074 **
## log(Caco2A2BPapp)   0.5689     0.5419    1.05   0.2938
## ---
## Signif. codes: 0 '***' 0.001 '**' 0.01 '*' 0.05 '.' 0.1 ' ' 1
##
## (Dispersion parameter for binomial family taken to be 1)
##
##     Null deviance: 43.7821 on 99 degrees of freedom
## Residual deviance:  1.2595 on 97 degrees of freedom
## AIC: 47.82
##
## Number of Fisher Scoring iterations: 6
```

　　我们恢复了对 CaCO2 和 week 系数的正常估计，但是我们并没有获得在 CaCO2 影响上的统计显著性。注意，修复遗漏变量偏差需要(甚至在我们的合成示例中)一些领域知识来提出重要的遗漏变量，同时要能够度量那些附加的变量(设法通过使用偏移量来消除其影响；请参阅 help('offset'))。

　　至此，读者应该拥有一个更加详细的变量策划视图。至少，有些变量你可以控制(解释性变量)，有些重要的变量你无法控制(干扰变量)，而有些重要变量你甚至不知道(遗漏变量)。而你对所有这些变量类型的了解会有助于你的实验设计和分析。

B.4　小结

统计学是一个内容深奥的领域,对数据科学有着重要的意义。统计学包括对建模和分析中可能出错的内容的研究,如果读者没有为可能出错的内容做好准备,那么它往往会让读者出错。我们希望读者能将此附录作为进一步研究的入门介绍。在此,也给读者推荐一本书:David Freedman 撰写的 *Statistical Models: Theoryand Practice by David Freedman*(Cambridge Press, 2009)。

附录 C

参 考 文 献

Adler, Joseph. *R in a Nutshell*, 2nd ed. O'Reilly Media, 2012.

Agresti, Alan. *Categorical Data Analysis*, 3rd ed. Wiley Publications, 2012.

Alley, Michael. *The Craft of Scientific Presentations*. Springer, 2003.

Brooks, Jr., Frederick P. *The Mythical Man-Month: Essays on Software Engineering*. Addison-Wesley, 1995.

Carroll, Jonathan. *Beyond Spreadsheets with R*. Manning Publications, 2018.

Casella, George, and Roger L. Berger. *Statistical Inference*. Duxbury, 1990.

Celko, Joe. *SQL for Smarties*, 4th ed. Morgan Kauffman, 2011.

Chakrabarti, Soumen. *Mining the Web*. Morgan Kauffman, 2003.

Chambers, John M. *Software for Data Analysis*. Springer, 2008.

Chang, Winston. *R Graphics Cookbook*, 2nd ed. O'Reilly Media, 2018.

Charniak, Eugene. *Statistical Language Learning*. MIT Press, 1993.

Chollet, François, with J. J. Allaire. *Deep Learning with R*. Manning Publications, 2018.

Cleveland, William S. *The Elements of Graphing Data*. Hobart Press, 1994.

Cohen, J., and P. Cohen. *Applied Multiple Regression/Correlation Analysis for the Behavioral Sciences*, 2nd ed. Lawrence Erlbaum Associates, Inc., 1983.

Cover, Thomas M., and Joy A. Thomas. *Elements of Information Theory*. Wiley, 1991.

Cristianini, Nello, and John Shawe-Taylor. *An Introduction to Support Vector Machines*. Cambridge Press, 2000.

Dalgaard, Peter. *Introductory Statistics with R*, 2nd ed. Springer, 2008.

Dimiduk, Nick, and Amandeep Khurana. *HBase in Action*. Manning Publications, 2013.

Efron, Bradley, and Robert Tibshirani. *An Introduction to the Bootstrap*. Chapman and Hall, 1993.

Everitt, B. S. *The Cambridge Dictionary of Statistics*, 2nd ed. Cambridge Press, 2006.

Freedman, David. *Statistical Models: Theory and Practice*. Cambridge Press, 2009.

Freedman, David, Robert Pisani, and Roger Purves. *Statistics*, 4th ed. Norton, 2007.

Gandrud, Christopher. *Reproducible Research with R and RStudio*, 2nd ed. CRC Press, 2015.

Gelman, Andrew, John B. Carlin, Hal S. Stern, David B. Dunson, Aki Vehtari, and Donald B. Rubin. *Bayesian Data Analysis*, 3rd ed. CRC Press, 2013.

Gentle, James E. *Elements of Computational Statistics*. Springer, 2002.

Goldberg, David. "What every computer scientist should know about floating-point arithmetic." ACM

Computing Surveys, Volume 23 Issue 1, pp. 5–48, March 1991.

Good, Philip. *Permutation Tests*. Springer, 2000.

Hastie, Trevor, Robert Tibshirani, and Jerome Friedman. *The Elements of Statistical Learning*, 2nd ed. Springer, 2009.

Hothorn, Torsten, and Brian S. Everitt. *A Handbook of Statistical Analyses Using R*, 3rd ed. CRC Press, 2014.

James, Gareth, Daniela Witten, Trevor Hastie, and Robert Tibshirani. *An Introduction to Statistical Learning*. Springer, 2013.

Kabacoff, Robert. *R in Action*, 2nd ed. Manning Publications, 2014.

Kennedy, Peter. *A Guide to Econometrics*, 5th ed. MIT Press, 2003.

Kohavi, R., R. Henne, and D. Sommerfield. "Practical Guide to Controlled Experiments on the Web." KDD, 2007.

Koller, Daphne, and Nir Friedman. *Probabilistic Graphical Models: Principles and Techniques*. MIT Press, 2009.

Krzanowski, W. J., and F. H. C. Marriott. *Multivariate Analysis, Part 1*, Edward Arnold, 1994.

Kuhn, Max, and Kjell Johnson. *Applied Predictive Modeling*. Springer, 2013.

Lander, Jared P. *R for Everyone*. Addison-Wesley Data & Analytics Series, 2017.

Lewis, N. D. *100 Statistical Tests in R*. Heather Hills Press, 2013.

Loeliger, Jon, and Matthew McCullough. *Version Control with Git*, 2nd ed. O'Reilly Media, 2012.

Magee, John. "Operations Research at Arthur D. Little, Inc.: The Early Years." *Operations Research*, 2002. 50 (1), pp. 149–153.

Marz, Nathan, and James Warren. *Big Data*. Manning Publications, 2014.

Matloff, Norman. *Statistical Regression and Classification: From Linear Models to Machine Learning*. CRC Press, 2017.

———*The Art of R Programming: A Tour of Statistical Software Design*. No Starch Press, 2011.

Mitchell, Tom M. *Machine Learning*. McGraw-Hill, 1997.

Nussbaumer Knaflic, Cole. *Storytelling With Data*. Wiley, 2015.

Provost, Foster, and Tom Fawcett. *Data Science for Business*. O'Reilly Media, 2013.

R Core Team. *R: A language and environment for statistical computing*. R Foundation for Statistical Computing. https://R-project.org/.

———*R Language Definition*. R Foundation for Statistical Computing, 2019. https://cran.r-project.org/doc/manuals/r-release/R-lang.html.

Raymond, Erick S. *The Art of Unix Programming*. Addison-Wesley, 2003.

Sachs, Lothar. *Applied Statistics*, 2nd ed. Springer, 1984.

Seni, Giovanni, and John Elder. *Ensemble Methods in Data Mining*. Morgan and Claypool, 2010.

Shawe-Taylor, John, and Nello Cristianini. *Kernel Methods for Pattern Analysis*. Cambridge Press, 2004.

Shumway, Robert, and David Stoffer. *Time Series Analysis and Its Applications*, 3rd ed. Springer, 2013.

Spector, Phil. *Data Manipulation with R*. Springer, 2008.

Spiegel, Murray R., and Larry J. Stephens. *Schaum's Outline of Statistics*, 4th ed. McGraw-Hill, 2011.

Sweeney, R. E., and E. F. Ulveling. "A Transformation for Simplifying the Interpretation of Coefficients of Binary Variables in Regression Analysis." *The American Statistician*, 26(5), 30–32, 1972.

Tibshirani, Robert. "Regression shrinkage and selection via the lasso." *Journal of the Royal Statistical Society*, Series B 58: 267–288, 1996.

Tsay, Ruey S. *Analysis of Financial Time Series*, 2nd ed. Wiley, 2005.

Tukey, John W. *Exploratory Data Analysis*. Pearson, 1977.

Vapnik, Vladimir N. *Statistical Learning Theory*, Wiley-Interscience, 1998.

———*The Nature of Statistical Learning Theory*, 2nd ed. Springer, 2000.

Wasserman, Larry. *All of Nonparametric Statistics*. Springer, 2006.

———*All of Statistics*. Springer, 2004.

Wickham, Hadley. *Advanced R*. CRC, 2014.

———*ggplot2: Elegant Graphics for Data Analysis (Use R!)*. Springer, 2009.

———*R Packages: Organize, Test, Document, and Share Your Code*. O'Reilly Media, 2015.

Wilkinson, Leland. *The Grammar of Graphics*, 2nd ed. Springer, 2005.

Xie, Yihui. *Dynamic Documents with R and knitr*. CRC Press, 2013.

Zumel, Nina, and John Mount. "vtreat: a data.frame Processor for Predictive Modeling." 2016. https://arxiv.org/abs/1611.09477.